风景园林理论·方法·技术系列丛书
西安建筑科技大学风景园林系　主编

晋陕 黄土高原沟壑型聚落场地雨洪管控适地性规划方法研究

杨建辉　著

中国建筑工业出版社

图书在版编目（CIP）数据

晋陕黄土高原沟壑型聚落场地雨洪管控适地性规划方法研究 / 杨建辉著. —北京：中国建筑工业出版社，2021.9
（风景园林理论·方法·技术系列丛书）
ISBN 978-7-112-26600-5

Ⅰ.①晋… Ⅱ.①杨… Ⅲ.①黄土高原—沟壑—暴雨洪水—雨水资源—水资源管理—研究—山西②黄土高原—沟壑—暴雨洪水—雨水资源—水资源管理—研究—陕西 Ⅳ.①TV213.4

中国版本图书馆CIP数据核字（2021）第188894号

本书研究得到陕西省教育厅重点项目（重点实验室项目类）“黄土高原新型城镇化建设场地生态规划设计方法研究”（21JS028）、陕西省自然科学基础研究计划重点项目“关中城市绿地生物多样性营造多解模式设计方法研究”（2019JZ-48）以及西安建筑科技大学“西北城乡宜居环境与生态设计团队”共同资助，并得到中国城市经济学会智慧园林专委会的大力支持。

责任编辑：王华月
版式设计：锋尚设计
责任校对：焦　乐

风景园林理论·方法·技术系列丛书
西安建筑科技大学风景园林系　主编
晋陕黄土高原沟壑型聚落场地
雨洪管控适地性规划方法研究
杨建辉　著
*
中国建筑工业出版社出版、发行（北京海淀三里河路9号）
各地新华书店、建筑书店经销
北京锋尚制版有限公司制版
北京中科印刷有限公司印刷
*
开本：787毫米×1092毫米　1/16　印张：25¼　字数：478千字
2021年11月第一版　2021年11月第一次印刷
定价：**118.00**元
ISBN 978-7-112-26600-5
（38094）

总 序

风景园林学是综合运用科学与艺术的手段，研究、规划、设计、管理自然和建成环境的应用型学科，以协调人与自然之间的关系为宗旨，保护和恢复自然环境，营造健康优美人居环境为目标。风景园林学研究人类居住的户外空间环境，其研究内容涉及户外自然和人工境域，是综合考虑气候、地形、水系、植物、场地容积、视景、交通、构筑物和居所等因素在内的景观区域的规划、设计、建设、保护和管理。风景园林的研究工作服务于社会发展过程中人们对于优美人居环境以及健康良好自然环境的需要，旨在解决人居环境建设中人与自然之间的矛盾和问题，诸如国家公园与自然保护地体系建设中的矛盾与问题、棕地修复中的技术与困难、气候变化背景下的城市生态环境问题、城市双修中的技术问题、新区建设以及城市更新中的景观需求与矛盾等。当前的生态文明建设和乡村振兴战略为风景园林的研究提供了更为广阔的舞台和更为迫切的社会需求，这既是风景园林学科的重大机遇，同时也给学科自身的发展带来巨大挑战。

西安建筑科技大学的历史可追溯至始建于1895年的北洋大学，从梁思成先生在东北大学开办建筑系到1956年全国高等院校院系调整、学校整体搬迁西安，由原东北工学院、西北工学院、青岛工学院和苏南工业专科学校的土木、建筑、市政系（科）整建制合并而成，积淀了我国近代高等教育史上最早的一批土木、建筑、市政类学科精华，形成当时的西安建筑工程学院及建筑系。我校风景园林学科的发展正是根植于这样历史深厚的建筑类教育土壤。1956至1980年代并校初期，开设园林课程，参与重大实践项目，考察探索地方园林风格；1980年代至2003年，招收风景园林方向硕士和博士研究生，搭建研究团队，确立以中国地景文化为代表的西部园林理论思想；2002年至今，从“景观专门化”到“风景园林”新专业，再到“风景园林学”新学科独立发展，形成地域性风景园林理论方法与实践的特色和优势。从开办专业到2011年风景园林一级学科成立以来，我院汇集了一批从事风景园林教学与研究的优秀中青年学者，这批中青年学者学缘背景丰富、年龄结构合理、研究领域全面、研究方向多元，已经成长为我校风景园林教学与科研的骨干力量。

“风景园林理论・方法・技术系列丛书”便是各位中青年学者多年研究成果的汇总，选题涉及黄土高原聚落场地雨洪管控、城市开放空间形态模式与数据分析、城郊乡村景观转型、传统山水景象空间模式、城市高密度区小微绿地更新营造、城市风环境与绿地空间协同规划、城市夜景、大遗址景观、城市街道微气候、地域农宅新模式、城市绿色生态系统服务以及朱鹮栖息生境保护等内容。在这些作者中：

杨建辉长期致力于地域性规划设计方法以及传统生态智慧的研究，建构了晋陕黄土高原沟壑型聚落场地适地性雨洪管控体系和场地规划设计模式与方法。

刘恺希对空间哲学与前沿方法应用有着强烈的兴趣，提出了“物质空间表象–内在动力机制”的研究范型，总结出四类形态模式并提出系统建构的方法。

包瑞清长期热衷于数字化、智能化规划设计方法研究，通过构建基础实验和专项研究的数据分析代码实现途径，形成了城市空间数据分析方法体系。

吴雷对西部地区乡村景观规划与设计研究充满兴趣，提出了未来城乡关系变革中西安都市区城郊乡村景观的空间异化转型策略。

董芦笛长期致力于中国传统园林及风景区规划设计研究，聚焦人居环境生态智慧，提出了“象思维”的空间模式建构方法，建构了传统山水景象空间基本空间单元模式和体系。

李莉华热心于探索西北城市高密度区绿地更新设计方法，从场地生境融合公众需求的角度研究了城市既有小微绿地更新营造的策略。

薛立尧热衷于我国北方城市绿地系统的生态耦合机制及规划方法研究，尤其在绿地与通风廊道协同建设方面取得了一定的积累。

孙婷长期致力于城市夜景规划与景观照明的设计与研究工作，研究了昼、夜光环境下街道空间景观构成特征及关系，提出了“双面街景”的设计模式。

段婷热心于文化遗产的保护工作，挖掘和再现了西汉帝陵空间格局的历史图景，揭示了其内在结构的组织规律，初步构建了西汉帝陵大遗址空间展示策略。

樊亚妮的研究聚焦于微气候与户外空间活动及空间形态的关联性，建立了户外空间相对热感觉评价方法，构建了基于微气候调控的城市街道空间设计模式。

沈葆菊对“遗址–绿地”的空间融合研究充满兴趣，阐述了遗址绿地与城市空间的耦合关系，提出了遗址绿地对城市空间的影响机制及城市设计策略。

孙自然长期致力于乡土景观与乡土建筑的研究，将传统建筑中绿色营建智慧经验进行当代转译，为今天乡村振兴服务。

王丁冉对数字技术与生态规划设计研究充满热情，基于多尺度生态系统服务供需测度，响应精细化城市更新，构建了绿色空间优化的技术框架。

赵红斌长期致力于朱鹮栖息生境保护与修复规划研究，基于栖息地生境的具体问题，分别从不同生境尺度，探讨朱鹮栖息地的保护与修复规划设计方法。

近年来本人作为西安建筑科技大学建筑学院的院长，目睹了上述中青年教师群体从科研的入门者逐渐成长为学科骨干的曲折历程。他（她）们在各自或擅长或热爱的领域潜心研究，努力开拓，积极进取，十年磨一剑，终于积淀而成的这套“风景园林理论·方法·技术系列丛书”，是对我校风景园林学科研究工作阶段性的、较为全面的总结。这套丛书的出版，是我校风景园林学科发展的里程碑，这批中青年学者，必将成为我国风景园林学科队伍中的骨干，未来必将为我国风景园林事业的进步贡献积极的力量。

值“风景园林理论·方法·技术系列丛书”出版之际，谨表祝贺，以为序。

刘加平

中国工程院院士，西安建筑科技大学教授

序言

黄土高原面积约50万km^2，以其200万年深厚黄土堆积和5000年中华文明沉淀而闻名于世。黄土高原属干旱大陆性季风气候区，是我国水资源短缺且生态环境脆弱的地区，历史上人类在此地域的活动加剧了环境的恶化和水土流失。近年来，国家相继提出了“美丽中国”“黄河流域生态保护和高质量发展”以及“乡村振兴”等重大国家战略，黄土高原地区迎来新的发展机遇，也面临巨大的挑战。2019年9月，习近平总书记在“黄河流域生态保护和高质量发展座谈会”上作了重要讲话，指出“保护黄河是事关中华民族伟大复兴的千秋大计”“要坚持绿水青山就是金山银山的理念，坚持生态优先、绿色发展，以水而定、量水而行，因地制宜、分类施策，上下游、干支流、左右岸统筹谋划，共同抓好大保护，协同推进大治理，着力加强生态保护治理、保障黄河长治久安、促进全流域高质量发展、改善人民群众生活、保护传承弘扬黄河文化，让黄河成为造福人民的幸福河。”黄土高原作为黄河泥沙的最大来源区和黄河流域生态环境最为脆弱的地区，其绿色发展和人居生态建设成为国家层面关注的重要工作之一。

本书所聚焦的晋陕黄土高原地区位处黄土高原腹地，沟壑纵横、城乡聚落众多。在该地域，一方面由降雨引起的水土流失、小流域洪涝、人居场地灾害事故等问题突出；另一方面，长期的干旱缺水又导致生产与发展受限、生态建设受阻。本书作者针对黄土高原地形地貌最为复杂的沟壑型聚落场地展开雨洪管控适地性规划方法研究，顺应了国家战略需求，具有地域人居环境规划理论方法探索和实践示范意义。

本书针对晋陕黄土高原地区在城镇化过程中，建设用地快速向河谷两侧的台、原和坡地上发展蔓延，由此引发大开大挖、水土流失加剧、环境生态破坏、地域营建风貌缺失等系列问题，明确水在其中是最为决定性的因素，把地表径流及其水文过程的控制作为研究主线，以雨洪管控目标导向下的类型化场地空间要素布局方法为核心，以适地性为出发点，融合提升了传统雨水利用与低影响开发（LID）技术措施，立足于形成系统性的径流管控链路、实现上下游场地地表水文过程的全程有效管控，建构了晋陕黄土高原沟壑型聚落场地的雨洪管控规划设计方法，归纳形成了雨洪管控适宜场地建设模式和适地化策略。

本书还引入适宜性评价方法，创建了适地性评价量表，形成了雨洪管控目标与措施适地性评价体系，为低影响开发（LID）方法广泛应用于地域规划实践提供了可行的落地工具；研究还融合传统水土保持与人居场地建设技术体系以及LID技术体系，构建了黄土高原沟壑型聚落场地雨洪管控的适地性规划技术途径和技术体系，实现了水土保持规划、人居建设规划和海绵城乡规划的有机统一。

本书从人居环境科学的视野出发，在对比研究不同类型生产建设场地及其主要影响因素的基础上，从水观念、雨水利用与管控技术、场地建设模式三个层面，总结凝练了传统人居环境建设中蕴含的“因地制宜、防用结合、综合治理、确保安全”以及“就地取材、协调统一、生态审美”等雨水管控经验智慧与场地建设规律，并创新性地将传统方法和技术融入现代低影响开发海绵城市技术体系之中，增强其科学性和可传承性。

本书是由作者的博士论文改编而成的，作为导师，本人及团队多年来一直致力于黄土高原绿色人居空间理论的研究和规划实践，该书研究内容是该项工作的延续与拓展，丰富了相关理论方法，增添了规划实践类型。该书对黄土高原城乡聚落的可持续发展和生态环境的建设与保护十分有益，故推荐给广大读者。是为序。

前言

黄土高原以其独特的地形地貌特征、大量保存完好的传统人居聚落以及脆弱的人居生态环境而备受瞩目。该区域面积巨大，位于黄土高原腹地的山西和陕北地区，居黄河中游两侧，社会经济和人口密度在整个黄土高原地区名列前茅；虽分属两省，但降雨特征和水资源潜力很相似；两地生产生活、建筑风貌以及地域文化等高度相似，因此，本书将研究范围限定在“晋陕黄土高原”以内。

晋陕黄土高原地区水资源缺乏、地貌复杂、生态脆弱，季节性雨洪灾害、水土流失及场地安全问题突出。在城镇化过程中，由于用地紧张导致建设范围由平坦河谷阶地向沟壑谷地及其沟坡上发展蔓延，引发沟壑型场地大开大挖、水土流失加剧、环境生态破坏、地域风貌缺失等系列问题。

为解决上述问题，本书研究基于海绵城市及BMPs、LID等雨洪管理的基本方法与技术，通过对聚落场地水文过程与地表产流机制的分析，借鉴传统地域性雨洪管理实践经验与智慧，构建了晋陕黄土高原沟壑型聚落场地适地性雨洪管控体系；提出了雨洪管控的适地性规划策略、场地规划设计方法与模式；在规划实践中实现了城乡一体化的水土保持、雨水利用、生态恢复、场地安全、地域海绵、风貌保持等多维雨洪管控目标。

本书的主体内容如下：一是雨洪管控适地性规划的理论基础与基本方法研究，核心内容是从理论与方法上研判雨洪管控的可行思路；二是黄土高原雨洪管控的地域实践与民间智慧总结和凝练，一方面总结和继承传统，另一方面与当前的海绵城市技术体系进行对比研究，彰显传统技术措施的地域性优点并发现其不足，改进后融入现代体系；三是晋陕黄土高原沟壑型聚落场地雨洪特征与产流机制分析，包含场地的地貌特征、产流机制、雨洪管控的尺度效应、雨洪管控的影响因子等内容，分析皆围绕地表水文过程这一主线展开；四是晋陕黄土高原沟壑型聚落场地适地性雨洪管控体系建构，包含技术途径和总体框架以及目标、措施、评价、法规4大体系和规划步骤等内容；五是聚落场地尺度雨洪管控适地性规划方法研究，主要内容包括规划策略与措施的融合改造、场地空间要素布局方法以及适宜场地模式，核心是解决适地性目标、策略与措施以及多学科方法如何在场地层面落地的问题。

本书的特色如下：一是以雨洪管控目标导向下的类型化场地空间要素布局方法为核心，整合传统与低影响开发技术措施，构建了晋陕黄土高原沟壑型聚落场地的雨洪管控规划设计理论方法，归纳形成了雨洪管控适宜场地建设模式和适地化策略。二是引入适宜性评价方法，融合多学科技术体系，构建了黄土高原沟壑型聚落场地雨洪管控的适地性技术途径和规划技术体系。三是从水观念、雨水利用与管控技术、场地建设模式三个层面总结和凝练了黄土高原传统雨洪管控的经验智慧与建设规律。研究首次将BMPs理念、LID技术方法、传统水土保持规划方法与晋陕黄土高原沟壑型聚落场地的地域特点相结合，从理念、方法及措施三方面为我国海绵城市规划设计方法提供了地域性的补充和完善及实践上的现实指导，进一步从方法论上回应了当前和未来本地域城乡一体化规划中的相关问题，在一定程度上实现了跨学科、跨领域的规划方法创新。

希望本书的出版能够给黄土高原城乡生态人居环境建设和当前积极推进的乡村振兴规划提供地域化的规划设计思路和多学科融合的解决策略。

杨建辉

2021年6月

目录

第1章 绪论

1.1 研究背景与意义

1.1.1 地域现实问题

水资源严重短缺与生产发展、生活改善以及生态建设的矛盾，季节性雨洪灾害与雨水资源高效利用的矛盾是黄土高原地区面临的地域性现实问题。

（1）水资源短缺及其对生产、生活、生态建设的影响

西北地区是我国水资源严重缺乏和生态环境极其脆弱的地区，也是我国主要的干旱区，干旱半干旱面积约占总面积的82.8%[1]。黄土高原则是该地区的典型代表，是我国北方干旱带的组成部分，其大部分地区处于干旱半干旱和半湿润偏旱地区，干旱与缺水是该区生态建设和社会经济发展的一大症结，干旱化与水资源匮乏已经严重威胁着该区生态建设工程的顺利实施和社会经济的发展。[2]20世纪90年代以来，北方干旱化造成的直接经济损失每年在1000亿元以上[3]。除了生态环境建设和经济上的损失，历史上因干旱而形成的黄土高原地区的灾难也难以计数。据史料记载[1][4]，黄土高原从公元前180年至1949年所经历的2000多年中，共发生死亡人数超过万人以上的重大旱灾有16次，共死亡人数达1799多万人。

黄土高原地区的水资源主要源于大气降水，最终表现为地下水、土壤水和地表水三种形式。其中，地表水最易于获得和利用，但具有如下特点：①水资源匮乏，与人口、土地资源不协调。该区多年平均径流深不及全国平均径流深的1/3，人均占有水量也只有全国人均占有量的三成，平均每公顷的水量不及全国每公顷水量的1/10；②径流地域分配不均；③水沙异源，含沙量大[5]。在土壤水方面，黄土高原由于土层深厚，除少量降水通过深层渗漏补给地下水，或部分作为河川径流的补水源外，其大部分被截留于土体之中形成土壤水。成为半干旱、半湿润地区广大雨养农业和林草业生理需水的唯一给水源。[2]

大气降水作为一种主要水源，在黄土高原地区的水资源补给中起到非常重要的作用。整体而言，黄土高原的降水具有年内和年际分配不均、变率大的特点。由于季风影响，致使降水量的年相对变率平均达20%～30%，季节降水的相对变率

更大，多在50%～90%。在降雨的区域分布上，以陕北为例，自渭北—延安高原丘陵沟壑半湿润气候区向北到延安—长城高原丘陵沟壑半干旱气候区，年均降水量由600mm（铜川）逐渐降低到400mm（米脂），呈现出越往西北，水资源越短缺的现状。就整个黄土高原来说，降水年变幅表现为西北部大于东南部，而且降水越少的地区，其降水量的年际变化愈大。黄土高原，全年降水量中降雨量远远大于降雪量，加之冬季降水在全年降水量中所占比例很少，因此，黄土高原的雨水资源可近似地代表降水资源。[2]

黄土高原地区的水资源量整体上十分匮乏，其中以地表水和地下水尤甚，可以开发利用的量很有限。土壤水分虽然因黄土覆盖厚度以及土质的原因，储量较大，但其储量分布受塬、梁、峁、沟谷彼此镶嵌的影响，土壤水分呈现出明显的微域分布特征[2]，要想充分利用土壤水资源，只有通过黄土高原的植被迅速繁生来形成大容量的“土壤水库”[6]，在当前植被恢复滞后的情况下，“土壤水库”的作用还需时日，土壤水仅能作为农业和林草业生理需水的来源，且只属于靠天吃饭的雨养型农林业的水源，生产与生活的用水需求仍极度缺乏，因而，对降雨进行高效的资源化利用成为一种必然的选择。

（2）季节性雨洪灾害与雨水资源高效利用的矛盾

以陕北黄土高原为例，该地区因地理区位及气候的原因，成为我国水资源缺乏与自然生态脆弱的典型地区。一方面，域内主要城市，在城市建设中面临缺水以及由此导致的生态环境恶化的严重问题；另一方面，因为季节性强降水，地域内还经常发生洪涝灾害以及由此伴生的强烈水土流失。进一步以陕北丘陵沟壑区为例，作为陕北黄土高原的主要组成部分❶，该区域降水时空分布极不均匀，季节性降水特征突出[7]。根据《陕西省志·地理志》的统计，本区域内的主要地区，如榆林、定边、绥德、延安、宜川、洛川、宜君等，夏季降雨量占全年总降雨量的比率均在50%以上，最低的为洛川，占比为51%，最高的为榆林，占比为60%。同时，这些地区一日最大降水量占当年年降水量的比例也相当高，绝大部分地方都在10%以上，超过20%的有陕北的横山、榆林、神木、子洲，最高的榆林曾达到28.4%的占比（1951.8.15）。该地区呈现出的易旱易涝，土壤结构疏松、具大孔隙、垂直节理发育、湿陷性的特点[8]，在季节性强降雨的条件下，水土流失严重，使丘陵沟

❶ 陕北黄土高原地貌自北向南分为长城内外风沙高原区、延安以北黄土梁峁丘陵沟壑区、延安以南黄土塬梁丘陵沟壑区和南部石质中山低山区等四个区。陕北丘陵沟壑区包含了延安以北黄土梁峁丘陵沟壑区、延安以南黄土塬梁丘陵沟壑区。

壑区成为陕北水土流失最严重的地区，人居环境中的场地安全受到较大的影响。据《米脂县志·水利水保志》记载，1978年7月27日，米脂县榆林沟流域20min降雨41.5mm。就地起水，山洪席卷小沟大沟，一次冲垮土坝61座，占流域内总土坝的56%，冲毁农田2174亩，造成严重后果。由于泥沙淤积，多数水库寿命不长，工程效益期短。1973年兴修的姬兴庄水库和1974年兴修的牛鼻山水库到1989年已成为“泥库”，失去蓄水灌溉能力，仅能作坝地利用。根本原因在于当时对黄土水力侵蚀的原理和过程认识不够深入，致使场地建设和工程措施发挥不出应有的作用。[9]

在水资源短缺成为地域生态和经济建设严重制约因素的情况下，充分利用降水资源是一个必然的选择，然而，过度集中的降水导致的触目惊心的水土流失（图1-1）和严重的地质及雨洪灾害又成为不得不严肃面对的问题。降水本来应该成为水资源短缺的良药，但现实中却成为一对矛盾，需要认真研究和应对。

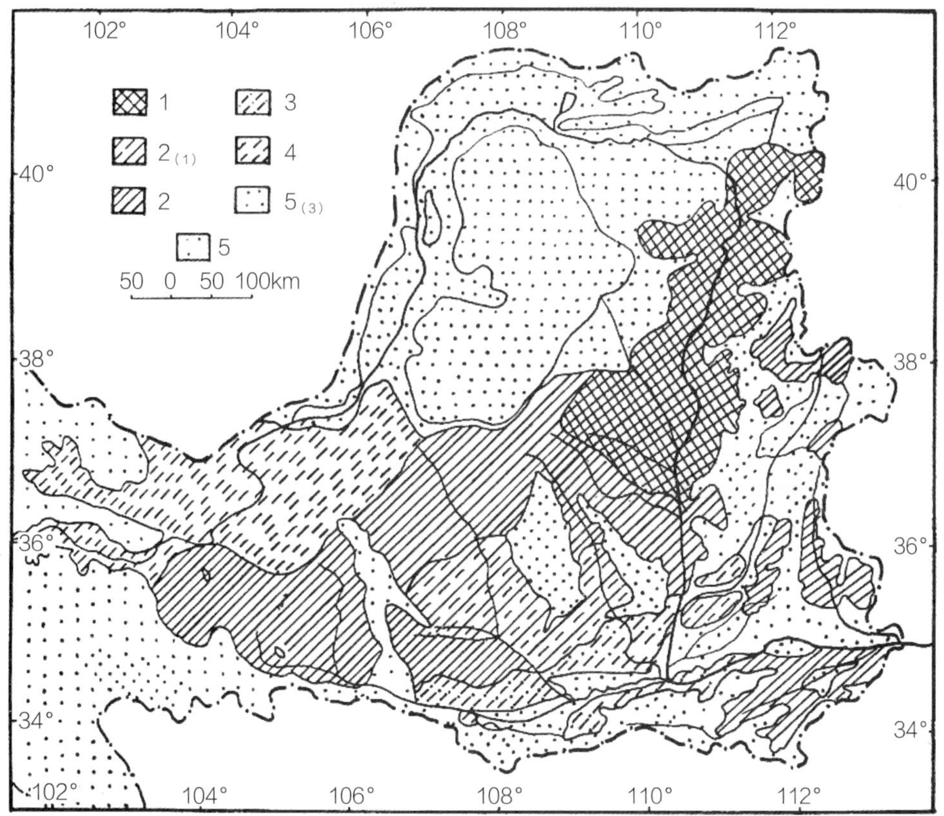

注：水利侵蚀程度 1. 异常强烈；2. 甚强烈；3. 强烈；4. 中度；5. 微弱

图1-1 黄土高原地区黄河中游流域水力侵蚀程度（黄秉维，1955）

图片来源：李锐，杨文治，李壁成，等. 中国黄土高原研究与展望［M］. 北京：科学出版社，2008：60.

（3）地域条件下的生态环境及经济背景

黄土高原目前生态环境的形成既有自然条件（特别是气候条件）周期性变迁导致的土壤多次强弱交替的影响[2]，也有历史上王朝更替导致多民族反复迁徙以及由此带来的农业生产方式由农而牧、由牧而农多次变迁等众多人为活动的直接诱导作用❶，最终在人为因素与自然因素的共同作用下，促进了黄土高原景观面貌的改变。长期的水土流失，使原来平坦的塬面受到强烈的侵蚀，被切割成黄土梁、峁以及数不清的黄土冲沟，呈现出特有的黄土地貌景观和生态环境特征：①大部分地区地形复杂，地面破碎且起伏较大；②气候属干旱、半干旱地区，水资源贫乏，水土流失严重，并且有进一步恶化的趋势[10]；③植被覆盖度低。

恶劣的自然生态条件、落后的交通以及区域开发方向和产业结构不合理严重阻碍了黄土高原地区社会和经济的发展，社会经济及人居环境特征主要表现在：①煤炭、石油等自然资源丰富，但经济发展相对落后，生产水平低，生产规模狭小，贫困人口较多；②农业为主的、带有封闭性特征的经济体系；③地区经济发展不平衡；④城镇数量少，规模小，城市化程度低；⑤县城和建制镇基础设施薄弱，还处于比较低级的发育阶段；⑥县中心镇和乡镇之间联系薄弱，彼此孤立，没有形成一个整体；⑦群众受传统文化的影响较大，民风淳朴憨厚，勤劳节俭，但思想观念相对落后、保守[10, 11]。黄河对岸山西黄土高原的情况也大致如此。

落后的社会经济和脆弱的生态环境往往会互为动因、相互促进，西北地区的实际情况也印证了这种观点：生态环境越恶劣、越脆弱，人们能向大自然索取的回报就越少，经济收益就越低；越是贫困和落后，靠自身努力来提高生产力、改变生产和生活方式以增加收入进而改善生态环境的目标就越发不可能实现。在这种情况下，黄土高原地区经济发展的自然资源优势如果不能被合理加以利用和引导，那么地下资源越多、土地面积越大、人口越多的优势在增加显性GDP的同时，对土地和环境的破坏就会越剧烈，社会和环境的隐性损失就越大。

❶ 陕西省地方志编纂委员会．陕西省志·黄土高原志［M］．西安：陕西人民出版社，1995．陕西黄土高原是历代封建王朝的北疆，也是游牧部落翟、荻、羌、羯、匈奴等少数民族进入关中平原的通道及与从事农业的汉族的杂居之地。辽阔的草原和森林草原适宜于畜牧业发展，是游牧部落民族繁殖牲畜的良好场所。其地理环境条件与疏松软绵、土层深厚、结构良好的黑垆土，又适宜于麦、粟、玉米、薯类农作物栽培，为发展农业提供了气候与土地资源。由于民族矛盾与冲突，使陕西黄土高原为农、为牧有过几次变迁，从而导致生态环境的变化。

1.1.2 地域问题衍生的学科问题

上述地域现实问题的形成涉及自然、经济、政治、历史、农业、工业等诸多因素和方面，从不同的学科角度可以制定不同的方法、政策和措施。从城乡规划学科角度而言，如何在上述地域问题和矛盾中发挥作用从而使该地域矛盾得到一定程度的缓解和解决是学科的重要使命和学科存在的重要价值。合理的土地利用规划、产业布局与调整、基于效率的空间要素和交通组织、有针对性的政策法规与技术规范等都是城乡规划的有效应对手段。如果将上述地域现实问题衍生转化为城乡规划学的学科问题，可表述为：如何通过城乡规划的方法，在城乡空间维度有效进行雨洪管控，从而实现最大限度地减少雨洪灾害和实现地域雨水资源的高效利用？解决该问题涉及土地利用方式调整、产业合理定位、基于生态与工程合理性的基础设施规划、现状人居聚落的消解与积聚、适地性工程技术措施的推广与运用以及相关政策、规范、策略和生态场地建设模式的建立等内容。

黄土高原地貌破碎、沟壑纵横、平坦建设土地稀缺，大量城市和城乡聚落都沿沟谷分布，在无法做到全部城市化的情况下，中小沟壑中的聚落组团必将长期存在，成为乡镇以及村庄存在的基本空间形式之一。在沟壑型聚落组团内，雨洪灾害和雨水资源化利用是一个长期困扰地区发展的突出地域问题，因此，沟壑型聚落组团具备条件成为上述学科问题研究的典型对象。

1.1.3 需要解决的关键问题

分析当前的学科发展和研究方向，解决上述学科问题的关键是：既有海绵城市技术体系的适地性改造及地域性雨洪管控策略与方法的提出。

近年来，全国各大城市相继发生城市雨洪灾害，并且成为一种常态，中央和地方应形势需要[1]，提出了“海绵城市”建设目标。在国家政策导向下，全国范围内掀起了全面建设“海绵城市”的潮流。面对全国广袤的地域，气候、地形、土壤、植被、生产习惯以及经济发展的巨大差异，无差异化的规划设计方法和技术措施引

[1] 2013年12月13日，习近平总书记在中央城镇化工作会议中提出，要大力推进建设“自然积存、自然渗透、自然净化的‘海绵城市’”，节约水资源，保护和改善城市生环境，促进生态文明建设。为落实会议精神，国务院和相关部委先后出台了一系列的通知、意见，2014年10月，住房和城乡建设部推出了《海绵城市建设技术指南：低影响开发雨水系统构建（试行）》，至此，我国雨水资源的利用和绿色基础设施的建设正式上升为国家政策和行为。

发了不少问题，一方面大量浪费建设资金修建政绩工程，另一方面，修好的设施因水土不服而效益低下、景观效果不佳、甚至破坏原有环境生态。主要的地域性差异是：①以黏土为主的地域和以高渗透性土壤为主的地域，在土壤的差异性以及导致的在雨水措施选择上的差异化；②北方缺水地区和南方多雨地区，在“海绵城市”建设目标定位上的差异；③湿陷性黄土地区和非湿陷性黄土地区运用“海绵”技术时，在场地安全性上的要求差异；④干旱少雨地区和湿润多雨地区在“海绵城市”建设之后，场地在旱季时表现出来的景观效果上的差异。

目前，针对黄土高原这种无论在土壤还是在地貌上都极其特殊的地域，现有的海绵技术体系并不能直接加以复制。虽然，多年来在国家西部大开发战略和相关水土保持政策的引导下，相关雨水资源化以及雨水利用的研究取得了不少成果，但在具体的推广运用中却碰到了不少问题，成果转化率较低，针对技术推广的政策和策略十分缺乏，技术成果主要体现在水土保持和农田水利建设领域，在城乡人居环境建设领域运用很少。在黄土高原地区，半干旱的气候条件造成不同场地的生境具有较大的差异[12]，植被分布带有明显的地带性特征，在不同的场地和生境条件下，景观植物及其场地环境的视觉效果呈现出较大差异和季节性变化。如何根据黄土地貌的特点，结合不同类型场地的实际情况，在防止土壤侵蚀的前提下有效而安全地滞留和利用季节性雨水、缓解雨洪压力及其对场地带来的安全威胁，营造健康的场地生境环境和高品质的人居环境是海绵城市技术体系适地性改造急待探究的内容。[7]

1.1.4 研究范围

本书研究的对象界定为“黄土高原沟壑型聚落场地”；空间范围以黄土高原地区为背景，重点聚焦于降雨特征和水资源潜力特征相似的“晋陕黄土高原”区域；研究的内容则界定在“雨洪管控适地性规划方法”上。研究之所以选择“晋陕黄土高原”区域，有3个重要原因：①该区域面积巨大，且社会经济和人口密度在整个黄土高原地区名列前茅；②该区域虽分属两省，但降雨特征和水资源潜力很相似；③生产生活、建筑风貌以及地域文化等高度相似。

黄土高原涵盖5个省、自治区的全部或部分行政范围，其中陕西的大部分、山西的绝大部分都属于黄土高原，两者总面积巨大，这两省无论在人口密度与总数量还是经济发展规模和资源潜力上都居黄土高原前列。虽然整个黄土高原在自然特征上具有相似性，但在黄土高原区域内，降水特征自西北向东南也存在着较大的差异，无论是从5～9月份的多年平均降雨量分布还是从黄土高原区域雨水资源化理论潜力宏观分级来看，黄土高原的东南部区域（主要分布在晋、陕、豫行政区域内）都是年均季节性降雨量大、雨水资源化潜力最高的区域[13]。尽管黄土高原水土流失和产汇流的基本规律具有相似性，但为了研究的方便和工作量的可控，选取了上述年均季节性降雨量大、雨水资源化潜力高，同时也是沟壑分布密度最大、与省级行政区域范围重叠度高的“晋陕黄土高原”作为空间上的范围限定。

在地貌特征上，黄土高原除了局部为石质山地和风沙地貌外，大部分为厚层黄土覆盖的黄土地貌。除了宏观尺度上的山地、丘陵、平原、盆地地貌格局是地质构造运动所形成的外[2]，黄土堆积成形以后的塬、梁、峁、河谷、阶地、沟壑等中小尺度地貌特征，从根源上，都是因为地表径流侵蚀切割和水土流失逐年累积形成的。地貌是自然地理的概念，而场地空间形态则是城乡规划建设领域最常用的语言，按照侵蚀和切割形成的负向场地空间的尺度和形态特征，黄土地貌上的场地空间类型可以划分为沟壑型、川道型（河谷、盆地）和台塬型3种。由于空间尺度的限制，沟壑型场地承载的是居民点、村镇和城市小组团的建设功能，川道型和台塬型场地则承载了绝大部分城市的建设功能。由于晋陕黄土高原是沟壑密度最大的区域，一方面，沟壑型场地成了黄土高原丘陵沟壑区内占主体的场地空间形态，另一方面，从水文过程来讲，如果把川道型场地比喻成“主干”，那么，沟壑型场地则是川道型场地的“枝节”和“上游”[14]，属于在雨洪管控中可以发挥重要作用的源头区域。因此，本书将研究的黄土场地空间类型限定在具有典型特征的“沟壑型”这一类别上，使研究范围进一步聚焦。

1.1.5 研究目的

场地是城乡建设的最基本空间载体，无论是雨洪造成的灾害性破坏还是各类项目中人工建设的各类场地防护和雨水利用措施都发生在空间场地上，雨洪管控规划设计也必须以场地作为基本的对象。因此，本书选择了晋陕黄土高原地区最具典型性的沟壑型场地作为研究对象，针对研究区域内季节性降雨的特点及其特殊自然条件，通过多学科的综合理论研究、现场调查和观测，基于地域雨洪管控场地建设经验和智慧并借鉴景观适宜性评价方法，以现有的海绵城市技术体系为基础，融合最佳管理措施（BMPs）和低影响开发（LID）理念从而建立晋陕黄土高原沟壑型场地雨洪管控的适地性规划方法及地域化策略。

1.2 研究综述

1.2.1 国内研究

黄土高原沟壑型聚落场地雨洪管控的适地性规划研究涉及的内容不单纯是水文学意义上的雨洪管控问题，至少包含雨水场地及雨洪管控研究、黄土高原水土保持与生态建设研究以及黄土高原人居环境建设研究3个方面的内容。

1.2.1.1 雨水场地及雨洪管控研究综述

目前针对黄土高原地区的雨洪管控和雨水场地方面的研究多集中在水土保持领域，围绕城乡人居场地雨洪管控及其相关问题的研究虽然成果较多，但并不是以黄土高原这一特定区域为背景，其研究及成果归纳起来体现在6个方面：

（1）城市及流域雨洪管理方法与模型应用研究

目前主流的城市及其流域雨洪管控方法与模型大多以西方国家的为主，国内的研究主要集中在应用研究方面。这方面的研究又可以分为两大类，早期以雨洪管控方法及模型的引进与介绍为主，着重分析不同方法与模型的功能、特点以及不同体系之间的差异等，如王建龙等（2009）[15]、胡伟贤等（2010）[16]、张园等（2014）[17]的研究，涉及的方法与模型主要有美国的低影响开发技术体系（LID）和LID-BMPs联合策略以及雨洪最佳管理措施决策支持系统（BMPDSS）、英国的可持续城市排水系统（SUDS）、澳大利亚的水敏性城市设计（WSUD）以及低影响开发绿色基础设施（GI）等。第二大类研究则针对各种雨洪管控方法与模型在国内雨洪管控不同方面的运用做了较多的探索。如刘洪波等（2014）对美国的雨洪管理与控制决策支持系统BMPDSS的功能模块、模拟原理，以及Tetra Tech对BMPDSS进行的改进做了详细介绍，并将其与其他常用水文模型与评估工具进行比较，指出BMPDSS存在的不足，提出了将BMPDSS与雨洪管理模型 SWMM及GIS进行深度耦合，以实现外部时间序列的自动输入，并与城市规划排水管网设计及改扩建相结合，对降雨径流模拟水质处理预警预报进行动态模拟，从而为我国城市雨洪管理者提供更为有效的评估与决策工具的建议[18]；车伍等（2010）[19]、牛志广等（2012）[20]从不同角度进行分析，提出了充分利用SWMM、WASP、MIKE FLOOD等模型来构建中国城市雨洪控制利用系统的不同方法和模式；宋云等（2008）[21]、胡楠（2015）[22]、车生泉等（2015）[23]、车伍等（2015）[24]则从城市绿色基础设施或者城市雨洪管理体系对比的角度讨论了雨洪管理模型以及与海绵城市体系建设的相关问题；张书函等（2010）[25]建立了北京的城市雨洪智能管理模型；赵冬泉等（2010）[26]、石赟赟等（2014）[27]研究了基于数字排水技术的城市雨洪控制方案及其评估方式。

（2）城乡建设场地中的雨水资源化研究与实践

由于我国总体上是一个水资源严重缺乏的国家，在城市雨水资源化利用的实践上具有悠久的历史，如很多古城建筑中利用渗坑、渗井、渗沟使雨水就地下渗，利用天井储蓄雨水等[13]。北京北海团城的雨水利用工程已有800多年的历史，至今还在发挥作用，是一套自成体系的雨水收集利用的生态系统，可以称为人类利用雨水工程的杰作[28, 29]。中华人民共和国成立以来，雨水利用的实践主要集中在解决农村缺水地区的人畜生活用水和农业生产用水上，在城市雨水资源的收集利用上做得还非常不够，基本上只关注于地表水资源和地下水资源的开发，忽视了对城市雨水资源的利用，即使有些建筑有完善的雨水收集系统，但却没有处理和回用系统[13]。直到北京奥运会的申办成功，在绿色奥运目标下，北京市才开展了第一个雨水利用工程，随后建设了在业内非常具有影响力和示范效应的北京奥林匹克公园水系及雨洪利用系统[30, 31]。随着近年来“海绵城市”建设的兴起，雨水资源化利用也成了“海绵城市”建设中很重要的一项目标要求，城市雨水的资源化利用也被广泛地关注和研究。潘安君等（2010）[32]在《城市雨水综合利用技术研究与应用》一书中以北京市为研究范围，系统地论述了城市降雨径流特性、城市雨水水质与处理技术、雨水收集与综合利用、城市绿地利用雨水技术、城市下垫面与雨水利用潜力、透水铺装地面、城市雨水利用监测以及技术推广与示范等内容，是早期系统性的研究成果。其中有关降雨径流关系及其计算、水质处理、雨水利用措施等方面的成果内容具有很高的理论参考和实践指导意义。

随着城市雨水利用研究的发展和深入，研究方向也进一步细化，概括起来主要包括资源评价及目标指标、技术模式与措施、绿地系统与雨水利用、场地与雨水利用等方面：

在城市雨水资源评价及目标指标方面，孙栋元等（2013）结合甘肃黄土高原区城市雨洪资源的实际情况，从社会适应性、经济合理性和技术可行性等方面构建了黄土高原区城市雨洪资源利用综合评价模型和评价指标体系，为黄土高原区城市雨洪资源利用提供了评判标准和评判方法[33]。李坤等（2012）、王虹等（2015）分别总结了不同建设场地雨水利用技术的原理和特点，研究了雨水管理和综合利用评价体系以及径流控制的相关指标。李坤的研究选择了场地径流系数作为衡量低碳生态城区雨水管理水平的综合指标，指出低碳生态城区的雨水资源化程度应保证建筑开发行为不改变场地雨水径流系数和径流状况，开发后场地雨水外排量应不大于开发前场地雨水的外排量[34]；王虹则认为海绵城市建设所必需的水文控制指标体系应包括维持河湖湿地基流与地下水补给的入渗控制指标，减少雨洪面源污染的水质控制指标，防止河道侵蚀的水土侵蚀控制指标，以及避免小量级洪涝和减轻极端洪涝灾害的洪水控制指标[35]。王虹的指标体系跳出了单纯的水文学指标的框框，从雨洪过程紧密关联的不同维度提出指标体系的思路对本书指标体系的建构具有参考意义。

关于雨水利用的技术模式与措施，苏东彬（2012）等结合下垫面分类和建筑物格局，将城市雨水利用技术模式分为社区、学校、公园、机关与企事业单位院落以及城市景观湿地、季节性河道等类型，以适应各自的场地特点[36]。苗展堂等（2013）基于LID 理念，并通过对土壤渗透能力及年、日降雨量等条件进行分析的基础上，对干旱半干旱区城市入渗模式的渗透设施面积进行核算，提出了将小区的1/10面积建设为雨水花园从而实现雨水零排放的基础设施规划思路[37]。该研究的启示在于，可以以一种高效的核心措施为主线来规划设计雨洪管控和雨水利用的场地，可以简化众多措施共存的计算复杂程度。在雨水利用的技术措施方面，舒安平等（2015）从加强城市洪涝灾害防治的角度，将雨水收集与利用措施分为雨水入渗、集蓄、入渗集蓄相结合三大类，提出了市政配套设施、公建设施、居民住宅、商业办公设施、工业厂房等五种典型的城镇建设项目雨水收集与利用措施的配置模式[38]。魏燕飞等（2015）在研究中通过 Infoworks CS雨洪模型来模拟3种雨水措施的5种组合在不同重现期下对雨洪控制的影响，得出了不同组合下对雨洪的控制效果的差异[39]。这种定量研究对雨洪管控的精准性提供了思路。

关于城市绿地与雨水利用，王沛永等（2006）认为保持雨水的自然水文循环过程是雨水利用的根本，而城市绿地则是在高度城市化地区实现这一目标的最佳场所，并详细介绍了雨水资源开发利用的具体措施与方法[40]。莫琳等（2012）则针对北京市面临的内涝水患和水资源短缺双重矛盾，提出以绿地和水系为主体构建城市“绿色海绵”，转变依赖大规模工程设施和管网建设的传统思路，探索雨水资源化的新型景观途径。其具体研究案例中规划了三级生态雨洪调蓄系统，通过对雨水径流进行源头控制和就地入渗，实现城市防涝、水源涵养和水景营造的多重效益[41]。该研究的最大意义在于将绿地系统上升成为一种绿色基础设施，使其发挥出包含雨洪管控利用的多重综合目标，对其他自然生态空间的雨洪管控作用和意义的认知是一种启发。

关于雨水利用与场地的关系方面，陈彦熹（2014）、刘海龙等（2014）从建筑场地的角度做了具体研究。陈彦熹认为，针对绿色建筑场地应优先选择对小径流量有良好控制效果的LID措施，从而直接达到源头控制的目的。经过分析比较后，认为雨水花园、透水铺面和下凹式绿地在天津地区非常适宜于作为绿色建筑场地的

LID措施[42]。刘海龙则针对清华大学胜因院这一老旧区域饱受雨洪内涝困扰的问题做了对应的研究和设计实践，强调解决场地洪涝问题要重视场地“产–汇流”过程分析，使场地的设计更有针对性，同时还兼顾了营造水景观、塑造场地精神、将措施充分融入历史景观中的多重目标[43]。两人研究对本书最大的启示有两点：一是任何场地都有自身的特点，雨洪措施的选择一定要与场地特征相匹配，对于场地特征异常突出的黄土高原地区尤应如此；二是场地的雨洪目标不应该“就事论事”，应该考虑场地承载的综合功能，赋予场地雨洪管控目标以多维属性。

（3）绿化场地及设施的雨水净化功能研究

绿化场地是城市雨洪管控的主要空间载体之一，其不仅有滞留和渗透的作用，对地表径流的净化也能发挥较大的作用。车伍等（2001）[44]以屋顶绿化为例，采用人工土壤和天然土壤进行对比实验，结论认为天然土和人工配制土对屋面雨水主要污染物有明显的去除净化作用。因渗透通量较大、通透性好、土壤的物化条件和微生物栖息条件都得到改善，所以人工土壤有更强的净化能力。许萍等（2005）、王宝山等（2010）、周赛军等（2010）、张美等（2014）都从植物的净化能力角度进行了研究。许萍等的实验表明人工土植物系统的人工土层实际是一个复杂的疏松多孔体系，该系统主要通过过滤和截留作用去除大于其孔隙孔径的悬浮物质，同时通过吸附作用去除部分小于其空隙孔径的悬浮物质；“浅层人工土–植物系统”因对径流雨水具有显著的净化作用，可用于道路浅沟、屋顶绿化等建设项目[45]。王宝山等通过实验研究后认为生态绿地在有效控制雨水径流污染物的同时，还能实现对雨水的高效利用，因而可广泛应用于雨水径流面源污染的控制[46]。周赛军等的对比试验显示，城市蓄水绿化屋面对屋面雨水径流中的 SS、COD、TN、TP有明显的去除效果，处理后的水质可达到《城市污水再生利用 城市杂用水水质》GB/T 18920—2002的要求[47]。张美等的研究则表明陆生植物对污染雨水有一定的净化能力，不同植物对COD、Mn、TN、TP的去除存在较大差异，且植物在不同污染浓度下呈现不同的净化能力。这一研究结果为LID技术中植物配置有一定指导意义。[48]唐双成等（2015）则主要针对雨水花园这一生物滞留系统展开研究，他们在黄土地区开展的实验结果显示，系统能够拦截颗粒态污染物，但对溶解态污染物去除效果较差；雨水花园对入流中总磷和总氮的浓度去除率很低，但因截留了很大比例的入流，其对氮、磷污染物总负荷的削减则都过半。所以，利用城市雨水花园来滞留雨水径流，净化雨水水质在研究区具有良好的应用前景。[49]

（4）场地水文特性、构造材料与雨洪管控的相互影响研究

场地水文特性、下垫面类型和构造材料等都对雨洪管控的实施发生重要的影响，决定了具体技术方案，相关研究非常值得关注。关于土壤对雨洪管控的影响，

聂发辉等（2008）、岳秀林等（2015）分别从土壤特性对雨洪削减效应以及积水渗透特性的影响角度展开了研究。研究表明，城市绿地土壤由于受人为活动的影响，土壤物理性质发生了显著变化，土壤容重增大，孔隙度和渗透性降低，压实现象普遍；不同的土地利用区域土壤的入渗速率差异较大，以文教区和居民生活区为最好，其后依次为公园、商业活动区、道路交通区[50]。岳秀林等人的研究则揭示下凹式绿地渗透面距地下水位高差、渗透面积水深度对下凹式绿地入渗效果的影响，结果表明土壤含水率饱和时，下凹式绿地积水主要靠重力势能入渗，并随渗透面距地下水位高差的增大土壤入渗速率逐渐增大，同时随渗透面积水深度增大绿地入渗速度变快；下凹式绿地建设时，还需要考虑雨季地下水位抬升高度的影响[51]。在黄土高原地区，地下水位普遍很深，因此地下水位对下渗的影响微弱，但城市场地中土壤渗透性的差异对场地措施的研究和选择具有参考意义。

在城市雨水径流控制方面，唐宁远等（2009）针对实际应用中对径流系数存在概念混淆和使用困惑的问题，对不同径流系数及其影响因素进行了梳理和总结，对雨量径流系数和流量径流系数的理论与应用作了介绍，给城市雨洪控制利用系统的理论研究、规划设计和工程应用提供了参考[52]。肖敦宇等（2014）等则在整理近年来国内有关屋面径流污染物研究数据的基础上探讨了屋面的径流水质特征，分析了不同的屋面材料对降雨径流水质的影响。研究结果显示：我国大中城市屋面雨水径流水质除TP外均不满足地表水Ⅴ类水质标准，水质污染严重；屋面材料对雨水径流中COD、TSS和TN浓度值影响较大，对TP、NH_3–N浓度值影响较小，总体水质水泥屋面最好，瓦屋面其次，沥青屋面最差。[53]该结论对雨洪管控中水质控制目标的实现具有参考价值，揭示了建筑选材对水质的影响，对相关政策和技术规范及构造的发展提供了数值依据。

在透水材料研究方面，晋存田等（2010）[54]、萧劲东等（2004）[55]、陈庆锋等（2008）[56]分别对透水砖、发泡陶土以及生态混凝土的透水特性做了研究，对雨水场地及其构造的设计提供了材料上的研究支撑。

（5）绿化场地雨水利用的功能绩效研究

绿化类场地及其下垫面在雨洪管控和雨水利用中有举足轻重的作用，但其在径流调蓄、调控以及综合生态功能中的功能绩效需要有更多的定量化研究，这方面已有学者做了一定的工作。程江等（2008）通过案例对比研究表明，高度城市化区域内小尺度城市汇水域的城市绿地系统具有良好的削减城市雨水径流总量和延缓雨水径流洪峰的调蓄效应；城市区域绿地系统面积比例差及其绿地结构、覆被植物和土壤类型的差异等能够造成对比汇水域年径流系数的明显差别，对大雨径流过程也存在明显的延缓径流峰现时间上的差异[57]。唐莉华等（2011）模拟分析了降雨频率、土层厚度和土壤类型等因素对绿化屋顶雨水滞蓄效果的影响。结果表明，绿化屋顶具有较好的雨水滞蓄效果，10cm土层厚度的绿化屋顶在不同降雨条件下的蓄滞量可达到16.1～21.6mm；随着土层厚度的增加，蓄滞效果更明显。就雨水滞蓄效果而言，壤土比砂土和粉黏土更适合于绿化屋顶[58]。郭凤等（2015）则通过实地建立植草沟来分析其对北京城市道路径流水量和水质的调控效应。结论显示植草沟对道路地表径流具有一定的调蓄洪峰流量、延缓产流时间、减少径流污染的作用，但无法单独作为有效控制城市道路地表径流水量的管理措施[59]。

（6）雨水利用的政策体系研究

关于雨水利用的政策体系，汪元元等（2010）[60]、贾登勋（2008）[61]、张天悦（2014）[62]、周晓兵等（2009）[63]分别从雨水利用政策体系、规划设计体系创新、雨水权利制度、我国城市非常规水源财政补贴机制及与美国LEED标准比较等五个方面做了研究；赵晶（2012）[64]，谭春华（2012）[65]，陈筱云（2015）[66]研究了城市化背景下的可持续雨洪管理、雨洪管理模式的转换及组织政策等问题；徐振强（2015）[67]研究了海绵城市的政策沿革与地方实践；沈兴兴等（2015）[68]则从水资源配置、水资源使用效率、雨水利用和管理、水资源污染治理、公共参与等多个角度，综述了国内外水资源管理手段创新的研究进展，简要分析了各种创新手段在我国的应用现状和前景；隆万容等（2010）[69]探讨了城市雨洪基础设施安全保障对策；区慧祯（2014）[70]则研究了农村缺水地区雨水集蓄利用的法律制度；张丹明（2010）[71]、车伍等（2012）[72]分别介绍了美国和新西兰的现代雨洪管理法规与政策或政策演变。上述研究总体上表明，雨洪管控和雨水利用问题不单纯是一个技术问题，更是一个法律问题、政策问题还是技术规范的问题，在本研究中，还需从法律法规方面给予适当的关注。

1.2.1.2　黄土高原雨水利用、水土保持与生态建设研究综述

黄土高原及其上分布的黄河与众多的上中游干流、支流，是中华民族的摇篮与华夏儿女的母亲河，因人类活动历史悠久，开发强度过大以及气候变迁等诸多因素的综合影响，水土流失严重，水资源严重缺乏，灾害频发。从夏大禹、西汉的贾让、东汉的王景到明代的潘季驯，历代先贤为治理黄河流域的水患和水资源的合理利用都做出了杰出的贡献，到近代治黄和水土保持先驱、著名的水利科学家李仪祉引入现代科学的流域和水土治理的方法，提出流域整体性综合治理的思想，黄土高原的水资源综合利用及水土流失综合治理开始走上科学化、系统化、综合化的开发治理道路。[2]新中国成立以来，在黄土高原的开发治理上众多学者深入开展了科学研究，取得了大量的成果，下面就与本书紧密相关的黄土高原雨水利用以及水土

保持与生态建设方面的研究做一个简要的综述。

（1）黄土高原雨水利用研究综述

黄土高原的雨水利用研究包含了黄土高原雨水资源化、小流域次降雨水文过程模型、雨水资源高效利用的模式途径和技术措施以及雨水利用与农田渗透性等多个方面。在雨水的资源化方面，冯浩等（2001）[73]、赵西宁等（2005）[74]、吴普特等（2008）[75]、王月玲等（2012）[76]、张宝庆等（2013）[77]、王慧莉等（2014）[78]、张宝庆（2014）[77, 79]等人对雨水资源潜力及时空分布、雨水资源化定量计算分析与评价、雨水资源化与水土保持等内容展开了研究；王红雷等（2012）[80, 81]对雨水资源量计算及水文过程模型的应用进行了研究；许红艳等（2004）[82]、李怀有等（2006）[83]、陈维杰（2008）[84]、赵西宁等（2009）[85]、方文松等（2011）[86]对黄土高原小流域及半干旱区雨水资源利用的途径、方法、技术措施体系、在农业中的利用、与农田渗透性的关系等方面做了一定的研究。上述研究在总体上虽然主要针对农林业生产以及黄土高原的生态建设，但由于其研究的对象、面对的自然条件，地表的水文过程基本相似或相同（本书研究的黄土高原小流域内除了人居生活类用地，还存在大量的农林业生产和生态建设用地，由于流域水文过程的连续性，研究时不可能将其割裂开来而仅研究人居生活类建设用地），因此，其中大量的研究数据和成果可以直接作为本书研究的参考。

（2）黄土高原水土保持与生态建设研究综述

近30年来，黄土高原水土保持及生态建设相关领域的研究有增无减，取得了大量的研究成果。概括起来包括水土保持的重大生态意义、土壤侵蚀的机理、植被根系提高土壤抗冲性机理及固土效应、植被建设的生态水文效应及植被恢复策略等主要方面。关于水土保持及其重大战略意义，穆兴民等（1995）分析后认为：洪涝灾害、淡水资源短缺和水污染问题是中国水问题中的三大主要问题，其影响因素甚多，但水土保持是解决水问题之根本性、战略性措施。研究进一步认为，泥沙是直接或间接影响中国水问题的重要因素，水土保持通过减少入河泥沙、减洪和削减洪峰抑制洪涝灾害，并通过雨水资源化、增加土壤蓄水、延长水库运行寿命和提高水的利用效率而缓解水资源的短缺，通过减少径流泥沙而改善水质[87]。该结论对本研究将水土保持列入雨洪管控目标体系之中有很好的背景支撑作用。

关于黄土高原土壤侵蚀机理研究，虽然属于土壤学和水文学的重点研究领域，但对本研究中场地水文过程的分析具有基础原理上的支撑，对流域和场地雨洪管控措施的选择具有重要影响。鉴于该方面的成果与内容十分丰富，在此仅挑选有代表性者略作概述。朱显谟是我国黄土高原研究的著名学者，20世纪60年代以来发表了大量的研究成果。关于黄土高原水蚀的类型，朱显谟（1982）研究后指出，从水的形态及其对土壤破离作用来说，可以分为溅蚀、溶蚀、片蚀、沟蚀、沟道侵蚀5种基本形式；在水蚀过程中，水虽常表现为土壤侵蚀的外在条件，但在某种程度上，它又和土体内部存在的矛盾紧密联系；有关水蚀的影响因素很复杂，但雨或大暴雨对土壤侵蚀的影响非常显著，一年或几年中，少数几次暴雨所产生的土壤侵蚀量，往往占总侵蚀量的主要部分[88]。上述研究显示出在黄土高原地区进行雨洪管控对水土保持也同样具有重大意义。李勇（1995）研究指出黄土高原土壤侵蚀环境调控的核心应当是“创造渗性强、稳定抗冲的土壤环境系统”，即以恢复增加地面植被盖度为中心，以植物根系提高土壤入渗及抗冲性能的有效性原理为依据，针对黄土高原不同区域入渗抗冲性土体构型发生的主导过程及其类型，全面考虑，重点设施[89]。

关于植被根系提高土壤抗冲性机理及固土效应方面的主要研究者有朱显谟（1960）、李勇等（1991，1990，1992，1993）[90]、吴钦孝等（1990）[91]。朱显谟将植被根系对于水土流失的影响分为直接影响和间接影响两种情况。经大量的现场调研和实验对比后指出，在黄土高原地区，不论坡面坡度如何，倘若有很好的植物覆被，就可以阻缓或防止水土流失的发生；间接影响表现在增加了土壤的透水性、减少和防止了土壤的分散和悬浮、使土体或土壤结构相互串联固结在一起，从而助长了抵抗地面径流的冲击破坏和运转作用的性能。因此，在黄土地区进行水土保持工作时，生物措施是唯一治本有效并和发展农业生产密切结合的措施[92]。李勇、吴钦孝等则在此基础上持续性地做了大量工作，从更具体的内在机理上进行了研究。

在植被建设的生态水文效应及植被恢复策略方面，庞敏（2010）对黄土高原几种植被类型的土壤水分特征、沙棘柔性坝的土壤水库调节效应和生态水文效应等进行了分析和试验研究与比较。指出植被过滤带对地表径流的延滞效应及过滤效果与草本群落的发育状况有密切关系；植被过滤带主要通过物理作用并能有效过滤地表径流中的悬浮固体、氮磷营养物质等四种污染物；植被的密度、高度和刚度对过滤带的净化效果影响显著，草本群落发达的草地过滤带具有较好的过滤效果。[93]彭镇华等（2005）则对晋西黄土高原地区的植被恢复策略进行了分析研究，提出了土石山次生林区，层浅薄、坡度较陡的生态脆弱地段以及土层深厚且坡度平缓地段各自不同的植被恢复策略[94]，其核心思想很好地体现了“适地性”策略。

1.2.1.3 黄土高原人居环境建设研究综述

黄土高原人居环境建设是一项系统性的工作，面临自然资源条件的合理利用、对生态环境的保护和恢复、解决经济发展与生态保护的矛盾、乡村人口的转移与积聚、地域风貌的保存与恢复等诸多矛盾和问题。解决这些矛盾和问题的思路和方法对黄土高原沟壑型场地及其小流域雨洪管控适地性规划而言同样具有重要的指导意义，因为从本质上讲，雨洪管控属于黄土高原人居环境建设的重要工作。所以对黄土高原人居环境建设领域的相关研究成果进行梳理也就显得非常必要。概括起来，相关研究大致可以分为黄土高原总体人居环境建设的理论体系、陕北城镇空间结构及其演变、黄土高原小流域人居环境、黄土高原窑居住区、窑院聚落和乡村人居等方向。

在黄土高原总体人居环境建设的理论体系方面，魏秦（2008）、刘滨谊等（2010）、孙然好等（2012）就黄土高原人居环境营建体系、西部干旱地区新型人居环境建设、城市生态景观研究的基础理论框架与技术构架做了研究。魏秦将黄土高原地区建筑营建体系置于整体的自然、经济、社会文化等综合要素的动态网络中加以研究，从多维视野中整体地把握系统的构成关系[95]，力图架构完整的地区营建体系的理论框架与操作基点平台。刘滨谊等人的研究从人居环境聚居背景、聚居活动、聚居建设3方面展开，以黄土高原干旱地区为对象，研究了“干旱区地表雨水收集、生态环境改善的新型聚居背景”+“现代集约化农牧业与生态旅游等为主的新型聚居生存方式与产业”+“节水节能、低碳环保、生态循环的新型聚居建设”等基本内容，对现有多种高–中–低技术予以集成，提出了气候变化新时期西部干旱区新型人居环境模式、形态与集成技术应用的途径[96]。孙然好等人通过概括城市生态景观的基本内涵和主要特征，认为其核心价值包括可持续性、生态经济效益及和谐性，并据此提出了景观自然度、物种安全性和多样性、雨水利用效率、污染物排放和处理、绿色能源和材料利用、局地小气候调节、景观视觉享受以及精神内涵和文化品位8条指导原则，进一步整理并归纳了有关的定量评价指标和适用范围、总结了城市生态景观的技术构架[97]。

在陕北城镇空间结构及其演变方面，周庆华（2004，2006，2014）、于汉学等（2006）、唐相龙（2009）、魏诺等（2014）对陕北城镇空间形态演化的合理生态途径、人居单元整合、陕北地貌形态与城镇体系空间结构的耦合关系等内容进行了探讨。周庆华以生态动因分析为途径，在剖析了河谷沟壑地貌所形成的河谷集聚效应、河谷闭合效应、河谷传输效应、河谷交汇效应等规律的基础上，提出了宏观层面的河谷城镇空间阶梯扩张模式、中观层面城乡空间统筹发展模式、微观层面小流域乡村枝状空间模式以及传统窑洞空间形态改进模式等[98–100]。于汉学等提出了以“黄土塬”为人居单元的整合构想，在综合生态适宜性和生态敏感性分析和区划的基础上，提出了“大分散、大聚集”的生态整合模式和相应的树枝型多中心组团模式和均衡增长模式[101]。唐相龙则针对黄土高原沟谷型小城镇由于地形结构的纵向延伸，城镇横向发展空间受限的现实问题，提出了将爬坡式覆土窑洞建筑移植到沟谷型小城镇两侧山坡之上，借以拓宽城镇的横向发展空间的构想，从而既达到保护窑洞民居、塑造城镇特色的目的，又实现黄土高原传统建筑“文脉”的延续和沟谷型小城镇的可持续发展的目的[102]。魏诺等则根据分形理论和维数合成法，对陕北地区城镇体系位序规模分维数和城镇体系空间结构分维数进行了计算，给陕北沟壑地区城镇体系空间结构研究提供了一种新方法，以期使城镇发展模式与地貌形态、人口分布和经济结构相适应[103]。

在黄土高原小流域人居环境方面，刘晖（2005），李秋苗（2005）对黄土高原小流域人居生态单元及安全模式、景观格局分析方法与应用、三种脆弱自然条件下疏解环境压力的城镇化发展模式，以及人居环境研究的新途径等具体内容开展了研究。刘晖在研究中建构了以小流域土地空间单元为核心的“黄土高原人居生态单元”理论模型；提出该模型构成包含人居建设系统、人居支持系统和自然支撑系统；论证了“山地型”“川道型”和“台塬型”人居环境生态单元的科学依据，进而提出了山地生态环抱先决型、川道人居生态串珠型和台塬人居岛状生态环绕型的三种黄土高原小流域人居单元类型安全模式[104，105]。李秋苗则指出在黄土高原脆弱生态环境下的可持续人居建设中，传统理论方法具有局限性，提出了以小流域人居环境为基本单元和突破口，分步骤实现流域–区域–地域人居环境三层次发展的新构想，以及小流域模式的可行性研究方法和技术路线[106]。刘晖以地貌形态为基础划分小流域人居生态单元的方法以及李秋苗分层次发展的思路对本研究在场地类型划分中提出“沟壑型聚落场地”概念以及分级管控思路提出具有启发意义。

关于陕北窑居住区的研究，刘启波等（2003）[107]、刘加平等（2004）[108]、周庆华（2005）[109]、王竹等（2007）[110]、唐明浩（2011）[111]、黄玉华等（2008）[8]对生态环境条件约束下的窑居住区居住模式更新、传统窑居空间形态更新模式、绿色窑居住区体系、窑居建筑及其地质灾害等方面做了探讨；在窑院聚落和乡村人居领域，李钰（2011）[112]、韩晓莉等（2013）[113]、张睿婕等（2014）[114]、雷会霞等（2014）[115]对生态脆弱地区乡村人居环境、黄土沟壑地貌制约下传统聚落形态的演进、地坑窑院聚落等内容做了研究与调研。上述研究成果与内容对本书在目标体系中确立雨洪管控的地域风貌目标具有可行性和必要性上的支撑。

1.2.2 国外研究

虽然黄土高原地区的生态人居问题属于我国西北地区特有的现实问题，但在雨洪管控规划研究方面，从理论方法及技术体系的角度国外仍有许多研究工作值得参考，下面从雨洪管控及其技术方法体系和水土保持两个方面进行综述。

1.2.2.1 雨洪管控及其技术方法体系

西方发达国家关于雨洪管控和雨水利用方面的研究起步很早，很多国家目前已经形成了完备的技术体系。在城乡规划、风景园林以及水土保持（水利）等学科领域目前国外已经形成和发展出来的基本方法与技术体系主要有美国在20世纪70年代发展和形成的最佳管理措施（BMPs）、20世纪90年代美国马里兰州乔治王子郡率先开发的低影响开发技术（LID）、20世纪90年代英国苏格兰环保局在BMPs的基础上推出的可持续城市排水系统（SUDS）、西澳大利亚1990年代中后期根据本国情况发展而成的水敏性城市设计模式（WSUD），以及新西兰政府在借鉴美国最佳管理措施（BMPs）、低影响开发（LID）和澳大利亚水敏性城市设计（WSUD）理念并结合本国实际情况推出的城市水系统管理体系——低影响城市设计与开发（LIUDD）等。上述雨洪管控的方法与技术体系在国外应用和发展了多年，已经比较成熟，从技术途径及思路上对本研究有重要的参考价值，本书在第2章基础理论部分会详细论述。

西方国家近年来对上述雨洪管控体系的研究更多地从具体应用与完善上做了大量工作，包括从水文模型和模块、决策评估机制、LID措施的功能绩效、BMPs及LID在不同地域和不同条件下的有效应用等方面。

在水文模型和模块方面，美国环境保护署（USEPA）为了给流域从业人员提供应急支持，以评估基于有效性和成本的雨水管理选项，并满足他们现有的计划需求，开发了一个决策支持系统，即城市雨水处理和分析集成系统（SUSTAIN），以评估城市和发展中地区雨水水质管理和流量减少技术的备选方案。该系统能够评估最优的位置、类型和雨水最佳管理实践（BMPs）的成本，以满足水质和数量目标。[116]在BMPs应用方面，LAM Q D等（2011）[117]针对德国北部低地中的基尔斯托流域，使用生态水文模型（SWAT）评估低地流域的营养负荷、长期影响以及整个流域水质改善的最佳管理成本和效率，并根据BMPs的成本和有效性，对结构和非结构BMPs的两种方法进行了改进。这些改进管理措施包括扩大土地利用管理、放牧管理措施、田间缓冲带等。LAM Q D等人的研究表明，BMPs策略在不同国家和地域使用的过程中，有必要进行BMPs策略和措施的适地性研究和地域化改造，使其能更好地发挥工作。LAURENT A等（2016）[118]使用个人电脑雨水管理模型（PCSWMM）评估了伊利诺伊州中部城市流域大规模采用LID实践的防洪能力，结果表明LID措施可以用来减轻城市流域的洪水风险。Larry S. Coffman（2000）[119]，

Larry Coffman等（1998）[120]则从雨水管理模型和恢复自然水文的角度对低影响开发（LID）雨水管理技术体系做了分析和研究。

在雨洪管控的决策和评估方面，MARTIN C等（2007）[121]针对多准则分析方法（MCA）在城市雨水排水管理中的应用做了研究，指出可以根据水力效率、污染保持、环境影响、运营和维护、经济投资、社会和可持续城市生活等不同的标准进行评估；为了扫除应用方面的技术障碍，可以建立多准则分析的备选矩阵来辅助决策者更好地决策，选择各地的暴雨水源解决方案。CHEN Yu-jiao等（2016）[122]针对建筑和规划设计师等技术人员开发了一个集成的设计流程和城市雨水管理的新工具——Rainwater+，研究者将这一开源的雨水径流评估和管理工具无缝地集成到计算机辅助设计（CAD）软件中，以接收建筑和景观设计的雨水径流量的即时估算量，并用案例进行了验证。该研究成果对雨洪管控在不同场景下的实践具有工具意义。MONTALTO F等（2007）[123]则用一个简单的模型用于评估低影响开发（LID）投资的成本效益，以减少城市流域的污水综合溢流（CSOs）。

在LID措施的功能绩效方面，SHAFIQUE M等（2015）[124]对目前LID技术及其应用进行了综述，指出LID措施在环境友好型建设和可持续发展中具有有益的用途，并对透水路面、生物保持池、沙沟等措施的效果做了特别的关注和介绍。DAMODARAM C等（2010）[125]在最佳管理实践（BMPs）与低影响开发（LID）措施的结合上做了模拟研究，结果表明，单纯使用LID措施对小事件的雨水控制效果显著，而对洪水事件的控制效果较差。提出了结合BMP-LID方法对洪水和频繁降雨事件的径流进行控制的思路，并进行了测试。Erik S Bedan等（2009）[126]则以传统的社区为对象，对比研究了传统和低影响下的雨水径流质量和水量，表明了低影响措施针对具体污染物的不同效益。

在BMPs及LID在不同地域和不同条件下的有效应用等方面，ROON M V（2007）[127]针对雨水管理本地化问题，使用大洋洲的案例做了研究，强调使用“低影响”和对水敏感的“设计和开发技术”向以社区为中心的雨水管理服务过渡的趋势、成功和挑战。PALLA A等（2015）[128]通过SWMM模型在城市流域尺度上进行了建模，模拟了不同暴雨条件下LID方案的有效性。PYKE C等（2011）[129]针对气候条件变化的不确定性，通过模拟，以一种简单但定量的方式说明了通常的低影响发展做法对提高社区应对不断变化的降水模式的适应能力的潜在好处。

关于雨水利用和建设场地的关系问题，近年来，乔纳森·帕金森等（2007）[130]，从政策、规划、设计和实施的角度研究了发展中国家城市雨洪管理的问题。James L. Sipes（2010）[131]，S.BrySarté（2010）[132]从水资源可持续运用和绿色基础设施的角度作了工程技术研究；Claudia Dinep等（2010）[133]、James

A.等（2008）[134]、Steven Strom等（2009）[135]、Schueler T. R.（1994）[136] 则对雨水利用的场地问题作了大量研究。Booth D. B.（1991）[137]则研究了城市化对自然排水系统的影响及其可能的解决方案。Alan A. Smith.（1999）[138]、R. Mehler（1999）[139]、Sveinn T. Thorolfsson（1999）[140]等人针对城市排水系统中的雨水管理效率和城市中的暴雨管理问题做了大量工作，Fabian Papa等（1997）[141]则研究了动态规划技术在区域雨水管理系统中的应用。Hossain M.等（1992）[142]分别对生物滞留及暴雨径流问题展开了研究。Horner R. 等（1999）[143]从流域保护实践以及维护溪流的生态完整性的角度进行了基于自然土地覆盖保护的最佳管理实践研究。Lloyd S. D.等（2002）[144]、Lloyd. S. A.（2001）[145]研究了澳大利亚的水敏性设计问题，并从雨水管理的角度探讨了水敏性城市的设计方法。Lloyd S. D.，Wong T. H. F.等（2002）[146]、Thomas N. Debo等（2002）[147]、Niemczynowicz J.（1996）[148]研究了街道、城市的雨水管理问题。James Pheaney等（2000）[149]、Christer Stenmark.等（1995）[150]、David R. Tilley等（1998）[151]对寒冷及亚热带等不同气候下的雨水管理问题进行研究。H. B. Dharmappa等（2000）[152]、S. Barraud等（1999）[153]分别研究了煤矿场地中的废水和雨水最小化问题和多孔路面的雨水利用问题。

1.2.2.2 水土保持

由于人类活动的加剧，世界各国的土壤流失是一个较为普遍的现象，相对应的水土流失研究也有较长的历史。1884年，奥地利制定了世界上第一部《荒溪治理法》，总结出一套综合的防治荒溪流域水土流失的森林工程措施体系；美国从1944年通过了《公共法》，对流域防洪、侵蚀及泥沙控制做出了要求[154]；俄罗斯的研究和治理则始于18世纪中叶，早期做出深入研究的有B.B.道库恰耶夫等一批学者。到20世纪50年代后，埃尔曼德、扎斯拉夫斯基深入研究了侵蚀机理、面蚀和沟蚀的发展规律，不同侵蚀强度对土壤肥力的影响等。[155]总体上，对水土保持的研究在农林业、土壤学等领域里被关注得最多，但随着人居环境建设中对流域雨洪问题和生态环境建设的重视，水土保持问题也得到了跨学科领域的关注，在雨洪管控和生态建设中也多有涉及。

在雨洪管控与水土保持的关系方面，近年来有不少研究，对雨洪管控目标、措施以及技术方法等的制定都提供了重要参考。如，JAN N等（2010）[156]以发展中国家埃塞俄比亚北部为例，研究了水土保持措施对流域的影响和水文响应变化。采用的管理措施主要包括各种水土保持措施，如建造干砌石坝和检查水坝，放弃收获后放牧，建立木本植被等。结果表明，该流域管理提高了入渗率，直接径流流量减少81%，对流域水平衡产生了积极影响。JAN N等（2009）[157]针对即使在同一地区土地退化也不一致的现实问题，研究后认为，在严重退化的环境中，应该在社会不同层次的决策过程中把在原地和集水区实施水土保持和其他土地恢复列为最高优先事项，调查后证明采取这种做法的地方尤其成功。König Hannes Jochen等（2012）[158]对在突尼斯乌姆泽萨尔流域进行的替代性水土保持（SWC）情景的参与性影响评估做了跟踪研究，表明不同群体的参与性和政策对水土保持的效果有重要影响。RUIZ-COLMENERO M等（2011）[159]则针对在陡坡上使用绿色覆盖物所带来的水土保持困境进行了研究，表明耕作方式、作物类型、坡度的不同组合对侵蚀有着不同的影响关系。

1.2.3 总结评述

根据上述国内外研究现状的分析，对黄土高原场地雨洪管控的适地性规划方法相关学科领域的研究现状可从3个方面作总结性评述：

1.2.3.1 既有研究的短板

（1）基于不同地域气候和场地条件下雨洪管控及雨水利用的研究较少

在本专业领域内，目前的研究在地域背景的差异上关注不够，谈到雨水利用，绝大部分的成果都推荐绿色屋顶、下凹式绿地、植被浅沟等“正确”的方法。较少思考降雨量差异巨大的地区使用相同的技术手段有何不同的效果；没有将黄土高原特殊地形地貌以及土壤条件所形成的特殊水文规律及有效雨洪管控措施与雨水场地规划设计的物质空间规划方法结合起来。

（2）对于黄土高原雨水利用场地措施的“适地性”问题缺乏足够认识

针对黄土高原的城镇和乡村聚落，该地特有的场地特性和气候特点应该在规划设计方法上体现出何种不同？既有的海绵城市技术措施能否全部搬用？是否需要选择并进行地域化改造？如何改造？旱雨季场地景观效果有何差异？如何应对？这些都是面临的新问题。目前基于地域气候差异下海绵城市的相关研究很少，针对地域内的典型城市，鲜见基础理论层面的总结，缺乏可行的场地评价方法、技术体系和规范，大多数雨水利用工程在建设前都没有进行场地的适地性评价，设计多关注在“下凹”和“透水”上。设计过程中运用场地适地性评价和雨量计算分析等手段对方案进行调整方面的研究也较少，鲜见从不同适地性因素出发，制定综合的雨水利用计划和雨洪管控措施，造成很多建成项目显现出季节性荒芜、需水维持、利用效率低下的局面，甚至因没有考虑土壤工程特性上的差异而出现场地安全问题。作为建设的规划者和落实者，城乡规划及风景园林规划设计师对基于地域特征的适地性雨洪管控规划及相关方法研究关注较少，对因缺少场地适地性评价而造成的危害缺乏足够认识。

（3）缺少“适地性技术”研究，多专业交叉融合研究不足

海绵城市技术体系目前在全国范围内快速推广，其基本技术框架和包含的低影响开发思路在不同的地域应该进行针对性的调整，并针对地域降雨、土壤、地貌、植被以及生产方式等条件下场地规划设计的技术措施进行研究，形成地域性的“适宜技术”体系。目前的研究还缺乏人居环境相关专业与水土保持等相关专业在技术措施上的借鉴与融合研究，无法适应地域人居环境规划中雨洪管控方面的需求。

（4）相关理论研究缺失

在人居环境规划及设计领域，目前有限的研究大量关注于人口密集的大中型城市地区，较少研究西北干旱、半干旱特殊地形地貌的地域；过于强调建设场地的“渗”“蓄”等“海绵”功能，较少考虑因场地安全和水土保持需要而积极“排”放的功能；只关注本专业对雨水场地的功能要求，却较少考虑水土保持等其他领域对场地的不同定位；或者仅讨论和运用“海绵指南”中“通用”的“LID技术措施”，对传统的地域性雨水技术措施和水土保持相关技术措施少有涉及。既符合海绵城市国家政策导向，又适应黄土高原气候和文化特点，还能兼顾水土保持及场地安全要求，具有系统性、可操作性的多专业融合创新的规划设计理论方法还没有形成，更谈不上在雨水管控这类技术性的规划设计中继承和发扬地域性的人居传统文化。

（5）缺乏系统性的政策和制度创新研究

雨水利用观念已经逐渐被广大从业人员所接受，雨洪管控也随着海绵城市的推广而逐渐被本专业纳入工作范畴，但从工程规划设计到建设实施的不同环节，对于该观念的落实还不尽如人意，原因多种多样，最根本的是没有建立适合中国国情的制度体系，没有形成全面、系统成熟的设计和施工规范，更遑论地域性雨水相关政策和制度的建立。

1.2.3.2 既有研究的基础作用及本研究的期望

既有的研究成果虽然不能直接地解答黄土高原地区雨洪管控适地性规划方法的相关问题，但海绵城市、黄土高原水土保持以及黄土高原人居环境等多学科领域的大量研究是本研究的重要基础。在既有研究的基础上，进行多学科的交叉融合和一定程度的创新后，形成黄土高原雨洪管控适地性方法是本研究的期望。既有研究与本研究之间的关系如图1-2所示。

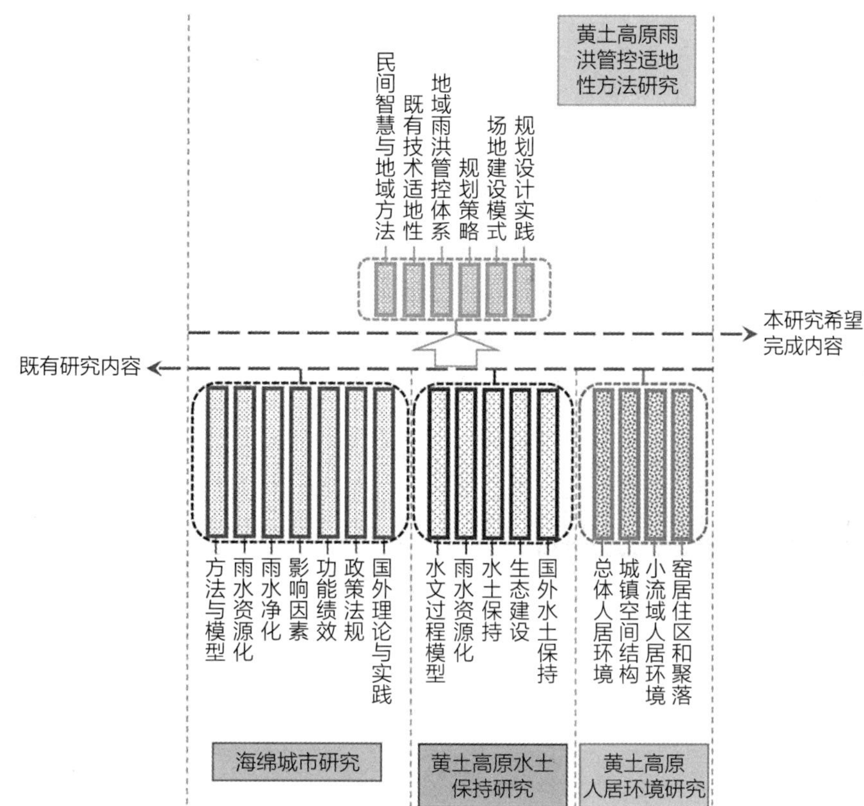

图1-2 既有研究与本研究的关系

图片来源：作者 绘

1.2.3.3 瓶颈问题

根据上述分析和总结，可将建立黄土高原场地雨洪管控适地性规划方法的瓶颈问题归纳为“如何对现有海绵技术体系进行‘适地性’改造?”解决这一瓶颈问题，在研究上需要突破的关键点有三：①黄土高原雨洪特征和产流机制对雨洪管控的影响；②黄土高原雨洪管控、雨水利用及水土保持实践中的民间智慧以及基于该智慧的地域化海绵技术框架构建；③构建适地性海绵技术体系的过程中如何对技术措施进行适地性评价?

1.3 核心概念界定

1.3.1 黄土高原沟壑型聚落场地及相关概念

包含“黄土高原”“黄土高原丘陵沟壑区”及“黄土高原沟壑型聚落场地”三个概念。

1.3.1.1 黄土高原[1]

黄土高原是中国四大高原[2]之一。在《辞海》中[3]，将黄土高原界定于秦岭及渭河平原以北、长城以南、太行山以西、洮河及乌鞘岭以东的范围。包括山西省全部、陕西省北部、甘肃省中部、东部及宁夏回族自治区东南部和河南省西部，面积约50万km^2，海拔800～2500m，山岭高2500m以上。黄土高原除许多石质山地外，大部分为厚层黄土覆盖，层厚50～80m，陇东、陕北可达150m。土质疏松，地形破碎，多为塬、梁、峁及沟壑地形，水土流失严重。按地形差别，分陇中高原、陕北高原、山西高原及豫西山地等区。

黄土高原是世界上黄土地貌发育最典型和类型最齐全的地区，同时也是世界上水土流失最严重地区。[2] 区内水系以黄河上、中游干流及其支流为主，其次为桑干河、滹沱河、漳河上游。山系多为南北走向，自东向西依次主要有：太行山、吕梁山、黄龙山、子午岭、六盘山、屈吴山等，并且山地与盆地（或塬地）相间分布。在太行山与吕梁山之间为山西盆地，吕梁山与六盘山之间为陕甘盆地，六盘以西为陇西盆地。[2] 由南向北，地貌类型齐全，依次为：秦岭山地及其北麓洪积冲积扇群、渭河平原、黄土塬（含残塬）、石质中山低山、黄土梁峁丘陵沟壑、沙漠与沙漠化土地。气候资源变幅较宽，各地、各年差异悬殊[2]。黄土高原地区年降水量为133.8mm（银川，2000年）～917.3mm（杨陵，1952年），平均为429mm。全年降水分配，可分为雨季（汛期，5～10月）与旱季（非汛期，11～4月），雨季降水量占全年的78.17%～96.56%，旱季占3.44%～21.83%，年降水量少者雨季降水占全年比例较高。[2]

本书在空间范围以黄土高原地区为背景，重点聚焦于降雨特征和水资源潜力特征相似的“晋陕黄土高原”区域。根据上述界定，“晋陕黄土高原”侧重于强调山西和陕西两省的行政范围与“黄土高原”在空间上的重叠部分，其在地理空间上同属于黄土高原的一部分，同时有别于黄土高原位于其他省份的部分，如陇中高原及豫西山地等。

---

[1] 在谈到黄土高原时，还经常涉及另一个相近的概念“塬”，有必要加以特别说明。在《现代汉语词典》中，“原”指宽广平坦的地方，“高原”是指海拔较高，地形起伏较小的大片平地，一般海拔在500米以上。“塬”则指我国黄土高原地区因流水冲刷而形成的一种地貌，呈台状，四周陡峭，顶上平坦。“原”是一个平面概念，而“塬”则是一个立体概念，不仅包含塬面，还包含塬坡和沟坡等微地貌（于汉学，2007）。由于《现代汉语词典》中“原”的第二条释义与“塬”通用，故在本论文中，对两者不再特别区分。

[2] 中国的四大高原分别是青藏高原、内蒙古高原、黄土高原和云贵高原。

[3] 夏征农，陈至立．辞海：第六版彩图本［K］．上海：上海辞书出版社，2009：0966．

1.3.1.2 黄土高原丘陵沟壑区

黄土高原丘陵沟壑区是按照地貌形态进行的分区，是我国黄土高原的重要组成部分，其分布很广，涉及7省（区），面积21.18万km^2，主要特点是地形破碎，千沟万壑，15°以上的坡面面积占50%～70%[160]。依据地形地貌差异分为5个副区。1～2副区主要分布于陕西、山西、内蒙古三省（区），面积为9.16万km^2，该区以梁峁状丘陵为主，沟壑密度2～7km/km^2，沟道深度100～300m，多呈“U”形或“V”字形，沟壑面积大，沟间地与沟谷地的面积比为4：6[160]。3～5副区主要分布于青海、宁夏、甘肃、河南四省区，面积12.02万km^2，该区以梁状丘陵为主，沟壑密度2～4km/km^2。小流域上游一般为“涧地”和“掌地”，地形较为平坦，沟道较少；中下游有冲沟。黄土丘陵沟壑区是中国乃至全球水土流失最严重的地区。[160]

1.3.1.3 黄土高原沟壑型聚落场地

在定义黄土高原沟壑型聚落场地之前先要明确黄土高原沟壑型场地的概念。黄土高原的地貌形态包括岩基山地、黄土地貌和风沙地貌三种，其中黄土地貌是黄土高原区地貌的主体[11]，本书中所研究的场地主要是黄土地貌上的各类场地，不包括岩基山地和风沙地貌上的场地。黄土地貌主要包括黄土塬、黄土丘陵、黄土河谷、大型盆地谷地等一级地貌类型，可进一步细分为典型黄土塬、破碎塬、黄土台塬、黄土梁状丘陵、黄土峁梁状丘陵、黄土梁峁状丘陵、黄土梁、薄层黄土覆盖的石质丘陵、黄河峡谷、阶地与河谷平原、谷坡地貌等[11]。地表径流长期的侵蚀作用是地貌形成的根本原因，黄土塬不断下蚀逐渐形成毛沟、支沟、沟壑、川道、河谷、阶地、台地、梁峁等形态，其中沟壑、川道、河谷等负向地形是地表径流汇聚和传输迁移的路径，也是雨洪危害的受体，因此，本研究将黄土地貌上的场地空间类型划分为沟壑型、川道型（河谷、盆地）和台塬型3种，可以更直接地反映雨洪与场地的内在逻辑关系（图1–3、图1–4）。这3种场地类型的区别和联系详见表1–1。

黄土高原沟壑型场地不同于黄土高原丘陵沟壑区的概念，它没有地貌分区的含义，强调的是黄土高原小流域或微流域在空间上的尺度和形态，其可以作为村镇和城市小组团的空间载体从而区别于作为较大城市或城市组团空间载体的河谷川道型和台塬型黄土场地。需要特别强调的是，黄土高原沟壑型场地是黄土高原丘陵沟壑区内占主体的场地形态，但并不仅仅存在于该区域，在黄土高原的其他区域，因为地表径流侵蚀切割而形成的沟壑型场地也广泛存在。

在此基础上，黄土高原沟壑型聚落场地则主要指黄土高原沟壑型场地中承担了人类聚居功能的类型，以区别于荒野、人口稀少或人类生产聚居活动未涉及的那一

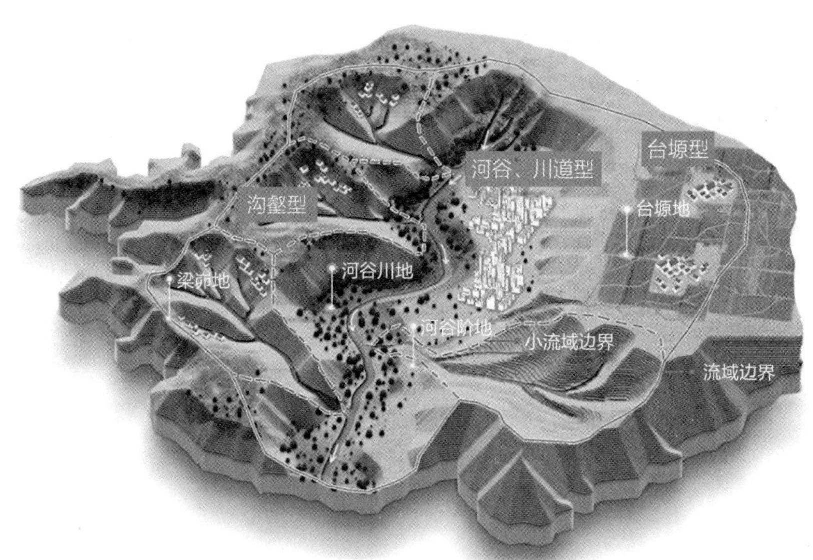

图1-3 黄土场地空间类型示意图

图片来源：作者，周天新 绘

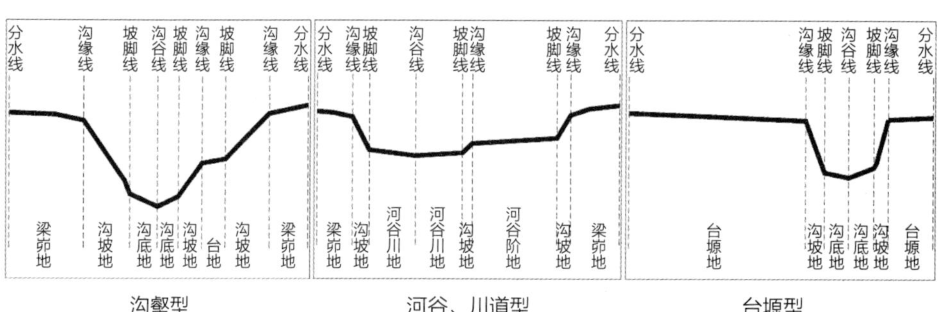

图1-4 三类黄土场地空间剖面示意图

图片来源：作者 绘，其中“沟壑型”场地的剖面图根据李小曼等所绘示意图改绘。李小曼，王刚，李锐. 基于DEM的沟缘线和坡脚线提取方法研究［J］. 水土保持通报，2008，28（1）：69-72.

三类黄土场地空间类型比较 表 1-1

黄土场地类型	沟壑型	河谷、川道型	台塬型
空间形态特征	负向地形的总体空间尺度较小，是小流域或微流域的空间载体。由沟壑的底部向上分布有谷坡、梁峁、台地等地貌	负向地形的总体空间尺度较大，是较大流域的空间载体。由底部向上分布有阶地、坡地、梁峁、台地或台塬等地貌	平坦而开阔、地势很高，在剖面上属于最高点，其下往往是陡峭的谷坡和向下深切的沟壑和川道峡谷
流域等级	小流域、微流域	流域	小流域、流域

续表

黄土场地类型	沟壑型	河谷、川道型	台塬型
集水单元	小流域、微流域	流域	小流域、流域
与人居环境的关系	可以容纳居民点、聚落、村镇以及枝状生长的城市小组团	是黄土高原丘陵沟壑区和盆地区各类城市的主要空间载体，如兰州、延安、子洲等	黄土塬地貌区的城镇与乡村大多分布在此类场地上，如庆阳、洛川等城市
空间分布	在黄土高原广泛分布，尤以黄土丘陵沟壑区最为密集	主要伴随较大的河流而存在，分布于黄土高原各级河流的两侧	主要分布在大大小小的黄土塬上

部分场地。本研究限定在以聚居为核心的黄土沟壑型场地上，在该类场地上承载有人类的生活、生产与生态建设相关活动。

1.3.2 小流域及相关概念

1.3.2.1 流域

“流域”在地理学上一般解释为相对河流的某一断面，由分水线包围的、具有流出口的汇集雨水的区域，它是水资源的地面集水区和地下集水区的总称。若流域中地下水与相邻地区无交换关系，则称“闭合流域”，否则称“非闭合流域”。该区域的水平投影面积称“流域面积”。流域形状、面积大小和地形起伏对水文情势有重要影响。[161]在人地系统中，流域作为一个自然区域，具有一定的特殊性，诸如它是人类最早活动的区域，是历史时期人口聚集的区域，是受到人类影响较大的区域等。因此，也是目前问题凸显，生态系统需要修复的区域。[162]更是人居环境研究领域需要重点关注的地理单元和空间单元。

1.3.2.2 小流域

小流域（small watershed）是流域的下一级集水单元，一般指面积不超过50km^{2}的由地表水分水线所包围的具有流出口的集水范围而形成的集水单元（图1–5），包括完整型小流域和非完整型小流域。完整型小流域（closed small watershed）主沟道明显，分水线闭合，集水单元只有一个出水口。非完整型小流域（non–closure small watershed）则又包括区间型小流域和坡面型小流域。区间型小流域是指面积大于50km^{2}狭长流域的其中一段；坡面型小流域是指无明显主沟道，有若干近似平行的沟道，水流直接汇入上一级沟道或河流的坡面。[161, 163]

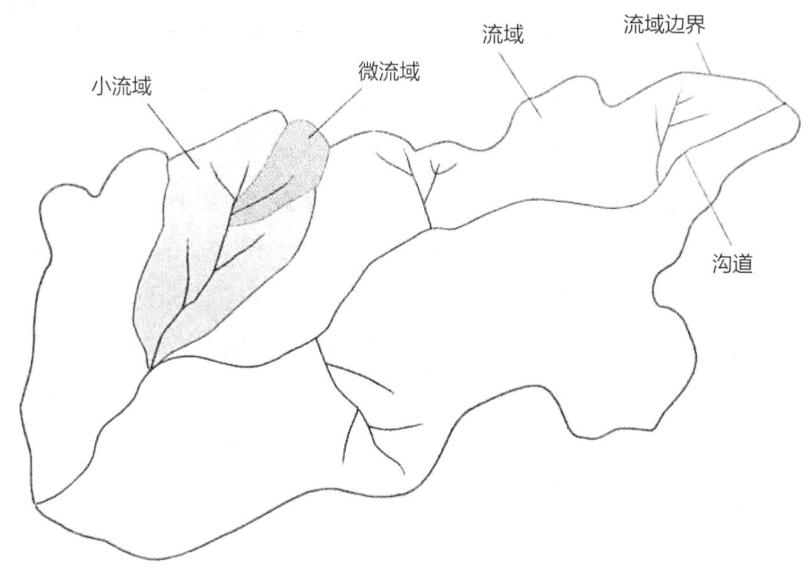

图1-5 流域、小流域、微流域示意图
图片来源：中华人民共和国水利部，SL 653-2013. 小流域划分及编码规范［S］. 北京：中国水利水电出版社，2014。

对于黄土地貌中的小流域而言，它不仅是一个地形水文单元、社会经济综合的复杂系统，还是地形变化较大、地貌类型和生境类型多样的区域[164]。人类根据小流域生境类型的差异，依据适宜性原则，采取不同的利用方式，从而形成了各种各样的土地利用系统[164]。人在利用小流域自然资源的同时，容易造成流域内资源分配的不合理、加剧水土流失的现象，导致生态环境的破坏和在水土资源的分配上造成流域内和流域间不和谐的发展[164]。一个重要的原因是忽视对流域整体功能的分析和管理。然而，将小流域的自然、经济和社会作为一个整体来研究，采用哪些方法对其进行分析，并找出其土地利用不足之处，采取相应的措施，促进其经济发展，保护环境，是个值得探讨的问题。[164]

1.3.3 雨洪管控及相关概念

1.3.3.1 雨洪管控与雨水利用

“雨洪管控”从字面上可理解为对降水形成的地表径流的有效管理与控制。主要通过对流域中不同尺度场地的合理规划设计及其保护与开发来实现。流域中每一个开发场地都有它自身的暴雨水系统。该系统由三个相联系的过程组成：

①现场产生暴雨水；②暴雨水离开产生地；③暴雨水及其污染物进入接收水体。其中过程①雨水的产生指的是雨水降落在已开发的地表上并形成的地表水（含污染物），一旦从场地释放，就容易形成暴雨水径流；过程②移动是指暴雨水从场地排放到传输系统的过程；过程③传输指的是暴雨水被导入接收水体。[165]根据上述雨洪形成过程，对雨洪的管控包括“减量、延时、水质控制”三个方面。“减量”是指对降水形成的地表径流在源头进行产流控制，减少向下游输出的径流总量，以减轻流域下游的行洪压力以及因行洪带来的破坏；“延时”是指延缓上游的径流峰现时间，避免与下游高峰径流重叠，从而降低流域的高峰径流量；“水质控制”则是指保护既有水体并在源头控制径流水质，减少对下游的污染排放总量。

要实现雨洪管控目标，除了对流域内不同尺度的场地进行合理规划设计外，还离不开相应的工程技术措施和方法。如最早由美国提出的最佳管理措施（BMPs）和后来在此基础上发展起来的低影响开发措施（LID）[15, 23]，英国的可持续城市排水系统（SUDS），澳大利亚的水敏性城市设计（WSUD）[166]以及中国提出的海绵城市及其相关技术措施。在上述雨洪管控的方法和体系中，对场地雨水进行资源化处理并尽可能地合理利用是一条通用的法则。

“雨水利用”包含雨水资源的自然利用和人为利用两层涵义。雨水在形成、转化过程中，由于洒落到植被上或者植被根部或者入渗到农田，能够被植物直接利用，有些汇集到一定的区域或容器中能够被人们直接利用[75]。在降水过程中或降水之后产生的雨水资源，不被人为干预，直接转化为其他形式水资源，产生经济效益和生态效益的过程，被定义为雨水资源的天然利用或雨水资源的自然利用[75]。在雨水资源的天然利用过程中，人们没有采取特殊的行为来改变雨水资源的形成与转化过程、途径和量的分配，雨水资源处于自然循环和平衡状态。但并不是所有阶段和所有的水量都可以被直接利用，例如，在形成初期，由于在空中，无法被人或植物利用；在降落到地面后由于入渗、径流、蒸发等原因，使很大一部分雨水资源不能够被利用[75]。为了满足某种需要，人们采取了专门的措施，改变了雨水资源的形成条件，或者改变了雨水资源产生过程，或者改变雨水资源的转化途径，使雨水资源的分配方式、分配途径改变，使雨水资源转化为其他形式水资源，产生经济效益和生态效益的过程，我们定义为雨水资源的人为利用[75]。雨水资源的人为利用，改变了雨水资源产生、输移、转化的途径、时间及数量，改变了小范围水循环规律，可能会对环境产生一定的影响[13]。本书中主要研究和论述的是雨水资源的人为利用，称为雨水利用，以后各章所叙述的雨水利用，都是指雨水资源的人为利用。

1.3.3.2 雨洪管控与水土保持

《中国水利百科全书·水土保持分册》中明确指出，“水土保持”（soil and water conservation）是防治水土流失，保护、改良与合理利用水土资源，维护和提高土地生产力，以利于充分发挥水土资源的生态效益、经济效益和社会效益，建立良好生态环境的事业。水土保持对象不只是土地资源，还包括水资源；保持（conservation）的内涵不只是保护（protection），还包括改良（improvement）与合理利用（rational use），不能把水土保持理解为土壤保持、土壤保护，更不能将其等同于土壤侵蚀控制（soil erosion control）；水土保持是自然资源保育的主体。❶

《中华人民共和国水土保持法》中对“水土保持”的定义是“对自然因素和人为活动造成水土流失所采取的预防和治理措施”。从中可以看出，第一种概念着重于强调水土保持的目标与意义，第二种概念更加突出水土保持的工作内容，两者并行不悖，且相得益彰。

雨洪管控与水土保持是两个相伴而生的概念，在黄土高原地区尤其如此。该区域具有降水时空分布极不均匀，季节性降水特征突出，易旱易涝，不稳定性明显以及土壤结构疏松、具大孔隙、垂直节理发育、湿陷性的特点，在上述季节性强降雨的条件下，水土流失严重[7]，致使水土保持成为当地一项重要的工作。可以认为，在黄土高原地区，雨洪管控与水土保持是一体两面的关系。对待季节性强降水，站在防洪防涝的视角，多采用雨洪管控的概念；如果出于保护生态环境、保障生产和建设场地安全的目的，则多从水土保持的角度来开展研究和采取措施。水土保持的很多具体措施和方法从雨洪管控的视角来看也是十分合理和有效的。所以在黄土高原地区开展雨洪管控等相关研究则一定不能不涉及水土保持的概念和方法。

1.3.4 适地性及相关概念

1.3.4.1 适宜性

《现代汉语词典》（第5版）、《辞海》（彩图本第6版）对“适宜”的解释都是“合适”“相宜”，因此，“适宜性”可以理解为某一事物对另一事物所具有的“合适”或者“相宜”的属性。在城乡规划、国土规划及景观规划领域，“适宜性”最常见

---

❶ 转引自余新晓，毕华兴主编的《水土保持学》（第3版），中国林业出版社，2013年，第1页。

的用法是与“土地利用评价”“规划设计方法”等相结合形成“土地利用适宜性评价”“景观适宜性评价”以及“适宜性规划方法”等概念，用以描述特定的专业过程、行为或方法。通过“适宜性”一词强调了专业概念、过程、行为、方法或技术措施之间的“合适”或“相宜”的属性。在土地/景观适宜性评价中，“适宜性”是指立地现状条件所能满足的管理实践活动的能力。与此相对应，“适宜性评价”是确定“指定时间段内土地的实际用途”[167]。

1.3.4.2 地域性

从字面意义理解，“地域性”与地理上的空间区位紧密相关，在《现代汉语词典》(第5版)中，“地域”一词有“面积相当大的一块地方”或者“地方（指本乡本土）”两种含义，前者强调地理空间的大小，后者则主要强调事物的乡土特征。“地域性”则是对“地域”一词第二种含义的衍生和变化，用以描述事物具有的地方性特征和特点。因此，在城乡规划领域，常用“地域性”一词来描述规划设计方法、技术、措施、风格风貌、材料等的本乡本土特征，该乡土特征因具有地域依附性从而使得该特征的主体对象（规划设计方法、技术、措施、风格风貌、材料等）并不具备普适性。从词源上来讲，“地域性”概念与19世纪俄罗斯学者道库恰耶夫创立的自然地带学说有着很深的渊源。20世纪以来，经过科学家们不断深入的研究之后，在自然地带学说的基础上发展出了“地域分异”的概念，用以描述地理环境整体及各组成成分的特征，按照确定的方向发生分化，以致形成多级自然区域的现象[168]。“地域分异”本质上就是“地域性”特征在自然界的表现，是地理环境本底的一个重要特征。事实上，经济和社会人文方面也存在着地域分异的现象，其发生的背景也是该地理环境本底。因此，“地域性”不仅包含着自然地理环境的“地域分异”，也意味着经济和社会人文方面的“地域分异”。

1.3.4.3 适地性

从字面意义来理解，“适地性”与“适宜性”及“地域性”两个概念紧密相关，某种程度上是对“适宜性”和“地域性”两个概念的综合。“适地性”强调的是某种“规划设计方法、技术、措施、风格风貌、材料等”针对某一特定地域的“适宜性”，特别重要的一点是，该“规划设计方法、技术、措施、风格风貌、材料等”并不一定是该“地域”特有的（可以是外来的，也可以是乡土存在的），但一定是能够适宜于该地域的。因此，用来描述“规划设计方法、技术、措施、风格风貌、材料等”时，它比“地域性”涵义更广泛。在本书中，用“适地性”来界定“雨洪管控”的“规划方法”，在涵义上既包括了研究地域之外的能够适宜于该地域的“目标、方法、策略、技术、措施和材料”，也包含了研究地域内乡土的“目标、方法、策略、技术、措施和材料”以及不同方法融合之后形成的能适应地域特征和要求的新方法体系。从内涵上来讲，本书中的“适地性”是对“适宜性”相关理论和“地域分异”规律综合运用的结果，用以描述能够适应地域分异性规律作用下形成的黄土沟壑型场地的雨洪管控规划方法。

1.4 研究内容与方法

1.4.1 研究内容

针对“雨洪管控规划方法”这一具体研究内容，雨洪管控规划方法的“适地性”是研究的核心内容。研究从当前学科领域内雨洪管控规划的普遍性方法（海绵城市、低影响开发、水敏性城市、流域BMPs等技术体系及其规划方法）和农业及水利学科的水土保持规划方法以及民间智慧与地域性方法入手，经过评估、选择、改进和融合之后，形成“适地性”的规划方法。

研究以黄土高原沟壑型场地的雨洪特征与产流机制分析作为基础，在对黄土高原雨洪管控的地域实践与民间智慧做出总结、归纳和凝练之后，基于海绵城市技术体系的适地化研究，构建包含目标、内容、方法、措施等具体内容的黄土高原沟壑型场地适地性雨洪管控体系，进而提出了雨洪管控的适地性规划策略与场地建设模式并展开了实践应用。具体研究内容包括如下5个部分：

（1）晋陕黄土高原沟壑型场地雨洪特征与产流机制分析

晋陕黄土高原沟壑型场地的雨洪特征与产流机制研究包含晋陕黄土高原沟壑型场地的雨洪特征、产流机制（空间过程）、雨洪管控的尺度效应、雨洪管控的空间因子以及基于产流机制的地域现状问题分析。

（2）晋陕黄土高原雨洪管控的地域实践与民间智慧

晋陕黄土高原地区因为水资源缺乏，在生产生活实践中，自发形成了一些雨洪管控及雨水利用的场地建设经验和技术，这些经验技术属于传统的民间智慧，因其立足地域，且经历了较长时间的实践检验，必然具有其合理性和科学性，需要进行归纳、总结和凝练。另外，从现代科学的角度对其进行水文过程、场地安全以及生境功能分析，与当前的海绵城市技术体系进行对比研究，可进一步突出其地域性技术的优点，同时也能发现其不足。

（3）晋陕黄土高原沟壑型场地的适地性雨洪管控体系建构

晋陕黄土高原沟壑型场地的适地性雨洪管控体系包含技术途径、目标体系、措施体系、评价方法及规范体系等内容。技术途径包括传统技术途径、海绵城市技术途径及适地性技术途径3种；目标体系的构建需要从雨洪管控、水土保持、场地安全、场地生境、景观视效以及经济目标6个方面进行；措施体系则主要包含传统人居和水保措施以及LID类措施；评价方法包括评价因子提取、方法构建、目标与措施适地性评价4部分内容，采用了适宜性评价的方法；规范体系则包含了政策法规和技术规范的梳理与体系创新。

（4）晋陕黄土高原沟壑型聚落场地雨洪管控适地性规划方法

如果适地性雨洪管控体系的构建解决的是管控的终极目的是什么、具体的管控对象是什么、由哪些学科专业来执行或配合以及采用何种合适的技术措施来实施管控等系列问题，那么，完整的雨洪管控适地性规划方法还需解决如何做的问题。换言之，作为场地空间规划的主导性学科专业，城乡规划学如何通过自身的专业逻辑，将上述目标、内容、辅助学科的工作以及技术措施纳入具体场地的规划设计过程之中？上述问题，可以从确定雨洪管控目标、制定基于水文过程的适地性规划策略、选择和改造适地性场地技术措施、场地空间要素合理布局、甄选雨洪管控适宜场地模式从而构建沟壑型聚落场地雨洪管控规划设计方法，设计具有可操作性和地域针对性的规划流程以及完善配套法规等方面加以解答。

（5）晋陕黄土高原沟壑型场地雨洪管控的适地性规划实践

应用晋陕黄土高原沟壑型场地适地性规划的具体方法，在研究范围内选择沟壑型场地建设项目，展开雨洪管控的适地性规划实践，以此检验所提出的适地性策略、场地雨洪管控要素布局方法、适宜场地建设模式、地域针对性的规划流程以及适地性的技术措施体系等内容。

1.4.2 研究方法

1.4.2.1 一般研究方法

（1）调查法：黄土高原地区有着长期雨洪管控的地域实践，在人居生产和生活场地中自发运用了各种各样的乡土雨洪管控和雨水利用的技术措施。研究采用调查法对地域雨洪管控、雨水利用及其场地建设经验进行案例收集与调查，形成大量第一手的田野调查资料，作为进一步研究的基础。

（2）经验总结法：基于实地调查和案例分析的结果，依据现代科学的原理进行分析，归纳总结雨水利用场地的类型及对应的乡土技术措施，凝练黄土高原雨洪管控和雨水利用的地域实践经验与民间智慧。

（3）文献研究法：通过大量文献研究，总结城乡规划学、水土保持学、风景园林学等不同学科在黄土高原雨洪管控和雨水利用研究方面的现有方法和研究盲区，探寻新的视角。

（4）定性分析法：在黄土高原沟壑型场地的适地性雨洪管控体系建构过程中，基于各要素与地表径流之间的影响机制和原理，采取定性分析的方法制定适宜性评价量表，最终依此建立适地性管控目标体系和技术措施体系。

1.4.2.2 专业研究方法

（1）水文学方法：基于成因分析法和地理综合法来分析归纳晋陕黄土高原地区的雨洪特征、产流机制及其地带性差异。运用数理统计法来计算陕北榆林地区海绵城市建设中与年径流总量控制率相对应的设计降雨量，作为案例研究以及地域规划实践的基础条件。

（2）交叉研究法：综合运用风景园林学、城乡规划学、水土保持学、景观生态学等学科的相关原理和方法，进行交叉研究，制定多维雨洪管控目标和管控内容，提出适地性规划策略、场地建设模式以及规划设计流程，筛选适宜的场地技术措施，最终构建雨洪管控的适地性规划方法。

1.4.3 研究框架

本书的研究框架如图1–6所示。

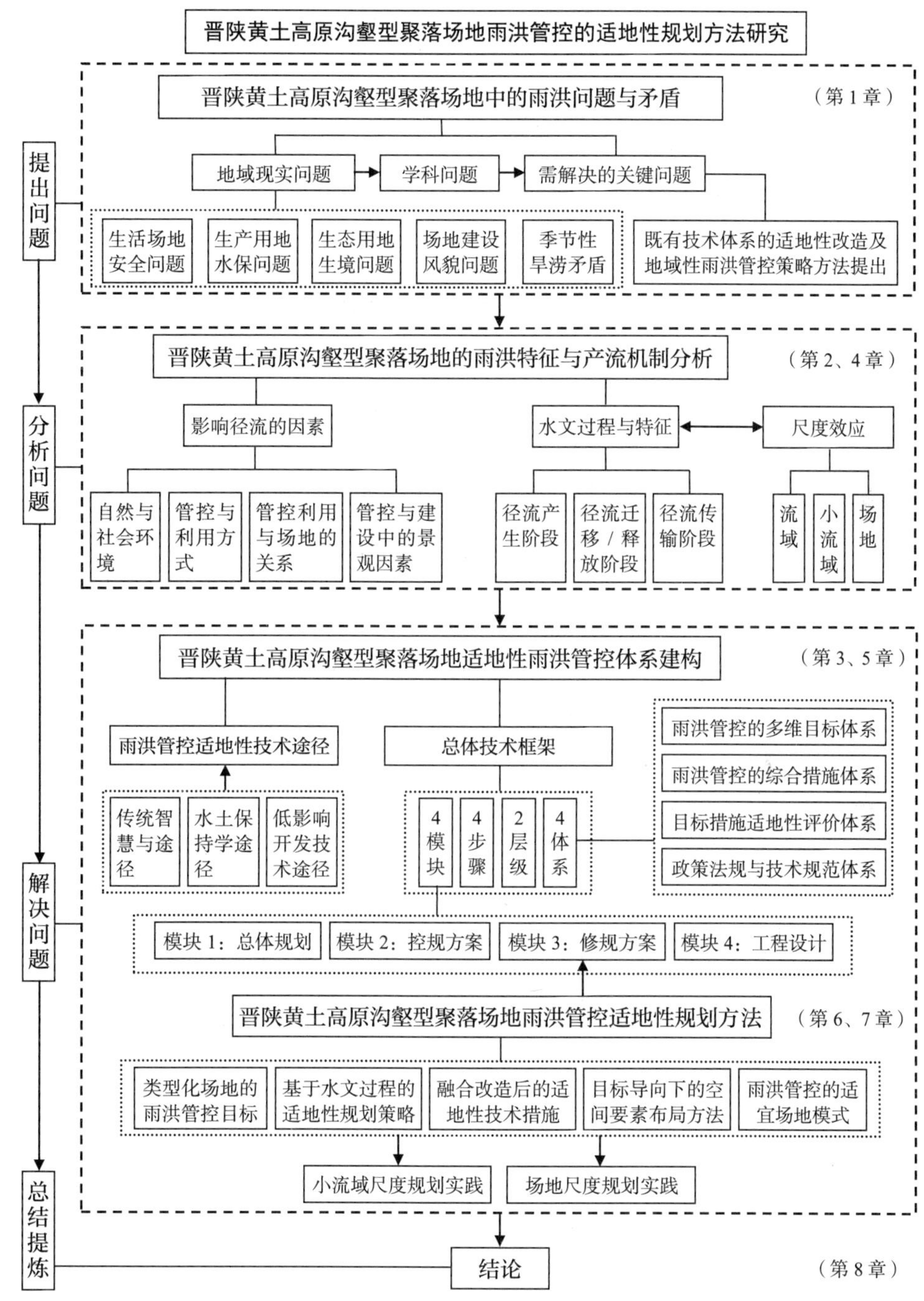

图1-6 论文研究框架

图片来源：作者 绘

第2章 雨洪管控适地性规划的理论基础与基本方法

雨洪管控适地性规划的理论基础主要涉及水文学和适地性评价的相关基础理论，基本方法则是对水文学基础理论及其原理的运用，是在雨洪管控规划实践中形成的方法和技术体系，也是本书研究的技术基础。

2.1 雨洪管控的水文学基础理论

雨洪管控的基础理论主要涉及水循环与水平衡理论、流域蒸散发理论、土壤下渗理论以及流域产流与汇流理论等。

2.1.1 水循环与水平衡理论

2.1.1.1 水循环机理

地球是一个巨大的系统，包含了岩石圈、水圈、生物圈以及大气圈。水在这个系统中起着重要的纽带作用，这个纽带作用是通过不断的水文循环来实现的。水循环由太阳能、大气运动和地心引力等共同驱动，是一个包含了水面、陆面和植物茎叶面的蒸发、大气圈中的水汽输送、凝结降水、水分入渗，以及地表和地下径流等5个基本环节的周而复始的大循环[169]。这5个环节相互联系、相互影响，又交错并存、相对独立，并在不同的环境条件下，呈现不同的组合，在全球各地形成一系列不同规模的地区水循环[169]。

水循环的运行机理归纳起来有5条：第一，服从于质量守恒定律[169]。实质上，水循环乃是物质与能量的传输、储存和转化过程。第二，太阳辐射与重力作用是水循环的基本动力[169]。水在常温条件下液态、气态、固态三相变化的特性是水循环的前提条件；外部环境包括地理纬度、海陆分布、地貌形态等则制约了水循环的路径、规模与强度[169]。第三，水循环广及整个水圈，并深入大气圈、岩石圈及生物圈。其循环路径是通过无数条路线实现循环和相变的，所以水循环系统是由无数不同尺度、不同规模的局部水循环所组合而成的复杂巨系统[169]。第四，全球水循环是闭合系统，但局部水循环却是开放系统[169]。第五，地球上的水分在交替循环过程中，总是溶解并携带着某些物质一起运动，诸如溶于水中的各种化学元素、气体以及泥沙等固体杂质等[169]。根据水循环的机理，从雨洪管控的角度而言，水循环的5个环节中，凝结降水是雨洪的根本来源，人力不易干预，而植物蒸散发（植被覆盖面积控制）、水分入渗以及地表径流的形成可以在某种程度上被人力所干预，因此，在不同的自然和气候条件下，通过局地条件（地形、土壤、覆被等）的改变来影响和调节某条水循环的路径成为可能，也即是使调节雨洪成为可能。

2.1.1.2 水量平衡理论

水量平衡理论揭示了地球上的总水量接近一个常数、自然界的水循环持续不断且相对稳定的客观事实。这个事实从本质上是质量守恒原理在水循环过程中的体现，也是水循环能够持续不断进行下去的前提[169]。水量平衡理论及其相关研究可以揭示人类活动对水循环过程的消极影响和积极控制效果；能够揭示水循环系统内在结构和运行机制；水量平衡分析又是水资源现状评价与供需预测研究工作的核心；在流域雨洪管控规划，水资源工程系统规划与设计中，利用水量平衡原理可以为规划设计提供基本设计参数、评价实际效益[169]。

可以用水平衡方程、流域水量平衡方程以及全球水量平衡方程等方程式来表达水量平衡理论，从流域雨洪管控的角度而言，流域水量平衡方程显然更有意义[170]。

对流域而言，其水量平衡方程式可具体表达为：[170]

$$P+R_{gI}=E+R_{sO}+R_{gO}+q+\Delta W$$

式中 P——时段内流域上的降水量；

R_{gI}——时段内从地下流入流域的水量；

E——时段内流域的蒸发量；

R_{sO}——时段内从地面流出流域的水量；

R_{gO}——时段内从地下流出流域的水量；

q——时段内用水量；

ΔW——时段内流域蓄水量的变化。

根据水量平衡原理及上述流域水量平衡方程可知，在流域的雨洪管控规划设计中，在P（时段内流域上的降水量）一定的情况下，并不能改变流域总的水量及其始终处于水量平衡的状态，但通过规划设计并实施人工干预，可以通过改变E（时段内流域的蒸发量）、q（时段内用水量）以及ΔW（时段内流域蓄水量的变化）从而达到改变R_{sO}（时段内从地面流出流域的水量）的目的，也就是实现了某种程度上的雨洪管控。当然，在E、q以及ΔW三个变量中，哪个最容易实现？哪个对改变

R_{sO}的效果更显著？在不同的地域条件下有无差异？以及其他的变量有无人工干预的可能等问题都需要从方法和技术的层面进行研究。

2.1.2 流域蒸散发理论

在流域水循环过程中，蒸散发是陆地水返回大气的唯一途径，包含了水面蒸发、土壤蒸发、冰雪蒸发以及植物散发等几种形式。流域蒸散发理论揭示了陆地上的土壤、水面以及植物蒸发和散发所遵循的主要规律及计算方法。在中低纬度地区，冰雪蒸发在流域总蒸发量中占比很小，可以不做考虑，而水面在流域中的面积也远小于陆地面积，所以，土壤蒸发和植物散发成了流域蒸散发的决定性部分[170]。在雨洪管控规划实践中，一方面由于蒸散发的影响因素很复杂，多与土壤特性、气象条件等有关，人力难以干预，另一方面，由于雨洪管控的时效性要求很高，而蒸散发过程往往具有较长的周期性，所以很难将蒸散发的量作为雨洪管控的一个调节量加以考虑。

2.1.3 土壤下渗理论

在当前的海绵城市技术体系中，利用下垫面进行快速渗透是最核心的技术措施之一，涉及的基础理论主要是土壤下渗理论。根据土壤渗透时含水的饱和程度分为非饱和下渗和饱和下渗两种理论模式，在此基础上，科斯加科夫（Kostiakov）、霍顿（Horton）、菲利普（Philip）、霍尔坦（Holtan）、史密斯（Smith）等人针对前述两种下渗模型过于简单的缺点，基于实际观测和下渗资料，分别求得了不同的经验下渗曲线公式[1]。这些理论和经验公式在某种程度上揭示了土壤中水分下渗的一般规律，对于海绵城市及雨洪管控技术体系的建立提供了基础理论的支撑，但天然条件下的土壤下渗要远比上述模型设定的条件复杂，因此，雨洪管控技术及方法体系的建立还要充分考虑影响下渗的各种复杂因素。这些因素主要包括土壤特性（透水性能、前期含水量等）、降水特性（降水强度、历时、空间分布等）、流域植被、地形条件、人类活动（坡地改梯田、植树造林、蓄排水工程）等[170]。上述因素往往都具有很强的地域特征和差异，是地域化雨洪管控研究的重要内容。雨洪管控的适地性方法研究需要根据地域土壤条件和降水特征来深入研究流域植被、地形条件以及人类活动对雨洪调节的效果和作用方式，从而建立有效的管控方法和模式。

[1] 芮孝芳. 水文学原理［M］. 北京：中国水利水电出版社，2004：93-95.

2.1.4 流域产流与汇流理论

产流与汇流是降雨径流形成的最主要的两个过程，决定了流域出口断面的流量过程线的形成，即流域雨洪的形成。因此，流域产流与汇流理论是阐述流域雨洪产生机制方面最核心和最重要的基础理论。

2.1.4.1 流域产流理论

流域产流理论描述的是流域中各种径流成分生成的过程，也是流域下垫面对降雨的再分配过程[169]。产流实质上是流域降水后，水在具有不同的阻水、吸水、持水和输水特性的下垫面土层中垂向运行时，“供水与下渗”一组矛盾相互作用的产物。有供水而无下渗，则不构成矛盾，没有产流，只有汇流[169]。有供水有下渗，则不仅存在产流问题，同时也存在不同成分的径流生成问题和不同量的时间分配问题[169]。供水与下渗的矛盾贯穿于整个产流过程中，它不仅在时间上自始至终，而且在空间上贯穿于整个包气带❶和整个流域[169]。

流域产流理论最核心的内容包括4种产流机制，分别是：超渗地面径流产流机制、饱和地面径流产流机制、壤中流的产流机制和地下径流产流机制。其中，超渗地面径流产流和饱和地面径流产流发生在包气带的上界面（地面），壤中流产流和地下径流产流则分别发生在包气带中界面和包气带的下界面。上述四种产流机制可概括出共同规律[169]：①首先是任何产流机制其首要条件是要有供水，对地面径流是降水，对其他径流则是由上而下的下渗水流。②不仅有供水，而且要有足够的大于下渗率的供水强度。对超渗地面径流，则降雨强度大于上层土壤下渗率；饱和地面径流降雨强度大于下层土壤下渗率；壤中径流，则上层土壤下渗率大于下层土壤的下渗率；对地下径流，则要稳定下渗率大于地下水的下渗率。③对壤中流和地下径流，则还需要在界面上产生临时饱和带；对饱和地面径流，还必须达到表层全层饱和，才具备了产流的充分条件。④不管哪种产流，都要有侧向运行的动力，如水力坡度、水流归槽的条件等。⑤无论哪种产流，都是发生在包气带的某些界面上。包气带上界面产生地面径流，中界面产生壤中流和饱和地面径流，下界面产生地下径流。这些界面并不是任意界面，而是使供水和下渗矛盾激化的界面。它们的存在构成了不同产流机制，产生不同径流。[169]

---

❶ 根据《辞海》（第六版 彩图本），包气带指地面以下潜水面以上的地带。带内土和岩石的空隙中包含有空气，没有被水充满。带中水主要以气态水、结合水和毛细管水的形式存在。当降水或地表水下渗时，可暂时出现重力水。包气带自上而下分为土壤水带，中间带（当地下水面过高，毛细管水上升到达土壤水带或地表时，就不存在了）和毛细管水带。

在自然情况下，某流域存在哪一种或哪几种产流机制，是与当地的下垫面状况密切相关的。流域面积很小的支流往往只有一种产流机制，流域越大，其下垫面空间分布的差异性越大，则可能是多种产流机制的组合。[169]从雨洪管控的角度，超渗地面径流产流和饱和地面径流产流因发生在地面，易于被人工干预，故应该作为雨洪管控适地性规划重点关注和利用的产流机制。

2.1.4.2 流域汇流分析

流域上各处产生的各种成分的径流，经坡地到溪沟、河系，直到流域出口的过程，即为流域汇流过程[169]。由于产流是分散发生的，只有产流而没有汇流就不会形成雨洪，因此，流域汇流分析是研究流域雨洪过程的关键性工作，在流域中，汇流的过程可以用图2-1表示。流域汇流分析包含汇流时间分析和汇流系统分析两项重要内容。

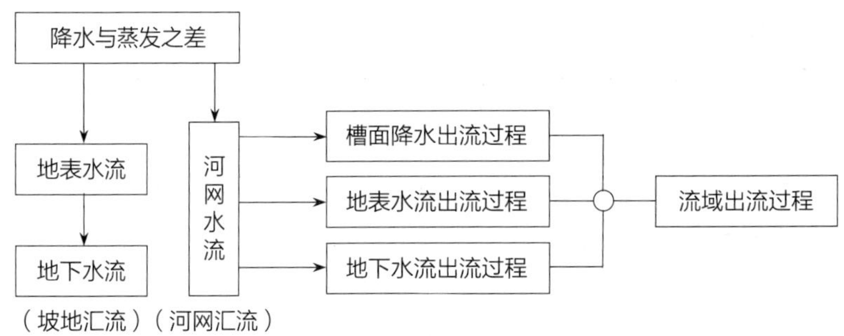

图2-1 流域汇流过程

图片来源：黄锡荃，李惠明，金伯欣. 水文学［M］. 北京：高等教育出版社，1985：97.

一般而言，流域中坡面汇流由于流程不长，所以坡面汇流时间一般并不大，只有几十分钟。由于流域中河流的长度远比坡面大，因此，河网汇流时间一般远大于坡面水流汇流时间，只有当流域面积很小时，两者才可能具有相同的量级。[170]地下水流属于渗流，壤中径流和地下径流最终汇聚到溪沟、河道的过程要比地面径流缓慢得多，所以地表径流对雨洪的形成影响更大。在流域汇流系统的分析中，有两个现象具有重要意义。一是洪水过程线的推移与坦化，二是流域的调蓄作用❶。造

---

❶ 推移与坦化：流域出流过程中发生的洪峰流量在时间上比净雨峰推迟出现，且数量上远比净雨峰小的现象，前一现象称为洪水过程线的推移，后者称为洪水过程线的坦化。流域的调蓄作用：洪水形成过程中所呈现出的流域蓄水量增加和减少现象称为流域调蓄作用。（根据芮孝芳，等《水文学原理》，P271）

成流域调蓄作用的物理原因有两点：一是在流域汇流中降水注入点有远近之分；二是流域上水滴速度的分布并不均匀[170]。流域调蓄作用很好地解释了流域洪水过程线的推移与坦化现象。对于雨洪管控规划设计而言，洪水过程线的坦化意味着出口断面流量的减少，坦化现象越明显，即表示雨洪管控中对洪峰流量的控制效果越好，推移程度则是对峰现时间的控制程度。各种雨洪管控技术措施的运用无非是增强流域的调蓄作用，本质上是将流域作为一个蓄水体，通过规划设计和各种措施的合理布局，有效地增加流域内河网、湖泊（水库）、洼地和坡地的蓄水量，在一定程度上减小洪峰并且控制峰现时间。

2.2 雨洪管控的基本方法与技术体系

雨洪管控的水文学基础理论从原理上揭示了流域的雨洪过程及其影响因素。对于雨洪管控规划而言，需要考虑的影响因素主要包括降水特性（雨量、雨强、时空分布等）、流域下垫面因素（地理位置、地貌特征、地形特征、地质条件、植被特征、流域形状、土壤特性等）、人类活动的影响（主要是人为下垫面条件的改变）等[169]。如何充分利用雨洪过程的水文学原理，人为对影响雨洪过程的因素加以干预从而实现某种程度上的雨洪管控能力是目前需要研究的最核心的问题。针对这一核心问题，在城乡规划、风景园林以及水土保持（水利）等学科领域，国内外已经形成和发展出来的基本方法与技术体系主要有最佳管理措施（BMPs）、低影响开发（LID）、可持续城市排水系统（SUDS）、水敏性城市设计模式（WSUD）、低影响城市设计与开发（LIUDD）、中国的海绵城市以及水土保持技术体系等。

2.2.1 最佳管理措施（BMPs）

2.2.1.1 概念及其发展

最佳管理措施（best management practices，BMPs）是美国在20世纪70年代以来逐渐发展和形成的一系列针对雨洪管理的措施和方法，自其概念提出之后，其内涵和措施种类得到逐渐完善和补充，最初以非点源污染的末端控制为主要目标，经不断发展和完善后现在泛指用于径流水质、水量控制的工程性和非工程性措施与方法策略的总称[171]。

最佳管理措施（BMPs）在早期（20世纪90年代以前）主要是雨水塘、雨水湿地、渗透池等非点源污染的末端控制措施，被广泛使用于城市非点源污染及城市排水系统相关的污染，如合流制管网溢流和分流制管网溢流的管理，但是存在投入大、效率低等问题[171]，后来其内涵和措施逐渐发展补充，成为控制雨水径流量、水质和生态可持续的综合性措施[172]。目前，BMPs方法及其技术体系可以应用于广泛的洪水与污染控制目标，尤其是可以通过规划设计将其用于河道保护和恢复、地下水渗透、河岸生境和生物群落保护中，收集到的径流也被用于灌溉和其他非饮用目的，例如池塘和湿地，同时还能增强城市的美感[173-175]。BMPs的方法及其技术体系在美国目前是一种被各州广泛使用的主流雨洪管控、流域管理方面的技术方法体系，近年来被引进中国后，主要停留在研究层面，流域管理及雨洪管控实践中还很少运用。

2.2.1.2 BMPs 技术体系及其特点

BMPs的技术体系是建立在水文学、土壤学、景观学、林学以及相关工程学科的基础上，其技术措施和相关策略的实施是围绕流域的水文过程来展开的，是基于水文学基础理论在流域水质管理及雨洪管控工程实践方面的具体发展。其技术体系在内容上主要包括：[173]①水文概念（降雨频谱、大暴雨水文、小风暴水文、地下水补给水文等）；②洪水控制策略（洪峰流量控制策略和水质控制策略）；③技术措施（工程性措施、非工程性措施和综合措施）；④BMPs类型（污染预防、径流控制、末端处理控制、源头控制、微观管理控制、区域控制以及结构或非结构控制）和选择原则；⑤BMPs设计的目标（洪水和洪峰流量控制、水质控制、生态可持续目标）等。[173]

最大程度地减少场地上暴雨水的产生、尽可能增强场地的透水性、有效控制地表径流的过程并且从流域和场地尺度着手来采取预防性、政策性、公共性以及工程性的措施是BMPs规划和设计的核心思想，其主要规划策略归纳起来有3点。首先是以流域或小流域为规划设计单元而非仅从场地尺度来制定规划方案和实施策略。其次是在流域内实施分段管控的策略，即针对流域内径流的产生、迁移（释放）以及传输三个阶段，分别制定适宜的管控策略。具体而言，径流的产生阶段强调通过规划、政策以及公众教育等工具来增加降水的下渗，减少径流及其所携带的污染物的排放；径流的迁移（释放）阶段侧重场地径流控制，通过改变场地坡度、设计新的场地形式和雨水装置、特殊的种植设计等工具来截断场地径流，导入滞留和吸收暴雨水的场地，而不是直接排放到流域的主要排水系统之中；传输阶段属于径流和污染物进入接收水体前的最后一关，在策略上主要通过延长径流流经时间和增加沟渠的粗糙度来减缓暴雨水的迁移速度，以工程性措施为主。最后，强调多专业共同参与是BMPs规划的又一重要策略。不同阶段参与的专业人员分别有自然地理学家、水文学家、土壤科学家、林业工作者、景观设计师、规划师、工程师等。[116, 165]

BMPs方法体系除了具有坚实的水文学基础理论支撑外，更主要的是在制定系列管控策略的基础上进一步发展和形成了一套完备的技术措施体系，其主要技术与措施从工程属性方面可分为工程性措施、非工程性措施和综合措施三类[176]。工程性措施是以径流的过程控制为核心，主要是通过建设一些工程性的优化设施来减缓雨洪的径流流速，延长径流汇集路径，增强雨水的地面入渗等，以达到雨洪污染控制与资源再利用的目的。主要包括土地结构的优化（渗透路面、人工湿地、入渗渠、草带、草沟等）、建筑设施的优化（干、湿性滞留池等）[176]。非工程性措施主要是通过政策、立法、宣传、规章制度等管理手段来约束人类的行为，减少污染物的传播，最终达到从源头防治城市雨洪污染的目的[176]。主要包括政策法规制约（制定规章制度、法律法规等）知识普及（污染、BMPs等知识的宣传普及）[176]。综合措施主要是根据实际情况，把工程性措施和非工程性措施有机结合起来，以达到城市雨洪控制与利用的目的[176]。

2.2.2 低影响开发（LID）

2.2.2.1 概念及其发展

低影响开发（Low Impact Development，LID）是一种场地设计策略，目的是通过使用设计技术来创建功能等效的水文景观，从而维护或复制开发前的水文状况。通过使用集成的和分布式的微尺度雨水保持和截留区、减少不透水表面、延长流动路径和径流时间来维持蓄水、渗透和地下水补给的水文功能，以及排放的体积和频率[177]。LID同时还是一种暴雨水管理策略，旨在维护或恢复场地的自然水力功能，以保护水资源[178]。LID采用分散的方法，分散水流并管理靠近其发源地的径流，而不是在管道或渠化网络中收集雨水并在大规模“管道末端”位置进行管理。该管理实践的重点是模拟场地开发之前雨水径流可能遇到的自然滞留、过滤和渗透机制。因此，LID在场地设计中的应用需要考虑的最重要的因素是自然植被和自然排水特征的保护。

低影响开发（Low Impact Development，LID）首次在美国佛蒙特州土地利用规划报告中被提出，目的是通过“自然方法的设计”来降低雨水管理成本[179]，20世纪90年代，美国马里兰州的乔治王子郡在最佳管理措施（BMPs）理论技术的基础上，创新性地提出了低影响开发理念[171, 180]，以应对当时传统的BMPs主要通过末端调控、占地面积大导致场地建设受限制严重、成本较高和处理效率较低等不足。20世纪90年代至今，LID在美国得到较为广泛的推广，很多州都出台了当地的LID设计手册，其研究和实践应用得到不断深入和完善，后来逐渐影响和促进了一些国家的相关技术的开发和发展，如新西兰的低影响城市设计与开发（LIUDD）、中国的海绵城市技术体系等。

2.2.2.2 LID技术体系及其特点

低影响开发方法（LID）在功能上类似于自然控制机制，其主要目标是利用储存、渗透、蒸发和截留径流的现场设计技术模拟开发前的场地水文，使最终结果更接近于流域的自然水文功能或径流、渗透、储存、地下水补给和蒸散发之间的水平衡。相比传统的场地开发措施，使用这些技术将有助于减少非现场径流，并确保足够的地下水补给。由于场地开发的各个方面都影响着场地的水文响应，因此LID控制技术主要集中在场地水文方面。

LID设计通常需要综合渗透、储存、过滤及净化等多种控制技术，主要分为保护性设计、渗透技术、径流储存、径流输送技术、过滤技术、低影响景观等[181]6部分，见表2–1。

LID技术体系分类　　表2–1

项目	技术说明
保护性设计	通过保护开放空间，减少不透水区域的面积，降低径流量
渗透技术	利用渗透减少径流量，处理和控制径流，补充土壤水分和地下水
径流调储	对不透水面的地表径流进行调蓄、利用、渗透、蒸发等，削减径流排放量和峰值流量，防止侵蚀
径流输送技术	采用生态化的输送系统，降低径流流速，延缓径流峰值时间等
过滤技术	通过土壤的过滤、吸附、生物等作用，处理径流污染，减少径流量，补充地下水，增加河流的基流，降低温度对受纳水体的影响
低影响景观	将LID措施与景观相结合，选择适合场地和土壤条件的植物，防止土壤流失并去除污染物等，有效减少不透水面积、提高渗透潜力、改善生态环境等

资料来源：车伍，吕放放，李俊奇，等. 发达国家典型雨洪管理体系及启示［J］. 中国给水排水，2009，25（20）：12-17.

LID技术体系的最大特点是在空间布局上可以根据雨水管理目标需要和场地特征采用集成的或者分布式的布局方式，灵活多变；大部分LID措施都规模较小，非常适合小尺度和微尺度的场地雨水径流处理，对于高密度的城市区域和相对低密度的城郊区域都有很强的适应性。这些综合措施可以整合到建筑物、基础设施及景观设计中，从而取代排水区域末端价格昂贵的雨水管理设施[166]。

从本质上来说，LID技术体系是一套完整的场地设计策略。LID场地设计过程主要基于场地规划过程，并且秉承如下5条核心理念[179]：

①在土地使用规划中，水文应被视为一个整体加以考虑。

②通过微管理实现分散式控制：为了保持场地的关键水文功能，整个场地可被视为由一系列相互连接的小尺度设计组成。

③源头控制。

④整合非结构性系统，用最简单的方法解决问题。LID提倡采用简单的方法，以尽量贴近自然的方式解决雨洪问题。

⑤创建多功能的景观和基础设施。LID在规划和设计中有许多措施可供选择来实现微管理和源头控制。首要的选择标准是既要满足设计需要又要实现雨洪管控目标。LID的设计特点通常是多功能和多目标的。

2.2.3 其他西方技术体系

西方国家类似BMPs和LID的技术体系还有英国的可持续城市排水系统（SUDS）、澳大利亚的水敏性城市设计（WSUD）以及新西兰的低影响城市设计与开发（LIUDD）等。

2.2.3.1 英国的可持续城市排水系统（SUDS）

20世纪90年代，苏格兰环保局出台了对新开发区实施雨水BMPs的有效监管措施。在此基础上，1997年10月苏格兰水务局首次采用可持续城市排水系统（Sustainable Urban Drainage Systems，SUDS）这一术语来描述相关雨水技术，随后可持续城市排水的原理被不断丰富[182]。目前，可持续城市排水系统已经发展成为一个多层次、全过程的体系，将传统的以“排放”为核心的排水系统上升到维持良性水循环高度的可持续排水系统，在设计时需要综合考虑径流的水质、水量、景观潜力和生态价值、社会经济因素等，目标是实现整个区域水系统的优化和可持续发展[172]。SUDS根据地表径流的水文过程将管理体系划分为预防、源头控制、场地控制以及区域控制四个链式层级（图2-2），强调从径流产生到最终排放整个链带上对径流的分级削减和控制，而不是通过管理链的全部阶段来处置所有的径流[183]。SUDS在技术措施上类似于BMPs和LID技术，可分为源头控制、过程控制和末端控制三种途径，以及工程性、非工程性两类措施，这些技术和措施相互配合，贯穿于整个雨水径流的管理链。[183]

SUDS的原理主要是通过相关措施平缓时间雨量曲线，降低或延缓流量峰值的到来，从而尽可能模仿场地开发前的自然排水状况，并对径流进行处理以去除污染

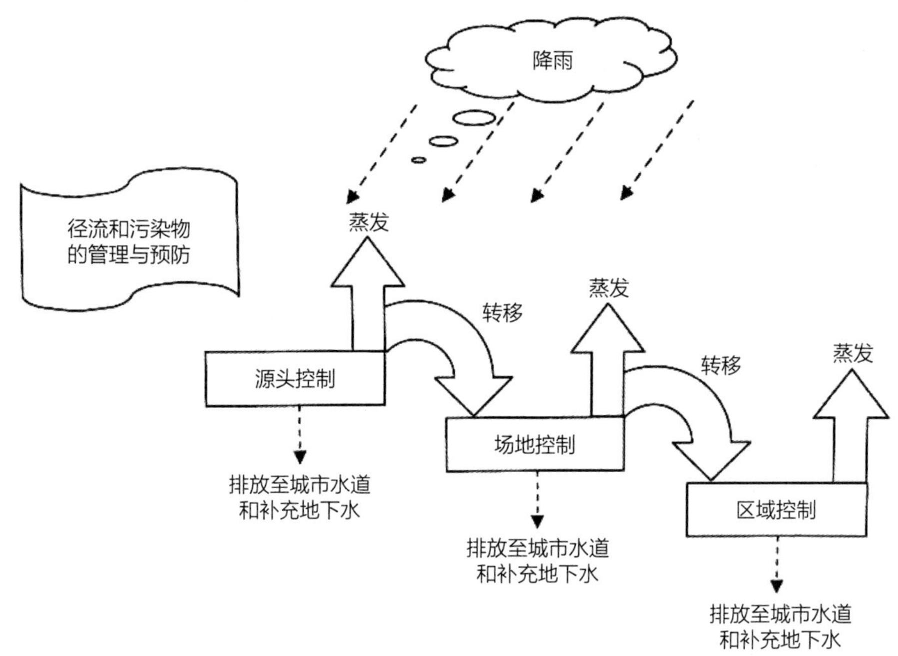

图2-2 SUDS雨水径流管理链

图片来源：徐海顺，蔡永立，赵兵，等．城市新区海绵城市规划理论方法与实践［M］．北京：中国建筑工业出版社，2016.

物，这与LID的思想是一致的[184]。与传统的城市排水系统相比，可持续排水系统具有以下特点：①科学管理径流流量，减少城市化带来的洪涝问题；②提高径流水质、保护水环境；③排水系统与环境格局协调并符合当地社区的需求；④在城市水道中为野生生物提供栖息地；⑤鼓励雨水的入渗、补充地下水等[181]。

2.2.3.2 澳大利亚水敏性城市设计（WSUD）

首次提出 WSUD（Water Sensitive Urban Design）理念的是来自西澳大利亚的学者Whelans和Halpern Glick Maunsell[185]，但在当时并未得到认可，直到1990年代中后期，随着可持续理念普及，后经Wong等人的不断丰富，现已发展成为一种雨水管理和处理方法[186, 187]，而这种将城市水循环与城市设计相结合的理念也逐步被大众认同，并作为后期可持续雨洪管理的支撑[188]。与BMPs和LID相比，WSUD的核心也是雨水管理，但涉及的内容更为广泛和全面[183]，是结合了城市水循环（供水、污水、雨水、地下水管理）、城市规划设计和环境保护的综合性设计[181]。WSUD的根本出发点是生态可持续发展，是整合水循环管理和城市规划与设计的框架；根本要素是社会可持续发展和城市水环境可持续管理，将城市相互联系的供水、雨水和污水系统作为一个水循环整体进行综合管理，并通过WSUD措施实现自然水循环的保护；其根本目的是保护水源，同时提供城市生态环境的恢复力，最终实现城市建设形态和城市水循环的协同发展[189，190]。

WSUD倡导将水文循环和城市规划、工程设计、建设发展过程相结合，认为城市的基础设施、建筑形式应与场地的自然特征一致，通过合理设计、利用具有良好水文功能的景观性设施，让城市环境设计具有“可持续性”，从而减少对结构性措施的需求，减少城市开发对自然水循环的负面影响，保护敏感的城市水系统的健康，并提升城市在环境、游憩、美学、文化等方面的价值[183]。水敏性城市设计（WSUD）的关键原则包括[191]：①保护现有的自然特征和生态环境；②维持集水区的自然水文条件；③保护地表和地下水水质；④降低供水和雨水管网系统的负荷；⑤减少排放到自然环境中的污水量；⑥将雨水、污水的收集、净化、利用与景观相结合来提高美学、社会、文化和生态的价值[191]。

2.2.3.3 新西兰的低影响城市设计与开发（LIUDD）

低影响城市设计与开发（Low Impact Urban Design and Development，LIUDD）是新西兰政府在借鉴美国最佳管理措施（BMPs）、低影响开发（LID）和澳大利亚水敏性城市设计（WSUD）理念并结合本国实际情况推出的城市水系统管理体系[192，193]。LIUDD强调利用以自然系统和低影响为特征的规划、开发和设计方法来避免和尽量减少环境损害，通过一整套水系综合管理方法来促进城市发展的可持续性、保护水生和陆生生态的完整性[172]。LIUDD吸取了LID 技术的工程设计理念，与 WSUD 技术类似，并重点强调对三水（供水、废水和雨水）的综合管理。LIUDD 的核心思想是利用综合流域管理（Integrated Catchment Management，简称ICM）方法，通过对若干户到汇水区范围上综合的土地利用和用水方案进行设计[194]，以避免传统的城市化过程中带来的种种不利效应，保护城市生态环境[195]。LIUDD可以看成是多种理念的综合，LIUDD=LID（低影响开发）+CSD（小区域保护，Conservation Sub-Divisions）+ICM（综合流域管理）+SB/GA（可持续建筑/绿色建筑，Sustainable Building/ Green Architecture）[196]。在工程措施的实施方面，LIUDD与其他措施一样，都是通过雨水利用和渗透、挥发两个天然水文过程实现[195]。

LIUDD的主要原则分为三个层次，上一层次的原则融入贯穿到下一层所有原则中（图2-3）。首要原则是寻求共识：人类活动要尊重自然，尽量减少负面效应和优化各类设施。第二层原则强调了城市发展选址的重要性，这一层原则对第三层原则贯彻应用的结果有决定性作用，此外还包括有效利用基础设施和设计生态设

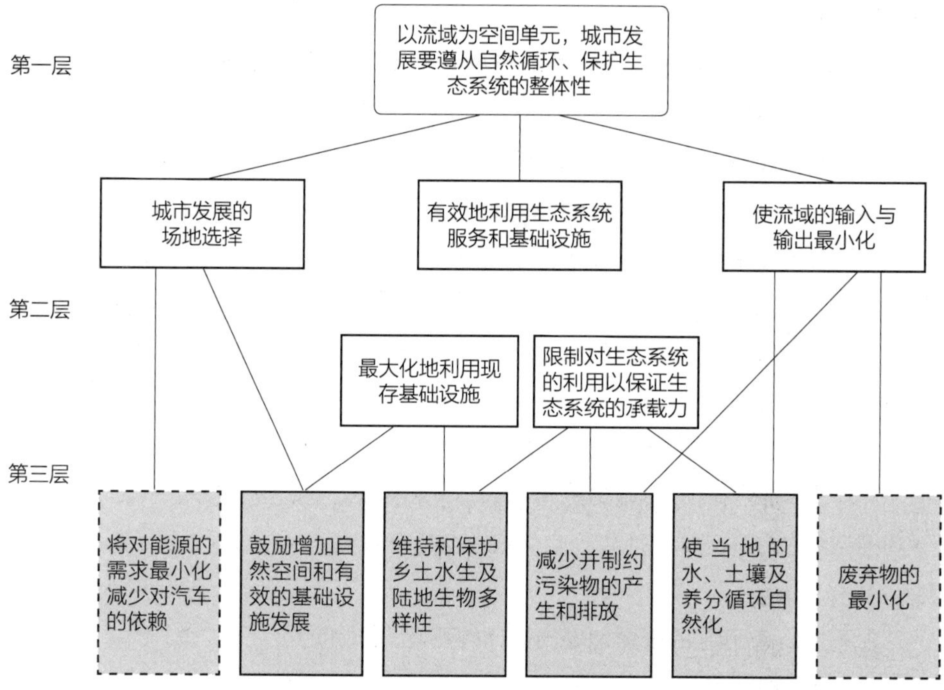

图2-3 低影响城市设计与开发（LIUDD）体系中主要原则的分级

注：实线框中的是 LIUDD 中重点关心的问题。

图片来源：赵晶．城市化背景下的可持续雨洪管理［J］．国际城市规划，2012，27（2）：114-119.

施、减小流域输入输出等次级原则。第三层原则主要包括利用小区域保护方法（分散式）来保持自然空间和提高基础设施的效率；利用“三水”的综合管理来减轻污染和保护生态，优化水和土壤的自然循环。[64，197]

2.2.4 海绵城市技术体系

2.2.4.1 海绵城市（Sponge City）的概念与发展历程

雷晓玲等（2017）将其发展历程归纳为四个阶段[179]：第一阶段是雨水综合利用阶段，肇始于建设部和发展改革委2001发起的节水型城市建设和水利部组织评估大江大河的洪水风险以指导地区防洪规划和城市建设的工作。此阶段以雨水资源综合利用、城市防洪排涝为主，兼顾水污染处理，因未形成统一体系，防涝和雨水回用效果不明显。第二阶段是生态城市建设阶段，以2010年住房和城乡建设部批准8个全国性示范地区为标志，要求采用生态化建设开发方法，包括区域生态安全格局维护、城市水体保护、雨水收集利用等技术，从整体上推动建设与自然相融合的新型城市。第三阶段是海绵城市试点阶段。2013年习近平总书记在中央城镇化工作会议上提出了“海绵城市”理念，指出“在提升城市排水系统时要优先考虑把有限的雨水留下来，优先考虑更多利用自然力量排水，建设自然积存、自然渗透、自然净化的海绵城市”。自此，海绵城市的理论内涵、建设路径、目标体系等都在不断拓展深化。住房和城乡建设部指出，海绵城市的本质是解决城镇化与自然环境的协调矛盾，海绵城市的建设应当从区域、城市、建筑三个层面出发，强调区域水生态系统的保护与修复、城市规划区海绵城市的设计与建造、建筑雨水利用与中水回用等[198]。2014年，住房和城乡建设部出台了《海绵城市建设技术指南——低影响开发雨水系统构建》❶，并会同财政部、水利部联合组织开展海绵城市建设试点。2015年国务院相关文件指出，海绵城市是指通过加强城市规划建设管理，充分发挥建筑、道路和绿地、水系等生态系统对雨水的吸纳、蓄渗和缓释作用，有效控制雨水径流，实现自然积存、自然渗透、自然净化的城市发展方式❷。第四阶段是百家争鸣阶段。试点工作展开以来的一段时间，各地都有了不同的经验，这些经验针对不同城市存在的不同问题都在尝试提出不同的建设思路和手段。在对海绵城市内涵的理解上，不能仅仅把海绵城市看成是源头控制的LID，而是涉及源头削减、过程控制和末端治理等全过程的管理。关于“把雨水就地消纳”的做法，也有专家从不同的视角提出了质疑。这反映了海绵城市建设是一个复杂的系统工程，简单套用西方的理论在面对幅员辽阔的中国土地的时候，可能会遇到各种各样的不适和矛盾，需要进行深入的研究和地域化的探讨。2016年三部委启动的第二批海绵城市试点申报工作是对海绵城市地域化建设经验的进一步探索。

从海绵城市提出的过程和概念发展来看，海绵城市的核心思想可以概括为4点[172]：①人与自然关系的反思和重塑；②尊重与利用本地的自然特性；③修复城市生态系统服务功能；④通过“积极干预”手段增强韧性。

2.2.4.2 海绵城市（Sponge City）技术体系及其特点

（1）技术途径

海绵城市的建设从技术途径上主要有三个方面，一是对城市原有生态系统的保护。即最大限度地保护原有的河流、湖泊、湿地、坑塘、沟渠等水生态敏感区，留有足够涵养水源、应对较大强度降雨的林地、草地、湖泊、湿地，维持城市开发前

❶ 指住房和城乡建设部2014年发布的《海绵城市建设技术指南》，后文中所用“《指南》”均为其简称。

❷《国务院办公厅关于推进海绵城市建设的指导意见》，国办发〔2015〕75号。

的自然水文特征[199]。二是生态恢复和修复。即对传统粗放式城市建设模式下，已经受到破坏的水体和其他自然环境，运用生态的手段进行恢复和修复，并维持一定比例的生态空间[199]。三是低影响开发。按照对城市生态环境影响最低的开发建设理念，合理控制开发强度，在城市中保留足够的生态用地，控制城市不透水面积比例，最大限度地减少对城市原有水生态环境的破坏，同时，根据需求适当开挖河湖沟渠、增加水域面积，促进雨水的积存、渗透和净化[199]。从系统上来讲，海绵城市建设不仅仅是低影响开发雨水系统，还应该统筹城市雨水管渠系统以及超标雨水径流排放系统[199]。我国海绵城市构建途径如图2-4所示。

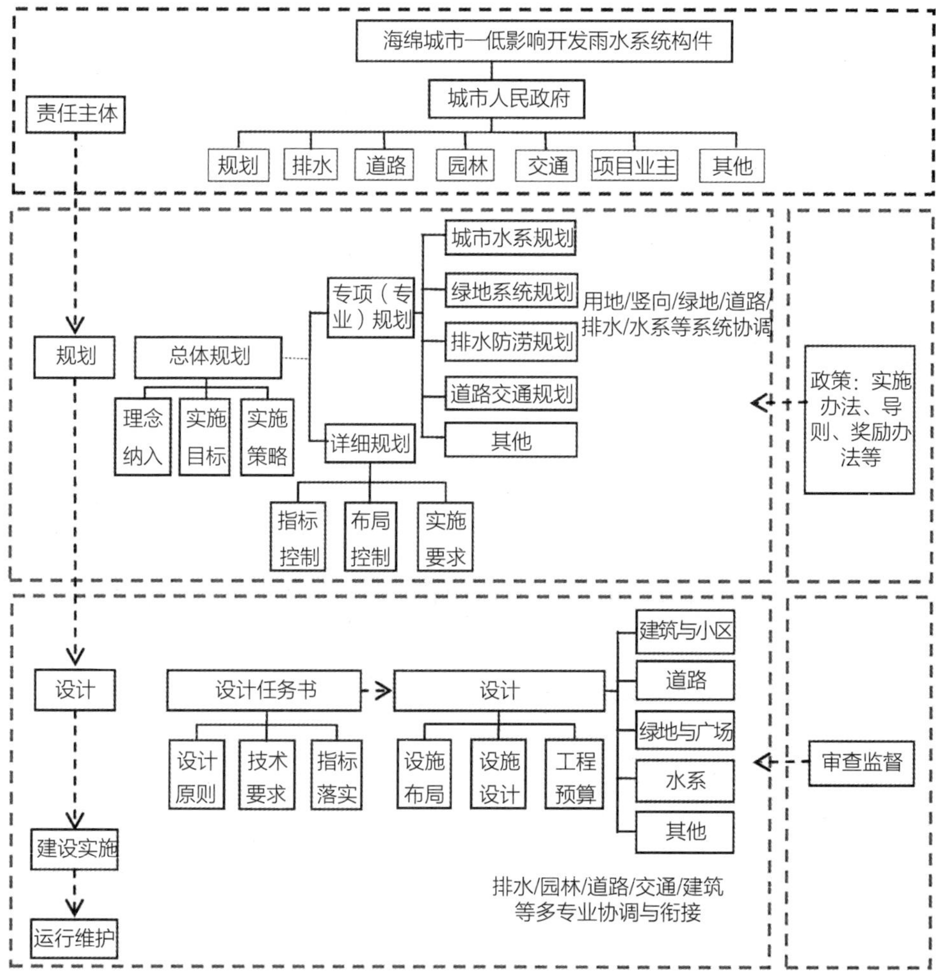

图2-4 海绵城市——低影响开发雨水系统构建途径示意图

图片来源：住房和城乡建设部. 海绵城市建设技术指南：低影响开发雨水系统构建（试行）[M]. 北京：中国建筑工业出版社，2014.

（2）管控目标

我国海绵城市的综合控制目标包含径流总量控制目标、径流峰值控制目标、污染控制目标以及雨水资源化利用目标四个方面[199]，其中重要的是径流总量控制目标，该目标及其相关指标被作为海绵城市建设、规划与验收的最核心依据。考虑到地域气候差异，在全国大陆地区范围内划分了5个径流总量控制率（α）分区，以指导不同分区内海绵城市建设中径流总量控制目标的确定，年降雨总量越大的区域，α值相对越低。由于海绵措施面对大暴雨事件时作用有限，在峰值控制方面，《指南》并没有将海绵城市建设措施作为主要手段，而是仍然要求按照现行国家标准《室外排水设计规范》GB 50014中的相关标准执行。由于径流污染物变化的随机性和复杂性，径流污染物控制目标一般也通过径流总量控制来实现[199]。雨水资源化利用目标各地根据自身情况确定，《指南》中仅作为原则性的目标，并无具体指标要求。

（3）主要技术措施

海绵城市的技术措施基本上延续了LID系统源头控制的思想，被归纳为“渗、滞、蓄、净、用、排”六种功能或目标类型，包括了以渗透为主的透水铺装、绿色屋顶、下沉式绿地、生物滞留设施、渗透塘、渗井，以储存为主的湿塘、雨水湿地、蓄水池、雨水罐，以调节为主的调节塘、调节池，以转输为主的植草沟、渗管/渠以及以截污净化为主的植被缓冲带、初雨弃流设施、人工土壤滤渗等具体措施形式[199]。这些措施形式在针对不同的气候、场地以及规划条件时需要进行措施比选和组合优化，如果盲目应用会不利于雨洪目标的实现。因此，各种地域化海绵城市的研究和试点工作非常必要而且需要得到重点关注。

2.2.5 黄土高原水土保持技术体系

2.2.5.1 黄土高原水土保持技术的发展历程

黄土高原水土保持技术是随着黄土高原治理工作的开展而逐渐发展完善起来的。黄土高原特有的地形地貌、土壤及降雨特征使得该地区的土壤侵蚀在人类出现以前就成了常态，人类出现后高强度的开发活动导致植被破坏严重，黄土高原的侵蚀也由常态侵蚀演变为剧烈侵蚀[2，200]。植被破坏带来的不仅是土壤侵蚀，更严重的灾难是洪水频发，人类生命财产常常受到损失。因此，黄土高原上自古至今不断出现灾害治理的著名代表人物，从先秦史籍记载的大禹治水、《汉书·沟洫志》中提出治河三策的贾让到《后汉书·循吏列传》中记载的东汉治河能吏王景，乃至明代名臣潘季驯和近代著名水利学家李仪祉等[2]，都对黄河及其中游黄土高原的水患问题提出了有效的对策。直到中华人民共和国成立后，随着黄土高原开发强度的加大，水土流失问题得到官方和学术界的高度重视，通过水土治理来保护黄土高原生态环境并且从源头上减少黄河的泥沙成了一种共识，因此，黄土高原水土保持技术的研究得到了快速发展。20世纪以来，由于水土保持科学的进步，一些科学家和技术专家提出了不少治理黄土高原水土流失的方略，但总体上不够全面系统，效果有限。直至中华人民共和国成立后，水土保持研究和实践工作得到了极大的强化，水土保持与沟壑治理逐渐发展成为一项重大的宏观战略，水土保持的技术体系和措施也逐渐完善和成熟。

目前黄土高原水土保持在理念上引入了流域生态学的思想，将小流域作为水土保持综合治理的基本单元，从流域生态系统的结构组成及其健康状况评价、功能及其作用机理研究与建模，流域水土资源管理的社会、经济等因子对持续土地利用的影响，水土保持实践的新方法新技术的应用等方面展开了广泛的研究[201，202]。在生产实践中，农林水利各部门也都形成了本行业内涉及水土保持的相关技术规范和标准。目前的研究和实践在空间范围上虽然认识到了以小流域作为完整水文单元的重要性，但实际的水土治理和雨洪管控实践中还存在明显的专业壁垒，未能从流域的全要素出发，形成山、水、林、田、湖、草、路、城镇、乡村等农林水利和城乡建设诸要素之间一体化的系统规划策略与方法。

2.2.5.2 黄土高原水土保持的主要技术体系

黄土高原水土保持技术体系主要包含水土保持综合调查、土地利用规划、水土保持措施规划、水土保持措施综合效益分析、水土流失综合治理评价以及小流域水土保持规划与设计等方面的技术与方法。对黄土高原沟壑型场地的雨洪管控规划而言，小流域水土保持规划与设计的技术方法具有很高的借鉴意义，其核心思想是以小流域为基本单元，采用沟道坝系相对稳定原理来建设淤地坝系，并结合水土保持的工程措施、生物措施和农业技术措施的合理布局来实现小流域水土保持的目标和效益。

坝系相对稳定原理指当淤地坝达到一定的高度、坝地面积与坝控制流域面积的比例达到一定的数值之后，淤地坝将对洪水泥沙长期控制而不致影响坝地作物生长，即洪水泥沙在坝内被消化利用，达到产水产沙与用水用沙的相对平衡[203]。坝系相对稳定的涵义包括：[204]①坝体的防洪安全，即在特定暴雨洪水频率下，能保证坝系工程的安全；②坝地作物的保收，即在另一特定暴雨洪水频率下，能保证坝地作物不受损失或少受损失；③控制洪水泥沙，绝大部分的洪水泥沙被拦截在坝内，沟道流域的水沙资源能得到充分利用；④后期坝体的加高维修工程量小，群众有能力负担。“坝系稳定”主要代表淤地坝来水来沙和用水用沙的相对平衡，是在长期的淤地坝建设实践中总结出来的，具有较强的实用性和一定的可靠性；同时具有简单明了的特点，易于理解和掌握，有利于在实践中推广运用[205]。

（1）坝系稳定系数

研究中，将小流域坝系中淤地面积与坝系控制流域面积的比值称为坝系相对稳定系数，用以衡量坝系相对稳定程度。如式2–1所示：

$$I=0.01S/F_c \qquad (2\text{–}1)$$

式中，I为坝系稳定系数；S为坝地面积，hm^2；F_c为坝系控制流域面积，km^2。

根据坝系相对稳定的一般概念和具体含义看，相对稳定需要满足的条件较多，各条件的组合也比较复杂，但最根本的一条是坝地面积与坝控流域面积的比值起决定性的作用[206]。

（2）坝系滞洪库容

根据范瑞瑜提出的坝系滞洪库容的计算方法，可分为不考虑坡面治理影响和考虑坡面治理保水效益两种算法，包括对应频率的洪水总量计算以及库容计算两个步骤：[206]

步骤一：对于频率为P的洪水总量计算

①不考虑坡面治理影响的计算

其计算公式为：

$$W_p=0.1\alpha H_{24P}F_c \qquad (2\text{–}2)$$

式中，W_p为频率为P的洪水总量，万m^3；α为暴雨径流系数；H_{24P}系频率为P的最大24h暴雨量，mm；F_c为坝控流域面积，km^2。

或采用：

$$W_p=KM_pF_c \qquad (2\text{–}3)$$

式中，K为小面积洪水折减系数，一般取值0.8～1.0；M_p为频率为的洪量模数，万m^3/km^2。M_p值可采用各地水文手册计算或洪水实测资料确定。

②考虑坡面治理保水效益的计算

计算公式为：

$$W_p=M_pF_c-(M_pf_1C_1+M_pf_2C_2+M_pf_3C_3)=M_p[F_c-(f_1C_1+f_2C_2+f_3C_3)] \qquad (2\text{–}4)$$

式中，M_p为洪量模数，万m^3/km^2；F_c为坝控流域面积，km^2；f_1、f_2、f_3分别为梯田、林地、草地的面积，km^2；C_1、C_2、C_3分别为梯田、林地、草地的减水效益。根据范瑞瑜的研究，水土保持措施的减水效益，在洪水频率$P<2\%$的情况下，C_1、C_2、C_3的建议取值分别为70.0%、60.0%、30.0%。

W_p的确定也可以按下式计算：

$$W_p = KM_{p治}F \tag{2-5}$$

式中，$M_{p治}$为治理流域洪量模数，万m^3/km^2；F为治理流域的面积。

步骤二：滞洪库容的确定

根据坝系相对稳定的要求，滞洪库容的确定应大于设计洪水总量。

$$V_{滞} > W_p \tag{2-6}$$

①对于无水保措施影响的流域，按式（2–7）计算：

$$V_{滞} = 1.05KM_pF_c \tag{2-7}$$

②对于考虑措施影响的流域，按式（2–8）计算：

$$V_{滞} = 1.05KM_{p治}F_c \tag{2-8}$$

（3）坝系安全系数

根据范瑞瑜的研究，坝系从规划、逐步实施到逐年淤地达到稳定高效的防洪效果需要一定的建设期和较长的淤积期，如果缺少统一规划而盲目建设，则坝系的形成过程往往会比较曲折，并出现水毁、坝地利用率低、形成时间长等问题。因此，规划中可以用坝系稳定系数和坝系安全系数来反映坝系的稳定运行程度和坝系工程的安全程度。坝系稳定系数用坝系的总淤地面积与控制流域面积之比来表示［式（2–1）］，当比值达到一定的范围时，表明坝系已经达到了稳定运行的水平。坝系安全系数则用下式计算：

$$I_{cP} = W_P / [A_{实}(d_B + d_c)] \tag{2-9}$$

式中，W_P为频率为P的洪水总量，万m^3，其计算式可参照式（2–2）～式（2–5），根据流域情况进行选用；$A_{实}$为坝地实有面积，hm^2；d_B为坝地允许淹水深度平均值，m；d_c为洪水所含泥沙落淤平均厚度，m；（d_B+d_c）的允许深度应小于0.8m。当$I_{cP} \leq 1$时，说明坝系允许的总体淹水深度和洪水所含泥沙的平均淤积厚度之和大于等于实际的洪水淹没深度，所以坝系工程在设计允许范围之内运行，是安全的；相反，当$I_{cP} > 1$时，说明坝系允许的总体淹水深度和洪水所含泥沙的平均淤积厚度之和小于实际的洪水淹没深度，坝系工程超设计标准运行，判定为不安全。

上述方法由于能够针对流域是否完成治理等不同的情况给出计算洪水总量以及相应库容的方法，且切实可行，易于操作，对于黄土高原沟壑型场地的雨洪管控规划而言，当将淤地坝作为小流域雨洪管控的核心措施时，该方法具有很强的可行性。由于淤地坝主要建在小流域的下游，所以该措施总体上属于末端措施，如果能结合源头措施加以合理规划，其雨洪管控效果必将更好。

2.2.6 分析总结

前述几种雨洪管控的基本方法和技术体系除了黄土高原水土保持技术体系外，其他几种（包括中国的海绵城市技术体系）都具有密切的技术关联性。一方面，面对的水污染、洪涝、生态健康等问题和挑战都比较类似；另一方面，在具体的技术措施上也存在着不同技术体系之间的相互借鉴，在此基础上结合各自国家的政策法规与国情进行了优化和调整，并形成各自独立的技术体系。

具体而言，美国的BMPs技术体系形成得最早，目前发展得非常完善，能够从源头、过程及末端进行污染和洪水控制，在措施上兼顾了政策性和工程性等类型，同时还形成了较为完备的规划设计策略，对于流域或小流域的雨洪管理非常适合。美国的LID技术体系是在BMPs技术体系的基础上发展起来的，是对BMPs的补充和完善，主要解决了城市和社区中分散小场地源头减排的技术问题。英国的SUDS、澳大利亚的WSUD以及新西兰的LIUDD在技术源头上都受到了美国BMPs及LID技术体系的深刻影响，甚至在内容和措施上都非常相似，但又都有各自不同的特点。英国SUDS除了防洪排涝目标外，还强调水环境保护、环境与水系关系协调以及维护野生生物栖息地等功能；澳大利亚的WSUD强调最大限度保护城市水循环的整体平衡、协调绿色与灰色基础设施的关系以及保护水环境的生物多样性等内容[191]；LIUDD则重点强调对三水（供水、废水和雨水）的综合管理，在内容和功能上比BMPs及LID扩展得较多，包括了CSD（小区域保护，Conservation Sub-Divisions）、ICM（综合流域管理，Integrated Catchment Management）以及SB/GA（可持续建筑/绿色建筑，Sustainable Building/ Green Architecture）等，在执行原则上也有较为复杂的层级关系。中国的海绵城市也主要借鉴了美国低影响开发的理念和技术体系，但针对中国城乡规划的体制和实践特点做了技术途径和框架上的调整。黄土高原水土保持技术体系则是起源和发展于我国，是近几十年黄土高原治理研究和实践的产物，具有很强的地域性特点。

2.3 适地性规划的理论基础

适地性规划的理论基础包括适宜性规划和地域性方面的理论。适宜性规划理论与方法中的景观适宜性评价相关理论与方法是本书中雨洪管控目标与措施适地性评价的基础。

2.3.1 适宜性评价相关理论

2.3.1.1 第二代景观适宜性评价方法（LSA2）

（1）概述

在城乡规划领域可以借鉴的生态适宜性规划方法主要是基于生态学原理发展而来的景观生态学规划设计方法。经典的景观生态适宜性规划方法有以麦克哈格的“千层饼”为代表的第一代景观适宜性评价方法（LSA1），以序位组合法、线性组合法、非线性组合法、要素组合法以及组合原则法为基本方法与步骤并形成的景观单元和景观分类法、景观资源调查和评价法、空间配置与评价方法和战略性景观适宜性评价方法四类第二代景观适宜性评价方法（LSA2），以及应用人文生态方法、应用生态系统方法、应用景观生态学方法、景观评价和景观感知六大流派[207]。

第一代景观适宜性评价方法（LSA1）是凭借景观的自然特征来评估景观适宜性；第二代景观适宜性评价方法（LSA2）在考虑了社会、经济、政治和生态四大因素条件下，强调追求对景观的最佳利用[167]；应用人文生态方法强调生态规划中的文化因素，考虑的核心是在景观利用中寻求生态适应性和文化理想空间之间的最佳适应性，强调在景观内在因素与外在形式间进行景观功能选择[167]；应用生态系统方法主要探讨生态系统层面的景观功能；应用景观生态学方法主要探讨景观层面上的景观功能，强调空间和生态过程之间的关系[167]；景观评价和景观感知则主要探讨个人与群体在与景观互动中的审美体验，将审美体验系统地纳入景观设计、规划和管理中[167]。

在本研究中，对场地适宜性的评价不仅需要从场地景观要素的自然特征（如降雨条件、土壤特性、地形地貌、植被条件等）的角度来加以考虑，还需要考虑到场地措施的经济成本和景观风貌等社会和经济问题，因此，研究中采用的适宜性评价方法主要以第二代景观适宜性评价方法（LSA2）为主，同时由于涉及景观风貌等乡土景观保护问题，评价中还需结合应用人文生态方法的相关思想。

（2）基本方法与步骤

在生态规划中，景观适宜性评价方法主要用来评价土地的某种特定开发利用方式基于各自然要素（土壤、地质、坡度、水文、气候等）、生物要素（植被、生物等）以及社会经济与文化要素的适宜程度，从而帮助确定该块土地合理的开发利用方式。根据岳邦瑞等人的归纳总结，其基本方法可以分为5个方法及4个步骤（图2-5）[207]：

步骤1：划分匀质区；绘制单一要素分类地图。

步骤2：评定单一区块的适宜性；把划分好的匀质区组合为复合要素区块

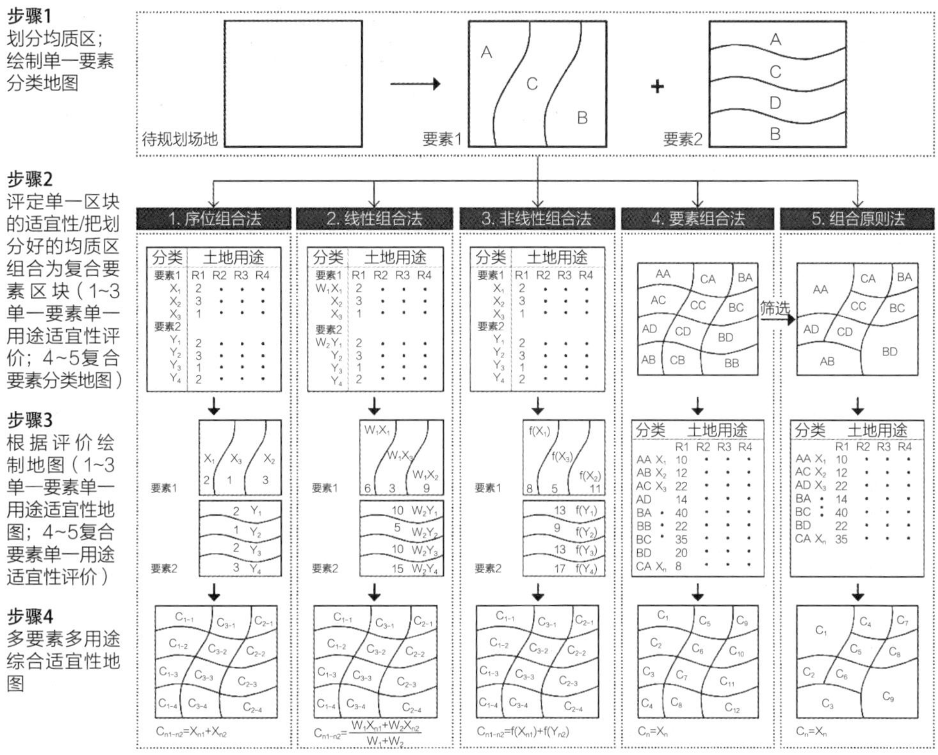

图2-5　景观适宜性评价的五个基本方法步骤与对比

图片来源：岳邦瑞等. 图解景观生态规划设计原理［M］. 北京：中国建筑工业出版社，2017：281.

（1～3单一要素单一用途适宜性评价；4～5复合要素分类地图）。

步骤3：根据评价绘制地图（1～3单一要素单一用途适宜性地图；4～5复合要素单一用途适宜性评价）。

步骤4：绘制多要素多用途综合适宜性地图。

在本研究中，雨洪管控适地性规划的一个重要内容就是对雨洪管控目标和措施进行适宜性评价，分为规划前和规划中两个阶段展开。第一阶段为目标与措施的适宜性评价在具体小流域雨洪管控规划设计之前展开，其方法是先确定研究区域内的重要影响要素，以该要素作为评价因子分别对各种可能的雨洪目标和雨洪措施进行逐一评价，最终形成适合该区域的预选目标集和措施集以及评价量表供第二阶段规划落地时使用，此阶段的评价不针对具体规划项目，一旦完成，在具体雨洪管控规划项目中不需要再进行该评价，可直接将量表拿来使用。第一阶段的适宜性评价主要采用的方法属于逻辑规则组合法（表2-2），即根据现有的各种规范、研究成果作为依据来判断各单一目标和措施在不同类型场地中的适宜性，进而形成量表。第二阶段为规划落地阶段，此阶段的适宜性评价主要针对规划小流域内各具体场地展

基于资源开发目标的景观适宜性逻辑组合矩阵　　表 2-2

分类		景观的生态价值			
		低	中等	高	很高
景观的社会经济需求	很高	很适宜	很适宜	适宜	勉强适宜
	高	很适宜	适宜	勉强适宜	勉强适宜
	中等	适宜	勉强适宜	勉强适宜	不适宜
	低	勉强适宜	不适宜	不适宜	不适宜

资料来源：傅伯杰，陈利顶，马克明，等．景观生态学原理及应用［M］．北京：科学出版社，2011：211.

开，采用LSA2的方法来确定每块场地最适宜的雨洪目标和雨洪措施。虽然评价的结果不是适宜的土地利用方式，而是适宜的场地目标和措施，但由于被评价的雨洪目标和雨洪措施是直接应用于该块土地之上的，必然受到与该块土地紧密关联的各种影响因子的影响，因此，本质上还是通过对土地本身特性（即场地本身是否具有承载该目标和措施的各种属性）的评价来判断目标与措施是否具有落地的适宜性。基于此，采用LSA2的方法来进行雨洪管控适地性评价是可行的。

2.3.1.2　逻辑规则组合法

上述适宜性评价方法是对麦克哈格“千层饼”法的进一步发展和完善，在具体操作中存在着各评价指标权重难于确定的困难，因而，在规划实践中可以结合逻辑规则组合法[208]来运用。该方法针对分析因子存在的复杂关系，运用生态因子逻辑规则建立适宜性分析准则，并以此为基础判别土地的生态适宜性，不需要通过确定生态因子的权重就可以直接进行适宜性评价和分区[209]。JU根据逻辑组合原理构建了城市土地可持续利用规划最终分类矩阵，通过对土地的生态价值和社会经济价值需求的组合来判断土地合理的利用程度[210]。随后，史培军等在其逻辑组合原理的基础上，建立了土地可持续利用最终分类矩阵[211]。参照JU与史培军的评价思路，基于逻辑组合原理，傅伯杰等进一步完善了针对资源开发利用目标的景观适宜性评价方法（表2-2）。

逻辑规则组合法是一种无需经过大量计算，依据定性判断就可实现生态适宜性评价的方法，但其难点在于逻辑规则的制定[209]。当评价的因子过多时，要获取生态适宜性与评价因子之间的逻辑关系就显得相对困难，在实践中往往与地图叠加法综合运用[208]。

2.3.2 地域性相关理论

“地域性”概念与19世纪俄罗斯学者道库恰耶夫创立的自然地带学说有着很深的渊源。经过科学家们不断深入的研究之后，在此学说的基础上发展出了“地域分异”的概念及其理论。“地域性”从自然地理的角度来说就是“地域分异”，即是指自然地理综合体及其各组成成分按地理坐标确定的方向发生有规律变化和更替的现象[212]。描述该现象的理论称为“地域分异规律”（rule of territorial differentiation），也称空间地理规律，是指自然地理环境整体及其组成要素在某个确定方向上保持特征的相对一致性，而在另一确定方向上表现出差异性，因而发生更替的规律[212]。地域分异规律可以分为地带性、非地带性、派生性、地方性和局地分异规律5种类型[212]。从分异范围、规模（又可称为尺度）大小来讲，它又可划分为全球性的地域分异规律、大陆及大洋的地域分异规律、区域的地域分异规律和地方性的地域分异规律四级系统[154]。形成地域分异的基本因素有地带性因素和非地带性因素两种，前者指太阳能沿纬度方向分布不均及与此相应的许多自然现象沿纬度方向有规律的更替；后者指海陆分布、大地构造和地貌差异等导致偏离纬度方向的地域分异[168]。

从尺度上看，黄土高原地域性雨洪特征的形成及黄土高原严重的水土流失现象都是由地方性分异规律起作用的结果。例如，黄土高原沟谷深切、地形破碎，造成了土壤侵蚀方式组合的垂直分异规律。黄土丘陵沟壑区从分水岭到谷底依次可划分为梁塔侵蚀带、黄土充填古代沟谷侵蚀带和现代沟谷侵蚀带；而黄土高原沟壑区则为塬面细沟、浅沟剥蚀带、谷坡切沟冲沟切割带和沟床干沟切蚀侧蚀带[154]。在黄土高原沟壑型场地的雨洪管控适地性规划研究中，源于自然地带学说的地域分异规律和理论是解释本研究中地域性水文过程和雨洪管控规律的地域性特征的主要依据。

2.4 相关理论方法对本研究的启示

通过对相关基础理论和技术方法的梳理、对地域海绵建设实践经验的总结，可以获得几点重要的启示，对本研究有重要意义。

2.4.1 水文学基础理论对本研究的启示

（1）水文变量：应明确和研究雨洪管控中的有效人工干预变量。

根据水量平衡原理，特定降雨时段内流域总的水量始终处于平衡状态，规划设计并不能加以干预和改变，可以干预的是时段内流域的蒸发量、时段内用水量以及时段内流域蓄水量的变化，从而实现对该时段内从地面流出流域的水量的调节，即实现了某种程度上的雨洪管控。在不同的地域条件下，流域内蒸发量、用水量以及蓄水量三者中哪一个通过人工干预最容易实现？哪一个对改变流出流域的水量的效果更有效？这些问题从方法和技术层面都值得研究。

（2）渗透能力：应重视地域性特征对土壤下渗能力的影响。

蒸散发和土壤下渗理论揭示了在雨洪管控实践中，影响蒸散发的因素很多，且都人力难以干预，将蒸散发作为雨洪管控的调节量并不合适；另一方面，揭示了不同的土壤类型决定了不同的下渗模式，雨水下渗除受土壤特性影响外，降水特性、流域植被、地形条件、人类活动等都是重要影响因素，而规划设计对流域植被、地形条件、人类活动以及局部的土壤条件都可以发挥有效的干预，从而改变土壤的下渗能力。在黄土高原地区，上述影响因素都具有明显的地域特征，需要研究其地域差异，并不能一概而论。

（3）地域机制：应重视地域产汇流机制和适地性措施的研究。

流域产流与汇流理论是阐述流域雨洪产生机制最核心和最重要的基础理论。其4种产流机制在具体流域中是否发生作用主要取决于流域内的下垫面状况，但从雨洪管控的角度，2种地面径流产流机制因为易于被人工干预，在雨洪管控适地性规划中应重点关注并加以利用。根据流域汇流分析，各种雨洪管控技术措施的运用无非是增强流域的调蓄作用，研究和总结研究地域内有哪些有效的适地性措施，并进行合理的组合与布局是本书需要做的重要工作。

2.4.2 现有方法与技术体系对本研究的启示

（1）目标与途径：雨洪目标设定对规划技术途径的选择具有决定性影响。

从西方各国雨洪管控的技术体系来看，每一种技术体系的产生、发展和完善都是以问题与目标为导向，且都针对现实雨洪问题提出相应的雨洪管控目标，并形成适合的技术途径。虽然不同国家和地区面对的雨洪问题都有明显的差异，但由于地表径流的水文过程规律是一种普遍规律，所以以LID为代表的源头控制理念被普遍接受和采用。但在水质、水量、生态系统、市政系统融合等管控目标上的需求不同则决定了各技术体系在原则、策略、程序，以及措施上的差异。在本书研究区域内，雨洪管控规划目标除水量控制目标外，还包括场地安全、水土保持、地域风貌等多维目标，因此，其规划技术途径的构建应具有较强针对性。

（2）地情与模式：地域情况决定了雨洪管控的技术模式。

无论是LID的源头控制、BMP的分阶段控制、LIUDD的三水（供水、废水和雨水）综合管理还是黄土高原当前普遍采用的生态坝系模式，都是由各自不同的地域情况决定的，技术模式虽然可以参考和借鉴，但不能盲目搬用，需要与地情相结合，做适地化的改造。

（3）场地与措施：场地特征及其针对措施的适宜性决定了措施的选择。

雨洪管控的各种措施本身没有偏好性，都是针对某一类雨洪管控功能要求而发挥作用，但具体的场地因为地貌、土壤、植被、所处气候带等的不同而具有各自不同的特征，从而决定了适宜该场地的措施类型，研究中需要认真加以评估和甄别。

2.5 本章小结

根据水循环机理和水平衡理论，人工干预并不能改变流域内总的水量及其始终处于水量平衡的状态，雨洪管控规划设计所能实现的是通过改变具体时段内流域的蒸发量、用水量以及蓄水量从而达到改变时段内从地面流出流域水量的目的，并因此实现某种程度上的雨洪管控。从理论上讲，流域蒸发量是一个难以人为控制和利用的变量，土壤渗透则可以视作是改变用水量的一种方式，具有较高的可行性。土壤的渗透能力取决于土壤的类型与特性以及下垫面的场地形态，这些对应到不同地域会具有很大的差异，导致地表的产流机制不尽相同。晋陕黄土高原是地域特征非常典型的区域，其中沟壑型场地又是该区域内地形地貌最为复杂、雨洪矛盾最为集中的类型，如何通过改变用水量（如土壤渗透）和蓄水量（如坑塘水库蓄水）来达到雨洪管控的目的需要进行针对性的研究。除水量控制外，水质控制也是重要的雨洪管控目标，不同于大城市，沟壑型场地内多以城镇组团和聚居点为主，所在小流域径流中携带的大量泥沙是水质控制的主要对象，常规海绵技术途径和措施并不能完全解决问题，需要有针对性的技术途径、策略和措施。

比较西方国家的LID、BMPs、SUDS等技术体系可知，它们都是针对本国具体问题和需求而形成的雨洪管控方法，其具体目标也不完全相同，技术措施上虽然都以LID技术为基础，但也做出了相应的调整，有些注重源头控制、有些重点在末端、还有些强调与市政雨污体系的融合。黄土高原地区的水土保持规划技术则重点关注如何通过“控水”来达到“控土”的目的，本质上也是一种水量与水质都控制的方法，其措施则都为地域性措施。国内的“海绵城市”技术体系在本质上也是对低影响开发（LID）体系的拓展，虽然对海绵城市建设具有积极作用，但国土辽阔形成的地域差异却普遍存在，所以海绵城市规划设计在地域实践中还需要对管控目标、技术途径、措施、策略等进行比较、优化、选择甚至是重构。

在晋陕黄土高原沟壑型场地及其流域中，湿陷性土质、起伏剧烈的地形地貌、覆被稀少再加上季节性强降雨等因素对水文过程有巨大的影响，形成了特殊的雨洪规律。研究需要先从问题与矛盾着眼，确定雨洪管控适地性目标体系，根据场地特征选择和重构适地性规划技术途径，进而结合传统智慧选择适地性技术措施，最终形成雨洪管控的地域化策略和场地规划方法。由于场地要素具有地域特殊性，需要对雨洪目标和场地措施进行适地性评价，评价方法采用了第二代景观适宜性评价方法（LSA2），该方法仅作为一种工具，不在本书研究范围之内。

第3章 晋陕黄土高原雨洪管控的地域实践与民间智慧

3.1 雨洪管控的地域实践

在黄土高原范围内，雨洪管控的地域实践主要体现在流域农田水利基础设施系统的构建、流域水土保持综合治理、流域生态环境恢复、流域雨水的综合利用以及聚落场地的安全防护等方面，其中，农田水利基础设施的建设往往结合流域水土保持综合治理一并展开。由于地处干旱半干旱地区，雨洪管控中对雨水进行充分的利用是传统地域实践中非常重要的内容。研究地域内特殊的地貌决定了小流域是雨洪管控的水文学基本单元，而小流域内的沟壑型聚落场地则承担了人类的聚居功能，从而区别于荒野、人口稀少或人类生产聚居活动未涉及的那一部分场地，故而本书主要从小流域和聚落场地两个层面展开地域实践的总结（参见1.3小节相关论述）。

3.1.1 小流域雨洪管控与雨水利用实践

据前文论述，小流域不仅是水文生态过程研究的理想尺度，还是水土保持综合治理的基本空间单元，更是人居生态环境规划的合理研究单位，因此，本书中雨洪管控的地域实践主要以小流域为基本尺度展开。在黄土高原地区，该尺度下的雨洪管控实践主要包括水土保持综合治理与流域生态环境恢复两个方面。

3.1.1.1 水土保持综合治理

整个黄土高原乃至黄河流域的水土保持综合治理实践可以追溯到大禹治水，大禹治水对黄土高原的贡献，在于对黄土高原主要河流进行全部疏导，使黄土高原在相当长时间内无水患[2]。西汉贾让则提出了“治河三策”，虽然历史上毁誉参半，但却是保留至今最早的一篇比较全面的治河经验总结的文献，其上策提出的宽河调洪思想以及中策提出的放淤、改土、通槽等多方面的建议对后世治河有很大的影响[213]。东汉王景“十里一水门，令更相洄注”的治水秘诀虽至今尚难精确破解，但对黄河在东汉以后至唐800余年下游出现长期安流局面发挥了首要作用[214, 215]。到明代则有治河名臣潘季驯，其主持修筑堤防二百多里，帮助创筑堤防闸坝三十多万丈，将黄河两岸堤防全部连接起来，实现河道多年无大患。提出“以堤束水、以水攻沙”蓄清御黄，借清刷深“以河治河、以水治水”的理论[2]。至近代李仪祉始，彻底扭转了两三千年来在治黄工作中治下不治上的错误方向。李仪祉从全流域的高度提出江河的治本之策，反复强调要“移其目光于上游”，主张一个流域的水系是一个整体，强调综合治理，开启了治黄治沙的新思路。[2, 216]

虽然黄河泥沙问题在两千多年前就受到人们的重视，但把黄土高原的水土流失作为一个重大问题来加以研究并进行长期的综合治理实践还是近代以来的事情。1933年黄河水利委员会成立，对黄土高原开始有计划、科学地治理水土流失。1943年国民政府农林部颁布《水土保持试验区组织规程》，明确规定水土保持试验区是以防止水土冲刷，增进农田生产为主要任务。1948年提出“沟壑治理为治黄根本要图之一”。1949年以后，黄土高原水土保持研究与实践进一步加强，在总结广大人民群众水土保持实践经验的基础上，1959年江衍坤提出了“全面规划，综合治理，实现坡地梯田化，山区园林化，沟壑川台化，耕地水利化，做到生物措施与工程措施相结合，水利与水土保持相结合，治坡与治沟相结合，大中小型工程相结合的原则”。1984年朱显谟提出水土保持28字方针：“全部降雨就地入渗拦蓄，米粮下川上塬，林果下沟上岔，草灌下坬上坡”[217]。经过近几十年的研究与实践总结，黄土高原在水土保持方面目前的实践主要集中在流域生态与管理这一前沿领域，其中水土保持小流域综合治理是其重要类型，并在山西、内蒙古、陕西、甘肃、宁夏5省（自治区）设置了不同的黄土高原实验示范区。[2]小流域水土保持综合治理的案例很多，如陕北米脂县的高西沟小流域，绥德县的韭园沟小流域等，都是较为成功的典型（图3-1、图3-2）。

3.1.1.2 流域生态环境恢复

流域生态环境恢复的地域实践主要表现为黄土高原（含黄河下游流域）的植被恢复与重建[12]，至1947年国民政府造林累计保存800hm^2，新中国成立后增长较

图3-1 陕北高西沟的梯田
图片来源：作者翻拍自高西沟村展览室

图3-2 陕北绥德韭园沟小流域的淤地坝
图片来源：作者 摄，2014年

快，至1957年增至49080hm^2，到1997年超过10万km^2。2000年以来，国家加快了林草建设和退耕还林工作，在资金和技术上都大力支持，黄土高原的飞机播种造林种草实验获得成功，“为治理黄土高原开辟了新途径，对解决大面积荒山荒坡种草造林，迅速恢复植被，控制水土流失和根治黄河，具有重大意义”。[2]

早期的雨洪管控实践主要是以黄河及其主要支流的防洪排涝为主，随着人们对雨洪认识的深入和实践经验的积累，雨洪管控实践从注重下游到关注上游，从单纯的水土治理到结合农田水利建设和生态环境恢复，从以城市防洪为重点到兼顾流域总体治理，黄土高原雨洪管控与雨水利用的地域实践达到了一个全新的高度。黄土高原流域生态环境的恢复在实践中被证明与水土保持综合治理具有相辅相成、相得益彰的关系，因此，流域生态环境恢复与水土保持综合治理构成了流域雨洪管控的基本实践方向。

3.1.2 聚落场地中的雨洪管控与雨水利用实践

聚落场地中的雨洪管控及雨水利用实践与具体场地的建设需求结合得更为紧密，根据聚落场地特点的不同，雨洪管控与雨水利用实践中表现出来的思路也有差异。不同于小流域中的农林业生产场地，黄土高原的聚落场地对地表径流更为“敏感”，降雨强度、降雨历时以及地表径流的管控方式直接影响着场地的安全。传统城镇场地和乡村聚落场地由于其地貌环境及场地建设形式有较大的差别，所以两者在雨洪管控与雨水利用实践中的建设方式也有差异。

3.1.2.1 传统城镇场地的雨洪管控与雨水利用实践

传统城镇场地中的雨洪管控实践主要表现为城市在防洪排涝方面的实践活动，

这种活动体现在城镇建设选址、城镇防洪体系建设和排水体系建设上。

（1）传统城镇建设选址

研究区域内传统城镇的选址符合陕北人居环境空间形态结构的演化规律，根据周庆华的研究，生态、社会、经济、文化、技术等是城镇选址和空间演化最主要的综合动因，尤其以自然生态动因最为重要、最为基础[14]。在生态动因中的河谷积聚效应、河谷闭合效应、河谷传输效应、河谷交汇效应、水源效应、矿产资源效应等十二种效应和影响因素的作用下，形成了黄土高原传统城镇千百年来主要依河谷阶地选址布局的现状和规律[14]。后文中表4-1也很好地印证了这一规律，表中所列榆林和延安市下辖的15个区县中，仅有洛川县没有毗邻河流。早期的城镇因规模较小，一般都选址于河谷两侧较高的阶地上，固然在特大暴雨来临时，也面临雨洪淹没的危险，但总体而言，概率相对较低（参见下文表4-5）。随着人口的增加和城镇规模的扩张，城镇用地一方面向地势更低的一级阶地扩展，另一方面向地势更高的坡地上发展，这给城镇防洪带来的较大的压力，洪灾出现的频率和带来的坡地场地损失也更大了。

（2）城镇防洪体系建设和排水体系建设

穿越研究区域内城镇的河流大都是黄河的支流❶，河道多深切黄土沟壑，历史上河道堤防工程很少。以陕北无定河为例，该河全长491km，上、中、下游三段分别为29km、108km、354km，历代从未进行治理。1949年以后，主要治理了河源至鱼河堡之间291km河段，主要治理方式有：修建硬质河堤、迎水面以柴梢柳桩护岸、水流顶冲段和较大河口以铁丝笼砌石防护；堤内植乔、灌林带，堤外拉沙造田，使高出河床；为控制河势保护农田修建丁坝等措施。[218]

根据县志记载，研究区域内各县城都没有完善的排污排洪系统，雨水都是顺街巷自流，从城内流向城外，最终汇入地势低洼的沟谷河道，陕北个别县城❷直到民国时期才修了一两条地下排水道。这种依靠重力自流的排水体系必须建立在两个前提下：一是排水总路径不能太长，而古代黄土高原城镇规模相比现代城镇而言都很小，往往只有为数不多的一条或几条主要街道以及若干小的街巷，满足排水路径要短的要求；二是场地要有足够的高差，这一点也比较容易满足，特别是在晋陕黄土高原丘陵沟壑区，场地高差变化较大是其基本特征。由于采取了地表排水的方式，所以街巷道路就成了降雨时雨水转移的路径，这点对湿陷性黄土地区的路面及道路

❶ 研究区域内仅山西省东部和北部的桑干河、滹沱河、漳河属于海河流域，以及局部内流区，其他河流都属于黄河流域。

❷ 中共绥德县委史志编纂委员会．绥德县志［M］．西安：三秦出版社，2003．243.

排水系统提出了很高的防护要求，否则水土流失和路基损毁会非常严重。关于道路及其场地的雨水防护经验和措施后面相关小节会专门总结。

（3）城镇雨水利用实践

传统城镇主要由街巷和院落空间组成，在雨水利用实践上主要表现为窑居院落的雨水收集利用。基本方式是收集窑洞屋顶和院落空间内的降雨，导入院落内水窖之中，供需要时使用。

3.1.2.2 传统乡村聚落场地的雨洪管控与雨水利用实践

以沟壑型场地为主的晋陕黄土高原传统乡村聚落一般大量分布于主河道所属的小流域主沟道之中，地势往往要比穿越城镇的主河道高，在空间分布上相较城镇而言更为分散，场地形式更为破碎复杂，聚落中的窑居院落往往是沿沟而建、靠坡而筑、起伏错落、零散分布。场地形式、地貌特征、土壤特性以及降雨规律决定了传统乡村聚落建设在面对雨洪时思考的重点不在防涝而在于防止水毁坍塌。根据这一目的，在实践中发展出了一系列防止水土流失、防护场地安全、避免场地冲刷、高效拦截和快速排除雨水的场地建设模式和技术措施。在重点保障聚落场地安全的前提下，适合的场地内还会采用水窖、屋顶绿化、涝池等方式对雨水加以收集回用。由于乡村人居聚落与农业生产用地相毗连，汇水场地多有关联，所以在场地防护和技术措施上往往因地制宜，没有专适生产或者专适聚居之分。

3.2 雨洪管控的地域传统经验与措施

3.2.1 流域尺度下的雨洪管控与雨水利用地域经验

黄土高原以沟壑型场地为主的丘陵沟壑区在流域尺度下的雨洪管控与雨水利用的地域经验主要是针对沟壑治理、田间工程以及雨水资源利用方面的有效做法和经验。

3.2.1.1 沟壑治理

研究区域内山塬面积大，河流沟谷多，沟谷侵蚀是水土流失的主要形式，也是江河泥沙的主要来源地[219]。由于黄土丘陵沟壑区的水土流失问题尤甚，沟壑密度也最大，因此对沟壑治理也更为迫切。流域中沟壑治理的主要经验是工程措施与生物措施齐头并进、协同作用。沟壑治理普遍采用的场地工程措施有塬边埂、沟头防护、谷坊、淤地坝等，在实施中多为联合运用，综合治理。生物措施主要有微生物及植物固沟、建立植被缓冲带等。植物固沟主要适用于沟底潮湿，侵蚀活跃，利用困难的沟道，陕北和渭北许多地方，多采用杨柳、洋槐固沟或芦苇固沟，既稳定、抬高了沟床，保护了沟坡，减轻了沟蚀，还可增加群众收入[219]。

3.2.1.2 坡面治理

从黄土高原多年实践经验来看，单纯的沟壑治理并不能很好地管控雨洪、防止大面积的水土流失，尤其是在沟壑上游坡面没有得到治理的情况下。在只采用单一的沟壑治理工程措施的情况下，经常会因为上游大量未治理坡面在单次暴雨中产生大量泥沙淤积而发生沟壑工程损失防护作用甚至溃坝的情况❶。因此，在注重沟壑治理的同时，以田间工程措施为主加强坡面治理是小流域治理的重要策略和方法，更是多年实践经验的总结。

坡面治理包括坡耕地治理和荒山荒坡的治理。坡耕地治理的主要经验是围绕农业生产改造坡耕地，建设水平梯田、坝地、埝地为主的基本农田，为发展优质、高产、高效农业服务。同时，对一时不能建成基本农田的坡耕地采取保土耕作法，走逐步建设基本农田或退耕还林还草的路子[219]。在上述措施和方法中，主要包含了梯田、山地水平沟种植法、垄沟种植法、间作套种法、生物肥田法（以油、豆、草为主）、植物护埂、等高灌木带等。其中，等高灌木带和小流域治理相结合，在灌木带间实施草田轮作或保土耕作措施，能够形成治理坡耕地的综合防护体系。

荒山荒坡的治理经验主要是整地造林、种林种草以及封禁治理。新中国成立前陕西省荒山坡植树造林一般不进行整地。新中国成立后，科技人员提出了整地造林的新模式，陕西省在长期的植树造林过程中，创造和积累了丰富的整地经验，经不断总结提高，形成了适用各类地区、各种地形的整地方法和技术。从1954年陕北、渭北地区的“水平梯田”和“套二犁水平沟”等整地造林方法到1958年推行的鱼鳞坑整地造林，至20世纪60年代后，出现水平沟造林、水平阶造林、反坡梯田造林、鱼鳞坑造林等，整地造林的形式日趋完善。20世纪80年代后，随着水保经济林的发展，整地形式越来越多，要求越来越高，逐渐向大、深、高标准发展，如深水平沟、窄梯田、等高水平沟壕（通壕）等。[219]山西省在历史上曾屡遭森林过度砍

---

❶ 根据《陕西省志·水土保持志》（P176）引用了绥德水土保持试验站工程师王心钦的文章记载：1956年8月8日陕北的一次大暴雨，降水45.5mm，平均强度每分钟1.06mm，全流域平均暴雨量为40mm，导致“韭园沟从上到下一系列的水土保持工程，大部遭受不同程度的损坏，5座沟壑土坝中的4座溢洪道出水，溢洪水位都接近或超过设计水位”。流域中的“林家坝设计寿命5年，实际不到1年，韭园沟坝的寿命原设计时预计10年以上，流域规划后修正为8年，实际则仅3年，今年（1956）溢洪道以下库容全部淤满”。

伐、推行垦荒政令、流民滥垦山荒、建设工程破坏等加剧水土流失的现象，新中国成立后也采取了与陕西省相似的治理措施，另外在政策支持与组织形式上也有独到之处[220]。

3.2.1.3 雨水利用

流域尺度的雨水利用不同于聚落场地中的雨水利用，其利用规模和利用形式都有一定差别。聚落场地尺度的雨水利用受限于雨水收集场地的尺度和大小，一般都以独立的聚落场地（如人居院落、村庄局部等）为单位收集雨水，收集措施主要有水窖、涝池、渗坑等，利用规模较小，雨水收集的目的主要是人居生活使用。在流域尺度上，雨水利用的规模更大，一般都是以一个小流域或者主沟道为收集单位，收集措施主要是大型涝池、蓄水型塘坝以及沟道型小水库等，其收集的雨水可以作为生活水源，但主要作为农林业生产水源使用。

在流域尺度上，雨水收集的目的也不单纯是雨水的资源化，往往还与沟壑治理紧密关联，如通过实施径流林（草）业、改变耕作方式等措施一方面利用雨水发展林草业，促进生产，另一方面保水固土，减少水土流失，从而实现沟壑治理的目标。其中，实施径流林（草）业的具体措施有修建隔坡梯田，提前整地、隔年造林以及实施窖灌林业等三种方式[221]。

3.2.2 场地尺度下雨洪管控与雨水利用的地域经验

场地尺度的雨洪管控与雨水利用措施是最基础和最易于实施的措施，也是最因地制宜的措施，流域尺度的方法与经验最终还是要通过不同场地尺度措施的组合来实现。黄土高原以沟壑型场地为主的区域因其富于变化的地貌形态、特殊的气候条件以及独特的土壤特性，在生产与生活中形成了极具地域特色的场地雨水利用经验和措施。这些场地经验措施主要包括：水窖、鱼鳞坑、谷坊、淤地坝、下凹式道路、明沟跌落式排水沟渠、涝池、梯田、水平阶、塬边埂、下沉式窑居场地、独立式窑居场地、沿沟式窑居场地以及靠山式窑居场地等。这些场地建设经验和技术措施都具有很强的特点和明显的针对性。

3.2.2.1 水窖

（1）基本情况

水窖（又称“旱井”）是干旱缺水地区利用挖筑的井窖拦截和储存地表径流（主要是雨水）以解决人畜用水和抗旱点浇用水的一项简单易行的工程措施，在黄土高原地区广泛分布，历史悠久。在现代干旱半干旱区的农业生产和雨水利用工程中，水窖往往是由集流场、输水渠、沉沙池、拦污栅、进水管、蓄水设施、放水管等部分组成的雨水集流系统的核心组成部分，水窖在其中充当蓄水设施的功能（图3-3）。水窖的蓄水量根据场地和需要，可以小至十几立方米，也可以大到 $100m^3$ 以上[❶]。

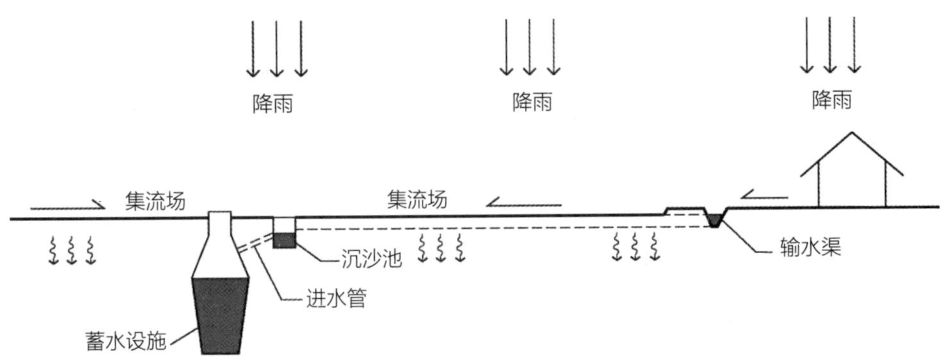

图3-3 以水窖为核心组成的雨水集流系统
图片来源：作者 绘

水窖（旱井）虽然是一种构造简单的蓄水设施，但因其具有易于建造、使用方便、蒸发渗漏少以及水质不易污染等特点，对干旱缺水和经济发展滞后的黄土高原地区而言，意义十分重大。从“打旱井，蓄甘泉，饮牛羊，灌田园”和“天旱地不旱，人旱我不旱，干山峁上流清泉，水龙头安在锅边边”这些当地的民谚中也可以得到验证，同时也体现了水窖具有极强的地域适应性。

（2）水窖的类型、布置要点与配置模式

根据水窖的形态，传统的水窖可以分为球形水窖、瓶形水窖、圆柱形水窖和窑形水窖4大类型，根据水窖的主要砌筑材料，可以分为混凝土窖、砖砌窖、红胶泥窖等类型。这4类水窖的技术参数与主要特点见表3-1。在传统水窖形式的基础上，根据使用要求的提高，水窖的形式和类型随着雨水收集利用的工程实践也得到了进一步的发展。

水窖布局时，窖形不是唯一要考虑的因素，水窖的选址和容积也是需要重点考虑的问题，直接关系到水窖的安全使用和功能发挥。水窖在选址时应综合考虑集流、灌溉和建窖土质三方面的因素，一般应具备下列条件[13, 222]：①窖址要选择

❶ 根据《陕西省志·水利志》第七篇第二章农村人饮工程中记载，澄城县西门外的“小西湖”，由砖石砌护，可蓄水2000余立方米，自清代以来已使用200余年。

在有较大来水面积和径流集中的地方；②灌溉用水窖应修在灌溉田块附近并尽量高出田块，引水和取水都比较方便的位置，且要远离沟边、崖边和沙土多、树木多的地方；③山区应充分利用地形高差大的特点多建自流灌溉窖；④要有深厚坚硬的土层，以质地坚硬、均一、黏结性强的胶土最好，硬黄土次之，起码做到土质紧实均匀，无隐穴；⑤要有良好的地形和环境条件；⑥要尽可能地临近井、渠、涝池和抽水站等水利设施，余缺互济，增加水窖复蓄次数，充分利用水资源；以求进水和用水方便[13，222]。

传统水窖的技术参数与主要特点　　表3-1

窖形	体积（m^3）	直径（m）	深度（m）	常用构筑材料	防渗处理	主要特点
球形	20～30	3～4	5	混凝土	1：3水泥砂浆抹面或塑膜	经久耐用，技术要求高
瓶形	20～50	2～4	5	可用混凝土、砖砌、胶泥、塑膜等	1：3水泥砂浆抹面或胶泥抹面	施工简单，深度较大
圆柱形	50	4	4	多用混凝土现浇和砖砌	1：3水泥砂浆抹面或胶泥抹面	体积较大，防渗要求较高
窑形	50～100	3	4	水泥砂浆块石、砖砌、混凝土	1：3水泥砂浆抹面	容积大，施工要求高，投资较高

资料来源：作者根据贾锐鱼，朱德兰，赵晓光．北方旱区雨水收集利用技术［J］，防渗技术，2001（7）：37-41．以及吴普特，冯浩．中国雨水利用［M］．郑州：黄河水利出版社，2009：971．等文献整理。

水窖容积的确定则需要综合考虑地形、土质条件、使用要求及当地经济水平和技术能力等因素，根据设计年降水量、集水面积、集流效率确定水窖容积[13]。一般而言，①当土质为质地密实、坚硬的红胶土或硬黄土时，其容积可适当大一些；当土质比较疏松时，如砂土、黄绵土等，水窖容积不宜过大，一些地方因土质过差甚至不宜建窖[13]；②人畜饮水的水窖大都采用传统的小容量缸式窖、瓶式窖；用于农田灌溉的水窖一般采用容积较大的水泥薄壳窖和蓄水池，土质条件好的崖面可挖窑窖[13]；③根据当地经济水平和投入能力确定水窖容积[13]。根据经验，年降水量在250～600mm的地区，一个容量为50～60m^3的水窖，需要集水场面积800～1300m^2。如遇较大的降雨，一般1～2次降水过程就可集满[222]。考虑到水窖的构造模式，水窖容积的确定还可参考表3-2。

（3）分析与总结

根据“水窖”的功能及运行规律，从完整的水文过程来分析，其构成要素应该

不同土质条件适宜的窖型和容积 表 3-2

土质条件	适宜窖型	建窖容积（m^3）
土质条件好的红土、硬黄土地区	传统土窖	20～40
	水泥薄壳窖	40～80
	窑窖	50～100
土质条件一般的壤质土区	水泥薄壳窖	30～50
土质疏松的砂质土区	不宜建窖，宜建蓄水池	50～100

资料来源：引自吴普特，冯浩．中国雨水利用．郑州：黄河水利出版社［M］，2009：972。

包含集雨场（集雨面）、输水渠、沉沙池、拦污栅、进水管、蓄水设施、放水管等七种。在实际运用中，这些要素根据实际情况会有增减。①集雨场（集雨面）：水窖收集雨水的下垫面，可以是农业生产中专门整理过的场地，如峁顶平地、坡地等，也可以是城镇开敞空间中的道路、广场、屋顶等充当集流场地，还可以是农家院落或庭院场地。集雨场的处理状况分原土质荒坡面、黄土夯实面、3：7红黄土夯实面、土或机瓦面、混凝土面、水泥瓦面、塑料膜覆盖面等数种[222]。②输水渠：是将集雨场收集的雨水转输向蓄水设施的沟渠。③沉沙池：起到去除收集雨水所含泥沙的作用，一般布置在输水渠末端，蓄水设施的进水口之前。④拦污栅：设在进水管之前拦截收集雨水中的枝叶和漂浮物。⑤进水管：连接沉淀池和蓄水设施的管道，将经过沉淀之后的雨水导入蓄水空间。⑥蓄水设施：是“水窖”的主体构筑物，主要是由各种形式的窖体组成。⑦放水管：通过放水管可以将水窖中贮存的雨水以自流、倒虹和提水等方式导出。由上述七种基本要素，可以形成“水窖”在不同场地中可供选择的不同类型模式。

3.2.2.2 鱼鳞坑

（1）概述

鱼鳞坑是植树造林前的一种整地方法或工程措施，因其建成后的场地外观形似鱼鳞而得名。通常在需植树处整成半月形的坑，坑面水平或向内倾斜，外沿土埂高20～25cm。适用于水土流失严山地和黄土地区。按坑穴大小分为大鱼鳞坑和小鱼鳞坑两种。前者用于土层深厚、植被茂密的中缓坡；后者多用于土层浅薄、岩石裸露、坡面复杂和坡度较大的地方。[161]鱼鳞坑不仅是植树造林的方法，还是重要的水土保持和雨水利用的场地措施，在较陡的梁峁坡面上或支离破碎的沟坡上，由于不便于修筑水平沟来拦截雨水，故而常采取挖鱼鳞坑的办法分散拦截坡面径流[223]。鱼鳞坑发挥作用的原理如下[223]：当降雨强度小，历时短时，鱼鳞坑不可能漫溢，因此，鱼鳞坑起到了完全切断和拦截坡面径流的作用；当降雨强度大，历时长时，鱼鳞坑要发生漫溢，因鱼鳞坑的埂中间高两边低，保证了径流在坡面上往下运动时不是直线和沿着一个方向运动，从而避免了径流集中，坡面径流受到了品字形排列的鱼鳞坑的持续调节，达到减弱径流冲刷能力的目的[223]。

（2）规划与布置要点

为了更好地发挥鱼鳞坑植树造林和利用雨水、保持水土的功能，设计和布置时必须考虑暴雨频率和造林成活率两方面的因素，鱼鳞坑的大小和构筑材料，应因地、因时、因树种以及特定目标而定。鱼鳞坑布置形式和布置数量的多少取决于三个方面：一是不同树种对造林密度的要求；二是不同规格单坑所能控制坡面积的大小；三是不同树种合理的株、行距及土壤抗冲的最大流速。常见做法是每树一坑，一般每公顷挖2250～3300个坑。在具体规划布置时，要满足如下三点要求：①从坡顶到坡脚每隔一定距离成排地挖月牙形坑；②每排坑均沿等高线布置，上下两个坑应交叉而又互相搭接，成品字型排列；③挖坑取土，培在外沿筑成半圆埂，埂中间高两边低，使水满时能从两边流入下一个鱼鳞坑。[223]

（3）分析与总结

鱼鳞坑主要适用于较陡的梁峁坡面或者支离破碎的坡沟上进行绿化种植或者分散坡面径流、减缓坡面雨水冲刷和水土流失。其作用原理是在坡面上以品字状排列的月牙形坑来积蓄坡面雨水或者缓冲坡面径流的冲刷力度。其主要景观构成要素包括不规则或者破碎的坡面、月牙形坑、坑外围半圆形埂、坑中植物、坑两侧的截水沟。由上述五种基本要素，可以形成鱼鳞坑及其场地的典型景观图式（图3-4）。

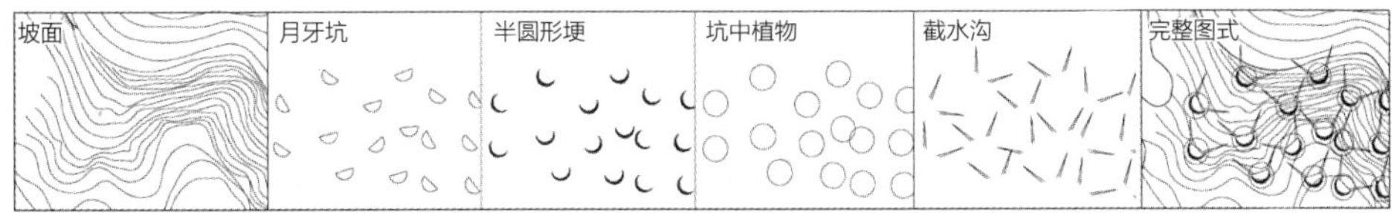

图3-4　鱼鳞坑及其场地构成图示

图片来源：作者 绘

3.2.2.3　谷坊

（1）基本情况

“谷坊”是在水土流失地区的沟道中治理山洪与泥石流的一种主要工程措施，还被称为“防冲坝”“沙土坝”或“闸山沟”等（图3-5）[223]。一般布置在小支沟、冲沟或切沟上，用以稳定沟床，防止因沟床下切造成的岸坡崩塌和溯源侵蚀，在小流域中，常以梯级谷坊群的形式出现[223]。

在陕西境内陕北是最早修建谷坊的地区，历史有100多年，如清涧县高杰沟乡的木瓜沟和园子沟，有15道谷坊是清代嘉庆末年修成的，距今已有140多年[219]。山西的修建历史无从考证，但1923年金陵大学森林系美籍教授瓦尔特尔克莱罗德民来山西考察时就提出要重视插杨柳、修谷坊、筑留淤地坝等山西民间的经验[220]。

图3-5　谷坊
图片来源：作者 摄，2014年，米脂

谷坊的作用归纳起来主要体现在四个方面[223]：①固定与抬高侵蚀基准面，防止沟床下切；②抬高沟床，稳定山坡坡脚，防止沟岸扩张及滑坡；③减缓沟道纵坡，减小山洪流速，减轻山洪或泥石流灾害；④使沟道逐渐淤平，形成坝阶地，为发展农林业生产创造条件[223]。

（2）类型与适用条件

谷坊的主要作用是防止沟床下切冲刷。因此，在考虑某沟段是否应该修建谷坊、该修建何种类型的谷坊以及谷坊的规模和数量时，应当研究该段沟道是否会发生下切冲刷作用、沟道的地形地貌条件以及当地的经济水平、材料的易得性和劳力情况等因素（表3-3）。

陕西省内，插柳谷坊主要被关中地区所采用，石谷坊则大量被运用在陕南地区，在陕北丘陵沟壑区，最常见的谷坊形式是土谷坊，土谷坊的特点是[219]“分布面广，工作量小，简单易修，独户联户均可修建，小多成群，布设集中；投入少，见效快，产量高，受益早”。

（3）分析与总结

根据谷坊的功能及运行规律，从完整的水文过程来分析，其构成要素应该包含汇水面、沟谷、谷口、沟床、谷坊及植被六种。①汇水面：坡向支沟的两侧地貌的坡面，产生的水源是“谷坊”防护对象的主要破坏因素。②沟谷：是谷坊形成的基础地貌，是谷坊的空间载体。③谷口：从工程的角度，一般要求谷口狭窄，使谷口在形态上成为沟谷内新的要素。④沟床：为增加谷坊的耐久性和工程稳定性，一般要求将谷坊建在河床基岩外露的地方。⑤谷坊：是谷坊场地空间的主

谷坊的类型、适用条件、规模及控制范围　　表 3-3

类型[1]	适用位置条件	规模及控制范围[2]	类型选择依据
根据谷坊所用的建筑材料的不同，大致可分为以下几类： ①土谷坊； ②干砌石谷坊； ③枝梢（梢柴）谷坊； ④插柳谷坊（柳桩编篱）； ⑤浆砌石谷坊； ⑥竹笼装石谷坊； ⑦木料谷坊； ⑧混凝土谷坊； ⑨钢筋混凝土谷坊； ⑩铅丝石笼谷坊等	①谷口狭窄； ②沟床基岩外露； ③上游有宽阔平坦的贮砂地方； ④在有支流汇合的情形下，应在汇合点的下游修建谷坊； ⑤谷坊不应设置在天然跌水附近的上下游，但可设在有崩塌危险的山脚下	①一类坝：坝高$h \leqslant 3m$；淤地面积，0.2亩$< S_{yd} \leqslant$1亩；控制流域面积$S_{ly} <$100亩； ②二类坝：坝高，$3m < h \leqslant 10m$；淤地面积，3亩$< S_{yd} \leqslant$10亩；控制流域面积，$0.2km^2 < S_{ly} \leqslant 1.5km^2$； ③三类坝：坝高，$h > 10m$；淤地面积，3亩$< S_{yd} >$10亩；控制流域面积，$1.5km^2 < S_{ly} \leqslant 3km^2$	①沟道内一般需要连续修筑谷坊，形成谷坊群； ②充分考虑当地的经济水平和劳力因素，尽量就地取材； ③下游有铁路、居民点等重要场地的沟道，需选用坚固的永久性谷坊，如浆砌石、混凝土谷坊等

注：1. 表格内容根据张胜利，吴祥云．水土保持工程学［M］．北京：科学出版社，2012：27-30．以及陕西省地方志编纂委员会．陕西省志·水土保持志［M］．西安：陕西人民出版社，2000：249页中的相关内容归纳整理而来。

2. 根据《水土保持工程学》，判断基岩埋藏深度（或砂砾层厚度），是选择谷坊坝址的重要依据之一。因一般不具备钻探的条件，可以根据下列迹象作出初步估计：①两岸或沟底的一部分有基岩外露时，则可估计砂砾层较薄；②两岸及附近的沟底基岩外露，坝址处沟底虽被砂砾覆盖，仍可估计砂砾层较薄；③沟底有大石堆积，基岩埋深一般较浅；沟底无大石堆积，基岩一般较深；④沟底特别狭窄，或成“V”字形的地方，砂砾层多较厚；⑤坡度大的沟道上游部分，一般基岩埋深不大。

体，承担了大部分的场地防护功能。⑥植被：沟道两侧坡面上分布的植物，具有涵养水土，防止滑坡以及改善局部小环境的生态作用，还是重要的景观视觉元素。由上述六种基本要素，可以形成谷坊及其场地的典型景观图示（图3-6）。

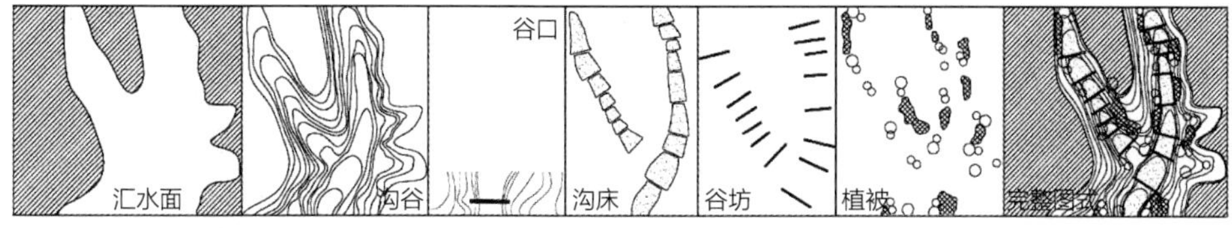

图3-6　谷坊的构成要素及其图示

图片来源：作者 绘

❶ 根据使用年限不同，可分为永久性谷坊和临时性谷坊。浆砌石谷坊、混凝土谷坊和钢筋混凝土谷坊为永久性谷坊，其余基本上属于临时性谷坊。按谷坊的透水性质，又可分为透水性谷坊与不透水性谷坊，如土谷坊、浆砌石谷坊、混凝土谷坊，钢筋混凝土谷坊等为不透水性谷坊，而只起拦沙挂淤作用的插柳谷坊等为透水性谷坊。

❷ 随着使用年限的增加，谷坊淤地的作用发挥得越来越大，可以发展成为淤地坝。

3.2.2.4 淤地坝

（1）基本情况

淤地坝是黄土高原地区为防治水土流失而在各级沟壑中采用的主要工程措施或构筑物，具有充分利用水土资源、滞洪蓄水、拦泥淤地、减轻沟蚀、建设农田、发展农业生产、减轻黄河泥沙等功能。

淤地坝是黄土高原地区的人民根据该地域季节性暴雨、植被稀少、土壤裸露且湿陷性严重、常年缺水的环境特点，在水土流失地区的各级沟道中，以拦泥淤地为目的而修建的坝工建筑物，其拦泥淤成的地叫坝地（图3-7）。淤地坝在黄土高原地区具有400多年的历史❶，具有充分利用水土资源、滞洪蓄水、拦泥淤地、减轻沟蚀、建设农田、发展农业生产、减轻黄河泥沙等功能[219，224，225]。淤地坝的产生源自人们在生产与生活中对水资源高效利用的自觉追求以及对水土保持、防灾减灾的现实渴望。经过长期的生产建设实践，淤地坝及其空间场地已经成为地域人居环境和地域景观的重要组成部分。

通常淤地坝由坝体、溢洪道、放水建筑物三个部分组成❷，其布置形式及基本结构如图3-8所示。坝体是横拦沟道的挡水拦泥建筑物，用以拦蓄洪水，淤积泥沙，抬高淤积面。溢洪道是排泄洪水的构筑物，当淤地坝洪水位超过设计高度时，就由溢洪道排出，以保证坝体的安全和坝地的正常生产。放水建筑物多采用竖井式和卧管式，沟道常流水、库内清水等通过放水设备排泄到下游。反滤排水设备是为

---

❶ 据《陕西省志·水土保持志》以及《续行水金鉴》(【清】黎世序，续行水金鉴，卷十一，河水·章牍八. 上海：商务印书馆，1937：255）的记载，淤地坝在黄土高原地区有着悠久的历史，距今400多年前就已在黄土高原丘陵沟壑区的沟道中出现。据调查，子洲县的黄土坬土坝是明朝隆庆三年，由于山体自然崩塌形成天然聚湫后经加工形成的，坝高60m，淤地800多亩，已有420多年的历史。清涧县高杰乡辛关村的淤地坝距今已有160多年，佳县任家村的淤地坝也有150多年的历史。天然聚湫可拦泥蓄水造田，当地农民从中受到启迪，开始在沟道中人工修建土坝。到了乾隆年间，御史胡定曾上《河防事宜十条》，其中一条就是建议在山区沟涧筑坝拦沙，防止山区水土流失。他说："黄河之沙多出自三门以上及山西中条山一带破涧中，请令地方官于涧口筑坝堰，水发，沙滞涧中，渐为平壤，可种秋麦"，他认识到黄河泥沙是由于黄土高原水土流失所造成，主张在黄河中游黄土丘陵、沟壑地区打坝拦泥沙，淤地种麦，以减少河流的泥沙，增加粮食产量。这个建议，从控制黄河中游水沙源出发，把水土保持与治河防洪结合起来，与当代采取的打淤地坝的水土保持措施相同，在小流域治理中十分有效。清代以后，淤地坝在陕北，晋西黄土丘陵区已有一定的发展。新中国成立后，黄土高原水土保持被纳入国家计划，在总结群众历来打小坝经验的基础上，把打淤地坝作为一项主要的水土保持措施开始试验示范。

❷《陕西省志·水土保持志》中指出，从陕西各地经验看，一般集水面积不大，沟道又无常流水的地方，群众大坝一般不设泄水洞，只开临时性溢洪道；集水面积大，又有常流水的地方，一般要设泄水洞和溢洪道。

图3-7　淤地坝
图片来源：作者 摄，米脂
注：左侧图片为淤地坝坝地（2012年），右侧图片为淤地坝坝体及溢洪道（2014年）。

排除坝内地下水，防止坝地盐碱化，增加坝坡稳定性而设置的[223]。淤地坝除了单独建设外，在流域或小流域中，为了提高淤地坝的整体防洪减灾能力，最大限度地发挥垦殖、拦沙、防洪、蓄水、灌溉、淤地等综合功能效益[223]，通常在各级沟道、河、滩中布置一系列的骨干坝和中小型淤地坝，合理组合布设形成沟道工程体系，简称“坝系”。

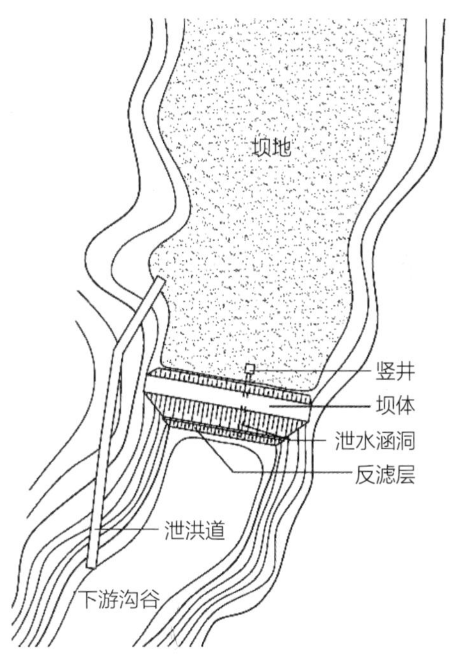

图3-8　淤地坝布置形式
图片来源：作者 绘

（2）类型与分级

淤地坝按筑坝材料可分为土坝、石坝、土石混合坝等；按坝的用途可分为缓洪骨干坝、拦泥生产坝等；按材料和施工方法可分为夯碾坝、水力冲填坝、定向爆破坝、堆石坝、干砌石坝、浆砌石坝等；按结构性质可分为重力坝、拱坝等；按坝高、淤地面积或库容可分为大、中、小型淤地坝等[155]。也可进行组合分类，如水力冲填土坝、浆砌石重力坝等。淤地坝的分级标准一般需要考虑库容、坝高、淤地面积、控制流域面积等因素[155]。表3-4为《黄河中游水土保持治沟骨干工程技术规范》之分级标准[155]。

淤地坝分级标准　　表 3-4

分级标准	库容（$\times10^4m^3$）	坝高（m）	单坝淤地面积（hm^2）	控制流域面积（km^2）
大型	100～500	＞30	＞10	＞15
中型	10～100	15～30	2～10	1～15
小型	＜10	＜15	＜2	＜1

资料来源：转引自余新晓，毕华兴．水土保持学［M］．第3版．北京：中国林业出版社，2013：112。

陕北地区除了按照《黄河中游水土保持治沟骨干工程技术规范》修建具有重要功能和意义的淤地坝外，还存在大量根据经验和以多年径流观测资料为依据而建设的淤地坝，对这些建坝经验进行总结和归纳，可以得出表3-5中的内容。

淤地坝建设的基本准则　　表 3-5

<table>
<tr><th colspan="2">基本内容</th><th>群众性小坝</th><th>中、大型坝</th></tr>
<tr><td colspan="2">流域面积</td><td>≤2km²</td><td>＞2km²</td></tr>
<tr><td colspan="2">洪水泥沙设计标准</td><td>坝高≤10m，10年一遇，频率10%</td><td>坝高＞10m，20年一遇，频率5%</td></tr>
<tr><td rowspan="3">坝高</td><td>拦泥沙坝高</td><td>一般用一次设计泥沙总量或年平均泥沙总量</td><td>多用设计泥沙总量或年平均泥沙量的3～5倍确定</td></tr>
<tr><td>滞洪坝高（溢洪道水深）</td><td>淤地生产坝，滞洪水深要浅，一般采用0.5～1m，最多不超过1.5m；设计蓄水灌溉的坝滞洪水深在2m以内</td><td>滞洪水深以1.0～1.5m为宜，不要超过2m，水深会影响坝地生产</td></tr>
<tr><td>安全超高</td><td>一般坝高10～15m的，安全超高1～1.5m</td><td>坝高20m以上大坝，安全超高1.5～2m</td></tr>
<tr><td colspan="2">坝顶宽</td><td>一般坝顶宽为2m以上，便于通行架子车</td><td>坝高在10～20m的，顶宽为2～3m；坝高20～30m的，顶宽为3～4m；坝高30m以上的，一般宽为4～5m。如果采取路坝结合的，可根据道路宽的需要来确定</td></tr>
<tr><td colspan="2">坝坡比</td><td>一般内坡比为1：1.5，外坡比为1：1</td><td>一般内坡比为1：2～1：2.5，外坡比为1：1.5</td></tr>
<tr><td colspan="2">反滤层</td><td colspan="2">一般淤地坝不设反滤层，但一些泉水多，又常流水的沟道，为了排除坝体和坝基的渗透水，避免坝坡坍塌和滑坡，常在坝的下游坡脚修反滤层，由细沙、石子、块石干砌而成</td></tr>
</table>

续表

基本内容	群众性小坝	中、大型坝
溢洪道	一般不设溢洪道，或在坝旁开挖一个临时性溢洪道，不用砌石护坡，只开挖一条土渠道	一般由明渠、明渠渐变段、陡坡段、消力池等4个部分组成，都用浆砌块石衬砌
		明渠：洪水进口高程就是拦泥高程，底坡比采用1%，边坡比多采用1∶1.5，长度一般10～30m
		明渠渐变段：一般由明渠的梯形断面渐变到陡坡矩形断面
		陡坡段：采用矩形断面，低坡比1∶3和1∶4，渠基为岩石，可直接开槽。如为土基础，需夯实衬砌，渠底每隔8m做防渗截水墙1道。陡坡段如在基岩上可不必再修消力池
		溢洪道横断面的尺寸，根据集水面积的技术总量、洪峰流量和滞洪库容等因素计算确定

资料来源：根据陕西省地方志编纂委员会. 陕西省志·水土保持志［M］. 西安：陕西人民出版社，2000：263-265页内容归纳整理。

（3）分析与总结

根据淤地坝的形成原因及运行规律，其构成要素至少应该包含汇水面、沟谷、坝体及其构造物、坝地、道路、植被六种。①汇水面（各种黄土地貌坡向沟谷的面）：是淤地坝上游水源的汇集和形成界面，是塬、梁、峁、沟等地貌坡向沟谷的面，在重力的作用下，汇水面内的雨水沿坡向汇集至坝体的上游沟道。②沟谷：其是淤地坝的基础地貌，上游沟谷承载积淤蓄洪的功能，坝体下游沟谷则成为泄洪通道。③坝体及其构造物：其是淤地坝的主体，承担拦截洪水、滞留淤泥形成坝地的功能，当洪水超标时可通过溢洪道泄洪，坝体顶面还可兼作道路。④坝地：坝体上游淤泥沉积而形成的平地，属良田沃土。⑤道路：场地内的人行路径。⑥植被：沟道及两侧坡面上分布的植物，具有涵养水土，防止滑坡以及改善局部小环境的生态作用，还是重要的景观视觉元素。

由上述六种景观要素，可以形成淤地坝及其场地的典型景观图示。根据沟谷的长度及坡度、地形地貌特点以及防洪、生产、生态、景观、经济等方面的不同要求，在同一沟谷还可以设置一系列的淤地坝，形成“坝系”（图3–9）。

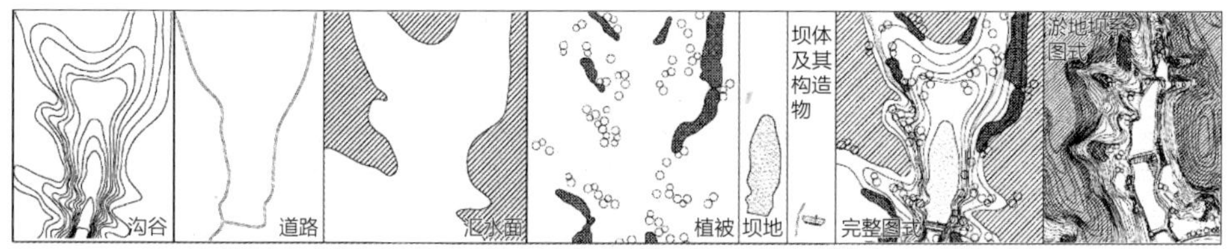

图3-9　淤地坝的构成要素及其图示

图片来源：作者 绘

3.2.2.5　下凹式道路

（1）基本情况

下凹式道路是民间根据当地降雨和土壤特点总结形成的一种道路形式，对防止人居场地的破坏和水土流失发挥了重要作用。该措施在陕北地区广泛存在，是一种被普遍运用的以人畜通行为主要功能的传统道路形式。根据场地使用频率和场地的重要性，路面材料主要有石质路面、砖质路面以及土质路面三种（图3-10）。

（2）规划与布置要点

下凹式道路在满足通行功能的同时还要有效防止水土流失和场地破坏，故在设计时一般都遵循如下要点：一是都运用在坡道上，防止坡道水流的冲蚀。在陕北老城区的街道上，较平的街巷道路也普遍采用这种形式；二是道路下凹后，上游坡面和路面产生的雨水不是流向道路外侧的土坎路基（建筑墙基），而是沿道路中心线向下排走，从而防止对侧面土崖（建筑墙基）的冲蚀破坏。即使是土路，采用这种下凹形式，也有很强的防护能力；三是采用砖石材料立铺，提高路面抗侵蚀能力的同时，立铺形成的礓礤形态能起到降低路面径流速度的作用；四是雨水口设置在道路中间，路面下预埋排水管沟快速排水。

（3）分析与总结

根据“下凹式道路”的特点及原理，其典型构成要素一般包括四类。①汇水面：由道路本身的路面以及道路上端的场地和道路一侧或两侧的坡地组成，街巷空间中的下凹式道路还需要汇集两侧窑洞院落产生的雨水；②路面材质：一般由砖石材料铺砌而成，简易路面也可是砂石或者土质路面，当道路坡度较大时，凹形路面的两侧还会设置台阶；③雨水口和暗管：当道路或坡道较长时，可沿凹形路面的中心线设置雨水口，各雨水口之间用暗管连接，最后排入下游较大的沟渠；④道路两侧的附属构造：当道路坡度较大时，道路的一侧或两侧通常以石质挡墙加固处理，外侧还常布置明沟跌落，以快速安全地排出上游大面积场地的雨水。

图3-10 下凹式道路
图片来源：作者 摄，2012年，杨家沟、米脂老城

3.2.2.6 明沟跌落式排水沟渠

（1）基本情况

明沟跌落式排水沟渠是陕北特殊地形地貌以及土质条件下产生的一种场地排水形式（图3-11）。主要通过明沟/渠（局部也用暗沟/渠）以及跌落井来将高处场地汇集的雨水快速安全地排入低处的沟谷或者主干河渠之中，达到预防水土流失，保障场地安全的目的。明沟跌落式排水沟渠多数沿道路外侧布置，明沟通常沿道路坡势而下，当沟渠需要横穿道路时，则采用暗沟从路面下通过。跌落主要用来在有限的场地空间内消化较大的地势高差，使上游沟渠的雨水通过跌落井垂直跌落到下游沟渠之中。明沟跌落的砌筑材料必须耐冲刷，故多采用当地产的砖石块材，也可用

混凝土浇筑。

（2）规划与布置要点

明沟跌落式排水沟渠具有很强的地域特色。一方面体现在砖石材料的色彩和形态上，另一方面还表现在材料的砌筑形式上，第三还要根据沟渠的长度和坡度选择适当的位置砌筑跌落井，跌落井往往与地形地貌巧妙地融为一体，形成具有地域特色的构筑物，如图3–11（e）~（h）所示。规划布置时一般都应充分考虑保持上述地域特色。布局时，明沟跌落式排水沟渠一般都作为道路的附属设施一并安排。

（3）分析与总结

“明沟跌落式排水沟渠”的构成要素一般包括四类。①汇水面：由明沟上游的场地组成，汇水包括上游场地内窑洞院落产生的外排雨水；②明沟与跌落井：一般由砖石材料以及混凝土砌筑或浇筑而成，当沟渠坡度较大时，会间隔设置跌落井；③暗沟/渠：当需要横穿道路时，一般采用暗沟/渠的形式；④下游沟谷/渠：上游场地的雨水经过明沟跌落安全输送到下游后，一般直接排入下游的沟谷或者较大的河渠之中。

3.2.2.7 涝池

（1）基本情况

涝池，即“水塘”，是我国西北黄土高原和关中地区群众用以蓄水抗旱和水土保持的一种措施，多开挖在路边村旁、地头或者沟头上游，也有修在山丘坡地或低洼处的，主要用以拦蓄地面径流，防止土壤冲刷，高效利用雨水。涝池中的存水既可供畜用，也可用于日常洗涤，富余者还可灌溉农田（图3–12）。涝池的形态一般因地制宜而定，可圆可方，其规模大小取决于上游汇水面积的大小，小的不到一亩，大可达数公顷。当涝池靠近村庄时，往往成为乡村公共环境的一部分。

（2）规划与布置要点

在规划与布置涝池时，一般需要重点掌握位置选择和池底防渗两个环节。主要考虑三个方面的因素：一是以场地的形态与汇水面积决定涝池的位置、形式以及规模；二是根据场地土壤条件和工程地质条件确定涝池的位置、构造与防渗措施；三是结合资金投入、功能要求和材料易得性确定涝池的建造材料及配套构筑物。综合文献中对涝池建设的经验[219, 222, 223]，对于涝池的分类、选址、防渗、功能、规模等，可用表3–6加以归纳。

图3-11 明沟跌落式排水沟渠

图片来源：作者 摄，2012年，杨家沟

图3-12 涝池

图片来源：作者 摄，2006年，合阳灵泉村

涝池的类型、布置形式与要求 表 3-6

<table>
<tr><th colspan="2">类型</th><th>土池</th><th>三合土池</th><th>浆砌条石/块石池</th><th>砖砌池</th><th>钢筋混凝土池</th></tr>
<tr><td colspan="2">防渗措施</td><td>方法一：铺红胶土。涝池挖深较计划多50cm，铺红胶土20～30cm，再覆盖黄土20～30cm，红胶土和黄土都分层夯实。方法二：黏土防渗。防渗层采用黏土捣砌而成，一般捣砌厚度为10～15cm厚。方法三：撒食盐防渗。将挖好的涝池底部捶一遍，撒上食盐，再捶一遍，可减少渗漏。每公斤食盐可撒30m²左右</td><td>三合土捶底：用胶土、砂子、小石子组成三合土，体积比3∶1∶1，掺和均匀，铺厚20～30cm，夯打坚实</td><td>砌石涝池：可用胶泥浆砌料石铺底起防渗作用</td><td>参考土涝池或浆砌石涝池的防渗处理方法</td><td>材料本身有较好的防渗性能，还可用掺入防渗粉的水泥砂浆抹面</td></tr>
<tr><td rowspan="5">布置形式</td><td>单涝池</td><td colspan="5">一般挖在村边、路旁等径流集中的地方</td></tr>
<tr><td>连环涝池</td><td colspan="5">连环涝池，就是沿水渠修若干个涝池，并连接起来，适应于地面起伏和道路曲折的地方</td></tr>
<tr><td>井套涝池</td><td colspan="5">由涝池和水井、渠道、水窖组合而成</td></tr>
<tr><td>群星扶月式</td><td colspan="5">在大涝池周围布置若干小涝池，适用地面起伏的复杂地形</td></tr>
<tr><td>长藤结瓜式</td><td colspan="5">沿渠道两旁布置若干涝池，池设闸门，雨天蓄水，旱天灌溉</td></tr>
<tr><td colspan="2">土壤及位置要求</td><td colspan="5">选择土层坚实和水源充足的地方，以黏土为佳，或者选在红胶土或红色黄土、无地罅、裂缝等地质条件较好处开挖，避免挖在疏松和红黄土交界以及盐碱土层上。在沟头上布置涝池时，不宜距沟太近，一般以涝池距沟沿的距离为沟深的1～2倍为宜</td></tr>
</table>

资料来源：作者根据陕西省地方志编纂委员会. 陕西省志 · 水土保持志［M］. 西安：陕西人民出版社，2000：287. 王龙昌，贾志宽. 北方旱区农业节水技术［M］. 西安：世界图书出版公司，1998：13-14. 张胜利，吴祥云. 水土保持工程学［M］. 北京：科学出版社，2012：27-30. 中的相关内容归纳整理而来。

（3）分析与总结

根据“涝池”的特点及运行原理，其构成要素一般包括四类。①汇水面：汇集雨水的场地下垫面，一般具有坡度；②涝池：蓄积雨水的人工下洼地，具有进水口和排水口；③引水沟渠：包括上游的引水沟渠和下游的排水沟渠，引水沟渠的末端应有沉沙池，排水沟渠的起点应有闸阀开关；④道路、取水清淤的梯步：场地内人行的路径及取水或清淤的通道。由上述四类基本语汇，可以形成涝池及其场地的典型景观图示（图3-13）。

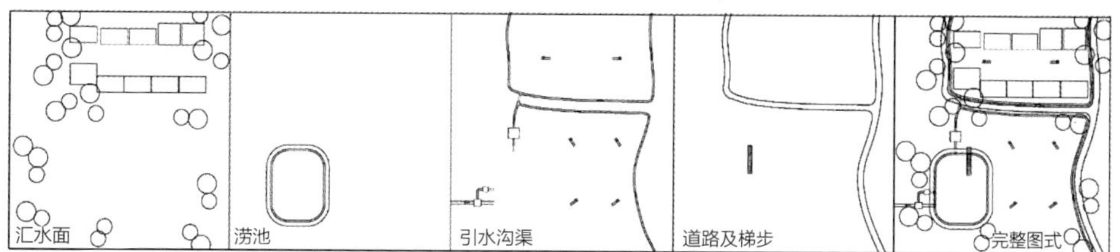

图3-13　涝池及其场地构成图示

图片来源：作者 绘

3.2.2.8　梯田

（1）基本情况

梯田是在坡地上沿等高线修成的台阶状田块。除了生产功能，梯田还具有很好的水土保持作用，是研究区域内重要的水土保持措施之一。梯田边缘常就地取材，用土石垒埂，黄土高原地区的梯田多为土埂。按修建梯田的坡面坡度大小，可以形成水平梯田、反坡梯田、坡式梯田等形式。研究区域内因地形起伏变化复杂，不同的场地建设的梯田形式不尽相同。与梯田形式类似的雨水利用措施和场地形式还有水平阶（图3-14）。当场地坡度较大，不适合建设较宽的梯田时，常采用水平阶的建设措施，其实际形式与功效和窄式梯田相似。具体做法是沿等高线在坡面上自上而下里切外垫修筑，形成水平或稍向内倾斜的阶梯状用地。

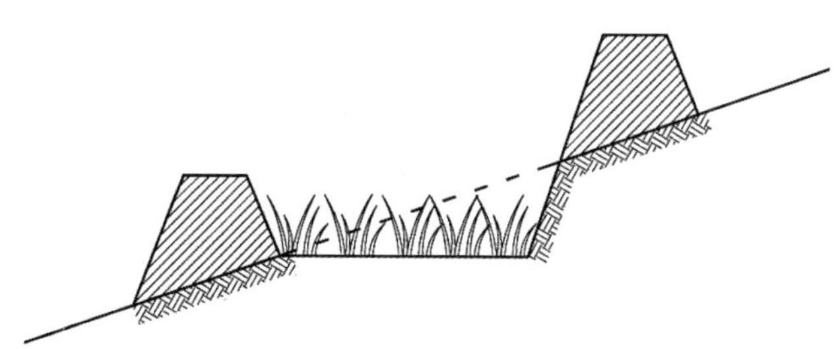

图3-14　水平阶剖面

图片来源：作者 绘

（2）分析与总结

下面以坡式梯田为例来分析梯田的基本构成要素以及与场地雨水的关系。坡式梯田是顺坡向每隔一定间距沿等高线修筑地埂而成的梯田，是坡耕地向水平梯田发展的一种过渡形式。主要利用田埂来蓄水保土[222]的坡式梯田，其景观构成要素一般包括，①田埂：阻挡田面雨水的主要构造物；②田面及坡面：由坡度较陡的塬面改造而成的坡度相对较缓的种植面及田面间的过渡坡地；③蓄水沟：主要用来蓄积田面汇集的雨水；④田面及坡面植被：一般为旱作物或林地。如果是“隔坡梯田”，在两水平平台间还有一段斜坡段梯田。由上述四类基本构成要素，可以形成“坡式梯田”及其场地的典型景观图示（图3-15）。

图3-15 坡式梯田及其场地构成图示

图片来源：作者 绘

3.2.2.9 塬边埂

（1）基本情况

在黄土高原地区，与水土流失伴生出现的是沟壑的不断发育与向上游生长，最终导致完整的塬面被沟壑不断切割而变得越来越破碎。从源头上控制塬面的径流，使其有组织地排放从而防止在塬坡上发育出新的沟壑是目前普遍采用的思路。塬边埂便是针对这种思路而出现的水土保持与雨水利用措施。具体做法是通过在塬面的边缘修筑土埂来防止塬面径流沿塬坡流入沟谷而产生土壤侵蚀。由于塬面的下游都是沟壑，所以塬边埂又被称为“沟边埂”或“封沟埂”（图3-16）。由于措施简单易行，效果良好，自新中国成立以来，在黄土高原地区得到广泛的推广与运用。

图3-16 塬边埂

图片来源：作者 摄，2014年，米脂

（2）规划与布置要点

根据黄土高原历年来的经验，塬边埂在规划布置以及建设实施时要遵循如下原则：一是塬边埂应与原面上农田基本建设相结合，先治塬面，在基本控制原面水土流失的基础上，即在塬面上农耕地大部分得到治理时，再修塬边埂就会更安全。二是在修筑塬边埂时应与治理塬上的急流槽和沟头防护工程相结合，互相配合互为补偿。三是修筑塬边埂工程应与植物防护带相结合，埂内栽乔木防护带，埂外栽灌木，与埂面农田防风林带相配合，形成防护屏障。四是因地制宜布设边埂。塬边埂应连续等高布设。塬边埂可筑成埂沟式，埂前挖排水沟，并与截流沟结合，以便将塬面暴雨径流引至原面蓄水池（涝池）内。塬边埂距沟壑距离可采用2～3倍的沟壑深度，距塬边至少2m以上。塬边埂的断面应按5～10年一遇24h最大暴雨标准设计。[219]

（3）分析与总结

塬边埂要发挥高效的作用需要与其他场地建设配合，如塬面农田治理、埂内外植被种植以及塬上急流沟槽和沟头防护等[222]。根据塬边埂在雨水资源利用和水土保持中的水文过程及其技术原理，完整的塬边埂建设场地的景观要素应该包括五类。①塬面：雨水的汇集面；②塬边埂：阻挡塬面水流的构造；③埂内乔木防护林带、埂外灌木带、埂面农田防风林带：防风、固土、涵养水分、减缓径流的作用；④埂边沟（排水沟、截流沟）：引导和传输原面产流的设施；⑤塬面蓄水池：蓄积塬面雨水的构造物。由上述五类基本要素，可以形成塬边埂及其场地的典型景观图示（图3-17）。

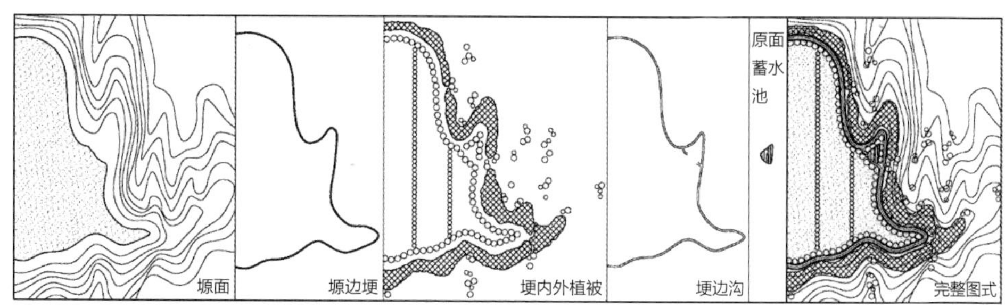

图3-17　塬边埂及其场地构成图示

图片来源：作者 绘

3.2.2.10　窑居场地

（1）基本情况

窑居建筑或窑居院落是黄土高原地区最主要的传统人居建筑形式，广泛分布于黄土高原的乡村与城镇。窑居场地是指以窑居建筑或窑居院落为中心的雨水利用场地及其场地措施。黄土高原的窑居建筑可以归纳为下沉式窑洞、独立式窑洞、沿沟式窑洞和靠山式窑洞四种典型形式[226]：下沉式窑洞主要建设在平坦的丘陵以及黄土台塬上，因为没有沟崖利用，故开挖下沉式窑洞院落；独立式窑洞实质上是一种在平地上用土坯或砖石砌拱而后覆土形成的拱形建筑，独立式窑洞不需要依赖山体；靠山式窑洞和沿沟式窑洞则出现在山坡或台塬沟壑的边缘区，一般沿等高线布置，根据山坡的倾斜度，有些地方可以布置多层台阶式窑洞，形成层层退台的效果，此时，底层窑洞的窑顶就是上层窑洞的前院。

无论是哪种形式的窑居建筑或院落形成的雨水场地，一般都通过窑洞屋面、庭院、门前场地等收集和滞蓄雨水，通过庭院内/外的水窖、渗坑或渗井将雨水蓄存回用，通过管沟系统排出超量雨水，达到综合利用的目的。

（2）规划与布置要点

如果要充分发挥窑洞建筑的雨水收集和利用功能，在规划布局时需充分考虑地形、土壤、朝向、窑洞建筑构造、配套雨水措施等多方面的因素。①地形：下沉式窑院都选择平坦地形，院落内的场地雨水系统独立存在，可设置水窖储存雨水；其屋顶场地沿下沉坑口边缘应设置矮墙阻拦地表雨水流入坑院之内，防止形成冲蚀。屋顶雨水可以用水窖或涝池收集。独立式窑洞对地形的要求相对较低，不必依靠崖壁就可建设，因此，其场地雨水主要来源于屋顶与地面，其雨水的收集与利用措施也主要针对此两处位置。沿沟式窑洞和靠山式窑洞对地形都有特定的要求，一般需沿着等高线依山靠崖挖掘。当崖壁的坡度较陡时，收集雨水的场地主要为窑洞前的院落，当坡度较缓时，窑洞顶部会形成屋顶或者由多层窑洞组成退台式屋顶，此时屋顶和窑洞前院共同组成雨水收集利用的场地。②土壤：在窑洞建设选址时，要尽量选择土壤构造均匀、密实度高的场地或黄土构造层。一般而言，离石黄土因其有柱状节理且土层大孔基本退化、湿陷小、土质较密实、力学性能好等优点而成为窑洞建筑开挖的理想土层。午城黄土、马兰黄土和次生黄土则要么土壤过于密实坚硬而不便开挖，要么过于松软而不可开挖，都不是窑洞建设的理想土壤层。[226]③朝向：窑洞建筑因为采光的需要，一般都尽量选择向阳的坡面。④窑洞建筑构造：与雨水收集利用相关的构造主要为屋顶构造，其中最关键的部分为屋顶面和防水层的处理。当屋顶面为绿地或菜地时，可以起到滞蓄场地雨水的作用，此时对屋顶防水层的要求就比较高；当屋顶为集雨场地时，雨水快速排出，渗透量很小，此时对屋顶防水层要求相对较低。另外，在场地水文过程中能够起到阻挡、导流以及收集排放作用的构造还有女儿墙、导流槽、院内的U形浅沟等。⑤配套雨水措施：窑居场地的配套雨水措施主要有屋顶绿地（菜地）、水窖、蓄水池、院内下沉绿地、排水沟渠等。不同的窑居建筑应该选择适合其地形地貌特点和场地要求的雨水措施，不应千篇一律。

窑居建筑在选址布局时，尤其要重视避免常见的地质灾害诱发因素，以免出现窑毁人亡的事故。常见地质灾害诱发因素有不合理的人类工程活动和降雨两种，其中降雨是产生灾害最活跃的自然诱发因素。降低灾害的措施有科学选址、合理设计斜坡和防水措施三类。[227]

（3）分析与总结

窑居场地雨水功能的实现取决于场地形态、土壤构造、窑居建筑形式、窑洞构造、建设成本、维护水平等诸多因素。总体说来，黄土高原地区的综合地理条件决定了绝大部分窑洞建筑和窑居院落都或多或少地对雨水进行了有组织排放和合理利用。要高效而充分地发挥窑居场地的雨水功能，需要在规划设计时充分发挥窑居院落场地各构成要素的功能。从雨洪管控的角度而言，下沉式窑洞、独立式窑洞、沿沟式窑洞和靠山式窑洞场地的景观构成要素可以归纳为如下五类。①汇水面：是窑居场地雨水的汇集面，根据窑居院落形式的不同，可以是塬面、上游坡面、窑洞屋顶、窑洞前后院和内院等。②窑洞建筑附属构造：是起到阻挡上游塬面径流、有组织引导排水、防止雨水渗漏等的辅助构造，包括女儿墙、屋顶拦/截水沟、导流槽、屋脚排水沟等。③场地植被：起到固土、涵养水分、减缓径流以及改善小环境的作用，包括屋顶植被。④通往场地外的道路：除了具备道路的基本通行功能外，这些道路还必须具备有组织排水和防止土壤冲蚀的功能。其形态往往呈中间下凹状，路面以砖石耐久材料铺砌，路边设明沟跌落，解决高处场地与低处场地之间高差剧烈下降时的安全排水问题。⑤涝池或水窖：蓄积场地内产生雨水的构造物，涝池一般设在开阔的场地上，水窖则可设于院内，也可设于院外。由上述五类基本要素，可以形成窑居院落及其场地的典型景观图示（图3-18）。

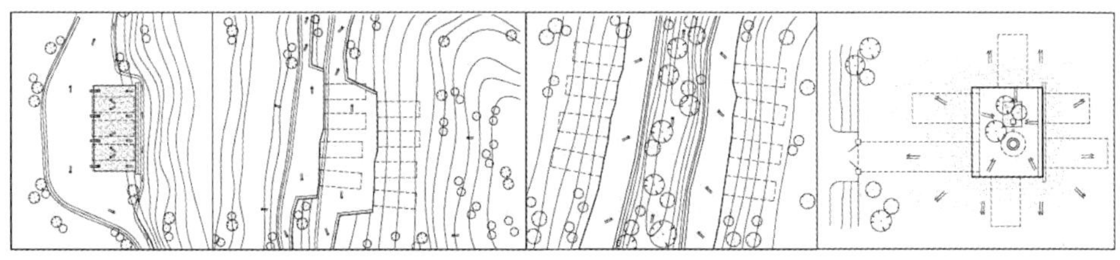

独立式窑居场地　靠山式窑居场地　沿沟式窑居场地　下沉式窑居场地

图3-18　窑居场地的典型景观图示

图片来源：作者 绘

3.2.2.11 其他雨水措施

除了上述雨水利用的经验和场地措施外，黄土高原地区常用的雨水措施还有许多，下面略举几例。

（1）植物固沟措施。针对沟底潮湿、侵蚀活跃、利用困难的沟道，可采用植物固沟的措施，多采用在沟底种植杨柳、洋槐或芦苇的方式来稳定和抬高沟床、保护沟道、减轻内蚀，同时还有一定的经济效益。

（2）防护林措施。针对土石山区和黄土沟壑区，通过退耕还林、封山育林、种植防护林、植树种草以及乔灌木结合的种植方式来绿化荒沟荒山、涵养水源、强化沟坡的防护效果。营造的防护林包括农田防风林、沟头防护林、沟底防护林和塬边经济林等类型。在植物品种的选择上，峁梁沟坡造林以植刺槐、油松为主 。沟底山间以杨、柳为主，营造护坡林、固沟林。台塬区主要营造护田林，护坡林实行林果相结合，发展经济林和四旁果林。平原区主要营造农田防护林和护渠、护路林带以及河滩防洪林带。[228]

（3）水簸箕。有点类似于谷坊的原理，但主要针对坡地上的浅沟，在坡地浅沟处修等高地埂拦水挡土，形若簸箕，在小雨情况下可短期发挥作用。

（4）耕作措施。在农业生产时，通过农业耕作方式的调整，能够有效减少水土流失。黄土高原地区常见的有五类措施[228]：一是改顺坡为横坡耕作；二是推广坑田种植，俗称掏钵种植法；三是串堆子耕作，主要做法是将根部培土起垄，使地表形成无数的蓄水坑；四是推行间作套种，把坡面沿等高线划分若干段，实行中耕作物与密生作物带状间隔种植，高秆与低秆作物套种等方式，如粮食作物套种绿肥，玉米套种豆类，果园地中套种豆类、药材等，均可起到多层截流保持水土的作用；五是实行草田轮作，俗称“倒茬口”，采用粮食作物与牧草作物轮作，使地面长期有作物覆盖，增加地表糙率，减少水土流失，提高土壤肥力，增加粮食产量。

（5）沟头防护。针对黄土高原沟壑受水蚀容易向上游发展的特点，在有一定受水面积的沟头上方修筑封沟土（石）埂，以拦截水流，并开挖涝池加以蓄积利用；或者通过加固沟头、营造沟头防护林等措施来保护沟头免受水流冲刷而快速扩展。

（6）等高沟埂，亦称“撩壕”。其拦截原理类似于塬边埂，区别在于塬边埂是沿塬面边缘筑埂，等高沟埂则是针对坡面采取的措施，沿坡面等高线开沟，利用挖沟出土在沟下侧堆筑成埂，起到拦截降雨径流、减少坡面冲刷、增加入渗的作用。本措施适用于面状坡地或细沟侵蚀及植被稀疏的光秃山区。

（7）埝地，亦称“水平埝地”。在西北黄土高原地区，在塬坡上或倾斜的塬面上修建的平整田块称为埝地，一般沿等高线方向布设，具有面宽条长的特点，故又称“水平条田”。埝地较低的一侧沿等高线筑有地埂（埝），相当于等高沟埂。

3.3 雨洪管控的民间智慧与地域方法总结

黄土高原传统雨水场地的经验与措施在应用时都有明确的适用范围和适用条件，并且能够有效应对雨水管控和水土流失的具体问题。除了上述单项措施所描述的特点外，它们对场地的适应性、功能的复合性、材料的地域性以及易于实施性方面都有着较多的共性，可以将其归纳为两个方面的共性经验与智慧。

3.3.1 基于地貌类型的系统性策略

从人居生活与生产的角度，可以将研究区域内的地形地貌划分为平坦塬地、荒山坡地、沟壑谷地以及聚落场地四种类型。在雨水管控与雨水利用的过程中，无论是哪一类场地，无论选择哪种具体的传统措施，都充分遵循着“因地制宜，防用结合，综合治理，确保安全”这一经验智慧。（参见图3-19）

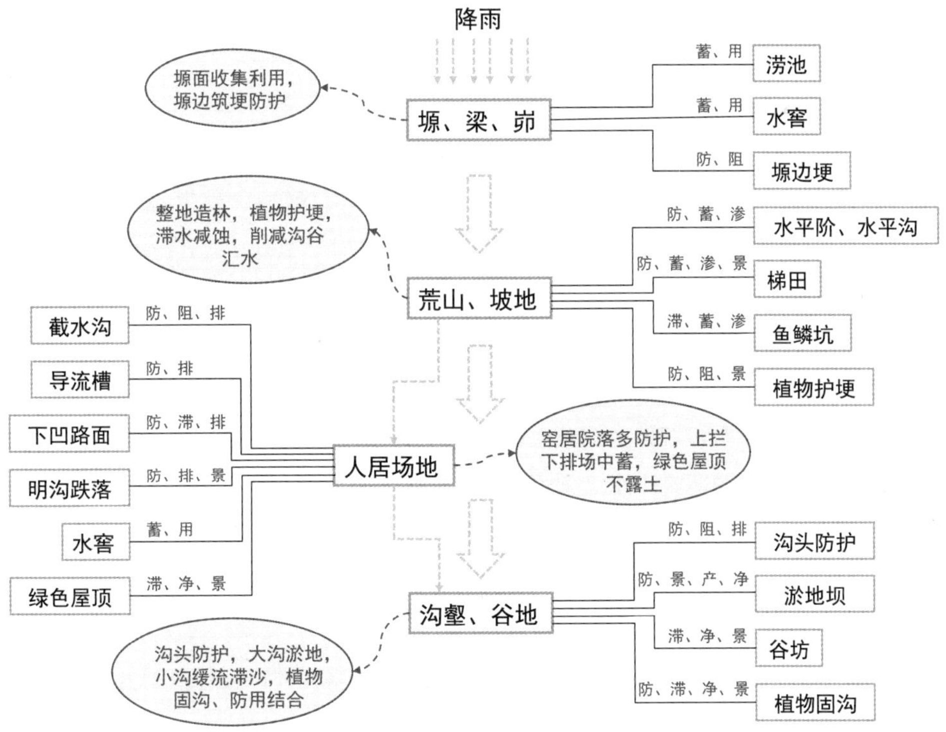

图3-19 传统雨水利用措施的经验智慧及模式

图片来源：作者 绘

注：“渗、滞、蓄、净、用、排”为《海绵城市建设指南》中的海绵措施的六种功能，而“防（防护）、阻（阻拦）、景（景观）、产（生产）”为陕北地域雨水措施所具备的各种复合功能。

（1）平坦塬地：塬面收集利用（涝池、水窖），塬边筑埂防护（塬边埂）。

（2）荒山坡地：整地造林（水平阶、水平沟、反坡梯田、窄条梯田、鱼鳞坑），植物护埂，滞水减蚀，削减沟谷汇水。

（3）沟壑谷地：沟头防护（排水式：悬臂式、陡坡式、跌井式；封闭式：一般多与塬边埂、涝池、水窖等工程相结合），大沟淤地（淤地坝），小沟缓流滞沙（谷坊），植物固沟（杨柳、洋槐、芦苇）、防用结合。

（4）聚落场地：窑居院落防护多，上拦（截水沟）下排（导流槽、下凹式路面、明沟跌落）场中蓄（水窖），绿色屋顶不露土。

3.3.2 朴素的空间审美和工程建造原则

地域雨洪管控与雨水利用场地建设在材料选择、环境融合、审美创意、生态思想等方面体现出来的经验与智慧也非常突出。归纳起来可以用“就地取材，简而不俗，生态审美”来体现。下面分别从工程材料、构造设施以及空间审美三个角度来总结：

（1）工程材料：就地取材、协调统一。

工程材料是场地建设的重要影响因素，决定着项目建成后的视觉效果、使用功效、建设成本等。在黄土高原地区，黄土地层下覆盖着大量易于开采的石材，当地各类工程建设都充分利用了这些数量充足的片石材料，就地取材，构筑挡墙、树池、铺装、雨水设施等，凸显浓厚的地域特色，与周边环境高度协调统一（图3-20）。

（2）构造设施：简而不陋、粗而不俗。

传统的雨水利用场地，尤其是人居环境中的场地，包含了大量的构造设施，如：雨水口、导流槽、坡地上的挡土墙、窑居院落的女儿墙、坡道上的下凹式排水路面、路侧的明沟跌落式排水沟渠等。这些构造设施都有一个共同的特点，就是在功能上简单实用、切合实际，在构造材料与形式上就地取材、简单大方、粗犷豪放而又不粗陋鄙俗，如图3-20（c）、图3-21所示。

（3）空间审美：富有创意、生态审美。

黄土高原地区的雨水场地建设往往是融入人居环境整体中进行统筹考虑的，不仅在整体的空间布局和空间运用上，还在局部的细节设计与处理上，都极具创意，体现出了很高的审美标准和生态意识，建成环境自然生态，值得借鉴。在具体方法上，往往将朴素、符合生态审美标准的构筑物，与场地环境融为一体（图3-22）；将通行、排水、挡土、防蚀等场地雨水功能与复杂地形进行完美结合（图3-23）；

同时，对细节的追求也令人惊叹！如雨水口巧妙的设计在最大可能满足高效排水的同时，还不忘对形式美感的追求［图3-20（c）］，间隔变化的道路铺装材料，不仅能持续不断地减缓地表径流速度，还能起到防滑的作用，在视觉上也是一种装饰［图3-20（d）］。

图3-20　地域工程材料的广泛运用

图片来源：作者 摄，2012年，杨家沟

图3-21　陕北雨水场地中的构造设施

图片来源：作者 摄，左上图2014年，绥德，其余同图3-20

图3-22 与场地环境融于一体的人居构筑物

图片来源：作者 摄，2015年，党氏庄园

注：研究区域内传统人居建设特别讲究因地制宜，建构筑物往往与环境融为一体；充分利用不同地形地貌营造出的良好小气候环境，规避泄洪沟道，并通过地域化的设施对地表径流进行截流、导流、快排、蓄用等处理，以达到雨洪综合管控、保护场地安全的目的。

图3-23 场地雨水功能与复杂地形的完美结合

图片来源：作者 摄，2012年，杨家沟

3.4 传统雨洪管控方法的价值与不足

在黄土高原地区发展总结而来的传统雨水场地经验与技术措施因其简便易行、高效可靠、成本低廉以及乡土生态而得到广泛运用。这些经验与技术措施不仅饱含了黄土地居民的智慧，还因为国家层面对黄土高原生态环境的综合治理，几代学人也投入了大量的精力与努力进行总结提升，使得传统的经验智慧随着时代的需要越来越具有科学性和规范性，也必将发挥其应有的作用。另一方面，由于传统经验与技术措施来源于经验以及措施相对简单的特点，在面对某些雨洪管控需求时仍存在一定的不足，需要我们认真面对和积极研究，并提出合理的改良和解决措施。

3.4.1 传统经验与技术措施的意义与价值

（1）传统雨水场地经验措施是传统生态智慧的具体体现，长期以来一直在农业生产、人居生活以及国土生态安全保障方面发挥着也必将继续发挥着无法替代的作用。

虽然现代科学技术发展迅速，气象学、水文学、水利学、土壤学、生态学和人居环境科学都得到了长足的发展，针对黄土高原的成因、生态环境治理、水土保持、人居建设等都有了大量的科研成果，但在人居环境、农业生产以及水土保持、场地雨水利用的具体工程实践中，传统的经验措施因其简单高效、易于实施和成本低廉而一直占主导性地位。相对于植草沟、下凹式绿地、渗井、雨水蓄集池等仅为解决雨水问题而开发的海绵城市技术措施而言，传统的技术措施因为既能运用于广袤的农业生产用地，也能在适当调整和改造后运用于人居建设用地，既能水土保持、又能雨水利用改善生态，且结构简单、功能面向更广而具有强大的生命力，必将继续发挥一般海绵城市技术措施无法替代的作用。

（2）传统雨水场地经验措施是符合地域生态环境、水文及气候的适地性绿色技术，在功能上具有多样性。

黄土高原沟壑型场地具有自然生态脆弱、不易恢复，场地土壤湿陷严重、易冻胀，地域气候较寒冷、季节性降雨特征明显，场地植被相对单一，场地景观视效季节性更替明显、对比分明等特征。这些特征使得时下流行的LID技术措施或者海绵城市技术措施明显水土不服，如：海绵城市最常用的透水路面并不适应湿陷性土壤；人工蓄水池不适用于农业场地与村镇建设低成本的要求，普通的植草沟并不能应对黄土高原水土流失严重的问题。而明沟跌落式排水沟渠、鱼鳞坑、淤地坝、水窖、塬边埂等传统雨水场地措施则正是针对上述地域特征而总结出来的，所以具有极强的地域适宜性，能够很好地满足黄土高原生态环境建设、水土保持、雨洪管控等方面的工程需求。这些基于传统经验总结的技术措施属于适宜性强的绿色技术措施，在用途上具有很强的多样性。另外，由于传统技术充分遵循和适应了地域特征，建设中就地取材，因此，从材料和外观形式上也具有浓烈的地域特色，景观价值独特。

（3）是对海绵城市建设技术措施的有益补充，是海绵城市地域化发展的重要经验。

近年来，南北各地频繁出现城市内涝的新闻，并伴有巨大的人员和财产损失，城镇内涝问题及其严重性开始为社会和中央政府所关注。中央领导人就“海绵城市”住房和城乡建设问题做了重要讲话，国务院办公厅还出台了“海绵城市”建设的专门指导意见，住房和城乡建设部和相关部门也推出了具体的政策和措施，至此，“海绵城市”建设从学术领域的讨论研究升级为国家政策[1]。

中国幅员辽阔，地域差异巨大，在雨洪管控和海绵城市建设的总目标下，多雨地区如武汉、广州、海口侧重的可能是防涝问题，而降雨量少且缺水的西安、银川、西宁及乌鲁木齐等城市，目标可能更应侧重于雨水的资源化利用。即使同省的西安和延安两市，也存在差异，虽都为湿陷性黄土地区，但因延安地处丘陵沟壑地貌区，在雨洪管控时则更应特别注重水土保持及场地安全之目标。因此，各地在海绵城市建设时除了考虑降雨量之外，需考虑的地域性因素还包括土壤特性、地形地貌、植被情况、场地安全、景观视效、经济效益等。基于不同的地域因素，可得出具体而不同的地域性雨洪管理目标，这种雨洪管控的地域性差异在全国范围内是广泛而显著地存在的，但在一哄而上的全国性海绵城市建设浪潮中，因为相关基础研究的不足、缺乏具体经验而被设计和建设单位有意或无意地忽略，往往采取唯《海绵城市建设技术指南》是瞻的照本宣科工作思路。基于上述情况，各地区充分整理和挖掘地域性的经验措施是一项重要而急迫的工作，是对海绵城市建设技术措施的有益补充，更是海绵城市地域化发展的重要经验。

[1] 2013年12月12日，习近平总书记在中央城镇化工作会议上发表讲话时谈到建设自然积存、自然渗透、自然净化的“海绵城市”。2014年4月，习近平总书记在一次关于水安全的讲话中指出要解决城市缺水问题，再次提出“海绵城市”的概念。2014年11月住房和城乡建设部出台《海绵城市建设技术指南——低影响开发雨水系统构建》，明确了“海绵城市”的概念、建设路径和基本原则，并进一步细化了地方城市开展“海绵城市”的建设技术方法；同年12月份财政部、住房和城乡建设部和水利部联合下发开展试点工作的通知；2015年1月开展试点城市申报工作；2015年4月确定了16个试点城市，7月住房和城乡建设部出台考核办法。2015年10月16日，国务院办公厅发布了《国务院办公厅关于推进海绵城市建设的指导意见》，对各省市自治区的海绵城市建设工作提出了具体要求。

3.4.2 传统经验与技术措施的不足

3.4.2.1 晋陕黄土高原地区雨水利用场地建设现状

研究区域内因水资源缺乏，在农业生产中自发形成的淤地坝、鱼鳞坑、塬边埂等雨水利用场地强调水土保持这一主要功能，以居住为主要目的的窑居院落场地则兼具高效的水土保持、改善居住小环境、雨水回收利用的多重目标。而传统的陕北和晋西黄土高原小城镇建设都以窑洞式建筑为基本形式，以窑居院落为城镇的基本空间单元，水土保持是场地建设的基本要求。高速城镇化导致以窑居院落为空间单元组成的传统街巷空间正被宽大的城市马路和现代巨型建筑所代替，传统城镇中自然式雨水收集利用和排放的模式[1]也被现代城市的雨污管沟系统所替代，大面积的城镇雨水汇集后直接排放入河道，助长了暴雨带来的洪水危害。

3.4.2.2 陕北地区雨水利用场地经验措施存在的问题

（1）缺乏理论体系支撑及应对雨洪的系统考虑

传统雨水利用场地的特点是针对局部场地中的雨水发挥或沉积泥沙、或拦截、或蓄积、或渗透雨水的作用，没有针对水文过程进行系统性的考虑，措施之间的关联性不足，缺乏应对更大尺度土地单元雨水的统筹调控能力，对缓解小流域或流域尺度产生的季节性洪水作用有限，离黄土高原国土整治“28字方略”[229]提出的“全部降雨就地入渗拦蓄”目标较远。

（2）不适应生态人居环境建设的新要求

一方面，现代城镇在空间尺度上的变化使传统的街巷路面自排式的雨水处理方式已完全不能适应当前的情况；另一方面，传统城镇场地对雨水的回收利用率过低，一些具备建设条件的市政项目，如公园、城市广场等，在对待场地雨水的态度上还十分落后，没有或少有“海绵城市”建设意识，缺少“渗、滞、蓄、净、用、排”[199]完整的工程体系和环节，耗水量巨大，不仅在雨季加重了河道的行洪压力，同时也增加了城市的日常供水需求量。

（3）基于经验的建设技术导致安全性不足

传统雨水利用场地建设主要以长期的实践经验总结为技术依据，大部分情况下都安全可靠，但在应对极端降雨条件时仍然存在较大的安全隐患，滑坡、崩塌、塌

---

❶ 根据米脂县志编纂委员会1993年出版的《米脂县志・城乡建设志》记载，传统老县城无完善排水系统，雨水一般顺街巷自流，由小巷排至大街，最后汇流至城镇边的沟道或河道。米脂县志的记载是研究区域内老县城的普遍情况。

窑、窑洞透水、溃坝等地质灾害及窑毁人亡的惨剧时有发生，主要原因为疏松的土壤结构、强降雨侵蚀、场地选址不合理、防渗技术不足、不合理人工建设诱发等多重因素单独或组合作用的结果。[8, 9]

3.4.3 产生原因与解决策略

3.4.3.1 产生原因

问题产生的原因可以归结为三个方面。首先，传统的场地措施在大面积推广应用时，往往因为对水文特征认识不足而不能发挥更大的效益，有时反而带来更大的损失❶。面对严重的水土流失问题，人们经历了从早期的“以土为中心”再到“以水为中心”以及目前的“水土兼顾”的认识过程[230]。水土流失及其对场地的破坏不能靠单一的工程和场地建设措施解决，须综合考虑降雨强度、降雨历时、土壤结构、地貌类型、场地坡度、地表覆被情况、工程技术措施等诸多因素。其次，缺乏地质构造、土壤学、水文学、生态学、工程学等现代科学技术体系的支撑，经验性重于科学性。最后，建设生态文明和海绵城市的国家政策对场地雨水利用的目标提出了更高的要求，单纯蓄水利用及安全排放已然不足，需从恢复良好生态和人居环境安全的高度来看待场地建设问题。

3.4.3.2 解决策略

解决上述问题的策略为：对传统雨水利用场地进行研究和总结，合理分类；研究各类场地的技术原理、影响因素、适宜应用范围和雨水利用目标、建成后的景观视效、投资水平、维护管理要求等内容；充分吸收相关学科的知识，对传统场地技术措施不适宜的因素进行改良或规避；最后结合黄土高原水土保持研究、LID及BMPs研究的最新进展，针对不同尺度的场地提出适宜的建设模式和雨洪管控策略及方法以实现不同层级的雨洪管控和生态人居建设目标。

❶ 据《米脂县志·水利水保志》记载，1978年7月27日，米脂县榆林沟流域20分钟降雨41.5mm。就地起水，山洪席卷小沟大沟，一次冲垮土坝61座，占流域内总土坝的56%，冲毁农田2174亩，造成严重后果。由于泥沙淤积，多数水库寿命不长，工程效益期短。1973年兴修的姬兴庄水库和1974年兴修的牛鼻山水库到1989年已成为“泥库”，失去蓄水灌溉能力，仅能作坝地利用。根本原因在于当时对黄土的水力侵蚀的原理和过程认识不够深入，致使场地建设和工程措施发挥不出应有的作用。

3.5 本章小结

晋陕黄土高原地区针对雨洪管控有着历史悠久的大量地域实践，并形成了一套特殊的传统措施体系，是值得研究、借鉴和发扬的民间智慧，也是雨洪管控适地性规划方法构建的重要基础。

晋陕黄土高原雨洪管控地域实践主要表现在小流域雨洪管控与雨水利用实践以及聚落场地中的雨洪管控与雨水利用实践两个方面。小流域的实践包含水土保持综合治理和流域生态环境恢复两方面的工作；聚落场地中的实践则由传统城镇场地的雨洪管控与雨水利用和传统乡村聚落场地的相关实践构成。通过实践形成的雨洪管控思想、策略和技术措施体系构成了地域雨洪管控的民间智慧。该套体系不仅重视流域尺度的沟壑治理和坡面治理，还能够在场地尺度针对不同场地形态、地形坡度和场地功能发展出各有针对性的措施。针对塬、梁、峁，形成了涝池、水窖、塬边埂等措施；针对荒山坡地，形成了水平阶、水平沟、梯田、鱼鳞坑、植物护埂等措施；针对人居场地，创造了截水沟、导流槽、下凹式路面、明沟跌落、绿色屋顶等措施；针对沟壑、谷地，发展了沟头防护、淤地坝、谷坊、植物固沟等措施。这些措施体系充分体现了“因地制宜，防用结合，综合治理，确保安全”的系统性策略和“就地取材，简而不俗，生态审美”的场地建设原则。

第4章 晋陕黄土高原沟壑型聚落场地雨洪特征与产流机制分析

雨洪特征和产流机制在很大程度上决定了雨洪管控方法的制定与选择，地貌特征及地表的空间因素又对产流机制和雨洪特征的形成产生重要影响。

4.1 地貌特征

研究区域内的地貌特征不仅对雨洪过程具有直接的影响，也是影响土壤侵蚀、造成大规模水土流失的重要因素。对于本研究而言，地貌特征对雨洪管控的技术途径、策略、措施的选择具有举足轻重的影响。沟壑纵横、地形被切割得支离破碎是黄土高原沟壑型聚落场地最典型的地貌特征，该特征在不同的尺度上可以用不同的指标来指示和描述，即可以从沟壑密度（流域尺度）、沟壑长度及深度（小流域尺度）、坡度与坡长（场地尺度）三个方面加以概括和描述。

4.1.1 沟壑密度

沟壑密度指单位面积土地上所有沟壑的总长度与该单位面积的比值。在流域尺度上，黄土高原沟壑型场地的特征可以用沟壑密度这个指标来加以描述和指示。在沟壑分布比较集中的陕北地区，根据调查统计，黄土丘陵沟壑区的沟壑密度为[11]：①梁状丘陵沟壑亚区，沟间地与沟谷地之比多为1：1，沟壑密度达4～7km/km^2。②峁状丘陵沟壑亚区，沟间地与沟谷地面积之比一般为1：1或4：6，沟壑密度一般达5～8km/km^2。在吕梁山以西至黄河沿岸广阔的晋西黄土丘陵沟壑区，沟壑密度约为5km/km^2[220]。沟壑密度实质上反映了黄土高原被地表径流侵蚀切割后的破碎程度，最终呈现为黄土塬和黄土沟壑等不同地貌形态（图4–1）。在流域尺度上，沟壑密度越大表明流域内的小流域和微流域数量越多，地表径流的路径也越复杂，整个流域的产流–汇流过程也更复杂，雨洪管控规划则需要更有针对性。

4.1.2 沟壑长度及深度

在小流域范围内，空间总体上呈现为一条主沟和若干条支沟组成的树枝状结构（图1-3、图1-5），树枝状的沟壑之间是各类梁、峁坡地，它们共同形成了小流域的汇水范围。在小流域尺度上，地貌的总体特征由沟壑的长度及深度决定，主沟的长度及支沟的长度与数量决定了小流域的总体平面形态；沟壑的深度即小流域的径流侵蚀深度，决定了由侵蚀形成的谷坡的坡度和坡长，而主沟的长度和侵蚀深度还决定了主沟沟底的坡度（比降）。小流域的这些地貌属性最终决定了小流域内每一块具体场地或者微流域的空间形态特点，从而最终影响每一块具体场地的径流特征和水文过程管理中采取何种应对方式。

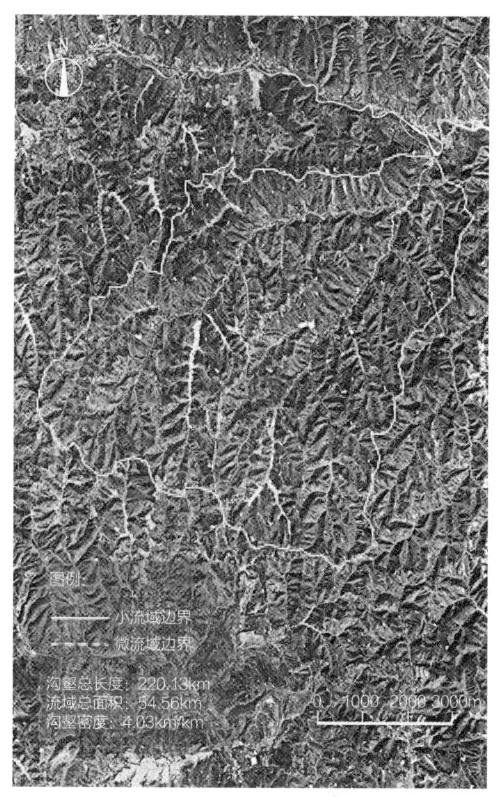

图4-1 黄土高原丘陵沟壑区地貌示意图
图片来源：作者，周天新 绘，底图源于Google Earth Pro

4.1.3 坡度与坡长

在场地尺度，可用坡度、坡长、坡向来描述地貌在局部地块所呈现出来的形态特征。从雨洪管控的角度而言，与地表径流过程最直接相关的地貌特征是坡度和坡长。坡度、坡长和坡向以及场地在总体地貌中的竖向位置决定了人居生活场地的选址适宜性，坡度和坡长则不仅对人居生产场地的利用方式有重要影响，还会影响地表侵蚀的发育过程[231]。在整个坡面上，侵蚀与坡度增加是有一定极限的，研究表明，坡度约在40°以下时，侵蚀量与坡度呈正相关，超过此值反有降低趋势。在黄土丘陵沟壑区，坡地在0°～90°，15°、26°和45°是非常重要的几个坡度转折。15°以下坡面侵蚀相对微弱，15°以上侵蚀逐渐加剧，26°达到最大值，此后水蚀强度降低，26°是以水流作用为主的侵蚀转变为重力作用为主的侵蚀的转折点。整个区间45°侵蚀作用最强，此后又趋减小[155]。坡长之所以能够影响到土壤的侵蚀，主要是当坡度一定时，坡长越长，其接受降雨的面积越大，因而径流量越大，水将有较大的重力位能，因此当其转化为动能时能量也大，其冲刷力也就增大[155]。由此可见，从雨洪管控的角度，场地层面的具体管控措施主要受上述地貌特征影响，应该针对不同的坡度与坡长采取适合的措施来应对在该地形条件下的侵蚀问题。

综上所述，地貌特征对雨洪过程有着重要的影响，对于黄土高原沟壑型场地而言，其地貌的破碎程度和竖向复杂度远非一般聚落型场地所能相比，该类场地的地貌特征因素对地表径流过程的形成起到了相当关键的作用，因而在雨洪管控技术途径、方法、策略以及措施等的制定和选择时都需要在适地性方面加以考虑。

4.2 雨洪特征

研究区域内的雨洪特征主要体现在雨洪及灾害的空间分布特征、雨洪的季节性特征以及雨洪的过程特征三个方面，其中雨洪及灾害的空间分布和雨洪过程特征主要受地貌及地表空间要素影响，雨洪的季节性特征主要由地域气候所决定。

4.2.1 雨洪灾害的空间分布

降雨导致的水灾分为洪灾和渍涝两类。洪灾容易引起淹没、水毁、塌方、泥石流以及由此引发生命财产损失。渍涝灾害则多由连阴雨和排水不畅等所致。陕北的渍涝区主要分布在长城沿线风沙滩区的定边、靖边、榆林、横山、神木、府谷 6个县（市），陕北的丘陵沟壑区则主要以河流洪灾为主，据统计，陕北地区年均发生超定量洪水的次数为1.3次[218]。因气候及自然环境的原因，陕北丘陵沟壑区的村镇以及县城等人居聚落绝大部分都沿沟谷分布（图4–2，表4–1），即使有个别的县城，如洛川和富县没有毗邻河道，但其下属的乡镇也大多都沿河/沟而立，村庄和居民点则更是如此。山西黄土丘陵沟壑区的城镇分布也基本与陕北相似。雨洪灾害方面，山西省1950～1990年间，成灾较大的洪涝渍灾害210次，从有历史记载的470个成灾较大的洪涝年看，平均5.8年一遇，且从16世纪后连续发生洪涝以及局地性发生洪涝频率增加，成灾程度也呈增加趋势[232]。研究区域内或大或小的沟谷本身就是各级河流的空间载体，历史记载的灾害性天气，尤其是暴雨和连阴雨无一例外地对本地域内的生产和人居生活带来了巨大的破坏，人民生命财产损失惨重。这种特殊的人地空间关系，当其和地域典型的季节性暴雨、土壤垂直湿陷、因总体干旱缺水而导致的植被稀少地表裸露、因贫困而土地过度开发等特征叠加时，损失巨大、破坏尤烈。

图4-2 陕北人居聚落与河谷的关系
图片来源：作者 绘

陕北丘陵沟壑区主要县城及对应流域 表4-1

市/区/县		县城对应流域				县域小流域	
		流域名称	河流级别	空间关系	上级河流	数量（条）	备注
榆林市	清涧县	清涧河	2级	毗邻	黄河	302	流域面积50km^{2}以下
	绥德县	大理河、无定河	3级/2级	毗邻	无定河、黄河	483	五级以下河流
	子洲县	大理河	3级	毗邻	无定河	232	流域面积1～50km^2
	米脂县	无定河	2级	毗邻	黄河	18	流域面积100km^{2}以下
	吴堡县	黄河	1级	毗邻	—	43	流域面积50km^{2}以下一级支沟
	佳县	佳芦河/黄河	2级/1级	毗邻	黄河	357	6级以下小流域

续表

市/区/县		县城对应流域				县域小流域	
		流域名称	河流级别	空间关系	上级河流	数量(条)	备注
延安市	宝塔区	延河	2级	毗邻	黄河	25	支流长10km
	子长县	李家川、延秀河	4级/3级	毗邻	清涧河	474	平均流域面积5km^2
	延长县	延河	2级	毗邻	黄河	21	长度5km以上
	延川县	清涧河	2级	毗邻	黄河	341	长度2km以上，流域面积100km^{2}以下
	安塞县	延河	2级	毗邻	黄河	106	有常流水的支流
	志丹县	周河	4级	毗邻	洛河	610	流域面积100km^{2}以下的1～4级支流
	吴起县	洛河	3级	毗邻	渭河	609	流域面积1～50km^2
	甘泉县	洛河	3级	毗邻	渭河	60	流域面积10～50km^2
	洛川县	仙姑河	4级	远离县城	洛河	553	长度1～2km
	富县	洛河	3级	远离县城	渭河	54	洛河与葫芦河的支流
	黄陵县	沮河	4级	毗邻	洛河	383	长度2km以上，流域面积100km^{2}以下
	宜川县	县川河	2级	毗邻	黄河	92	根据地图统计的2～10km长支流

注：1. 表格中的数据根据陕西地情网（http://www.sxsdq.cn/）提供的上述各县区的县志中的相关章节整理而来；宜川县因县志中没有相关数据，故根据《陕西省地图集》编纂委员会，《陕西省地图集》[M]，西安：西安地图出版社，2010：258，宜川县域地图统计而来。

2. 本表主要统计各县小流域的数量，由于引用资料中各县县志的表述不太统一，故各县小流域对应的规模并不完全一致，特在表格备注中加以说明。当各县志中对水系规模的表述符合《小流域划分及编码规范》(SL 653—2013)时，采用该规范规定的<50km^{2}作为小流域的认定标准，<1km^{2}认定为微流域而不加统计；当不符合《小流域划分及编码规范》SL 653—2003的标准表述时，采用支流的长度作为标准或者《规范》中第6.3.2条第a)款的特殊认定标准（<100km^2），以期最大程度体现该县域小流域的大致数量。

4.2.2 雨洪的季节性特征

晋陕黄土高原地区的降水主要分布在6～8月份，陕西境内该季节的降水量达到了全年的40%～60%[11]，晋西黄土高原沟壑区的降水情况也基本类似，夏季暴雨的年内占比达到了86.45%（表4-2）。洪水具有明显的季节性特征。面对季节性洪水这一灾害性问题，因黄土高原的黄河支流大都深切山丘沟壑，堤防工程较少。以陕北为例，20世纪90年代以前，其主要河流无定河、延河建有堤防60多公里，仅占陕境入黄支流堤防总数1008km的6%[218]。近年来，虽然政府不断加大了水利方面的投入，但仅仅依靠有限的堤防显然无法对抗极端气候下的极端洪水。例如，2017年7月26日5时05分，大理河绥德水文站出现3160m^3/s的超保证洪峰流量（保证流量1350m^3/s），系历史实测最大洪水，从水位起涨开始至洪峰到达，河流水位涨幅达11.27m，超历史实测最高水位4.11m。[233]这样巨大的涨幅不是单纯依靠防洪设施就能够应对的。从根本上讲，堤防设施的建设属于下游的防范性措施，无法从根源上解决问题，需要从洪水“产流–汇流”❶的过程出发来制定综合的管控方案，最终实现源头减洪、降低洪水灾害。

晋西地区日降雨量大于或等于 50mm 的暴雨年内分配（%）　表 4-2

5月	6月			7月			8月			9月
	上旬	中旬	下旬	上旬	中旬	下旬	上旬	中旬	下旬	
4.84	1.61	3.23	8.39	11.61	9.35	14.52	14.84	13.55	9.35	8.71
	13.23			35.48			37.74			

资料来源：范瑞瑜. 黄土高原坝系生态工程［M］. 郑州：黄河水利出版社，2004：38.

4.2.3 雨洪的过程特征

流域上一定时空分布的单场次降雨形成的流域出口流量过程是流域蒸散发等气象过程与流域地形地貌、土壤植被和水文地质条件等下垫面因子综合作用的产物[234]。虽然雨洪产生的机制与过程都具有一定的规律性，但雨洪发生的过程在

❶ 为便于分析计算降雨所产生的径流量及其过程，通常将径流形成的物理过程概化为“产流”和“汇流”两个阶段，其中降雨转化为净雨的过程称为产流过程；净雨转化为河川流量的过程称为汇流过程。（吴普特，冯浩. 中国雨水利用［M］. 郑州：黄河水利出版社，2009：54-55.）

不同的地域却有着很大的差异。在沟壑型场地占主体的黄土高原丘陵沟壑区，因其地貌破碎、地形变化剧烈，植被类型和盖度在塬面、坡面、坡脚以及谷底不同位置差异巨大，一年内大强度降雨在时空分布上非常集中等特征导致该地区雨洪产生的过程也具有鲜明的地带性特征。具体表现为[235]：①在径流组成上，地表径流占比大。其中砒砂岩区地表径流比重最大，达90%，其次是黄土区（70%～80%），黄土林区（50%）和石山林区（30%～50%）；②径流过程变幅大。从月径流量最大与最小比来看，林区在20～70之间，而黄土区和基岩区可以上千或上万；③暴雨径流特性除林区不十分明显外，黄土区和砒砂岩区暴雨洪水特征十分明显；④洪峰模数较大；⑤暴雨过程中伴随剧烈的土壤侵蚀现象。

据山西省水保科研所在晋西黄土丘陵沟壑区羊道沟小流域的观测资料统计，15年中一次暴雨所造成的土壤侵蚀量占年侵蚀量45%以上的有12年，占统计年份的80%[220]；1966年土壤侵蚀模数高达5.75×10^4 t/km^2；1966年7月17日产流降雨量62.0mm，雨强14.9mm/h，径流模数高达36400m^3/km^2，土壤侵蚀模数高达27214.0 t/km^2，一次降雨造成的土壤侵蚀量占年侵蚀量的47%[220]。上述统计数据有效地印证了黄土高原丘陵沟壑区的雨洪过程特征。

表4-3统计了陕北丘陵沟壑区内各县城所毗邻河流的平均流量、最大与最小流量等信息，也很好地佐证了沟壑型场地地表径流过程变幅巨大的特征。

陕北丘陵沟壑区主要河流及其流量　　表 4-3

市/区/县		河流名称	平均流量（m^3/s）	最大流量（m^3/s）	出现年份	最小流量（m^3/s）	出现年份	备注
榆林市	清涧县	清涧河	4.71	7440	1978	0.003	1972	
	绥德县	无定河	32.73	3630	1966	0	1966	历史最大流量9500m^3/s，1919年
		大理河	4.95	2450	1977	0	1972	2017.7.26洪水破历史纪录，达3160m^3/s
	子洲县	大理河	2.05	2450	—	0.040	—	历史最大流量7000m^3/s，1919年
	米脂县	无定河	20	3310	—	8	—	
	吴堡县	黄河	951.87	3900	1842	61	1981	
	佳县	黄河	907	—	—	—	—	
		佳芦河	3.29	5770	1970	—	—	

续表

市/区/县		河流名称	平均流量（m^3/s）	最大流量（m^3/s）	出现年份	最小流量（m^3/s）	出现年份	备注
延安市	宝塔区	延河	4	—	—	—	—	
	子长县	延秀河	2.07	3150	1969	0	1972	
	延长县	延河	7.06	9050	1977	0.188	—	
	延川县	清涧河	4.35	6090	1959	0.005	1971	历史最大流量 $11600m^3/s$，1913年
	安塞县	延河	0.5 ~ 1.5	4170	1977	—	—	洪峰流量一般 $100 \sim 2000m^3/s$
	志丹县	周河	—	2610	—	0.004	—	
	吴起县	洛河	3.73	—	—	—	—	
	甘泉县	洛河	3.25	5210	1977	0.400	—	
	洛川县	仙姑河	0.30	—	—	—	—	
	富县	洛河	18.91	4500	1966	0.460	1969	
	黄陵县	沮河	3.59	—	—	—	—	
	宜川县	县川河	2.50	738	1971	0.015	—	

注：表格中的数据根据陕西地情网（http://www.sxsdq.cn/）提供的上述各县区县志中的相关章节整理而来，当数据缺失时，用“—”表示。

4.3 产流机制

4.3.1 雨洪过程与产流机制

雨洪的产生过程可以理解为流域中各种径流成分的生成和汇流过程，降雨产生的地表径流汇流机制与过程非常复杂，不同的降水条件和不同的下垫面条件下径流的形成过程与机理各异，会形成不同的产流机制，呈现不同的径流特征[169]。降水过程发生后，一部分降水被植物截留，或下渗或散发；另一部分降落地面，则有土壤蒸发，通过土壤下渗形成土壤水分储蓄和壤中径流，以及进一步下渗形成地下水储蓄、地下水蒸发和地下水径流、不透水面的蒸发与径流等现象与过程。在水文学中采用了超渗地面径流产流机制、壤中径流产流机制、地下径流产流机制以及饱和地面径流产流机制四类降雨产流机制[1]来描述与研究这些降雨现象与过程[169]。在流域中，汇流的过程如图2-1所示，由于壤中径流和地下径流最终汇聚到溪沟、河道的过程要比地面径流缓慢得多，对于雨洪过程迅猛的黄土高原沟

---

[1] 超渗地面径流的产流机制：指供水与下渗矛盾发生在包气带上界面（地面）的产流机制。地面径流的形成过程是在降雨、植物截留、填洼、雨期蒸发及下渗等几个过程组合下的发展过程。超渗地面径流产生的主要原因是同期的降水量大于同期植物截留量、填洼量、雨期蒸发量及下渗量等的总和，多余出来的水量产生了地面径流。其中降水是产流的必要条件但并非产流的唯一条件，只有满足了植物截留、蒸发、填洼和下渗的损失，才具备产生地面径流的充分条件。在降雨过程的各项损失中，植物截留量、雨期蒸发量、填洼一般较小，而下渗量一般较大，而且变化幅度也很大，它从初渗到稳渗、在时程上具有急变特性，空间上具有多变的特性。由于降雨特性和下渗特性的不同，下渗量可占降水量的百分之几到全部。因此，下渗在地面径流的产流过程中具有决定性的作用。只有当降雨强度大于下渗率时，才能产生地面径流。因此降雨强度大于下渗率是产生超渗地面径流的充分条件。（黄锡荃，李惠明，金伯欣．水文学［M］．北京：高等教育出版社，1985：91．）

壤中径流的产流机制：壤中径流发生于非均质或层次性土壤中的透水层与相对不透水层界面上，因界面以下土层是透水性较差的相对不透水层，下渗水流在不连续界面上受阻积蓄，形成暂时饱和带，发生壤中流。有时，在未饱和带中也能产生壤中流，如森林覆盖的流域、植被良好的山坡、与河沟紧连的坡脚和凹坡的坡底，在有较厚且疏松的土层覆盖在不透水基岩上的情况下，容易产生壤中流。在气候干旱的地区，例如黄土高原，不容易产生壤中流。壤中流是一种多孔介质中的水流运动，它的流动速度比地表径流慢。在降雨形成径流的过程中，壤中流的集流过程缓慢，有时可持续数天、几周甚至更长时间。当壤中流占一次径流总量较大比例时，它将使径流过程变得比较平缓。

地下径流的产流机制：大气降水渗入地面以下后，一部分以薄膜水、毛管悬着水形式蓄存在包气带中，当土壤含水量超过田间持水量时，多余的重力水下渗形成饱水带，继续流动到地下水面，由水头高处流向低处，由补给区流向排泄区。地下径流的产流机制是指包气带较薄、地下水位较高时的地下水产流机制，同样服从供水与下渗矛盾的产流规律。其产流条件基本与壤中径流相同，只是其界面为包气带的下界面。地下径流是枯水的主要来源。

饱和地面径流产流机制：是在表层土壤具有较强透水性情况下的地面产流制。在天然情况下、绝大多数降雨强度都不能满足表层土壤的下渗能力，故通常不易形成超渗产流的条件，但在下层有相对弱透水层存在时，当雨强虽小于上层下渗率但大于下层下渗率，就可以形成壤中流。随着壤中流积水的增加，继续下雨终将达到地面，即包气带全部变成临时饱和水带，此时，后继的降雨所形成的积水将不再是壤中流，而是以地面径流的形式出现，这种地面径流称为饱和地面径流。饱和地面径流生成的重要特征是：控制地面径流发生的并不是上层土层本身的界面和下渗能力，而是其下相对不透水层的界面和下渗能力，以及上层土层本身达到全层饱和的蓄水量。故饱和产流又称为蓄满产流。（黄锡荃，李惠明，金伯欣．水文学［M］．北京：高等教育出版社，1985：93．）

壑型场地而言，地表径流对雨洪的形成影响更大（图4–3）。在超渗地面径流产流和饱和地面径流产流两种地面产流机制中，前者决定于降雨强度，而与降雨量大小关系不大，后者决定于降雨量的大小，与降雨强度无关；一般来说湿润地区以饱和产流为主，干旱地区以超渗产流为主[169]。在西北地区，因气候干燥，土层厚，地下水埋藏较深，多具有超渗地面产流的特征[169]。也就是说，在本书研究地域内，主要是超渗地面径流产流机制在发挥作用。

4.3.2 产流机制的相互转化

虽然研究地域内超渗地面产流机制为主导机制，但这种结论是建立在只考虑了产流的必要条件❶的基础上，如果进一步考虑到降雨强度和历时这一充分条件，情况就会变得更复杂些，图4–3较好地说明了产流机制随包气带❷特征和气候条件相互转化的情况。由于包气带结构的复杂性和降雨特性的多变性，很少见到对于一种包气带只有一种产流机制的情况，一般是一种或几种产流机制的组合[170]。

虽然产流机制较为复杂，但在流域雨洪形成的过程中，起主导作用的还是地面径流，为了简化问题，抓住主要矛盾，本研究将主要围绕地面径流展开。从图4–3可知，对地表径流有直接影响的是气候、植被、土地利用方式、地形和土壤这五大要素，其中除了气候要素很难人为改变外，其他四大类要素都可以在一定程度上进行人为干预，从而使得通过规划设计途径及其相对应的后续人工干预来管控雨洪成为可能。对于研究地域而言，植被、土地利用方式、地形和土壤这四大要素又恰好具有异于其他地域的典型特征，因此，对这些要素进行分析并了解其对地表径流的具体影响方式将非常重要，是雨洪管控适地性研究必不可少的环节。

---

❶ 超渗地面径流产生的物理条件是雨强大于地面下渗容量。饱和地面径流产生的物理条是：（1）存在相对不透水层，且上层土壤的透水性很强，而下层土壤的透水性却弱得多。（2）上层土壤含水量达到饱和含水量。

❷ 地面以下潜水面以上的地带。带内土和岩石的空隙有空气，没有被水充满。带中水主要以气态水、结合水和毛细管水的形式存在。当降水或地表水下渗时，可暂时出现重力水。包气带自上而下分为土壤水带，中间带（当地下水面过高，毛细管水带上升到达土壤水带或地表时，就不存在了）和毛细管水带。

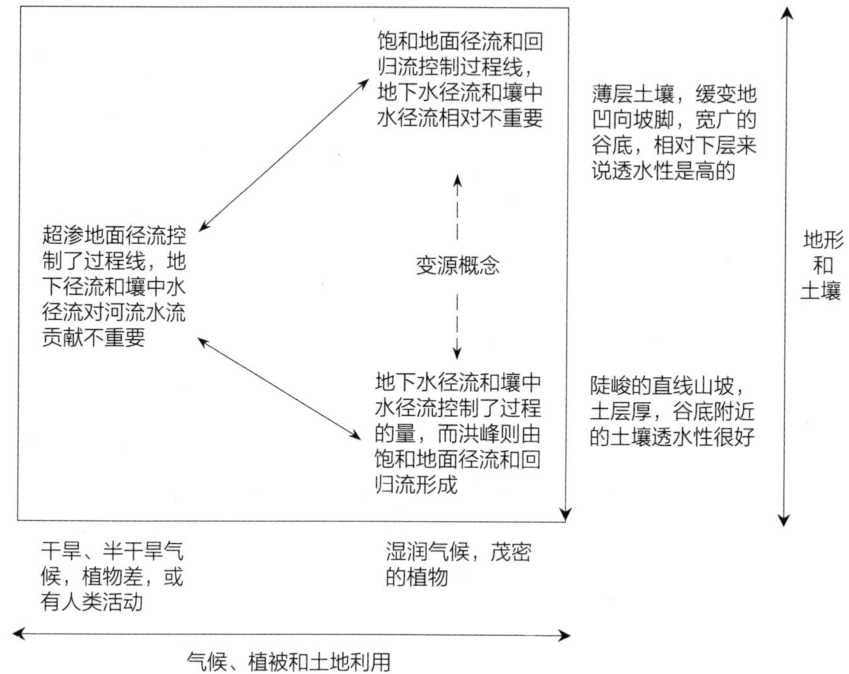

图4-3　产流机制的相互转化示意

图片来源：芮孝芳. 水文学原理［M］. 北京：中国水利水电出版社，2004：152.

4.4　尺度效应

4.4.1　雨洪管控中的尺度效应

在开展雨洪管控适地性方法研究时，空间尺度的选择是一个重要问题。如何选择合理的研究尺度则涉及尺度效应的概念。广义地讲，尺度（scale）是指在研究某一物体或现象时所采用的空间或时间单位，同时又可指某一现象或过程在空间和时间所涉及的范围和发生的频率[236]。该现象或过程随时空尺度变化而表现出不同特征这一现象则称为尺度效应。尺度效应可以从空间尺度、时间尺度以及组织尺度三个角度来加以观察[207]。

空间尺度效应的产生主要源自幅度和粒度❶的改变，在黄土高原丘陵沟壑地

❶ 幅度（extent）是指研究对象在空间或时间上的持续范围或长度；空间粒度（grain）指景观中最小可辨识单元所代表的特征长度、面积或体积（如样方、像元）；时间粒度指某一现象或事件发生的（或取样的）频率或时间间隔。

区，幅度的变化可以使研究者对水文过程的观察焦点从流域（或小流域）向小流域（或微流域）转移，或者从小流域（或微流域）向微流域（或场地）转移，如图4-4所示。在黄土高原地区，农田、林地、聚落等可识别的斑块可视为空间的粒度，由于场地破碎程度和坡度的差异，导致沟壑型场地往往比台塬型场地中可识别的农田、林地、聚落等斑块的尺度要更小，即沟壑型场地中的粒度更小。因此，在同等幅度下，黄土高原沟壑型场地由于粒度更小因而比其他类型的场地具有更大的“分辨率”。反映在小流域或者场地的水文过程上，则表示影响雨洪过程的要素斑块的特征长度更小、斑块的多样性更多，这直接影响着该类场地水文过程的特征尺度。

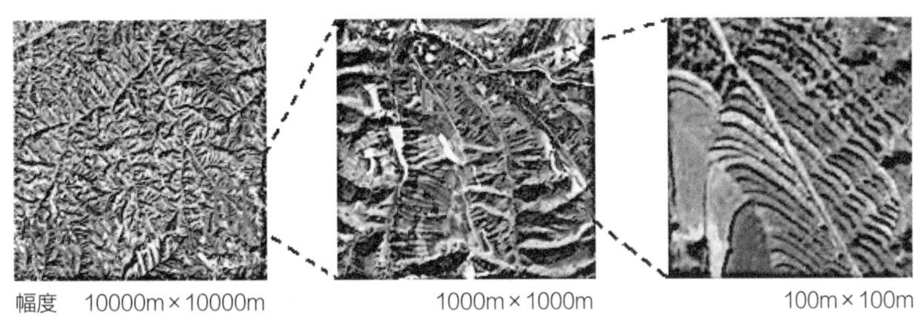

图4-4　幅度变化对流域观察的影响
图片来源：作者 绘，底图来源于Google Earth Pro

对雨洪管控而言，单次降雨的水文过程在时间尺度上的跨度都很小，一般是以天或者时计，因此其时间尺度上的幅度变化很小，故时间尺度效应在本研究中暂不作讨论。组织尺度是生态学常用的一个概念，是生态学组织层次（如个体、种群、群落、生态系统、景观）在自然等级系统中所处的位置[237]。组织尺度存在于等级系统之中，以等级理论为基础，它们在自然等级结构中的位置是相对明确的，但其时空尺度是模糊的[237]。因此，组织尺度为尺度嵌套提供了依据，它说明各尺度间不是相互孤立的，相邻尺度间存在制约和支持关系[207]。组织尺度的概念对确立不同雨洪管控尺度及其相互关系提供了参考。

简而言之，根据空间尺度效应来解释，黄土高原丘陵沟壑型地貌由于自身地貌的破碎和复杂多变，其地貌的最小可识别尺度比平原地区更小，在同一空间幅度内，影响场地水文过程的最小空间尺度也更小、施加影响的地貌类型更多；根据组织尺度效应来解释，研究区域内的地形地貌系统是由无数基本尺度的地貌单元组成的嵌套系统，在水文上则对应着不同的河流级别，哪怕是最小级别的沟壑都有其水文学的功能定位，并且作为整个水文系统的基本单元支撑总体水文系统的循环。上述空间和组织尺度效应原理是本书选择研究尺度的重要方法和依据。

4.4.2 黄土高原沟壑型场地雨洪过程的特征尺度

特征尺度是在分析尺度域内的系统现象和过程时，所确定的具有代表性且易观察的尺度[207]。在不同的学科领域中尺度效应会有不同的体现，其特征尺度也不尽相同。雨洪管控适地性研究本质上是通过对特定地域内流域自然水文过程及其规律的研究来寻找应对的空间管控策略与措施。在水文学中针对自然水文过程研究，不同尺度上所关注的水文过程是有差别的（表4–4、图4–5）。例如，对于大气

水文学研究尺度的一般性概念比较　　表 4–4

研究尺度	全球尺度	宏观尺度	中观尺度	集水区	土壤水文尺度
水文过程的空间分辨率特征	海陆水文循环	区域水文循环	流域水文循环	降水、截留、入渗、产流、汇流	土壤-植物-大气连续体
水文过程的时间分辨率特征（时间尺度）	多年或一个水文年	多年或一个水文年、雨季	多年或一个水文年、雨季	雨季或次降雨过程	雨季和生长季
异质性特征（水文性质）	全球气候周期性变化特征，全球气候变化特征，水文气象变化特征	生物气候特征，潜在蒸发蒸腾率和湿度指数，地貌特征，土地利用结构，土壤类型及其分布，森林覆盖率，森林分布格局	年降水量及其季节分布，流域几何特征，土地利用结构，土壤类型，林分类型及其分布格局，森林覆盖率	次降水量及其时间分配，集水区几何特征，土壤水分参数的空间变异，林分类型、郁闭度、密度、地被物特征	降雨入渗率，土层厚度，土壤质地，土壤水分常数，土壤水分动态，树冠特征，种蒸腾率，地下水位
水文研究	全球能量与水循环实验（GEWEX）研究。大尺度土壤–植被–大气传输（SVAT）模型	水文分区研究，洪水来源及组成，土壤侵蚀类型、程度和分布，植被区域、森林分布及其径流模数研究	径流的年内分配，径流的年际变化，径流系数，地下水资源总补给模数，森林蒸发散	集水区（有林和无林）对比研究，林分截留作用研究，林分蒸发散量，降水–径流（产沙）关系	树冠截留作用模型SPAC模型和一些简单实用的蒸腾蒸发模型
尺度转换的约束体系	大气环流、气象过程	降水径流的时空分布，旱、涝过程	降水过程、径流过程、蒸发散过程	降水过程、截留过程、产流过程、蒸发散过程	入渗过程、蒸腾蒸发过程

资料来源：王鸣远，杨素堂. 水文过程及其尺度响应［J］. 生态学报，2008（03）：1219-1228.

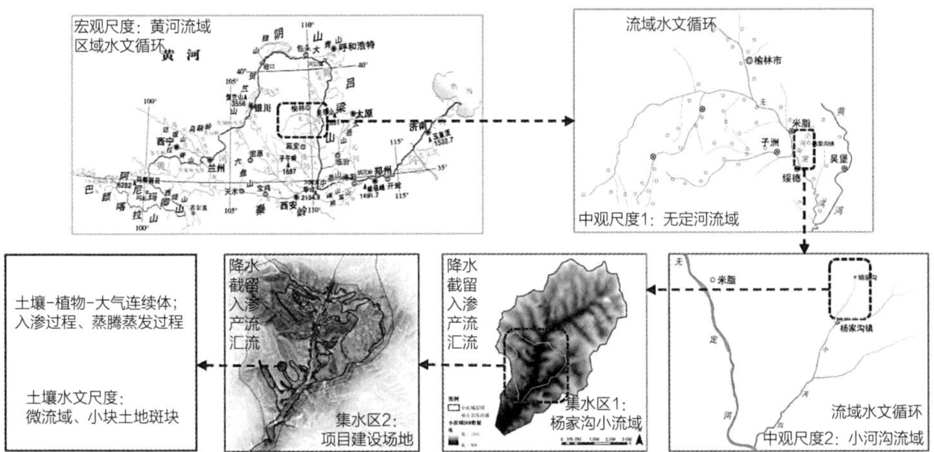

图4-5　黄土高原沟壑型场地雨洪过程的特征尺度

图片来源：作者 绘

水文或“汽态水文”模拟来说，只有相当大的水文循环尺度是有效的，水汽和能量通量是主要的掌控因子。然而，对于“液态水文”（地表水、土壤水和地下水）来说，地表强烈地影响水文作用，例如干/湿、裸露/植被覆盖、林地/非林地、平地/山坡等应当划分为不同的地表单元或相似的水文性质类型，即所谓小尺度的“斑块研究”。[238]

从黄土高原沟壑型场地的水文过程及水文研究内容来看，表4-4中的中观尺度相当于该地域内的流域或小流域，集水区尺度相当于小流域或微流域，土壤水文尺度则相当于微流域或具体场地斑块。因此，在分析雨洪过程中的截留、入渗、产流、汇流等过程与现象时，其特征尺度是集水区，即相当于黄土高原丘陵沟壑区中的小流域或微流域尺度；在入渗过程、蒸腾蒸发过程的研究中，其特征尺度是土壤水文尺度，即相当于汇水单元或场地斑块尺度。由于本书所关注的雨洪过程主要集中在“产流–汇流”上，雨洪管控技术途径、措施、策略、模式等的研究也主要针对“截流、入渗、产流、汇流”等环节，所以，雨洪管控规划研究也应当围绕小流域和场地斑块两个尺度展开。

4.4.3　黄土高原沟壑型场地雨洪管控适地性规划的尺度选择

虽然本书研究的核心对象为黄土高原沟壑型场地，而不是流域或者小流域，但由于研究的内容是沟壑型场地上的雨洪管控方法，所以分析雨洪管控方法背后的“产流–汇流”水文过程是基础，该水文过程对应的小流域这一特征尺度也必然成为雨洪管控规划的基本尺度；由于场地斑块尺度是入渗过程的特征尺度，故从影响雨洪过程的技术措施的角度而言，场地斑块尺度也是一个关键的尺度。根据等级理论[239]和生态学组织尺度中的尺度嵌套关系，上述雨洪管控规划的基本尺度（小流域尺度）对应着等级系统中的核心层，场地斑块尺度对应着细节层，而小流域上一级的流域尺度则对应着等级系统中的背景层。因此，本研究中，雨洪管控的关键尺度应该包含小流域和场地两个尺度，城镇作为小流域上的一个节点，其在流域雨洪管控中的定位以及应对策略则可以放在场地层面来加以研究讨论。

4.4.3.1 小流域尺度

首先，从现实的角度看，研究区域内分布着大量的小流域，多者几百条，少者几十条（图4–2），众多的小流域汇聚成了下一级较大的流域，同时也汇集了流域内的地表径流，这些径流造成的洪峰在流经各城镇时成为城镇洪灾的直接原因，而城镇内部产生的地表径流对洪水的形成贡献微弱。因此，以小流域为基本单元进行雨洪管控是在源头削减流域洪水的有效方向。

其次，从水文学和水利学的视角来看，流域是水文响应的基本单元，因而成为生态水文过程研究最理想的空间尺度[240]。小流域是一个独立而封闭的汇水单元，其水文特征、水文过程、产流与汇流的过程都比较清晰明了，雨洪管控的目标与对策也易于提出，雨洪管控的效果也最容易实现和检验。

再次，基于水土保持学的视角，因为小流域都是由梁、峁地和树枝状沟道体系构成的，它几乎包括了黄土丘陵沟壑型场地中的所有地貌要素和土地类型[241]。从侵蚀类型分布来看，峁边线以上的梁峁坡地主要以溅蚀、面蚀、细沟侵蚀为主；峁边线以下的沟坡地以沟蚀和重力侵蚀为主；而树枝状沟道体系则以泥沙输运和淤积为主，在沟头部分还存在着溯源侵蚀[241]。所以黄土高原的沟道小流域是一个完整的侵蚀产沙和输水输沙系统。理论研究方面，需要在小流域尺度水土资源特点基础上，综合考虑气象、水文、地貌、土壤及植被等因子的时空变异特征[242]。在小流域尺度水土资源流失影响因素的研究中，目前主要集中在降雨因素、土壤特性、土地利用和沟河整治等多个方面[242]。其研究因子和对象与城乡规划学视角的雨洪管控研究有较高的一致性。从水土保持实践方面看，我国水土保持的长期经验证明，在半干旱黄土丘陵沟壑地区，以小流域为单位的治理是防治水土流失的最佳形式[243]。另外，从雨洪管控规划追求的水土保持目标而言，需要与相关的国家标准保持一致，在主要规范中，小流域是水土保持综合治理的基本单元[244]。

最后，从城乡规划学的视角来看，由沟壑小流域为主体的空间单元几乎可以包含人居环境规划的各种基本要素，如农田、人居聚落、植物群落、水系等。小流域人居生态单元是自然生态环境与人居环境复合系统土地空间综合体的结构与功能完整的最小单位[104]。是服务人居功能的生态空间单元、也是人类可感知的景观空间单元、更是规划设计的可操作地域空间单元[104]。小流域人居生态单元由三个系统，即自然支撑系统、人居支持系统和人居建设系统构成[104]。如何通过规划协调三个系统的关系是需要研究的重要学科问题。大多数情况下，小流域面积都很小，行政分区往往只是一个村，也是一个最小的经济单元，农、林、牧业生产一应俱全，土地利用结构具有很强的代表性[245]。因此，无论从人居聚落尺度、生态系统还是从经济系统的角度来看，小流域都是一个理想研究单元，也是一个最小的土地生态经济系统[245]。

4.4.3.2　场地尺度

在人居环境规划诸学科中，“场地”指规划项目所在基地中包含的全部内容所组成的整体，如建筑物、构筑物、交通设施、室外活动设施、绿化及环境景观设施和工程系统等[246]。在农业场地中，则包含了基本的农田、林地和农林水利设施等。场地尺度是所有建设开发项目的基本尺度，也是所有雨洪管控技术和措施的基本尺度。所有雨洪管控和雨水利用的技术、措施和方法都是落实在各种类型的雨水场地之上的，研究清楚了各类场地中的各种要素及该场地的特点，进而理清了场地要素与场地雨水过程的关系基本上就抓住了单一类型场地雨水管控的核心问题。如果能够针对不同类型场地的水文过程提出各自适宜的雨水措施和管控方法，那么上升到小流域尺度的雨洪管控问题，就只是研究小流域内不同场地的雨水措施的布局与协调的问题，以及小流域总体雨洪管控目标制定的问题。

对于研究区域内的城镇而言，都可以看作是由一个个的建设项目场地组成，其雨洪问题的解决主要依赖每一块场地雨水措施和方法的落实，其总体的雨洪控制效果和目标取决于各场地之间目标的综合与协调。地域城镇在规模上，一方面因地形地貌因素的限制，发展空间有限，另一方面因生态环境相对脆弱，处于黄土高原地区人居环境自然适宜性评价的比较适宜区和一般适宜区[247]，导致城镇总体规模相对平原地区偏小。在选址上，大部分城镇都临水而建（图4–2，表4–1），除少数河谷有较开阔的河谷平原外，大部分城镇建设用地都处于高差明显的河谷阶地上，因而并不像平原城市那样易于形成严重的内涝，即使内涝也多是沿河地段因流域径流量暴增、河流水位突破防护堤岸形成倒灌而成。表4–5统计了陕北丘陵沟壑区内各县城有记载的主要洪涝灾害，原因绝大部分是上游流域或众多小流域地表径流未经合理管控，快速汇流到下游而成灾害性洪峰。在研究区域山西境内的情况也基本相似，山西省洪水多属雨洪型洪水，主要集中在夏季，且以暴雨型洪水为主，在地域

陕北以沟壑型场地为主的县城洪涝灾害统计　　表 4-5

市/区/县		年份区间	受灾总次数	城区受灾次数	乡村受灾次数	备注
榆林市	清涧县	公元前30～1991	60	11	60	1978年7月27日，平均降水277.5mm，最大降水量540mm，超过千年一遇洪水。暴雨径流深为64.8mm。洪水入城，高出公路4～5m，高于清涧大桥2m。1991年7月27日，洪水入城深2.2m
	绥德县	1443～1977	24	9	24	1919年7月21日，大理河水涨至“天下名州”4字处，最大流量9500m^3/s
	子洲县	1462～1988	46	3	46	
	米脂县	1462～1988	42	1	42	
	吴堡县	约1952～1990	29	—	29	1966年7月17日，一日最大降水量为107.3mm
	佳县	1664～2005	37	—	37	
延安市	宝塔区	665～1993	68	13	68	1977年7月6日，延河延安洪峰流量达8580m^3/s，水漫飞机场、公路、工厂、学校；1993年8月，沟壑山洪齐发，河水暴涨；延河上游洪水汇入后，流量达每秒2420m^3/s，市区内北关街、南关街、七里铺街、长青路等主要街道和院落积水达1尺多深
	子长县	公元前30～1990	33	2	33	1969年8月6～10日，延秀河洪峰流量3150m^3/s，洪水涌城
	延长县	1949～1989	40	3	40	1977年7月6日，延河最大流量9050m^3/s，洪水进城
	延川县	1942～1990	46	3	46	1660年延川大水入城，冲毁北城门，东城墙倒塌150余丈；1701年6月4日，延川大水入城，冲漂北门；1800年8月29日，大水入城冲坏北城门；1913年7月，清涧河洪峰流量高达1.16万m^3/s；1918年6月，清涧河洪峰近县城门
	安塞县	265～1989	55	12	55	1908、1917、1919年7月，延河水大涨，大水入县城，河水流量不详
	志丹县	1921～1994	36	4	35	1963年6月11日，县城降罕见暴雨，不足半小时，街道洪水有70多厘米深
	吴起县	1802～1988	12	3	12	1855年，北洛河吴起最大洪峰8350m^3/s，古镇水毁殆尽；1959年8月3日，洪峰流量4835m^3/s，街道水深1m；1988年6月27日，洛河流量为1800m^3/s，洪水淹没县城周边企业

续表

市/区/县		年份区间	受灾总次数	城区受灾次数	乡村受灾次数	备注
延安市	甘泉县	公元前30～1988	21	2	21	1982年6月14日，城关镇大暴雨29分钟，降水432mm，县城南瓦窑沟洪水流量达81.25 m^3/s
	洛川县	公元前30～1937	14	—	14	
	富县	1966～1982	33	0	33	1966年7月23日，洛河暴涨，洪峰流量每秒4500m^3，创数据记载最高纪录。1977年7月葫芦河泛滥成灾，最大洪峰流量每秒468m^3。历史记载，自唐至民国，共有4次河水入城造成灾害
	黄陵县	1925～1988	38	—	38	
	宜川县	1701～1989	23	2	23	1938年，西川大水暴涨，淹没北关；1964年，西南两川河流发水，淹过县城北关

注：1. 表格中的数据根据陕西地情网（http://www.sxsdq.cn/）提供的上述各县区的县志中的相关章节整理而来。
2. 本地域洪水灾害的表现主要包括：洪水进城；毁田、毁窑，房屋倒塌；冲毁淤地坝、拦河坝、钢渡槽架、渠道等农田设施；油井、钻机损坏；道路桥梁冲毁；冲坏县乡公路，中断照明线路；林木、作物被毁，庄稼减产；冲走牲畜；人员伤亡等。

分布上，以黄土沟壑场地为主的晋西北、晋西一带，因水土流失比较严重，造成局部小洪灾比较严重[232]。

因此，特殊的地形地貌以及城乡分布格局，决定了解决雨洪问题的关键和核心主要不取决于城镇内部（城区）的雨洪管控，而取决于城镇所在流域（小流域）上游广袤土地上的雨水管控的成效。这一点也有别于一般海绵城市建设将雨洪管控的重点全部放在城市内部的思路❶。上述原因决定了本研究的核心尺度应该在小流域尺度和场地尺度，而由众多场地组成的城镇尺度的问题则统一到场地尺度的相关章节中去加以论述，不再单设一个尺度研究讨论。

❶ 根据官方发布的《海绵城市建设技术指南》，海绵城市建设具有“推广和应用低影响开发建设模式，加大城市径流雨水源头减排的刚性约束，优先利用自然排水系统，建设生态排水设施，充分发挥城市绿地、道路、水系等对雨水的吸纳、蓄渗和缓释作用，使城市开发建设后的水文特征接近开发前，有效缓解城市内涝、削减城市径流污负荷、节约水资源、保护和改善城市生态环境”的作用（引自第一章 总则），其对城市洪涝灾害的应对措施主要是针对城市内部。其“海绵城市——低影响开发雨水系统”的构建途径也是融合在城市各层级的规划之中，对超出城市建设区外围的流域和小流域没有要求，即“在城市各层级、各相关规划中均应遵循低影响开发理念，明确低影响开发控制目标，结合城市开发区域或项目特点确定相应的规划控制指标，落实低影响开发设施建设的主要内容。”（引自第二章 海绵城市与低影响开发雨水系统）

4.5 雨洪管控的影响因素

影响雨洪管控和雨水利用的场地因素很多，涉及地形地貌、自然生态、社会经济、管理模式、防洪目标、下垫面类型、植物生境、雨水水质、场地安全、景观视效、文化背景、审美传统、经济发展水平等，这些影响因素概括起来可以分为4大类：一是自然与社会环境，二是地域城市雨洪管控及雨水利用方式，三是雨洪管控、雨水资源利用与场地的关系，四是雨洪管控与场地建设中的景观因素。

4.5.1 自然与社会环境

包含落实雨洪管控和雨水利用措施的自然环境和社会环境，除了地形地貌外，还包括气候条件、社会经济、人文环境等。

4.5.1.1 地形地貌

（1）地貌类型与基本特征

黄土地貌是研究区域内的主体地貌，在陕西境内一级黄土地貌有黄土塬、黄土丘陵和黄土河谷三大类，每大类又分为若干小类，如表4–6所示。具体到陕北丘陵沟壑区，则可划分为4个地貌亚区，主要类型与特征如表4–7所示。山西境内地貌分类更为复杂，各类地貌分布犬牙交错，全省共划分为7个1级地貌地区、37个二级地貌地区，一级地貌地区中只有晋西黄土丘陵地区以黄土沟壑型场地为主导，其他

陕西黄土高原黄土地貌分类简表　　表 4–6

一级类型	二级类型
黄土塬	典型黄土塬 破碎塬 黄土台塬
黄土丘陵	黄土梁状丘陵 黄土梁峁状丘陵 黄土峁梁状丘陵 黄土梁墹 薄层黄土覆盖的石质丘陵
黄土河谷	黄河峡谷 阶地与河谷平原 谷坡地貌

资料来源：引自《陕西省志·黄土高原志》[M]，陕西人民出版社，1995：60。

地区，黄土沟壑型场地呈零星分布[248]。在最新的山西省地图集中，共分为流水地貌、湖成地貌、喀斯特地貌、黄土地貌、火山熔岩地貌以及风成地貌6大类、43小类，地貌类型在空间分布上更为精准。具体而言，整个吕梁山以西的晋西高原属于侵蚀堆积地貌，由北向南大致为梁状黄土丘陵、梁峁状黄土丘陵、缓坡状丘陵和破碎黄土塬，整个晋西高原为黄土所覆盖，水流冲蚀切割严重，地貌破碎，沟壑纵横[232]，与陕北丘陵沟壑区极为相似。

陕北黄土高原丘陵沟壑区的地貌分区与类型特征　　表4-7

地貌亚区	地貌类型及特征	范围
白于山南侧梁塬墹自然区	地貌类型以长梁、墹地、沟壑、残塬为主	本自然区位于陕北黄土高原区西北部、白于山南侧，包括吴起、志丹和安塞、子长县西北部，即清涧河、洛河、延河的上源地区
黄土梁峁丘陵沟壑自然区	梁峁起伏，沟壑发育，以小峁和短梁为主，千沟万壑，沟谷切割密度为每平方公里5～8km，相对高差100～250m，梁峁坡度多为10°～25°，沟谷坡多达25°～45°，坡陡沟深，流水侵蚀和重力侵蚀普遍	位于陕北黄土高原区北部，大致在甘泉—云岩河一线以北地区，包括延安地区的甘泉、延安、延长、延川和安塞、子长县的东南部，以及榆林地区的清涧、绥德、吴堡、米脂、佳县和子洲等县
黄土塬梁沟壑自然区	地貌以黄土塬和残塬为主，间有黄土梁分布，黄土塬是保存较好的黄土高原面，其塬面地势平坦，坡度一般在5°以下	位于陕北黄土高原区的南部和中南部，大致包括洛川、黄陵、富县、宜川等县
子午岭—黄龙山自然区	以土石低山为主，其中子午岭除南部有基岩裸露的山梁外，主要是黄土覆盖的低山丘陵，黄龙山则以石质山地为主	本自然区大致呈半环状分布在陕北黄土高原区西南部和东南部，包括黄陵县的西部、黄龙县和宜川县的南部

资料来源：根据《陕西省志·地理志》[M]，陕西人民出版社，2000：725-727页相关内容归纳整理。

地貌的特征要素包含坡度、坡长、坡形和坡向等，不同的地貌会展现出较大的差异，从而对水文过程产生不同的影响，具体影响在本章4.1小节已有详述。

（2）地形地貌与雨洪管控

地形地貌的类型决定了下垫面的坡度和坡长，除去下垫面类型的影响，坡度与坡长因素能对地表径流的速度、径流的冲蚀力、洪峰形成的时间以及径流的流向等造成重大影响。黄土高原沟壑型场地的地形地貌变化剧烈，该场地所主要分布的黄土高原丘陵沟壑区的水土流失也最为严重，年侵蚀模数平均每平方公里均在万t以上，个别地区达到了3万t[219]。在此类地区，实施雨洪管控一方面是通过对地表径流过程的人为干预来达到雨水利用的目的，更重要的另一方面是能够有效减少土壤侵蚀，防止水土流失以及洪涝和场地垮塌等灾害。虽然土壤侵蚀除了地形地貌外还受土壤类型、地表植被等多因素影响，但地形地貌作为主导因素应该受到重点关注。

复杂的地形地貌不仅给雨洪的管控带来极大的难度与挑战，雨洪对黄土高原地形地貌的形成与发育也起到了关键的作用，特别是对于地形地貌复杂、高差变化剧烈的地区，雨洪造成的侵蚀在地貌的后期演化过程中发挥了主要作用。

4.5.1.2 气候条件

（1）区域气候

陕北黄土高原除西北部山区外，在气候上大部分属北暖温带大陆性季风气候，包括“延安—长城高原丘陵沟壑半干旱气候区”和“渭北—延安高原丘陵沟壑半湿润气候区”两个区。本区年平均气温在7.7～10.6℃之间，东部延川、延长和宜川气温较高，西北部的吴起、志丹气温较低。区域内降水在450～700mm之间，由西南部向东南部递减。区内降水具有明显的季节性特征，6～8月的降水量占年降水量的49%～60%。夏雨中，以7月份降水为最多，且以雷阵雨和暴雨为主。区域内绝大部分地区一日最大降水量占当年年降水量的比例都在10%以上，超过20%的有陕北的横山、榆林、神木、子洲，最高的榆林曾达到28.4%的占比（1951.8.15）。[249]

山西总体上属于温带大陆性季风气候，处于中温带向暖温带、半湿润向半干旱过渡的位置，具有多种气候类型，山西地区气候的垂直差异大于水平差异[248]，年降水量在400～600mm之间[232]。具体到沟壑型场地占主导的晋西黄土高原地区，则属于晋西黄河沿岸温和半干旱气候亚区，该地区所在的忻州和吕梁两市年均降水量分别为427mm和467mm[250]。

（2）区域气候与雨洪管控

区域气候因素尤其是降雨过程与降雨量直接影响着地表径流以及小流域雨洪的形成过程及其规模。各类灾害性的雨洪过程大都由暴雨直接引发，其中，夏季的短时、高强度的暴雨所形成的洪水具有很强的破坏性，而连阴雨中的暴雨则因雨日多，雨量大，范围广，其产生的雨洪危害尤甚[249]。雨洪管控的关键在于减少灾害性雨洪的发生次数与规模，在无法人为控制降雨条件的情况下，针对降雨特点在沟壑型场地所在小流域雨洪单元内规划设计适宜的场地应对措施成为最为可行的思路。

4.5.1.3 社会经济

（1）区域内的社会经济条件

黄土高原地区由于自然条件较差，交通不便以及产业结构不合理，导致社会经济具有生产力水平总体偏低，生产规模较小的特点，且以较为封闭的农业经济为主体，地区经济发展不平衡。另一方面，该地区还具有煤炭资源储量大、开采条件好，土地面积广阔、人均数量大以及劳动力资源丰富的发展优势[11]。

（2）社会经济与雨洪管控

社会经济条件在一定程度上决定了区域雨洪管控规划的制定以及措施的落实，从而直接影响到雨洪管控的实际效果。社会经济的发展水平往往会影响土地的利用方式，并进一步引发不同的雨洪后果。在黄土高原沟壑型场地内，过度的农牧业开发会加剧水土流失的程度，减弱土壤的涵水能力，增加雨洪形成的概率；裸地或荒地也不利于水土保持和从源头控制雨洪；大力发展林业则对涵养水源、保持水土以及削弱源头雨洪具有积极的意义；低水平的工业开发和矿产开发则会严重破坏场地，并且污染环境，增加地表径流中污染物的含量。就雨洪管控措施的推广和实施而言，无论是鼓励性政策的制定还是大规模水土防治措施的推广，或是退耕还林政策的落实，都是社会经济发展到一定水平的产物。

4.5.1.4 人文环境

人文环境包括历史文化、传统风俗、民间艺术、栖居方式、生态意识等，其中对雨洪管控及其规划设计能够产生直接影响的是栖居方式与生态意识。

（1）栖居方式

晋陕黄土高原地区位于黄河中游，在历史上曾经有过大量的森林和天然植被，其中黄土高原东南部以森林地带为主，黄土高原西北部以草原地带为主[251]。森林地带中兼有若干草原，而草原地带中间也间有森林茂盛的山地[251]。该地区同时也是历史上游牧民族与农耕民族发生战争的地带，农耕生产和游牧生产方式在这里交汇出现。随着人类对粮食需求的增加，该区域的农耕活动强度越来越大，开垦的农耕土地也越来越多，农业生产成了占主导地位的生产方式。在此背景下，沟壑纵横的晋陕黄土高原丘陵沟壑区形成了大量以窑洞建筑为主要形态的传统农耕聚落，这些聚落主要分布在各级河流阶地和沟壑之中，形成聚落的窑洞建筑形态主要有靠山式窑洞、沿沟式窑洞、独立式窑洞以及下沉式窑洞四种，它们都能够与自然地形地貌巧妙地融为一体。

随着中国社会整体工业化的快速推进，黄土高原地区以其巨大的煤炭储量、丰富的矿产资源以及在石油工业和“西气东输”领域的重要地位[2]，迎来了巨大的发展机遇，尤其是改革开放以来，城市化的进程大大加快，城乡聚落空间形态出现了明显的变化。以传统街巷和各类窑居院落或窑洞建筑为主要特征的农耕型城镇和乡村聚落被以高层建筑、宽阔的街道以及混凝土楼房为主要特征的工业化城镇所取代，传统乡村聚落也日渐衰落和空心化。农耕时代人们所遵循和历代延续的天人合一、遵从自然的传统思想逐渐被遗忘和抛弃。

快速工业化所带来的环境问题和社会问题近年来不断凸显，中国社会在高速发展30多年后迎来了观念和思想上的回归，从“科学发展观”到“两型社会”再到“绿水青山就是金山银山”，从“低碳城市”到“生态城市”“花园城市”“森林城市”再到“海绵城市”[1]，党和政府层面逐渐明确地将保护自然环境、建立和谐的人地关系、恢复自然生态作为基本国策。党的十八大以来，习近平总书记多次提出要有“文化自信”，国务院在十九大后出台了《关于实施中华优秀传统文化传承发展工程的意见》，将全面复兴中国传统文化作为一项重大国策。《意见》明确提出要“加强历史文化名城名镇名村、历史文化街区、名人故居保护和城市特色风貌管理，实施中国传统村落保护工程，做好传统民居、历史建筑、革命文化纪念地、农业遗产、工业遗产保护工作。”在这样的背景下，研究区域内独特的窑洞民居、传统城镇形态、聚落风貌乃至整个人居环境必将面临保护与发展的机遇与挑战（图4-6）。

从游牧文明、农业文明到工业文明和后工业文明，不同时期当地居民的生存方式及对土地的利用方式和栖居方式都有所不同，反映出的自然观念和生态意识也有差异，面对雨洪时采取的应对方式也大相径庭。

（2）栖居方式与雨洪管控

在游牧文明中，栖居环境随游牧场地的变化而不断变换，人们并没有固定的居所，降水只是一种自然过程，并不必然从栖居方式上体现出人类对雨洪过程的改变和影响，但降雨充沛，水草丰美的地方往往是更适宜于放牧的地方。

在农耕时代，降水对人们的生产与生活起到了决定性的影响。一方面农业生产的特点决定了人们必须以聚落的方式定居下来，在黄土高原地区聚落建筑形式、聚落选址等问题上，都能体现出明显的雨洪管控观念和思想，并且形成了一整套独特而充满地域特点的措施和方法；另一方面，在农业生产中，对雨水的充分利用和对

---

[1] 胡锦涛在2003年7月28日的讲话中提出“坚持以人为本，树立全面、协调、可持续的发展观，促进经济社会和人的全面发展”，按照“统筹城乡发展、统筹区域发展、统筹经济社会发展、统筹人与自然和谐发展、统筹国内发展和对外开放”的要求推进各项事业的改革和发展的方法论；十七大后，提出的“两型社会”则是指“资源节约型社会、环境友好型社会”；2005年8月，时任浙江省委书记的习近平在浙江湖州安吉考察时，提出了“绿水青山就是金山银山”的科学论断；2017年10月18日，习近平同志在十九大报告中指出，坚持人与自然和谐共生。必须树立和践行绿水青山就是金山银山的理念，坚持节约资源和保护环境的基本国策；2012年4月，在《2012低碳城市与区域发展科技论坛》中，“海绵城市”概念首次被提出；2013年12月12日，习近平总书记在《中央城镇化工作会议》的讲话中强调：“提升城市排水系统时要优先考虑把有限的雨水留下来，优先考虑更多利用自然力量排水，建设自然存积、自然渗透、自然净化的海绵城市”。

图4-6 黄土高原沟壑型场地中传统的人居建筑与环境
图片来源：作者 摄，2019，孝义市昔颉堡村

雨水带来的土壤侵蚀破坏等自然过程的防护也从来都没有停止。过度的开垦与土壤侵蚀是农业生产中的一对矛盾，为解决这对矛盾，人们创造了淤地坝、谷坊、梯田、水平阶、鱼鳞坑等农业生产过程中的雨水场地措施。

工业时代，人们对于生产效率、经济产出的过度追求、对于自然资源的无度开发以及对于土地的高强度利用致使环境加速恶化、自然和乡村风貌遭到严重破坏。城市建设一味追求房子“高”、地盘“大”、马路“宽”，乡村建设追求“新”和“异”，造成的结果就是传统街巷和民居建筑的大面积消失，蕴含在传统人居建造形式中的雨水管控技术与措施也随即被抛弃（图4-7）。

图4-7 黄土高原现代城市建设的典型场景
图片来源：作者 摄，2016年，米脂卧虎湾

在人居环境建设领域，中国传统文化中充满着的敬天、顺天、法天、同天的原始生态意识被重新重视，中国几千年沉积下来的文明、上万年农耕文化造就的中华各民族进行过的大量天人同

物、天人相付、天人一体、天人同性的原始生态文明的实践，是世界上其他国家难以企及的[252]。当前时代我们要传承并弘扬千百年来聚积下来的地方建筑文化传统和东方民族独有的“背景观野”思想[252]。要继承和发扬这些传统中蕴含的雨洪管控技术思路与措施，并与新时代的城乡建设需求及新的海绵城市技术措施相结合，使之相得益彰。

4.5.2 地域人居场地雨洪管控及雨水利用方式

研究黄土高原沟壑型聚居场地的雨洪管控及雨水利用方式需要从小流域和人居建设场地（包括地域城镇、乡村中的各类人居建设场地）两个尺度单元来展开。如果说小流域尺度的雨洪管控及雨水利用研究主要侧重人工建成环境以外的相对自然的环境，如大面积的农田、林地、滩涂、荒山坡地等，那么人居建设场地尺度则主要集中在人工建成环境范围内，该范围内影响雨洪管控及雨水利用方式的因素主要有场地水文、管理模式、技术措施以及法律法规四大类。

4.5.2.1 场地水文

（1）城镇场地的水文特征

研究区域内的传统城镇，其水文特征大都表现为四个方面：首先，传统城镇都依河流川道而建（图4-2、表4-1），城镇的汛期与地域内河流的汛期是一致的。汛期主要集中在7～9月份，特别是7、8两个月，其他时间极少，且具有洪峰径流过程变幅大、黄土区和砒砂岩区暴雨洪水特征明显、洪峰模数较大、土壤侵蚀现象严重等特点（本书详见4.2.3）。其次，地表径流中所含的泥沙量很大。晋西地区的平均侵蚀模数达到了8330t/km^2[248]，陕北丘陵沟壑区内的平均侵蚀模数则达到了9461.9t/km^2，相当于每年剥蚀0.7cm厚的土层[11]，对于城镇场地而言，如果下垫面不做硬化处理，水土流失造成的场地破坏将非常严重。因此，地域城镇内的下垫面硬化较多，有坡度的道路及场地对场地雨水的组织排放非常严格。第三，由于降雨期非常集中，内部场地硬化率很高，所以地面径流量在暴雨期非常大，对于传统的城镇而言，因为规模较小，又靠近河川，地势高差较大，地表径流非常易于排出，内涝产生的原因多为外部河流突破防洪堤岸后导致（表4-5）。随着近年来城镇化的加剧，地域内城镇的规模和面积也急剧扩大，因下垫面硬化造成的内涝风险也逐步加大，单纯依靠传统的外排措施已不足以解决暴雨时的内涝积水问题，需要在充分继承传统手段的基础上结合低影响开发的理念，采取新的综合雨洪管控适地性措施。第四，研究区域内的黄土渗水性非常好，有利于雨水下渗，但由于黄土的湿陷性十分严重，过分强调下渗会对场地安全带来极大的隐患，因此还需综合考虑其他措施。

（2）场地水文与雨洪管控

场地的水文特征对雨洪管控的策略、方法和技术措施都有直接的影响。研究区域内的城镇场地由于具有不同于其他地域城镇场地的水文特征，因而制定地域雨洪管控适地性规划设计方法时必然要充分考虑场地的地域水文特征因素。具体而言，暴雨过于集中、单次暴雨量大的水文特征对于雨洪管控目标的制定具有重大影响。不同于《海绵城市建设技术指南》（后文简称《指南》）中确定雨洪管控目标时将年径流总量控制的重点放在中小降雨事件上，在研究区域内，7～9月份的降雨量能达到全年降雨量的50%～70%，一日最大降雨量能达到全年降雨量的20%以上。在此条件下，单靠有效控制中小降雨事件很难达到《指南》中规定的地域雨洪管控目标（年径流总量控制率$80\%\leqslant\alpha\leqslant85\%$）。同时，不受控制的夏季暴雨在其他水文特征的共同作用下，必然会带来巨大的生态、安全以及经济上的灾害。因此，区域雨洪管控目标的制定必然是以《指南》为参照，并建立在充分研究地域城镇水文特征的基础上的。场地坡度大、土壤湿陷性严重等特征则对选择和优化雨洪管控的技术途径和具体技术措施具有重大影响，技术措施体系在满足低影响开发思想的前提下充分结合地域传统并进行合理化的适地性改造非常必要。

4.5.2.2 管理模式

（1）地域城镇雨水管理模式

当前在本地域的雨洪管控研究中，对雨水管理模式的思考并不充分，问题主要表现为：雨水管理局限于单一专业领域、多学科专业融合交叉不够，导致管理模式单一，不能发挥多专业、多部门的综合管控能力。

目前，从水土保持和生态治理的角度而言，主要突出的是“水保模式”。该模式的特点是主要针对城镇以外的广袤黄土裸露地域，以防治水土流失、保护土壤生态为主要目标，对于人类聚落场地研究较少，无法满足当前城乡一体化规划的要求，也不符合“多规合一”的指导思想。从水利专业或部门的角度，主要突出的是“防洪模式”，该模式侧重于洪水的预警、防范以及相关设施的建设维护。该模式的特点是关注于“雨”和“水”本身，对降雨落地后在场地中的径流过程以及如何在场地中从源头对径流加以控制关注较少。从农业生产与生活的角度，主要突出的是雨水“利用模式”，该模式强调在一定范围内尽可能多地收集雨水以为生产和生活利用，但对于暴雨造成的雨洪灾害却缺少应对之策。从防治城市内涝和雨水资源化的角度，近年来提出了“海绵城市”建设的思路，并推广为全国性的政策，其特点是以低影响开发（LID）雨水系统的构建为途径来实现城市的“海绵”目标，该模式可简称为“海绵模式”。但“海绵模式”并不能完全解决研究区域内的具体矛盾与问题。原因在于一方面“海绵模式”关注的范围主要集中在城镇内部，而研究区域内雨洪问题的起因主要在于城镇外围大范围的沟壑型场地上，另一方面是“海绵模式”所采用的低影响开发技术过于“普世”，但其适地性明显不足。

综上所述，研究区域内适宜的场地雨水管理模式应该综合上述各模式的特点，在范围上覆盖流域内的城镇用地和外围乡村土地及生态用地，做到下垫面全覆盖；在雨水管理目标上不仅有水土保持和防洪防汛，还必须具备雨水资源化利用以及城市内涝防治等多项目标；在规划途径和日常管理上需要多专业、多部门融合与协作；在场地技术措施上应该以“低影响开发（LID）”思想为基础，充分继承地域传统场地雨水措施，并对LID技术措施进行地域化改造，形成适地性技术措施体系。对于上述模式，姑且称为“综合模式”，各种模式的特点对比见表4-8。

黄土高原场地雨水管理模式　　表 4-8

模式名称	主导专业、部门	管理目标	管理范围	技术途径	模式特点
水保模式	水土保持	防治水土流失、保护土壤生态	农业用地为主	水保技术	单一
防洪模式	水利	洪水的预警、预报、防范以及相关设施的建设维护	河湖水系	水利工程	单一
利用模式	农业	收集雨水以为生产和生活利用	农业用地、乡村	传统雨水利用措施	单一
海绵模式	城乡建设	防治城市内涝、雨水资源化	城镇建成区	LID技术措施	单一
综合模式	多专业参与，联合机构	城乡生态恢复、水土保持、雨水资源利用、城镇内涝防治、河流防洪防汛等综合雨洪管控目标	以小流域为基本单元的城乡地域	以传统地域措施为基础、融合LID措施的地域适宜性技术体系	综合

（2）雨水管理模式与雨洪管控

由什么部门主导、采用何种雨水管理模式、制定什么样的场地雨水目标直接决定了雨洪管控从规划、设计直到工程实施和后期维护管理的整体效果。当前的主要问题是缺乏多专业综合规划和全要素的系统协调能力，场地雨水管理水平亟待提高；部门条块分割，各专业单打独斗的单一雨水管理模式必然会在面对城乡一体化、流域全覆盖以及生态水保、雨水资源利用、城镇内涝防治、河流防洪防汛等综合雨洪管控目标要求时显得规划和协调能力不足。该问题的根源是理论认知和研究上的不足以及相应的适地性雨洪管控规划设计方法的缺失。

4.5.2.3 技术措施

（1）地域城镇雨水管理技术措施

在“海绵城市”政策实施以前，黄土沟壑型场地中的城镇对待雨水基本上是以“排”和“蓄”为主。“排”主要由城镇街道和各类场地的雨水快速排放系统来实现；“蓄”则主要是各类具备条件的场地以传统的“水窖”“涝池”等方式蓄积雨水。另外，城镇中传统的窑居院落由于具备原始的“绿色屋顶”，因而也具备“滞”的功能。但总体上是以“排”为主，以“蓄”为辅。由于场地及土壤的特殊性，“渗”的发展常常受限。鉴于此，传统城镇的雨水管理技术措施与该地域内广大农村中的技术体系并无二致，主要是以“下凹式路面”“明沟跌落”为代表的“快排”系统，以“涝池”“水窖”等为代表的蓄集系统，以“截水沟”“塬边埂”“谷坊”“淤地坝”“鱼鳞坑”“梯田”等为代表的边坡沟壑防护系统等。“海绵城市”理念和政策提出后，区域内的城市也纷纷引进了“雨水花园”“渗透地面”“植草沟”“下沉式绿地”等低影响（LID）技术措施体系，但直接照搬和盲目使用却无法适应地域气候条件和土壤地质条件，需要做适地化的调整和改进。

（2）地域雨水措施与雨洪管控

技术措施是实现雨洪管控的基本手段，是雨洪管控方法和策略落地的技术支点。挖掘、整理、发扬传统雨水管理技术措施，根据地域条件选择和改善低影响开发措施，形成适地性的技术措施体系是实现地域雨洪管控的基础性条件，也是适地性雨洪管控方法的核心支撑内容。例如，在研究区域内，雨水措施和水保措施在相当程度上是一致的，据研究，黄土丘陵坡度在10°～20°范围内的变化对径流量没有显著影响，而对侵蚀量有显著影响，在该范围内随着坡度的增加，侵蚀量增加（尤以15°～20°范围内增加较快）[253]。由此产生了一系列有针对性的技术措施，如梯田、水平阶、鱼鳞坑等。所以，在雨洪管控时采用地域性的措施往往更为贴合实际、更为经济有效，也更能适应地域雨洪管控和水土保持的具体目标。

4.5.2.4 法律法规

（1）雨洪管控涉及的法律法规

雨洪管控涉及的法律法规主要有法律、行政法规、部门规章、技术标准、技术规范等不同层面的内容。在法律层面，最主要的有《中华人民共和国土地管理法（2004修正）》《中华人民共和国城乡规划法（2019修正）》等，是特定范畴内的基本法；行政法规则主要指国务院根据法律发布的相关条例等行政法律规范，是对上位相关法律的进一步细化和补充；国务院各部、委等具有行政管理职能的机构，可以根据法律和国务院的行政法规（以及决定和规定等），在本部门的权限范围内制定具有行政管理职能的部门规章；省、自治区和直辖市以及省、自治区人民政府所在城市或由国务院指定城市的人民政府，可以根据法律、行政法规和本省、自治区、直辖市的地方性法规，制定在其行政区范围内普遍适用的规则；而技术标准（规范）的制定则属于技术立法的范畴，包括国家标准（规范）、地方标准（规范）和行业标准（规范）[254]。

（2）法律法规与雨洪管控

在晋陕黄土高原内开展雨洪管控规划设计以及工程实践，在空间上是以一个完整的小流域为规划控制单元，在土地上不仅包含城乡建设用地的各种类型，也包括非建设用地中的农、林、牧草等类型，涉及的职能部门不仅有水利、农业还包括城乡建设等行业，从业人员具有建筑、规划、风景园林、水利、水土保持、林业、农业、生态等不同的专业背景，因此，法律法规在工作中必然起到关键性的作用。一方面可以规范不同专业从业人员的工作内容和深度，另一方面有助于不同专业之间的交叉与融合，使交叉融合的过程中有据可依、有法可循，最重要的是不同部门的规章与规范关注的重点虽各有侧重，如能以“法”为纲，则地域适地性雨洪管控规划方法与策略必能兼顾各专业的重点关切，从而实现多专业综合审视下的多维雨洪管控目标[255]。

4.5.3 雨洪管控、雨水资源利用与场地的关系

场地的特征，尤其是场地内部的具体要素对雨洪管控和雨水资源利用在场地尺度上的影响是巨大的。在项目实施层面，场地因素甚至可以起决定性的作用，能决定措施与方案的可行性及雨洪管控的最终效果。对雨洪管控与雨水资源利用的方式、措施、地表水文过程等有较大影响的因素有土壤类型、下垫面类型、场地植被、雨水水质、场地安全、自然生态、场地功能、构造材料、经济成本等。

4.5.3.1 土壤类型

（1）研究区域内的土壤类型与特征

因自然和人为原因，黄土高原水土流失极其严重，自然条件下发育的土壤剖

面大都遭受了侵蚀活动的影响，残存的黑垆土[1]占比不多。据1979～1988年土壤普查资料，黑垆土仅占陕西黄土高原总面积的3.7%，而广大地区分布的土壤是黄绵土，面积约8190万亩，占全区土壤总面积的63.9%，除黄绵土和黑垆土外，尚还有栗钙土、灰钙土、褐土、紫色土、红土、风沙土、新积土、水稻土、潮土、沼泽土、盐土、石质土等。共14个土类，33个亚类，75个土属，根据它们的主要成土过程，分别划属七个土纲。[11]详见表4-9。

陕西黄土高原土壤分类表 表4-9

土纲	钙层土	半淋溶土	人为土	初育土	半水成土	盐成土	水成土	
土类	灰钙土 0.46% 栗钙土 0.20% 黑垆土 3.66%	褐土8.22%	水稻土 0.06%	风沙土 14.15% 黄绵土 63.88% 红土 4.44% 紫色土 0.30% 新积土 2.63%	潮土0.95%	盐土 0.26%	沼泽土 0.53%	石质土 0.26%
占比小计（100%）	4.32%	8.22%	0.06%	85.40%	0.95%	0.26%	0.53%	0.26%

资料来源：根据《陕西省志·黄土高原志》，陕西人民出版社，1995年，第231-233页内容整理而来。

从表4-9可以看出，黄绵土在陕北黄土高原土壤类型中居绝对主导地位，其余各种土类占比超过1%的仅5种，不超过1%的有8种。

根据山西省第二次土壤普查的资料，全省有8个土纲10个亚纲17个土类40个亚类127个土属351个土种。按土类统计，其土地占比如表4-10所示。在吕梁山西部、内长城以南、昕水河以北的晋西丘陵沟壑地区，其地带性土壤为栗褐土[250]。

因此，在研究土壤类型对地域雨洪管控规划设计的影响时，应该重点分析面积占比最多的土壤类型。附录C中附表1以陕西黄土高原为例详细归纳了6种土壤类型的构成特点、剖面特征、水文特征、在研究区域内的主要分布范围以及土壤利用的现状、问题以及保护和改良措施等。

---

[1] 1955年苏联土壤学家格拉西莫夫考察陕西后定义了灰褐土，1957年我国学者马溶之又根据地域进行了细分，1957年朱显谟认为该土壤是受人类耕种影响下的暖温带草原性地带性土壤，建议改为当地群众的称谓“黑垆土”，在1959年的《中国土壤区划》一书中，已被正式采用。

山西省土壤类型及占总土地面积百分比（%） 表 4-10

土类	褐土	栗褐土	粗骨土	黄绵土	潮土	石质土	棕壤	栗钙土	红黏土	山地草甸土	新积土	风沙土	盐土	水稻土	亚高山草甸土	火山灰土	沼泽土
占比	49.8	15.22	11.73	6.24	5.52	4.96	2.2	2.15	1.0	0.33	0.32	0.25	0.18	0.05	0.03	0.01	0.01

资料来源：根据王孟本. 山西省黄土高原地区综合治理规划研究［M］. 北京：中国林业出版社，2009：19页内容整理而来。

（2）土壤类型与特征对雨洪的影响

包括直接影响和间接影响。对雨洪管控有直接影响的土壤特征有土壤构成、剖面及其水文特征。疏松多孔的土壤则透水性高、蓄水能力强，如黄绵土、风沙土；红土则由于其构成和稳固的团粒结构，渗透性相对较小；土壤毛管性强的则蒸发量大，如黄绵土、红土等，风沙土虽然透水性很好但由于毛管性弱所以蒸发较弱，一定深度以下的土层保水性很好；另外，粉砂含量高、结构疏松的土壤抗冲抗蚀性弱，如黄绵土。关于黄绵土及其他相关土壤遇水后的特性，工程地质上将它们统称为“湿陷性黄土”[1]。根据《湿陷性黄土地区建筑规范》GB 50025—2004的分区，晋陕丘陵沟壑区的绝大部分都划归入湿陷性分区中的（Ⅱ）区，即“陇东—陕北—晋西北地区”内，该区域内自重湿陷性黄土分布广泛，湿陷性黄土层厚度通常大于10m，地基湿陷等级一般为Ⅲ～Ⅳ级，湿陷性较敏感。黄绵土在研究区域内分布广、面积占比高，因此其“湿陷性”特征必将对雨洪管控规划设计带来很大的不利影响，同时也是影响场地安全的主要因素。在一定程度上还可认为黄土的这种特性是黄土高原土壤侵蚀和水土流失严重的直接原因。在地域雨洪管控相关研究中，其影响主要体现在雨洪管控规划的专业视角、审视的空间范围、制定的雨洪管理目标以及采取的工程技术措施都将不同程度上有别于“海绵城市”建设。

土壤特征对雨洪管控的间接影响主要体现在不同的土壤物理化学特征对植被生

❶ 在《湿陷性黄土地区建筑规范》GB 50025—2004中，根据黄土的湿陷性特征的不同，将黄土分为“湿陷性黄土”和“非湿陷性黄土”。“湿陷性黄土”的定义为：在一定压力下受水浸湿，土结构迅速破坏，并产生显著附加下沉的黄土。“非湿陷性黄土”的定义为：在一定压力下受水浸湿，无显著附加下沉的黄土。根据黄土的湿陷性程度，又可分为“自重湿陷性黄土”（在上覆土的自重压力下受水浸湿，发生显著附加下沉的湿陷性黄土）和“非自重湿陷性黄土”（在上覆土的自重压力下受水浸湿，不发生显著附加下沉的湿陷性黄土）两种。

长有着较大的影响，而地表覆被的差异则直接影响着地表径流的形成和径流特征，从而对雨洪形成产生影响。附录C中附表1列举了陕西黄土高原6类主要土壤的基本理化特征及其适宜的植被种类，不同植被对地表径流的影响将在后续小节中论述。

4.5.3.2 下垫面类型

（1）黄土丘陵沟壑区内的下垫面类型

研究区域内的下垫面按照所处的位置及下垫面的特点可以分为两大类。一类是城乡建设中以各种人工构造材料铺筑的下垫面，包括混凝土铺面、沥青铺面、各种砖石铺面、其他建筑材料铺面以及绿化地面和屋面等。第二类是由水面、农林业翻耕地面、各类林地、荒草地、沙地、滩涂等自然材料组成的下垫面。各下垫面的材料、分布及水文特征等详见表4-11。

黄土丘陵沟壑区内主要下垫面类型与水文特征　　表4-11

下垫面类型	下垫面材料	分布	主要水文特征
混凝土铺面	混凝土/透水混凝土	城市建成区、各类建设场地	常规混凝土透水性差，能快速形成地表径流，耐冲蚀；透水混凝土配合透水构造则有较强的透水性，能有效延缓径流峰现时间
沥青铺面	沥青/透水沥青	城市建成区、各类建设场地	常规沥青透水性差，能快速形成地表径流，耐冲蚀；透水沥青配合透水构造则有较强的透水性，能有效延缓径流峰现时间
砖石铺面	青砖、红砖、陶砖、水泥砖等以及各类石质铺砌材料	城市建成区、各类建设场地	陶砖、水泥砖以及石材等质地密实的面材透水性较差，传统的黏土砖以及其他较为疏松的砖材有一定透水性；当采用透水性垫层结构且结合表面细沙扫缝工艺，能有较好渗透性，能有效延缓径流峰现时间，非渗透性构造则无此特征或特征不明显；耐冲蚀
其他建筑材料铺面	如：风积砂人造砖、防腐木、塑木、树脂以及各种瓦等	城市建成区、各类建设场地	有些材料本身具有透水性，如风积砂透水砖、树脂软垫等，有些透水性差，如防腐木、塑木等，当采用透水构造时，都具有一定的透水性，能够有效减少地表径流。各种材质制成的瓦，如小青瓦、机制瓦、石棉瓦、彩钢屋顶等都以防雨为目的，透水性很差，能快速形成径流
绿化铺面	草坪、灌木以及乔木以及各种花卉等	城市建成区、各类建设场地	种植土和人工种植基质均具有较好的渗透性，不易形成地表径流，而在种植土或者人工种植基质上种植的乔、灌、草、花等植被能够有效固结土壤基质，所以能减少地表土壤冲蚀

续表

下垫面类型	下垫面材料	分布	主要水文特征
水面	水	人工及郊野环境，以池、塘、库、江、河、湖等形式大量存在	不具透水性，但大部分水体由于具有一定的储蓄空间，因而能够有效地蓄积地表形成的径流，经综合调度、系统协调则能起到防洪、蓄洪、缓解内涝、雨水资源化利用等作用
农林业翻耕地面	耕作土壤覆盖不同密度的农林植被	农林业生产区域	由于是翻耕土壤，土壤的透水性较好，一定雨量范围内不易形成地表径流；根据地表种植农作物以及苗木的不同，其对土壤抗蚀能力的提高差异很大，总体而言，在研究区内超渗地面产流机制为主导机制，只有当降雨强度大于下渗率时，才能产生地表径流。一旦形成较强的地表径流，则会发生明显的土壤侵蚀作用
各类林地	未经翻耕的土壤及覆盖不同密度的林木	分布于郊野，包括各类天然林、次生林、经济林、防护林等	土壤为自然状态，未经翻耕，林木根系深入土壤，有较强的雨水蓄涵能力，一定雨量范围内不易形成地表径流；只有当同期的降水量大于同期植物截留量、填洼量、雨期蒸发量及下渗量等的总和时才能产生地表径流。一旦形成较强的地表径流，则会发生土壤侵蚀作用
荒草地	天然草地	分布于郊野	土壤为自然状态，未经翻耕，表面为草类覆盖，有较强的渗透性，一定雨量范围内不易形成地表径流；由于草类的根系繁密，对表土的紧固作用较强，即使产生径流，侵蚀作用也相对较弱
沙地、滩涂	天然砂石	分布于黄土丘陵沟壑区北部与沙漠交接地带以及主要河流两侧	对雨水的渗透性很强，很难产生地表径流；由于砂的毛管性微弱，蒸发较弱，表层一定深度以下的水分处于稳定状态，能够成为供给植物所需水分的可靠来源

（2）下垫面类型对雨洪的影响

本章4.2与4.3小节中，详述了黄土高原沟壑型场地雨洪产生的过程与特征，该类场地的地表径流多具有超渗地面产流的特征，超渗地面径流产生的物理条件是雨强大于地面下渗容量，对于超渗地面产流机制而言，决定性因素是降雨强度。由于降雨强度属于自然因素，非人力所能干预，因此，在相同降雨强度下，下垫面的渗透性就是影响产流的重要因素。由于不同下垫面所具备的较大渗透性差异，通过人为对下垫面进行干预就可以在一定程度上影响地表径流形成的过程。

在城市和村镇聚落环境中，下垫面的改造方式有：①铺设透水型铺装。但需进行场地安全评估，避免黄土湿陷引起场地安全风险和事故。②减少场地渗透性，收集或快排场地雨水。对于经评估后具有较大安全风险的场地，可以采用铺设不透水铺装，并结合高效排水沟渠和建设积蓄设施的方式快速排出场地内的雨水或者收集储存以备后用的方式。该方法较适宜于黄土坡地、建构筑物密集区域。③采用屋顶绿化。屋顶绿化可以有效滞留雨水，起到滞留和延缓径流峰现时间的作用，并具有很好的节能减排以及美化环境等功能。④增加绿地面积。尽可能保留和增加绿地，优化城市和建设项目的整体下垫面构成，也有利于城市雨洪的管控。对于郊野农田等区域，人工干预下垫面以利于雨洪管控的方式主要有：①根据地形地貌的特征以及不同下垫面的水文特征，合理调整和优化土地利用方式。例如，将坡度较大的农田进行退耕还林处理，种植耐旱、保土能力强的植被等。②减少人为对自然地表的扰动，减少地表侵蚀。另外，研究区域内地形变化剧烈，造成水土流失的下垫面因素往往与地形坡度因素共同发挥作用，根据卫伟等人（2006）的研究[253]，在坡度和土地利用类型双重作用下，以土地利用为主导因素，坡度次之。其在研究所涉及的5种土地利用类型（农田、牧草地、灌丛、乔木林、自然草地）中，低坡度下的灌木及荒草地抵御土壤侵蚀的效果最佳，而坡度高的农田和人工草地最易遭受土壤侵蚀[253]。

4.5.3.3 场地植被

（1）场地植被的主要类型及其分布

黄土高原由于长期不合理的人为活动，原生植被已遭受严重破坏，残存无几，现存者多为次生植被，且充分表现出降水量和黄土地貌（通过土壤水分）对其分布的显著影响。该地区植被水平分布的一般规律，大致上由东南向西北依次出现落叶阔叶林地带、草原地带和荒漠地带。[2]以陕西黄土高原地区（包括沙区）为例，约有野生维管植物1194种，分属于122科530属，其中蕨类植物有9科14属21种，裸子植物3科5属8种，被子植物110科511属1165种。栽培植物约有230余种，属于71科。相较于干旱而广阔的黄土高原地区，这里的植物是较为丰富的，这是开发治理陕西黄土高原的一个优越条件。[11]其中，有16科植物所包含的种数在15种以上，属于优势科，共包含300属756种，分别占本区被子植物科、属、种的14.5%、58.7%和64.5%，即在属和种这两个分类级别上都占有一半以上的数量，在植物区系组成中具有明显的优势地位（表4-12）。[11]

陕西黄土高原区优势植物科　　表 4-12

科名	属数	种数	占被子植物总种数的百分数(%)
1. 禾本科	62	134	11.5
2. 菊科	49	125	10.7
3. 豆科	26	88	7.3
4. 蔷薇科	22	80	6.9
5. 唇形科	24	42	3.6
6. 百合科	13	42	3.6
7. 藜科	14	39	3.3
8. 莎草科	7	37	3.2
9. 毛茛科	15	31	2.7
10. 十字花科	18	27	2.3
11. 伞形科	15	22	1.9
12. 玄参科	13	20	1.7
13. 石竹科	12	20	1.7
14. 蓼科	4	18	1.5
15. 忍冬科	4	16	1.4
16. 杨柳科	2	15	1.2
共计	300	756	64.5

资料来源：陕西省地方志编纂委员会. 陕西省志·黄土高原志［M］. 西安：陕西人民出版社，1995：170.

陕北黄土高原的次生植被主要集中分布于山区，其中又以森林和灌丛植被为突出。广大的塬、梁、峁、丘陵沟壑区和浅山区大都被类型繁多的栽培植被所代替[11]。表4–13包含了除栽培植被类型外的10个植被型中最主要的群系。在雨洪管控规划中，人工栽培植物是面积最广，人工扰动最剧烈，也是对地表水土流失影响最大的种类。附表2整理了陕北黄土高原地区的主要人工栽培植物类型。

陕北黄土高原主要植被类型与群系　　表 4-13

植被型	主要群系
温性针叶林	(1)油松林；(2)侧柏林
针叶阔叶混交林	(1)油松、栎类林；(2)油松、山杨林；(3)杜松、辽东栎、槲栎林
落叶阔叶林	(1)辽东栎林；(2)栓皮栎林和麻栎林；(3)槲树林；(4)落叶阔叶杂木林；(5)山杨林；(6)白桦林

续表

植被型	主要群系
灌丛	（1）黄蔷薇灌丛；（2）虎榛子灌丛；（3）连翘灌丛；（4）胡枝子灌丛；（5）荆条灌丛；（6）酸枣灌丛；（7）狼牙刺灌丛；（8）蒙古扁桃灌丛；（9）柠条灌丛；（10）沙棘灌丛
灌草丛	（1）黄蔷薇、杂类草灌草丛；（2）黄蔷薇、蒿类灌草丛；（3）酸枣、蒿类、白羊草灌草丛；（4）荆条、茭蒿、白羊草、长芒草灌草丛；（5）杠柳、蒿类、杂类草灌草丛；（6）河蒴荛花、蒿类、达乌里胡枝子灌草丛等
草原	（1）白羊草草原；（2）赖草草原；（3）白草草原；（4）长芒草草原；（5）大针茅草原；（6）糙隐子草草原；（7）硬质早熟禾草原；（8）达乌里胡枝子草原；（9）铁杆蒿草原；（10）茭蒿草原；（11）冷蒿草原；（12）百里香草原；（13）甘草草原；（14）锦鸡儿灌木草原（包含四类：柠条灌木草原、矮锦鸡儿灌木草原、小叶锦鸡儿灌木草原、甘蒙锦鸡儿灌木草原）
草甸	（1）大油芒草甸和野古草草甸；（2）杂类草、野古草、大披针苔草甸；（3）小果博落回群落；（4）天蓝苜蓿、绢毛细蔓委陵菜草甸；（5）寸草草甸与芨芨草甸
沙生植被	（1）先锋植物群落；（2）籽蒿半灌丛；（3）沙蒿半灌丛；（4）臭柏灌丛
盐生植被	（1）碱蓬群落；（2）白刺群落
沼生植被与水生植被	（1）香蒲沼泽；（2）芦苇沼泽；（3）藨草、沼针蔺沼泽；（4）沙柳、乌柳沼生性灌丛；（5）眼子菜群落

资料来源：根据陕西省地方志编纂委员会．陕西省志·黄土高原志［M］．西安：陕西人民出版社，1995，第181～205页相关内容归纳整理。

山西的植物资源也比较丰富，据不完全统计，维管束植物有174科、753属、2645种，其植被分布具有维度地带性、垂直分布以及经度变化等方面的明显规律，如吕梁山以西的晋西地区则主要为森林草原或草原地带[248]。在晋西北黄土丘陵灌丛草原地区，主要的自然植被为针茅、白羊草、蒿类等组成的灌木草原，较湿地点有沙棘等次生灌丛，人工栽培有杨、柳、榆、刺槐及红花果等[248]。

（2）场地植被与雨洪管控

植被是雨洪管控的重要影响要素，不仅能对场地的渗透性产生影响，还直接影响着地表径流的形成、土壤侵蚀程度等水文过程。据在子午岭坡地上40～50年龄辽东栎和白桦混交林中观测，1963年8月16日～9月9日降水量265.7mm，产生的地表径流仅2.4mm，冲刷量只有4kg/亩。又据黄委会绥德水保站观测，林地平均比坡耕地和牧荒地减少径流和土壤流失70%～80%。[11]因此，在进行规划设计时，可以将植被规划作为保持水土、抑制土壤侵蚀的重要措施来考虑。

根据卫伟等人（2006）的研究[253]，场地植被的不同导致不同土地利用类型之间的径流与侵蚀存在显著差异。在他们选择对比研究的5种土地利用类型中，农田（小麦）和人工草地（苜蓿）最易产生径流和侵蚀；以在黄土高原区长势旺盛的灌木丛（沙棘）和人为干扰少的荒草地降低和遏制径流侵蚀的效果最佳；多年生常绿乔木林（油松）的作用次之[253]。所以说，植被对水文过程的影响不是孤立的，大多数情况下都与地形坡度、耕种方式、土壤类型等植被的立地条件紧密关联，共同发挥影响。在规划设计中也需要综合考虑这些要素的协同作用效果。

除此之外，场地植被对雨洪管控的影响还体现在植被正常生长所需水量与场地所在区域的雨水资源环境容量之间的关系上。黄土高原地区地表植被的规划与种植应考虑当地雨水资源的环境容量，但就雨水资源而言，在雨养条件下，一定量的雨水资源能够支撑的林草等植被的面积是有一定限度的。一定的雨水资源量其环境容量取决于主要树草种的耗水状况。[2]李锐等对黄土高原不同植被地带雨水资源的环境容量进行了评估，指出黄土高原各植被地带每平方公里的雨水资源的环境容量有着十分明显的地带性差异[2]。根据土壤水分生态分区和植被分布规律，对黄土高原不同地带造林模式提出如下建议：落叶阔叶林带为发展人工乔木林的主要地区，可形成近似于天然的针阔，乔灌混交的结构模式；森林草原带适合发展乔灌混交的人工林体系，形成沟谷以乔灌为主，梁峁坡以灌草为主的结构模式；典型草原带则适合发展灌木为主的人工林体系，形成稀树灌草丛模式；荒漠草原带（或风沙草原带）土壤水分生态环境严酷，只能营造以耐旱沙生植物为主的小灌木[2]。

由此可知，一方面要充分发挥和利用不同植被种类在增加雨水渗透、减缓地表径流、预防土壤侵蚀方面所具有的良性作用；另一方面，还要充分考虑植被的立地条件，尤其是地形、坡度、坡向、土壤条件等对植被的影响，使雨洪管控目标与植被立地条件以及所选择植被本身之间形成最有效的对应关系；最后，还需要根据规划所处的植被地带的土壤水分特点，在植被规划设计时遵循植被的地带性分布特征，探索适宜的地带性植被种植模式（不同植被带内植被类型与地形地貌的最适宜组合关系）。

4.5.3.4 雨水水质

（1）研究区域内的雨水水质特点

径流水质的变化主要取决于研究区域内的环境空气质量、人居建设型下垫面的具体类型和占比以及郊野农林型下垫面中植被的覆盖情况和农业耕作方式与习惯等具体因素。区域内下垫面按照所处的位置及下垫面的特点可以分为城乡建设场地下垫面（主要是城镇和各类建设场地）和郊野农林下垫面两大类。故其雨水水质特点可以分城镇和郊野两部分来加以分析。区域内的城镇相对于晋陕大中城市而言，在面积规模上都相对较小，城市工业的占比也比较低，因空气污染而导致的雨水水质恶化不作为重点考虑。城镇的雨水水质污染主要是由下垫面上聚集的灰尘和有害物质造成，其主要成分和关中地区的城镇并没有本质上的差别，有差异的只是悬浮物（SS）、化学需氧量（COD）、总氮（TN）、总磷（TP）等具体指标数据的大小，不同的城镇，因规模大小、汽车保有量、工业类型等的不同而有所差异，需要具体对待。除了城镇和建设场地外，大量的场地都是以郊野和农林用地的方式存在，这里面又可以分为两种情况：一种是人工干预较多的农田、经济林地等农林业生产用地，由于生产的需要，会施加一定的农药和化肥，从而造成土壤的农药和化肥残留，当降雨形成地表径流时，容易形成面源污染，需要根据具体的情况采取相应的净化或预防措施。另一种是人工不干预或者少干预的天然林地、次生林地、荒草地、滩涂地、河道等，由于少有人工干预，其地表形成的径流水质污染物主要以悬浮物（SS）为主，基本上没有农药、化肥等残留，水质经简单的沉淀或过滤处理后就能达到一定标准。

（2）雨水水质与雨洪管控

雨洪管控是一个综合性的目标与措施体系，不单纯是防洪排涝的问题，水质控制也是雨洪管控的多元目标之一。从上游流域或者源头场地开始进行雨水水质控制是改善下游流域水质的有效方式。研究区域内，泥沙是黄土高原地表径流中最主要的固体悬浮物，给下游的黄河等河道带来了巨大的危害，事实证明，通过常规的地域性场地雨水措施（梯田、鱼鳞坑、淤地坝、谷坊、沟头防护等）就能够起到很好的减少径流泥沙的作用。从1987～1995年，经过数百名专家和科技人员的共同研究，得出一个共同的认识：黄土高原的水土保持有减少黄河泥沙的显著作用。根据实测资料的计算，20世纪70年代、80年代以来的水土保持措施减少黄河泥沙的多年平均值为$3\times10^8\sim4\times10^8$t，占20世纪50年代、60年代黄河年平均输沙量的20%～25%。[2]因此，雨水水质对雨洪管控目标的制定、措施的选择、效益的评价都有重要的影响，是雨水管控适地性规划设计的重要影响因素。

4.5.3.5 场地安全

（1）黄土沟壑型场地的安全问题

由于疏松的土壤结构、破碎复杂的地貌、大面积裸露的地表以及季节性强降雨等特征的叠加作用，研究区域内的场地在强降雨时面临的安全问题十分严峻。强降雨造成的直接灾害或次生灾害主要有洪涝、重力侵蚀、水力土壤侵蚀、地基沉降下陷、窑洞及构筑物垮塌以及道路损毁等。这类事故在研究区域内较为频发，带来很大的人身和财产损失（表4-5）。例如，子洲县1977年7月5日晚到6日晨，暴雨使14个乡受害，冲毁土坝120座，还有402座坝决口，淹没水坝地万余亩，冲塌窑洞84孔，同年8月4日晚到5日晚又遭暴雨，毁水库4座，池塘80座，抽水站59座，土坝

1231座，冲毁农田万余亩，冲塌窑洞1335孔，公路、电讯大部分中断，损失粮食1500万kg[249]。上述灾害只是一县内一次降雨造成的场地灾害，扩展到整个黄土高原灾害频发的沟壑型场地区域，灾害将更为惨重。

（2）场地安全与雨洪管控

雨洪管控的目的是控制地表径流，减少降雨带来的各种灾害和损失，因此，场地安全是雨洪管控追求的目标之一，但事实上，不当的雨洪管控措施不仅不会带来场地安全，有时还会造成较大损失。例如，《指南》中列举的渗透地面、下凹式绿地、渗透型植草沟等常用的海绵技术措施如果不加评估就广泛运用到研究地域内，必然会因为雨水不当下渗而产生各种场地安全事故，从而引发损失。这种情况下，就有违这些低影响（LID）技术措施的初衷，事与愿违。场地有地域性、措施也应该有针对性，没有放之四海皆可的标准和措施，不进行场地雨水目标和技术措施的适地性评估而盲目运用必然会带来意想不到的后果。

4.5.3.6 场地生境

（1）黄土丘陵沟壑区典型的场地生境

在生态学中，“生境”又称为“栖息地”，是指生物的个体、种群和群落所在的场所[161]。场所中的各种非生物因子综合形成了生物个体、种群和群落的栖息环境。非生物因子主要包括土壤类型、土壤水分、光照、地形（坡度、坡向）等。在同一场地中，非生物因子的差异主要体现在由地形（坡度、坡向）的不同造成的土壤水分和光照上的区别。因此，在晋陕黄土高原地区，以地形坡向为基础划分的阳坡、半阳坡、阴坡、半阴坡4类生境类型[256，257]经常作为研究的基础，但并未能概括出该地域内主要的生境类型。例如沟谷、塬面、塬边、河滩等既不能用上述4类生境来取代，但又有着分类上的逻辑关联性。阳坡、半阳坡、阴坡、半阴坡4类生境是以坡地地形为基础，考虑了光照以及暗含的土壤水分差异来划分的，而沟谷、塬面、塬边、河滩4类生境则属于不同的地形，但却同样包含了不同的光照和土壤水分差异，这8种生境类型的特征如表4-14所示。表中所示的8种生境基本上覆盖了黄土高原丘陵沟壑区郊野地貌的主类型。

陕北黄土高原郊野场地生境类型及其特征　　表4-14

生境类型	地形特征	土壤类型	光照条件	土壤水分
阳坡生境	坡地（梁、峁、沟壁等）	黄绵土为主	全天有光照	含水率极低
半阳坡生境	坡地（梁、峁、沟壁等）	黄绵土为主	全天大部分时段有光照	含水率低
阴坡生境	坡地（梁、峁、沟壁等）	黄绵土为主	全天没有光照	含水率适中

续表

生境类型	地形特征	土壤类型	光照条件	土壤水分
半阴坡生境	坡地（梁、峁、沟壁等）	黄绵土为主	全天大部分时段没光照	含水率较低
沟谷生境	沟底、谷底	新积土为主	属半阴半光照条件	含水率高
塬面生境	平坦塬面	黄绵土为主	全天有光照	含水率低
塬边生境	塬面与塬坡交汇处	黄绵土为主	全天有光照	含水率低
河滩生境	平坦	新积土、砂石	全天有光照	含水率高

注：1. 表中土壤水分表达的是在一般情况下同一场地内不同地形及其光照条件下土壤含水率之间的相对含量。
2. 表中土壤类型仅代表陕北黄土高的情况，晋西黄土高原的土壤则有所区别，其地带性土壤为栗褐土。

根据张婷等（2007）以及朱云云等（2016）的研究，在4类坡地生境中，物种丰富度、多样性指数和均匀度指数均呈现出阴坡>半阴坡>半阳坡>阳坡的趋势，植物群落的功能性状和功能多样性也基本符合上述规律[256, 257]。对于沟谷、塬面、塬边、河滩4类生境而言，根据笔者的野外考察和观测，植物群落的总体表现基本上也符合上述光照和土壤水分分布规律，即沟谷>河滩>塬边>塬面。

（2）场地生境与雨洪管控

由于场地生境决定了场地植物群落的功能与性状，而植物群落又直接影响着地表径流的形成规律，因此，可以认为在不同的场地生境条件下形成的表现各异的地表植被群落一定程度上直接影响着地表径流的形成与发展。因而，在适地性规划设计中，区分并充分利用场地各部分的生境条件，在合理的用地规划和植物群落规划的前提下，可以充分发挥土壤类型、植被以及地形地貌的综合作用，最大限度地影响地表径流的形成与发展过程，起到从源头场地有效管控雨洪的作用。

4.5.3.7 场地功能

（1）几类典型场地及其基本功能

黄土高原沟壑型场地根据用途可以用人居建设类场地、农林牧业生产类场地以及自然生态类场地三大类来概括。人居建设类场地包含了城市、乡村以及其他建设项目的各种场地类型，这些场地功能丰富而多样，人为建设和干预的比重极大。比如居住项目场地、工业建设场地、市政建设场地、商业项目场地、城市绿化建设场地等等，每一类建设场地的功能都不是单一的，承担着城市生活或者人居生活的必要场地功能。该类项目在建设过程中人工对场地的干预非常之大，对场地原有地形地貌的改变非常明显。农林牧业生产类场地主要包括各种农田、耕地、经济林地、苗木用地、牧草用地、养殖用地等。这类场地的功能比较单一，主要是在场地上从事某一具体类型的农业生产活动，人工对场地外貌的改变不突出。自然生态类场地主要包括各种天然林地、天然草地、荒草地、无人耕作的滩涂、荒地等。这类场地基本上处于自然状态，较少人为干预。

（2）场地功能与雨洪管控

上述三大类场地基本上囊括了研究区域内的大部分用地类型，在功能上差异巨大，对场地雨水的敏感程度也各不相同。在人居建设类场地中，大量的硬质铺装和构筑物等形成的下垫面因为透水性较差，降雨后极易形成地表径流，是雨洪管控中需要重点防涝的对象；研究区域内大量的农林业用地，由于农业生产的需要，土壤翻耕频繁，由于地貌和土壤的特殊性，需要重点考虑水土保持和场地安全；自然生态类场地由于较少人工干预，水土流失和场地安全问题不是雨洪管控规划中的重点考虑因素，但如何发挥该类场地的生态功能、滞水功能以及雨洪调蓄功能则需要着重考虑；还有一些建设在坡地上的乡村聚落，雨洪管控中首要考虑的是场地的安全，不要发生垮塌、滑坡等灾害，规划中需要对雨洪管控措施做相应的调整，雨水快速排放往往取代下渗和滞留成为雨洪管控的首选措施之一。总之，场地功能的不同，对场地建设的诉求也不同，对应到雨洪管控适地性规划中，必然会影响到雨洪管控具体技术路线和技术措施的选择。

4.5.3.8 构造材料

建设场地中的构造材料和雨洪措施中的材料都对雨洪管控的规划设计具有一定程度上的影响。这种影响主要体现在雨洪管控项目的总体经济成本、雨洪管控目标等级标准、场地环境的生态性以及建设场地的地域性和景观视觉效果等方面。以淤地坝这一雨洪管控措施为例，根据构造材料的不同，可以是土坝、石坝也可以是钢筋混凝土坝，这三类坝体的成本是呈递增趋势的，但其工程安全系数和抵抗洪水的等级和目标也是递增的，但在地域性、场地环境的生态性和景观视觉效果上，却基本上是递减的，钢筋混凝土坝的生态性最差，放在自然环境中也比较突兀，土坝反而最能融入环境之中。鱼鳞坑、排水沟、截水沟等郊野型雨水措施以及城市环境中的场地雨水措施都存在同样的情况。

4.5.3.9 经济成本

经济成本是任何建设项目从立项到规划设计直至最终实施落地以及后期的管理维护过程都必须重点考虑的因素。经济成本因素不仅会影响到雨洪管控目标的制定，最终还会影响到雨洪管控适地性规划的技术路线、技术措施以及构造材料的选择。对于规划设计而言从项目一开始就考虑经济成本因素是十分必要的，否则会造成工作的反复。

4.5.4 雨洪管控与场地建设中的景观因素

4.5.4.1 景观风貌

当前在地域性和地域风貌越来越被重视的情况下，项目规划设计中对景观风貌的研究是一项必不可少的工作。在城市环境之中，景观风貌主要体现在景观材料、街道立面、建筑形式、空间格局等方面，而与雨洪管控直接关联的主要是景观材料、建筑形式（绿色屋顶）以及空间格局（建筑及外部空间要素的关系）等因素。在郊野环境中，景观风貌主要体现在自然地形地貌的保持与恢复程度、地域性植物品种的选择利用、地域生产方式的维持（通过场地）、乡土构筑材料的运用、传统砌筑方式的传承等方面。规划设计在涉及具体的场地建设时必然要考虑景观风貌的地域化保护与恢复以及景观协调性等内容。

4.5.4.2 景观视效

景观视效主要指建设场地或者建设项目建成后或者运行中的整体景观效果，包括美观程度、与环境的协调程度等方面。从提升景观视效的角度而言，建设项目和建设场地建成后和运行中的美观度以及与环境的协调性是主要的考虑因素。与景观风貌对比，两者具有一定的关联性和相似性，但又不完全相同，景观视效主要是从视觉效果上来考虑，没有地域文化的概念。在雨洪管控措施的规划设计中，尽可能地使工程措施美观，具有观赏性是规划设计师需要考虑的因素，也是衡量景观视效的主要因素。如果在项目中考虑景观视效因素，那么雨洪管控规划设计在具体的措施选择和布局阶段就必然会有所取舍和限制。

4.6 基于产流机制的地域现状问题分析

前文明确了研究地域内的主导产流机制是超渗地面径流产流机制；可以影响雨洪过程的五大要素分别为气候、植被、土地利用方式、地形和土壤五大要素，其中后四种要素可以通过规划设计途径进行人为干预从而使得人工干预雨洪过程成为可能。在地域雨洪管控规划实践中，如何充分发挥各要素的作用、有效实现一定程度上的雨洪管控，还面临着若干关键与难点，可概括为“尺度选择”“部门统筹”以及“技术融合”三个问题。

4.6.1 尺度选择问题

雨洪管控规划尺度的选择应该满足四个方面的要求：一是所选尺度的大小能够包含完整的“产流–汇流”这一雨洪产生的基本过程；二是能够满足水土治理的基本规律和国家规范要求；三是能够与现有城乡规划体系中某一层级的规划在尺度和范围上基本一致，以便融入现有城乡规划体系；四是所选尺度中的基本单元能够与当前城乡建设项目的规模和尺度相匹配，使管控方法和措施在建设实践中具有较强的落地性。

根据本章“尺度效应”小节的分析，从水文过程以及现实雨洪规律的角度，雨洪管控规划设计的核心尺度为小流域和场地两个尺度。其中，规划的基本尺度为小流域尺度，重点在于制定小流域的总体雨洪管控目标和策略、确定小流域内各场地之间雨洪目标的协调和统筹、选择适地性措施；雨洪管控措施布局设计的尺度为场地尺度，需要针对不同类型场地的水文过程提出适地性的雨水措施和管控方法，对重要场地进行场地设计。此外，由于大部分具体项目的建设尺度均为场地尺度，因而需要在场地尺度上将项目建设方案和雨洪管控的具体措施充分结合起来，以满足场地本身的雨洪管控目标以及所在小流域的雨洪管控目标。

目前水土保持研究和规划实践的基本尺度多为小流域尺度，能够和雨洪管控的基本尺度很好衔接，当前的城乡规划体系虽然有着完整的总规[1]、控规、详规体系，在尺度上有对接的条件，但城乡规划是以行政边界来区别规划范围的，有别于雨洪管控以小流域为边界来开展工作，这一点需要加以探讨。

4.6.2 部门统筹问题

部门统筹问题即不同专业部门之间、城乡之间以及“三生”用地类型之间的统一协调问题。适地性雨洪管控规划的具体内容在业务归口上涉及了城乡建设与管

---

[1] 2018年国务院进行机构改革后，由住房和城乡建设部负责的城乡规划管理职责划归自然资源部，城市规划体系尤其是总体规划层面面临重大调整。2019年5月23日，新华社公布了《中共中央 国务院关于建立国土空间规划体系并监督实施的若干意见》的全文，《意见》明确要求到2020年，基本建立国土空间规划体系，逐步建立“多规合一”的规划编制审批体系、实施监督体系、法规政策体系和技术标准体系；初步形成全国国土空间开发保护“一张图”。因而，各地传统的城市总体规划工作基本停止，新的“多规合一”后的“总体规划”正在研究和编制之中。总体而言，“多规合一”的改革方向对雨洪管控规划的实施是非常有利的，但在新的规划体系出台之前，本书暂且沿用传统的“总规”体系加以讨论和论述。

理、国土、农业、林业、水利等众多部门，在小流域的土地性质上存在城市建设用地、农业用地、林业用地、水域等不同的类型，在土地功能上存在生产、生活以及生态方面的差异。如何破除不同专业和部门之间的壁垒？如何针对流域内不同类型的土地在符合“产流–汇流”基本原理与过程的前提下制定统一的雨洪管控规划，明确流域内各场地相互协调的雨洪目标和技术措施？如何将流域及其内场地的雨洪功能与土地的“三生”功能有机结合？

4.6.3 技术融合问题

单纯从城市建设的角度有低影响开发（LID）、最佳管理措施（BMPs）、海绵城市等雨洪管理技术体系可供借鉴；从城市防洪的角度则有城市防洪专项规划的相关方法；从城市外围沟壑治理的角度有水土保持规划及其技术体系；在传统人居方面还有大量的民间智慧在实践中发挥有效的作用。但地域内的雨洪管控问题既不是单一的城乡建设用地内部能解决的问题，也不是单纯的水土保持的问题，更不可能靠修建大量的防洪设施来解决具有综合目标诉求的雨洪管控问题。地域雨洪管控具有的生态安全、场地安全、雨水资源化利用、城乡建设用地防涝以及地域风貌保护等多维目标决定了其规划技术途径的综合性，决定了必须从雨洪管控的地域传统经验和民间智慧中、从不同专业技术途径的差异和特点中寻找适地性技术途径的建立思路，最终形成不同技术途径融合创新后的适宜技术途径。

4.7 本章小结

本章论述了地貌特征、雨洪特征、产流机制、尺度效应及其相互关系，分析了雨洪管控的主要影响因素、地域雨洪管控实践面临的现实问题及解决思路。

地貌特征对雨洪过程有着重要的影响。研究地域内地貌的破碎程度和竖向复杂度决定了该类场地的地貌特征因素对地表径流过程的形成起到相当关键的作用，因而在雨洪管控技术途径、方法、策略以及措施的制定和选择时都需要考虑对地貌的适宜性。研究区域内的雨洪特征主要体现为雨洪及灾害沿沟谷河道分布的空间特征、雨洪的季节性特征以及雨洪过程时空分布集中三个方面，其中雨洪及灾害的空间分布和雨洪过程特征主要受地貌及地表空间要素影响，雨洪的季节性特征主要由地域气候所决定。本章还明确了研究地域内的主导产流机制是超渗地面径流产流机制，为人工干预雨洪过程提供了认知基础。通过对尺度效应的分析研判，阐述了研究的核心尺度应该在小流域尺度和场地尺度两个层面。通过对要素的研究，明确了可以影响雨洪过程的五大要素分别为气候、植被、土地利用方式、地形和土壤，其中后四种要素可以通过规划设计途径进行人为干预，论述了通过要素设计干预雨洪过程的可能性。本章最后针对如何通过要素的作用来有效实现一定程度上的雨洪管控提出了“尺度选择”“部门统筹”以及“技术融合”三个关键与难点问题及其解决思路。

第5章 晋陕黄土高原沟壑型聚落场地适地性雨洪管控体系建构

雨洪管控适地性规划设计主要针对我国雨洪管控策略的地域性差异遭到忽视而提出。中国幅员辽阔，地域差异巨大，各地在海绵城市建设时除了考虑降雨量之外，还需重点考虑土壤特性、地形地貌、植被情况、场地安全、景观视效、经济效益等地域特征因素，最终制定适地性雨洪管控技术体系。在晋陕黄土高原地区，各地同样存在地貌和气候上的差异，土壤、降雨以及植被等条件也有不同，其中，以沟壑型场地中的地形地貌最为复杂，水土流失情况最为严重，夏季极端暴雨造成的雨洪灾害损失巨大，雨洪管控和水土保持工作最为重要。本章围绕技术途径、总体框架、管控目标、技术措施、评价方法以及政策法规等内容，构建了晋陕黄土高原沟壑型聚落场地适地性雨洪管控规划1途径、2层级、4模块、4体系和4步骤。

5.1 适地性雨洪管控技术途径

晋陕黄土高原地区目前在雨洪管控和海绵城市规划中存在两种主要的技术途径或思路。一种是基于水土保持与雨水利用思想的传统技术思路，该思路基于生产经验，技术路径需要总结提炼并加以明晰；另一种是基于LID技术的“海绵城市”技术途径，已较为成熟，但限于地域特征并不能直接移植。本书对传统技术思路进行了总结提炼，对“海绵城市”技术途径进行了地域化改造，并将两种技术思路充分融合后形成了多学科融合、多技术类型协同、针对目标更综合、适用场景更广袤多样的适地性技术途径。

5.1.1 基于水土保持与雨水利用思想的传统技术途径

雨洪管控是伴随现代城市的快速发展与扩张而提出的，早期城市解决洪涝问题的主要途径是在城市内部建立排水系统。从距今4300多年的河南淮阳平粮台古城的倒“品”字形陶水管道排水系统，到距今3000～3500年前的偃师商西亳城的石木结构排水系统，再到西周至春秋战国时期由城内沟渠和城市排水管道以及城壕共同构成的完整城市排水系统；从秦汉时期以秦都咸阳为代表的设计巧妙、具有排水和调洪功能的陶土管加排水池排水系统，发展到北宋时期，由3重城壕、4条穿城河道、各街巷的沟渠以及城内外湖池构成的国都开封城市排水和调蓄防洪系统[32]，再到元、明、清时代以北京团城这一具有排泄地表径流，防洪、防涝，利于植物生长、涵养整个团城土壤生态等特点的完整古代雨水渗排系统[28]；随着城市的发展和进步，中国传统的城市内部排水防涝在功能上经历了从单纯的“排”到“排”加“蓄”，再到“排”“蓄”“渗”三者并重的过程；在措施上经历了从单一的管道系统到管道系统加沟渠和城壕系统以及后来的由管道、沟渠、城壕、渗坑、涵道、渗井、人工湖池等组成的综合渗、排、蓄系统这一技术手段逐渐多样化的过程。在几千年的发展过程中，有两个基本特征一直没有改变，一是防控对象上主要针对城市内部降雨产生的地表径流，二是防控措施上主要依靠建设体系日渐庞大，功能日臻完善的内部排蓄水系统。当社会发展到今天，面对高速城市化造就的为数众多的百万人口级别的大城市和特大城市及其形成的大面积不透水下垫面，仅仅依靠传统的地下管网排水系统来解决频繁出现的城市内涝问题，显得越来越困难。

在晋陕黄土高原地区，为了应对干旱缺水与水土流失等现实问题，人们总结完善形成了“淤地坝”“谷坊”“塬边埂”“梯田”“涝池”“水窖”“弧形下凹路面”“场路分离排水”“明沟跌落排水”“窑居院落综合雨水系统”等水土保持、场地雨水利用与管控的技术措施与方法。这些传统技术措施与方法的优点是技术要求低、简单实用、易于推广，但其不足也显而易见，主要体现在过于倚重经验，单独使用无法满足较大尺度范围雨水综合管控的目标。

自20世纪60年代以来，朱显谟[88, 258]、吴普特[230]、余新晓[259]、陈江南[235]、傅伯杰[260]、郑粉莉[261]、赵西宁[262]等学者针对黄土高原地区的特点，展开了大量研究，主要以建立水文动力模型为手段，模拟流域地表径流、输沙、土壤水分、蒸散发、水质、非点源污染等多种过程以及各种农业管理措施对这些过程的影响，进而选择和布置合理的场地措施实现流域径流调控、消除水土流失动力和雨水资源化利用的目的。其共同特点是以水土保持为首要目标兼顾雨洪管控，并且仍然以上述传统水土保持措施为基本手段，但措施的布置和规划设计需要大量的基础数据，且必须基于合理的数学模型进行模拟。由于影响因素和限制条件太多，难度高，目前仍停留在理论研究和试点示范阶段。

从工程规划设计实践的角度，赵安成等提出了集水调控理论，采用传统的技术措施，通过径流收集—叠加贮存—高效利用三个环节，将该区时空分布不连续、不稳定且无效损失较大的雨水径流资源实现局部或有限地收集贮存，把有间歇性和离散性特点的降雨径流转变为具有相对持续供水能力的稳定系统，将较大面积上的降雨径流集蓄后在较小面积上利用，来弥补农业供水不足的问题[263]。党维勤、蒋得江等从水土保持的角度对黄土高原西部地区淤地坝及坝系的合理布局方法与效益评价进行了研究，比较系统地阐明西部地区水土保持坝系建设的立项合理性预测与事后效果评估的实用方法，为统筹协调坝系布局可行性、经济性与安全性提出了衡量的技术手段[224，264]。张红武等[203]通过理论研究提出了沟道坝系相对稳定的基本原理，为淤地坝系的规划建设提供了有益的技术支持；范瑞瑜[206]则从工程实践的角度对淤地坝的工程规划方法、水文计算、工程设计和管护等内容做了系统性的总结，提出了一套较为容易实施的方法和步骤。上述技术理论与工程规划方法虽然已经具备了不同程度的实操性，但却存在两个方面的典型特征：其一是要么仅关注于雨水利用，要么只关注水土保持，对流域的雨洪管控缺少系统的针对性；其二是研究对象聚焦于生产与生态用地，对聚落场地基本忽略。

鉴于以上原因，基于水土保持与雨水利用思想的传统技术途径应该在总结提炼的基础上，针对流域的生活、生产以及生态建设中面临的综合目标要求，融入现代科学技术体系，实现由经验技术向现代工程技术的转化和升级。

5.1.2 基于LID技术的“海绵城市”类技术途径

现代城市在雨洪管控的途径上有美国的雨洪“最佳管理措施（BMP）”[165]、“低影响开发（LID）”“绿色基础设施（GI /GSI）”、英国的“可持续排水系统（SUDS）”、澳大利亚的“水敏性城市设计（WSUD）”、新西兰的“低影响城市设计与开发（LIUDD）”以及中国的“海绵城市”等，它们分属于不同的发展时期，相互之间又有着较强的延续性和关联性（表5-1），并且至今仍是各国管控城市雨洪的重要途径和方法。我国“海绵城市”的核心理念就是“低影响开发（LID）”理念，其目的是“推广和应用低影响开发建设模式，加大城市径流雨水源头减排的刚性约束，优先利用自然排水系统，建设生态排水设施，充分发挥城市绿地、道路、水系等对雨水的吸纳、蓄渗和缓释作用，使城市开发建设后的水文特征接近开发前，有效缓解城市内涝、削减城市径流污染负荷、节约水资源、保护和改善城市生态环境”[199]。LID措施的核心理念是从场地源头对雨洪进行控制，针对中小降雨事件非常有效，在对流域大暴雨事件峰值流量控制能力上有明显局限性[171]。这点从《海绵城市建设指南》中设定的年径流总量控制率上能得到验证：径流总量控制率最小目标为60%，最大为90%，对应的设计降雨量值最大不超过63.4mm（海口），而63.4mm的降雨对于热带季风气候区内的海口市，绝对是算不上有影响的大暴雨事件的。即使在陕北半干旱区，其一日最大降雨量都在170mm以上。针对LID措施的这种不足，有学者提出了“城市雨洪防控与利用的LID-BMPs联合策略”[176]，其特点是集成了LID和BMPs两种模式和技术，并对其进行了组合创新，具体技术措施类型有工程措施、非工程措施和综合措施三类，主要途径包括源头防控、途径净化与控制及终端处理与利用。

典型雨洪管理体系的特征　　表 5-1

项目	中小降雨控制（水质/水量）	暴雨控制	采用源头措施	早期评估及介入	顶层设计	跨学科	多尺度	多目标	恢复良性水文循环	水系统综合管理
传统排水（自19世纪初）		*								
BMPs（20世纪70年代至今）	*	*	*				*	*	*	
LID（20世纪90年代至今）	*		*	*		*		*	*	
GI /GSI（自USEPA2007年引入至今）	*	*	*	*	*	*	*	*	*	
SUDS（20世纪90年代至今）	*	*	*	*	*		*	*	*	
WSUD（20世纪90年代至今）	*	*	*	*	*	*	*	*	*	*
LIUDD（21世纪初至今）	*	*	*	*	*	*	*	*	*	
雨水（洪）控制利用（21世纪初至今）	*	*	*	*	*	*	*	*	*	*

注：*表示密切关联或突出作用

资料来源：车伍，闫攀，赵杨．国际现代雨洪管理体系的发展及剖析［J］．中国给水排水，2014（18）：45-51.

国内“海绵城市”的核心技术思路和措施主要体现在“渗、滞、蓄、净、用、排”六个字上[199]。从总体目标来看，这六种措施/目标没有任何问题，但具体到研究区域内各类场地中，则不能一概而论，尤其是针对地势变化剧烈且湿陷性严重的黄土建设场地，从场地安全角度考虑，海绵城市中首选的“渗”和“滞”在此并不是首选措施。当场地坡度较大时反而需要避免使用，而对于开阔的台塬和沟谷阶地型场地，经评估和适当场地处理后“渗”和“滞”则目标适宜。《指南》的要义是以下渗、分散滞留、集蓄净化等主要手段来消纳雨水，缓解内涝，并对雨水加以利用；而晋陕黄土高原沟壑型场地内最常见的问题不是城市内涝，而是因暴雨引起的流域过境洪灾、场地垮塌、陷落、塌方以及水毁路桥等场地安全威胁和季节性干旱。针对上述情况，就需要提出有别于《指南》的雨洪管控适地性策略和雨水场地规划技术途径（图5-1）。

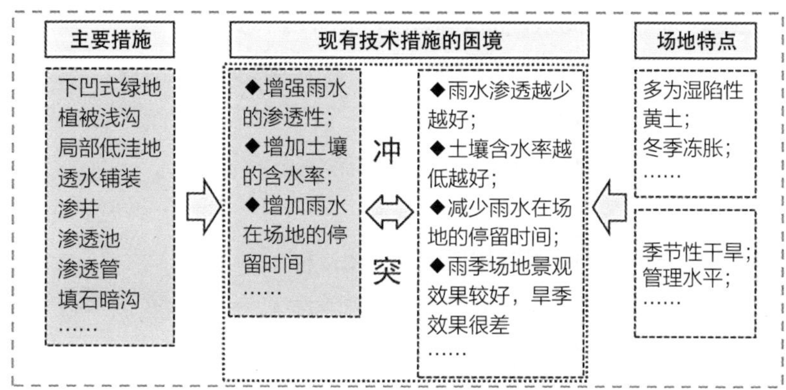

图5-1　常用LID措施不适宜于黄土高原的场地特点

图片来源：作者 绘

5.1.3　雨洪管控适地性技术途径

本章构建的雨洪管控适地性规划技术途径在面对地域特殊问题和多维雨洪管控目标时需要有很强的针对性。

5.1.3.1　适地性雨洪管控中的特殊问题

晋陕黄土高原沟壑型场地具有土壤结构疏松、大孔隙、垂直节理发育、容易湿陷的特点，在季节性强降雨的条件下，洪涝灾害频发，使该区域成为黄土高原水土流失最严重的地区，生态环境和人居环境都易受到极大的破坏。归纳起来，该地域的特殊问题有三点：一是季节性强降水导致洪涝易发；二是伴随强降水而至的强烈水土流失和建设场地破坏；三是缺雨季节表现出的干旱少雨及由此引发的生产受阻。

5.1.3.2　适地性雨洪管控的多维目标要求

针对地域特殊问题，开展雨洪管控适地性规划或海绵城市规划必须设定水土保持、雨水资源化利用、场地安全、场地生境恢复、雨洪管控等多维目标，在多维目标指引下，各类生产、生活与生态类建设项目必须充分研究地表水文过程及其相关要素，根据黄土地貌的特点，结合不同尺度和类型场地的实际情况，在防止土壤侵蚀的前提下有效而安全地滞留和利用季节性的雨水、缓解雨洪压力，营造健康的场地生境环境，提高建设场地的安全等级和人居环境品质。实现雨水场地的多维目标不仅需要切实可行的技术措施，更需要创新的规划设计方法和策略。

基于水土保持与雨水利用思想的传统技术途径以及基于LID技术的“海绵城市”技术途径因为各自的局限性而不能直接成为黄土高原沟壑型场地雨洪管控适地性规划技术途径，但两者具有很好的互补性及场地与目标的针对性。因此，只有对上述两种技术途径进行融合创新，基于多维目标和地域特殊问题开展研究，才能形成适地性的雨洪管控策略与方法，构建融合创新的技术途径。

5.1.3.3 融合创新的雨洪管控适地性技术途径

虽然BMPs、LID等都是现代城市雨洪管控的有效技术途径，并被广泛推广应用，但对于研究区域内的众多城镇而言，却不是最适宜的途径。原因有三，其一，区域内城镇雨洪问题解决的关键和核心主要不取决于城镇内部（城区）的雨洪管控，而取决于城镇所在流域（小流域）上游广袤土地上雨水管控的成效。因LID措施针对的场地对象发生了变化，一个是城市内部场地，一个是自然郊野场地，故LID措施是否适宜本身就是一个需要评估的问题。其二，研究区域内特殊的地貌和土壤类型在地域气候条件（降雨）下产生的水土流失问题也是一般城市所没有的，在黄土高原地区水土流失和强降雨是相伴相生的，雨洪管控面临的不仅仅是洪峰流量控制的问题，水土保持也是需要重点追求的管控目标，而前述众多雨洪管理体系对这一特殊问题则考虑较少。其三，水土流失和土壤的湿陷性给建设场地带来的安全问题也是本地域最主要而其他城市较少面临的问题。针对该问题也需要对LID措施进行严格的适地性评价并提出非常具体的改良要求或建议。

因此，从城乡规划学视角出发，建立晋陕黄土高原沟壑型场地及其小流域雨洪管控适地性规划途径需要从完善城乡规划雨洪管控相关内容与体系、多学科专业交叉协同以及建立雨洪管控适地性规划方法与策略三个方面展开。在此基础上，通过多专业技术的融合可以形成可操作的适地性雨洪管控技术途径。

（1）完善城乡规划雨洪管控相关内容与体系

目前的法定城乡规划体系中与城市雨洪管控规划相关的内容主要在城市总体规划层面体现得较多，基本上都以城市防灾工程系统规划的形式出现，内容上属于城市防灾工程系统中的城市防洪（潮、汛）系统。如表5-2所示，在国家和省、自治区层面的城镇体系规划中，更多的是开展区域内的城镇总体布局、定位不同层次城镇的地位、性质和作用及隶属关系，通过规划协调区域内各城镇之间的相互关系。

我国法定城乡规划中涉及雨洪管控的具体内容要求　表5-2

<table>
<tr><th>层面</th><th>规划属性</th><th>法定规划类型</th><th>涉及雨洪管控的具体内容要求</th></tr>
<tr><td>国家层面</td><td>战略性规划</td><td>全国城镇体系规划</td><td>无具体要求</td></tr>
<tr><td>省（自治区）域层面</td><td>战略性规划</td><td>省域城镇体系规划</td><td>省域城镇体系规划的内容：城镇空间布局和规模控制，重大基础设施的布局，为保护生态环境、资源等需要严格控制的区域。（《城乡规划法》第十三条）</td></tr>
<tr><td rowspan="2">城市、城镇层面</td><td>战略性规划</td><td>城市总体规划</td><td>市域：确定生态环境、土地和水资源、能源、自然和历史文化遗产等方面的保护与利用的综合目标和要求，提出空间管制原则和措施。
中心城区：确定生态环境保护与建设目标，提出污染控制与治理措施。确定综合防灾与公共安全保障体系，提出防洪、消防、人防、抗震、地质灾害防护等规划原则和建设方针。
城市防灾工程系统规划：城市防洪（潮、汛）系统有防洪（潮、汛）堤、截洪沟、泄洪沟、分洪闸、防洪闸、排涝泵站等设施。城市防洪系统的功能是采用避、拦、堵、截、导等各种方法，抗御洪水和潮汛的侵袭，排除城区涝渍，保护城市安全</td></tr>
<tr><td>实施性规划</td><td>控制性详细规划
修建性详细规划</td><td>控规：根据规划建设容量，确定市政工程管线位置、管径和工程设施的用地界线，进行管线综合。确定地下空间开发利用具体要求。
修规：市政工程管线规划设计和管线综合</td></tr>
<tr><td rowspan="2">乡村层面</td><td>战略性规划</td><td>乡规划</td><td rowspan="2">乡规划、村庄规划的内容：规划区范围，住宅、道路、供水、排水、供电、垃圾收集、畜禽养殖场所等农村生产、生活服务设施、公益事业等各项建设的用地布局、建设要求，以及对耕地等自然资源和历史文化遗产保护、防灾减灾等的具体安排。乡规划还应当包括本行政区域内的村庄发展布局。（《城乡规划法》第十八条）</td></tr>
<tr><td>实施性规划</td><td>村庄规划</td></tr>
</table>

资料来源：根据《中华人民共和国城乡规划法》相关条文、中国城市规划设计研究院编制完成的《全国城镇体系规划（2006—2020年）》以及《城市规划原理（第四版）》（吴志强，李德华主编，中国建筑工业出版社，2010年，p057，p175，p465）整理而来。

说明：目前进行的城乡规划体系改革可能会对现有的体系造成较大的影响，但从改革的方向上看，主要涉及土地利用的“多规合一”和专业的融合问题，在规划的层级上不会有颠覆性的调整。而“多规合一”的改革思路，是与本研究的思路相契合的。

另外，对城镇与外部环境之间的关系也需要做出合理的协调，但总体上偏于宏观，对黄土高原沟壑型聚落场地雨洪管控适地性规划没有直接的指导作用。在城市、城镇层面虽然有相关的内容要求，但在市域尺度规划中，对相关内容的规定主要以类似综合目标和空间管制原则的形式出现，对于以小流域为基本尺度的规划单元来说仍然偏于宏观，指导作用较弱，不易落地。在城市中心区尺度的规划中，虽然提出了具体的防洪建设目标、规划原则和建设方针以及在城市防灾工程系统规划中对具体的防洪设施布置和采用的避、拦、堵、截、导等各种方法都做出了明确要求，甚至在详规中对地下管网的规模和管径都做出了具体而系统的规划，但因局限于城市内部，仍然属于末端防御型措施，对城市外围、小流域上中游广大的地域缺乏规划指导，使得“产流–汇流”这一雨洪过程中的“产流”阶段以及“汇流”的前期都没有发挥出应有的规划调控作用，无法有效应对研究区域内主要以上游来水而不是内部产流威胁城镇的根源性问题。即使将上述措施应用于上游，也因没有进行目标和措施的适地性评估环节，无法有效解决研究区域内复杂地貌和特殊土壤条件下的水土流失以及场地安全等现实问题。

在乡村层面，规划尺度与空间范围与以小流域为单元的雨洪管控规划具有很高的一致性，而且现有规划体系也明确要求乡村规划要进行防灾减灾等具体安排，但如何安排更符合地域特点，更能发挥防灾减灾功效仍是一个待研课题。现实中，乡村层面的规划相较于城市、城镇层面的规划事实上并不受重视。因此，加强小流域雨洪管控适地规划方法的研究不仅有利于通过规划途径缓解流域下游城镇的雨洪问题，还可以丰富和发展乡村庄规划中以小流域为单元的防灾减灾规划手段和途径，对于雨洪目标和场地措施适地性问题的研究也可以完善城市中心区或其他人居聚落的海绵建设思路，最终对完善现有城乡规划体系发挥有益的作用。

根据上述分析，完善城乡规划雨洪管控相关的内容与体系需要从如下几个方面着手：①以“海绵城市”低影响开发雨水系统技术框架为基础，与城乡规划不同层面对接，完善上文分析中各层面缺失的雨洪管控相关工作内容、程序以及目标与指标要求，形成涵盖各规划层级的系统化的总体技术框架，使雨洪管控工作在规划的各层级都有上下呼应、目标衔接、逐层推进的具体模块或对应专项；②完善雨洪管控的目标体系、措施体系、评价体系以及法规体系，明确合理的规划步骤和流程，加强雨洪管控规划在城乡规划各层级的可操作性和编制的规范性；③通过对不同类型与功能用地的雨洪管控要素空间布局方法与模式研究，揭示城乡不同空间类型的水文过程特点，形成类型化的雨水管控场地建设模式。该模式反馈于城乡空间规划中则有利于其空间形态优化与功能布局完善。在完善内容体系的基础上实现目标、方法、措施、策略、模式的地域化，并且构建了一套适地性评价体系来应对地域限制条件是本研究在完善城乡规划雨洪管控内容与体系方面的主要创新思路。

（2）多学科专业交叉协同

黄土高原沟壑型聚落场地雨洪管控适地性规划涉及的主要学科专业有城乡规划学、风景园林学、水土保持学、水文学以及建筑学等。城乡规划学和风景园林学的思路与方法在其中起主导性的作用，其规划的方法、流程、政策法规的制定以及最终的规划成果表达都需要城乡规划学的专业支撑。规划过程中涉及的场地适地性评价、生境恢复和保护、场地尺度的设计手法、雨水措施的地域化以及景观视效、工程措施、场地安全等内容则更多地偏重于风景园林学和建筑学两学科专业的研究范畴。而雨洪和水土流失发生的机制和原理则是典型的水土保持学和水文学的研究内容。新中国成立以来，以水土保持学为主导，地理学、林学、农学等相关学科密切结合开展的以水土保持为主要内容的黄土高原生态环境综合治理取得了大量的观测数据和实践成果，这些都为认识研究区域生态环境脆弱性成因、土壤侵蚀机理、强度、种类、空间分布规律提供了基础，因此可以说水土保持学是黄土高原沟壑型聚落场地及其小流域雨洪管控适地性规划的认识论基础[265]。

总之，雨洪管控适地性规划既有对雨洪过程和水土流失机理的探究和相关科研成果的运用，又有针对雨洪管控的工程措施和生物措施在空间上的布局和落位，还有对小流域景观生态的保护和恢复以及场地尺度的具体建设等研究内容，所以多学科专业的交叉协同成了研究开展和规划实施的必然途径，其中水土保持学和水文学的相关研究成果是雨洪管控适地性规划研究和实践的认知基础和理论基础，城乡规划学、风景园林学以及建筑学关于物质空间的规划理论与方法则既是本研究的基本途径又是需要通过研究发展和完善的成果。

（3）建立雨洪管控适地性规划方法与策略

核心内容包括：基于场地特征的雨洪管控目标适地性评价和措施适地性评价；传统雨水场地建设经验和智慧的总结；基于低影响开发策略的现代海绵城市技术措施的地域化改造；基于适宜雨洪目标（含雨洪管控目标、雨水利用目标、水土流失防治目标和场地安全目标）的适宜场地工程措施和生物措施的布局方法、技术和策略；相关规划政策法规和规范的建立和完善等。

（4）通过技术融合形成雨洪管控适地性技术途径

传统技术及措施主要针对区域内广阔的生产与生态场地的水土保持目标需求，其中除了传统人居场地技术措施外，其他技术措施对聚落建设场地则显得过于粗放且能力不足；基于LID技术的“海绵城市”技术措施虽更精细且复杂，能够满足低影响开发目标下的各种功能，但主要针对聚居型城镇建设场地，且需要针对地域特点进行适地性改造和调整。针对两者的特点，结合黄土沟壑型聚落场地及其小流域水文过程，经技术融合后可形成图5-2所示的适地性技术途径。

融合后的技术途径能够在流域和场地两个尺度上针对黄土高原沟壑型聚落场地内不同的地貌形态及其雨洪管控目标需求，以地表径流过程为主线，利用水文过程中的有效影响因素，组合运用适地性技术措施来实施雨洪管控，充分发挥了传统技术体系与LID技术体系的特长与优点。

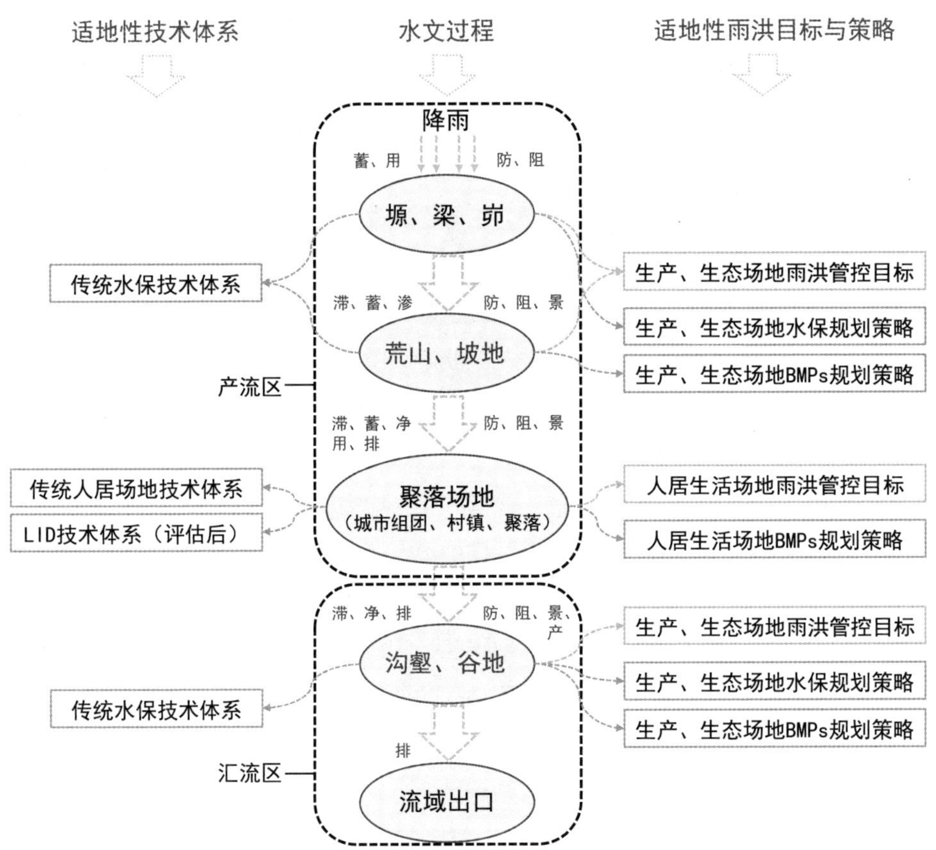

图5-2　黄土高原沟壑型聚落场地雨洪管控适地性技术途径
图片来源：作者 绘

5.2　总体框架与方法

雨洪管控在其他地域通常都被纳入海绵城市建设之中，通过海绵城市建设来提高城市雨洪管控的能力，两者在规划建设的空间范围和内容上都没有区别。而在沟壑型场地占主导的黄土高原丘陵沟壑区，由于城镇组团和聚落的规模和空间尺度相对较小，分布位置也多沿黄土沟谷河道，城市雨洪主要是城市所处流域/小流域上游广大场地上的雨水快速汇流所致，城镇内部降雨产生的地表径流对于城市雨洪灾害而言，作用甚小。因此，在此地域内开展海绵城市建设虽然可以依旧针对城市内部场地，但“海绵”思想和观念更应该拓展到城市上游的流域和小流域广阔的场地建设之中。只有在流域或小流域范围之内落实“海绵”思想，并基于适宜的场地雨洪目标展开适地性措施的规划与布局，雨洪管控的成效才能得以提高，水土流失、场地安全、雨水资源化利用等多维目标才能得以实现，因此，总体技术框架是以小流域为空间载体设立的。规划设计是技术措施落地的必然步骤，在适地性雨洪管控技术途径的基础上可以制定雨洪管控适地性规划设计框架。

5.2.1 总体技术框架

以小流域为基本单元的雨洪管控适地性规划设计总体技术框架可以用图5-3表示。鉴于《海绵城市建设技术指南——低影响开发雨水系统构建》是目前国家层面官方主管部门推出的唯一一份具有导则性质的技术文件，而本课题在内容上属于晋陕黄土高原海绵城市地域化研究的范畴，为了使研究成果能够更好地与国家颁布的技术导则和海绵城市建设政策相协调，助力地方海绵城市建设，发挥学术研究成果更大的实践应用价值，根据本研究中技术途径融合创新的思路，总体技术框架部分整体上延续了《指南》中的思路，但进行了地域化的调整、融入了水土保持规划的思想和措施。具体而言，本技术框架是以《指南》中的“海绵城市——低影响开发雨水系统构建技术框架”为基础，对规划内容、规划程序、规划目标和指标等进行了地域化的改造之后而形成，以适应研究区域的特殊气候、地貌、土壤以及人居生产与生活传统，以期有效回应该地区在雨洪管控方面的多维目标诉求。如图5-3所示，雨洪管控适地性规划设计在工作内容上可以分为四个模块，每一个模块都对应着具体的规划尺度与层级，都具有明确的规划目的。

5.2.1.1 目标策略

模块1主要针对小流域层面展开工作，包括初步预设小流域的综合雨洪管控目标、预设小流域可能的雨洪管控技术措施，对小流域的地形地貌进行分析，根据土地的使用和开发情况以及植被覆盖情况进行场地分析，划分小流域的场地类型，在上述基础上展开目标与措施的适地性评价，最终确定适宜的总体雨洪目标和适地性技术措施。本模块属于总体层面的工作，对应于规划编制体系中的总体规划，其目的是制定小流域雨洪管控适地性规划的总体目标策略。实际工作中，该模块可以作为乡镇规划或者村庄规划的一个专题存在，也可独立成为地域海绵城市建设总体规划中具体小流域雨洪管控规划的总体目标策略部分。

5.2.1.2 指标分解

模块2主要针对小流域内依据地貌类型或者土地使用类型而划分的土地区块展开工作，是将小流域综合目标与指标分解到各功能地块的过程。这些指标包括单位面积控制的雨水容积（m^3/hm^2）、雨水资源化的比例、梯田所占的比率、沟道中淤

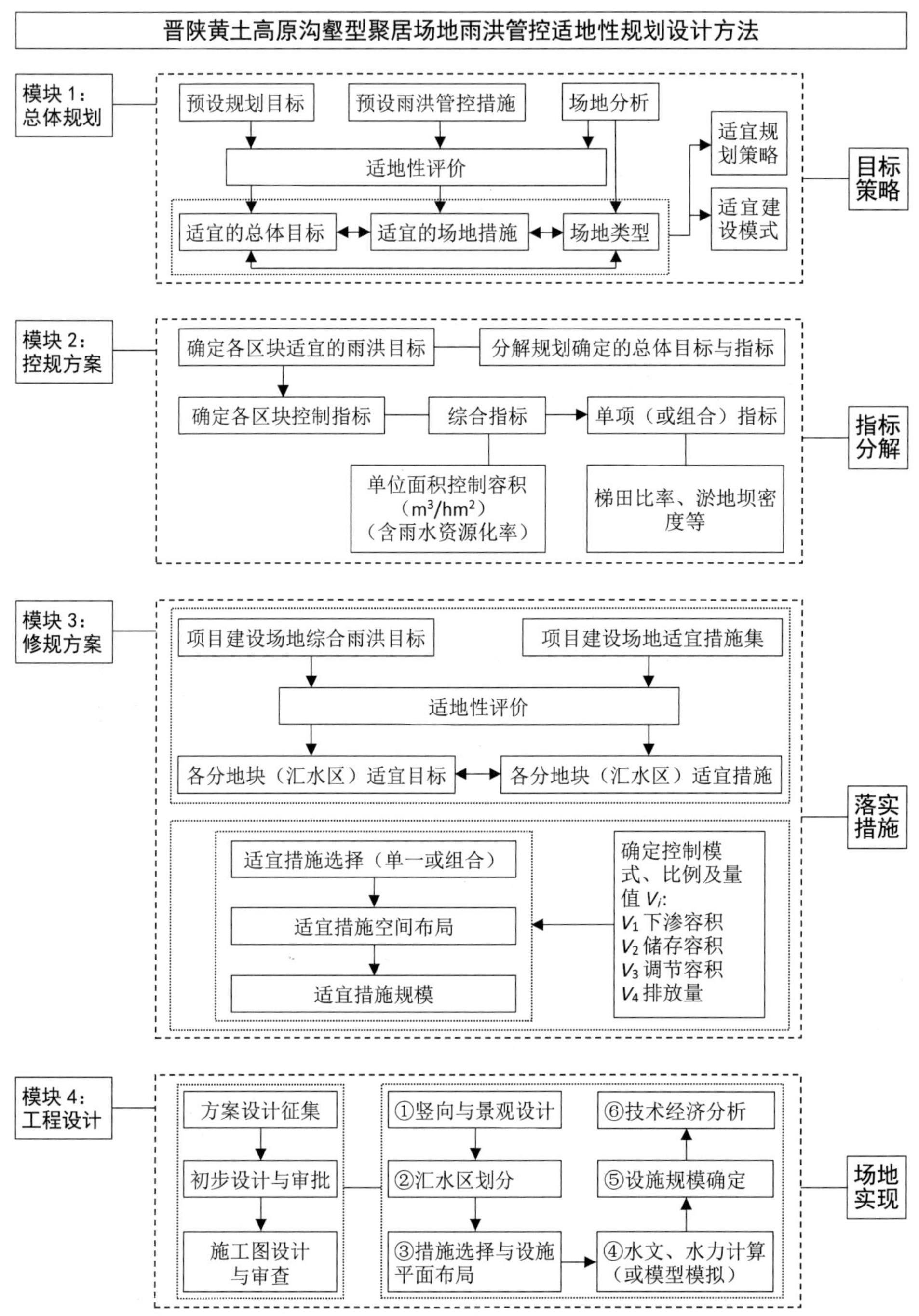

图5-3 晋陕黄土高原沟壑型聚落场地雨洪管控适地性规划设计总体技术框架

图片来源：作者 绘

注：本技术框图基于《海绵城市技术指南》中“海绵城市——低影响开发雨水系统构建技术框架”（图3-4）绘制，在工作内容、程序以及指标等方面做了地域化的调整和改造，重点增加了目标与措施适地性评价的环节。

地坝的密度等。指标分解的过程也是对各地块的地貌类型、土壤特性、植被覆盖、开发现状、场地安全等级等进行分析和评估的过程。本模块属于分区层面的工作，对应于规划编制体系中的控规，其目的是对小流域雨洪管控适地性规划的总体目标与指标进行合理分解。在实际工作中，该模块可以与第一个模块一起作为乡镇规划或者村庄规划中的一个专题存在，也可以独立成为小流域雨洪管控专项规划的具体内容。

5.2.1.3 落实措施

模块3主要针对小流域内特定项目地块或者特定生产建设场地，属于具体场地层面的工作内容。在此阶段，需要对具体场地的预设目标或上一层级规划中分配的目标指标进行细化和落实，尤其是要根据具体的场地特点和功能要求进行适地性评估工作，最终确定该地块适宜的多维场地目标。对前期预设或者确定的技术措施集进行评估并最终加以确定也是此阶段的主要工作。在规划地块内部，还需要根据地形地貌、利用方式、功能布局等进行详细的汇水分区划分，进一步落实每一汇水分区的适宜雨水目标以及配套的适宜技术措施，根据汇水分区的特点进行技术措施的空间布局与落地，最终计算所布置措施的规模或容量。此模块的工作内容属于具体地块层面，对应于规划编制体系中的修规，主要目的是基于细化的具体目标在空间上落实适地性技术措施。在实际工作中，该模块可以作为具体生产建设项目详细规划编制中的雨洪管控或者场地安全专题内容出现。

5.2.1.4 场地实现

模块4与模块3一样，同属于具体场地层面的工作内容，与模块3的区别在于模块4是对前者布局在空间上的具体技术措施的详细工程设计，包括场地的竖向设计与安排、地表径流的组织与控制、地表水文计算、所选措施的规模、措施规模及形态与场地空间的协调关系、措施的景观化处理、具体功能性植物品种的选择、工程技术经济分析等内容。本模块对应于规划编制体系中的工程设计层级，是详规方案最终落地建设的关键环节，其目的是使规划方案在实际场地上得以实现。实际工作中，该模块可以和模块3一起作为具体项目详细规划编制中的雨洪管控或者场地安全专题内容出现，或者成为该项目工程设计内容的一部分。

5.2.1.5 与《海绵城市建设技术指南》的比较

上述“总体技术框架”虽然是以《指南》中的相关技术框架为基础发展而来，总体流程与工作内容有很多相同或相似之处，但在核心思路上却有着明显的差异，主要体现在3个方面：

（1）规划对象和空间范围上的差异

《指南》所设定的规划对象主要为城市内部场地，在空间上局限于城市建成区范围之内，而“晋陕黄土高原沟壑型聚落场地雨洪管控适地性规划设计总体技术框架”针对的是研究区域内城镇空间外以小流域为范围的土地空间，其中能够发挥雨洪管控作用的主要还是以小流域为基本单元的城市外围空间。城镇内部空间在本技术框架中纳入场地尺度加以处理。

（2）工作内容上的差异

本规划设计技术框架在《指南》的基础上增加了目标与措施双重适地性评价的内容，该适地性评价在模块1和模块3的相关环节都是必要内容，也是本书研究的重要内容之一。经过场地综合雨洪目标和对应技术措施的适地性评估之后，目标和措施更符合地域特点，其落地性也更强，尤其是剔除了《指南》中不适宜于具体场地的目标。例如，《指南》中特别强调的“渗”这一目标，经过适地性评价后，由于湿陷和场地安全等原因在本地域的很多具体场地中将变得不太适宜。

（3）目标体系和措施体系上的差异

《指南》中低影响开发控制的综合目标包括径流总量控制目标、峰值控制目标、污染控制目标和雨水资源化利用目标四个方面，总体而言都属于雨洪控制目标的范畴。本适地性规划设计框架中的综合目标不仅包括雨洪控制方面的目标，还包括水土保持、场地安全维护、场地生态恢复、场地景观视效等方面的多维目标。《指南》中的技术措施主要以透水地面、雨水花园、下沉式绿地、植草沟、各种人工调节池等LID措施为主，缺少地域化的评估或改造。本书中所提及的适地性技术措施主要以地域化的传统技术措施为主，包括淤地坝、梯田、塬边埂、涝池、明沟跌落、下凹式路面等。同时，对《指南》中的低影响措施进行适地性评价后，有选择地吸收和改造了部分技术措施，使其融入本地域适宜的技术措施集中，例如，评估后将《指南》中常用的渗透型植草沟改造为本地适宜的微渗传输型植草沟等。由于目标体系以及场地的差异，在具体指标的设定上也有部分不同，例如取消了下沉式绿地率，增加了梯田比率、淤地坝密度等符合地域特征的指标。

5.2.2 基于适地性评价的核心规划设计步骤

本研究的一个重要基础是目标与措施的适地性评价，研究的核心内容是场地的适地性规划设计方法，因此，不管是小流域层面还是具体项目场地层面，雨洪管控适地性规划设计方法必然包含一个以适地性评价为基础的规划设计流程。

所有小流域层面的雨洪问题，其根源都是单个场地的雨洪问题，只有场地尺度的雨洪管控、雨水利用以及水土流失问题得到合理的应对，小流域尺度的问题才有可能最终得以解决。因此，基于场地目标和措施适地性评价的雨洪管控规划设计方法是本书研究的重点和核心。本方法主要针对的是研究地域不合理的雨水场地建设和盲目照搬海绵技术措施可能造成的严重水土流失、场地垮塌、环境生态破坏、雨水未合理利用以及建设中破坏地域空间景观特征等现象。本方法建立在合理的规划设计程序、适宜的雨水场地目标和场地技术措施以及切合实际的规划设计手法四项基本内容之上，缺一不可。四项基本内容之间有着紧密的逻辑关系，即：通过适地性评价确定目标，根据目标和评价结果选取适宜的措施，最后用空间规划设计的技术与手法优化和落地各项具体措施，实现规划方案的地域化并体现出其适地性。据此思路，可形成包含“开展评价–确立目标–选择措施–场地设计”的核心4步骤。

如图5–4所示，步骤1是场地适地性评价，步骤2是建立场地雨水目标，步骤3

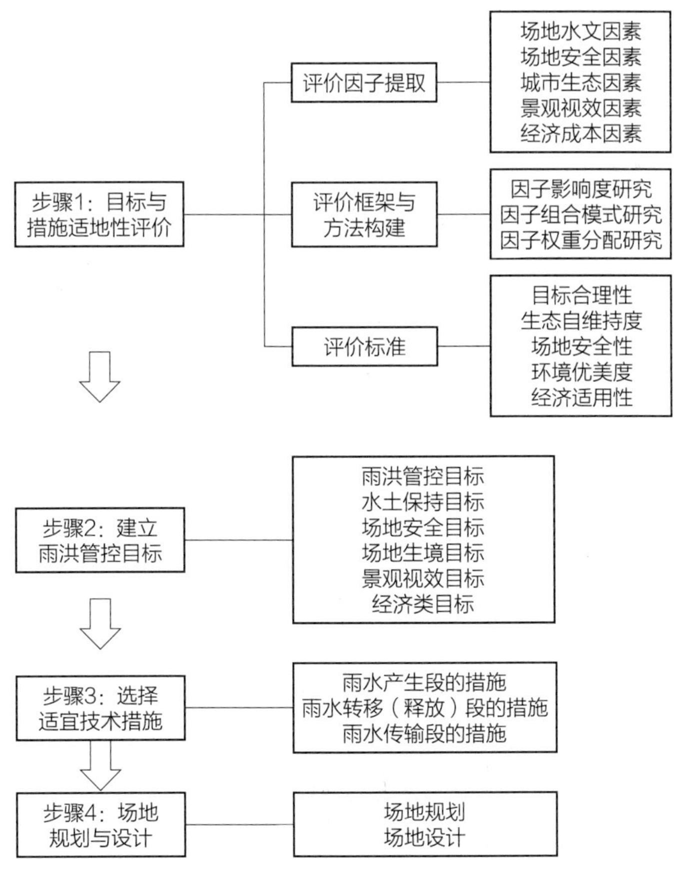

图5–4　基于适地性评价的核心规划设计步骤

图片来源：作者 绘

需要选择适宜的技术措施，步骤4是开展场地规划与设计。其中，步骤1是整个规划过程的基础，是制定合理场地雨水目标的必要条件，而合理的场地雨水目标则直接决定了选择适宜技术措施及其组合的方向。传统的雨水场地措施和LID技术在黄土高原沟壑型场地中并不具有通用性，必须根据不同的场地类型和雨水目标来选择和组合，才能在发挥功用的同时保障场地的安全。在上述三个环节都充分完成后，最后一个阶段则需详细分析人为干预之后可能的地表水文过程，确定场地空间形态，形成最终的规划设计方案。

5.2.2.1 步骤 1：目标与措施适地性评价

目标与措施适地性评价是雨洪管控适地性规划的基础，场地雨洪管控目标和技术措施的选择都建立在适地性评价的基础之上，评价时以场地的用地性质、开发建设现状以及地貌类型等为基础条件，根据预设的单个或多个场地雨水目标及拟用场地措施选取相关的评价因子来进行评价。如果评价合格则说明该场地雨水目标及场地技术措施可行，反之则需调整场地雨水目标及相应的场地雨水措施并重新进行评价，直到评价通过为止，评价的过程如图5-5所示。

5.2.2.2 步骤 2：建立雨洪管控目标

雨洪管控目标的确立是建立在适地性评价的基础之上的，在具体的规划设计中，需要根据项目的基本情况确定一个初步的预选目标集，选取合适的评价因子对预选目标进行逐一评价，确定适宜的雨洪管控目标，最后再匹配合适的场地措施。总之，确定规划设计目标（适宜的雨水目标）的过程，需要遵循如下策略要点：①根据评价的结果，选择适宜的场地雨洪管控目标，基于项目的特点和需求可以选择不同的多维目标进行组合，对于简单的项目也可以确定单一的目标。建立场地雨水管控目标的过程是对预设目标的评估与修正的过程，一般是根据项目特点先预设多维目标，进行适地性评估后调整目标。不建议直接根据表5-24的分析结论罗列目标，这样的目标往往无法体现项目的特色。②在具体的项目中还应结合《指南》的要求和方法对年径流总量控制率等指标性的内容提出要求，以便进一步的细化和实施。《指南》中的年径流总量控制率目标主要针对大概率的中小降雨事件而设定，可作为研究地域制定雨水量化目标的底线，由于晋陕黄土高原雨洪灾害主要由小概率的高强度降雨形成，在该地域开发强度和密度普遍较低的有利条件下，实际项目中的年径流总量控制率目标制定应适当提高为宜。③在场地安全目标的选择上，可区别对待，与人的活动及生命财产安全紧密相关的场地建设，应确立高安全目标，如沿沟式和靠山式窑居场地、各类沟谷场地以及位于沟头的场地则属于此

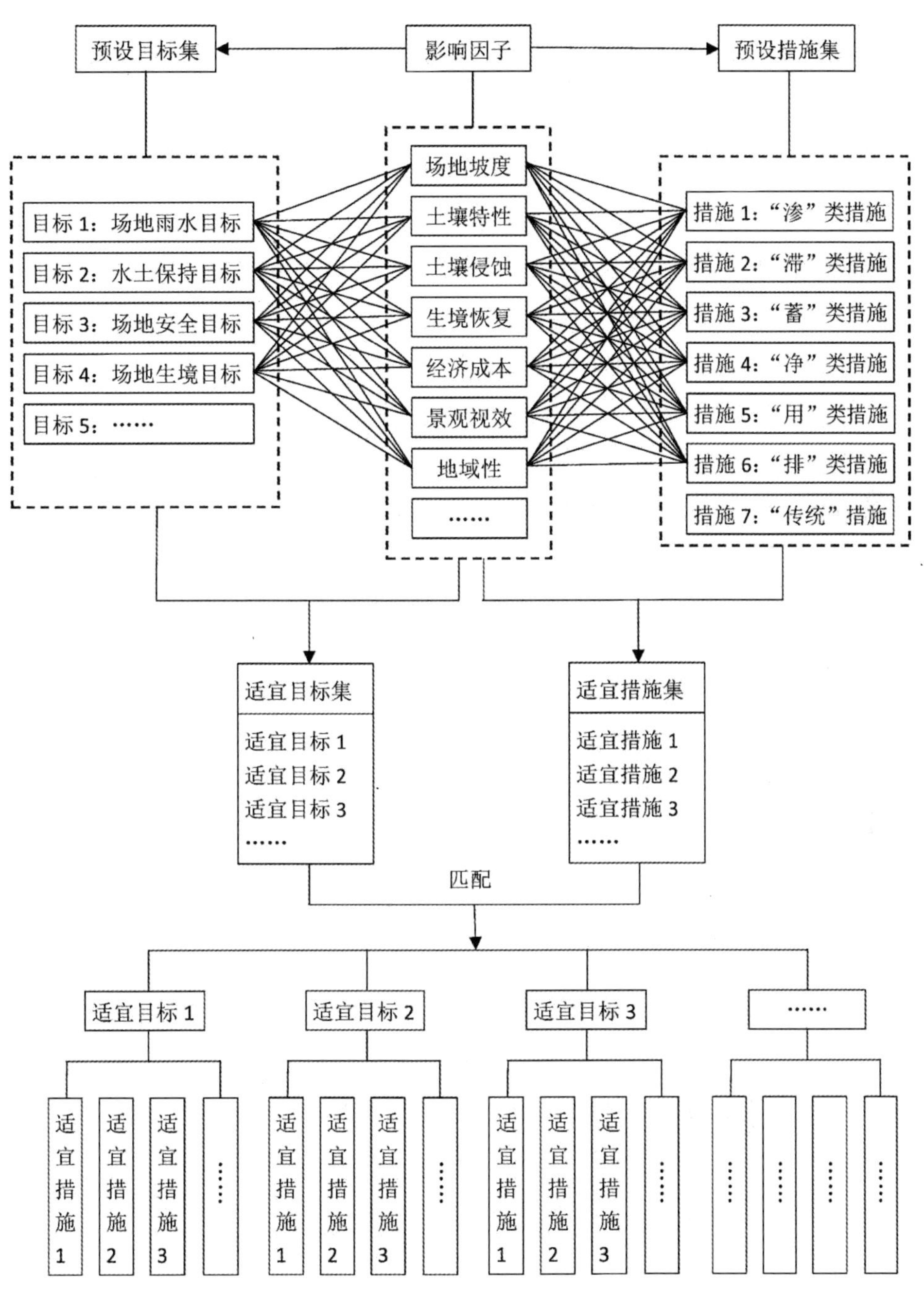

图5-5　场地雨洪管控目标与措施适地性评价流程

图片来源：作者 绘

类；对于远离人群活动或者临时性的以及建设成本较低、易于修复的场地，则可降低场地安全目标，如塬面场地、各类缓坡场地、宽阔的河谷阶地等。④对于生境敏感的场地以及需要有效恢复场地生境的项目，则需设定较高的场地生境目标，并依此选择适宜的工程措施。这类场地大量存在于沟谷和台塬的边界上。

需要强调的是，由于研究地域地貌复杂多变，一个具体项目内往往包含了上述多种场地形式，每块小场地的目标可能差异较大，那么在制定总体目标时就需要进行归纳和总结，根据主要矛盾提出适宜的目标或目标体系，而不需要将每一具体地块的目标巨细无遗地罗列在总目标中，但在具体规划设计时，又必须兼顾到每块场地的目标要求，通过合理的规划设计加以体现。

5.2.2.3 步骤 3：选择适宜技术措施

技术措施的适宜性是针对具体场地及建设目标而言的。选择技术措施要遵循两点原则：一是尽量选择适宜性最高的技术措施。在满足相同功能目标的措施中，应优先选择适地性评估分值最低的选项[1]，以确保该措施的适应性最广。对于有些适宜性居中的选项，如果从实际情况出发的确需要使用，则可以对该措施进行适当的调整改造。例如，在湿陷性黄土上如果需要运用植草沟等传输措施，则可以通过改变植草沟断面的土壤成分或者增加防护性构造层来使其更具适应性。二是需根据项目中具体场地及其需要承担的雨洪管理功能针对预选的技术措施进行适地性评估，以选择最适宜的措施。措施的适宜性针对的是项目中的具体场地而不是项目总体用地，在项目中甲地块可行的措施放到乙地块很可能就不适宜，这是由黄土高原特殊地貌和水文特征决定的。如文后山的西百草坡森林植物园案例中，有组织排水措施采用了改良后的植草沟、旱溪和硬质沟渠，前两者适宜于平坦场地或缓坡场地，后者则适宜于陡坡场地，不能通用，这是根据场地特点做出的适地性选择，对整个项目而言，这三种措施都是适宜的，但运用的地方有区别。

在晋陕黄土高原地区，传统地域性雨水场地措施是被实践检验过的行之有效的措施，是经过长期选择的结果，可以直接纳入预选措施集中。《指南》中所列的透水地面、下沉式绿地、生物滞留设施、渗透塘、蓄水池等措施，有些因名称和内涵与传统的某项措施基本一致，如绿色屋顶等，可以直接纳入预选措施集中；有些因外在形式与传统的某项措施非常相似，构造上经过地域化改造后也能适合地域场地，也直接纳入，如：植草沟（对应于塬边埂内的沟渠）、雨水湿地、调节塘/池（对应于涝池）等；还有一些，虽然无法和传统措施对应，但其形式与功能对于黄土高原内的某一具体场地类型而言，也适合使用，因此也可初步纳入预选措施集，在实际项目中可以根据具体场地的特点经评估后决定是否选用。

---

[1] 在后文的适地性评价体系中，评估对象获得的评估分值越低，则适宜性越高。

5.2.2.4 步骤4：场地规划与设计

通过合理的场地规划设计可以落实小流域内每一地块承担的具体目标和拟采用的技术措施，进而通过不同的方案设计手法与场地设计技巧将具体工程措施与设计方案及场地现状完美地衔接，实现良好的视觉景观效果和生态环境效果。

场地规划设计的策略要点如下：①在落实措施之前需先分析人为干预之后可能的地表水文变化，并依据水文特点和数据确定措施的规模、数量和空间位置。地表水文的变化主要指人工措施加入后地表径流的走向、下垫面的变化及由此带来的渗透系数的变化等。②设施规模的计算方法可以参照《指南》中的相关办法，如：流量法、容积法等。如果对场地的水文过程进行了模拟，则可以模拟结果作为设施规划布局和设计的依据。③设施的选择和规划设计需充分考虑设施的形态与场地景观效果上的协调。景观效果主要体现在设施是否与场地协调融合，建设材料与营建工法、构造等是否具有地域性，不同季节的视觉效果是否都有兼顾等。

5.2.3 雨洪管控的空间规划层级

小流域是完整而独立的汇水单元，其雨洪过程具有连续性和整体性，聚落场地中的水文过程是小流域水文过程的一部分，产生的径流会对下游场地的雨洪过程产生叠加效应，同样地，聚落场地上游的生产和生态用地产生的径流也会对下游聚落场地内部的水文过程产生影响。因而，沟壑型聚落场地的雨洪管控不是独立的场地内部的问题，而是所在小流域总体雨洪管控的一部分。虽然聚落场地内部的独立雨洪管控能够控制排放到下游场地的径流量，但并不能干预上游场地排入的径流量。所以，只有在小流域总体雨洪管控目标下确定聚落场地和其外围生产、生态场地的具体目标，实现小流域内所有场地的联合控制才能最终实现小流域的雨洪管控目标，进而保障聚落场地多维雨洪管控目标的实现。

鉴于此，根据第3章有关场地雨洪特征与产流机制分析及其尺度效应，本地域内雨洪管控规划的基本尺度确定为小流域和场地两个尺度，相对应的空间规划层级也可以分为小流域和场地两个规划层级，在每个规划层级，面临的主要矛盾不尽相同，制定的雨洪管控目标以及采取的雨洪管控策略既密切关联又各有侧重。

5.2.3.1 小流域层面

由于土壤侵蚀程度和水土流失现象极其严重，在研究区域内，自新中国成立以来就将小流域的治理工作作为生态环境治理的重点，而小流域的雨洪管控问题一般很少在规划、建设、管理以及政策层面作为主要目标来体现，一直以来强调的都是水土保持目标，对应的相关政策法规也比较齐全。但从地表水文过程来讲，水土流失本质上还是地表径流造成的，如果能够从小流域的雨洪过程入手，明确其雨洪管控的目标和策略，那么小流域的水土保持目标和措施则更符合基本水文规律，也更容易落实和实现，比单纯仅从场地水土保持措施的布局入手来实现水土保持目标更系统更合理。因此，在小流域层面本研究以地表径流控制为出发点，提出雨洪管控与水土保持的综合雨洪目标是符合基本规律的可行思路，不仅有益于小流域水土保持工作的开展，而且还能将小流域建设成为城乡规划中的绿色基础设施的载体，发挥“海绵”的作用，缓解下游流域和城镇的洪涝压力。小流域层面的雨洪管控适地性规划在内容上需要明确总体目标、指标分解、建设模式、技术措施以及政策法规等五个方面的问题。

5.2.3.2 场地层面

小流域雨洪管控的关键在于系统合理的规划，但要落实规划并且真正发挥系统性的雨洪管控成效，还在于场地层面的项目设计与措施落地。从场地开发的强度、用途以及区位而言，研究区域内的项目场地可以分为两大类型：一类为农林业生产和生态建设为主的场地，占小流域土地的绝大部分比例。此类场地的开发强度较低，离城乡聚居点相对较远，因此面临的场地安全问题和景观视效问题并不突出；另一类为城乡建设型项目场地，土地用途主要是城乡聚居及各类项目建设，土地的开发强度比较大，离城乡聚居点较近，有些直接位于城市内部，因而面临的场地安全问题以及破坏地域风貌等问题较为突出。雨洪管控适地性规划设计中针对这两类场地应有不同的思路和策略。

对于第一类场地，开发建设时只需要严格按照雨洪管控适地性规划设计总体技术框架（图5-3）中模块2或模块3里划定的汇水单元，根据项目场地是位于坡面还是谷地来相对应地建设坡面雨水措施和沟谷雨洪管控措施即可，措施的工程设计可以依据相应的工程设计规范执行。对于第二类以城乡聚居及各类项目建设为主要目的的场地，因涉及的场地功能、场地安全、场地视效、场地生态等要求都比较高，场地的水文过程和场地设计均较为复杂，需要深入地研究其适宜的规划模式和设计方法。

以城乡建设为主要利用方式的场地，其雨洪管控适地性设计需要解决场地多维目标确定、分地块（汇水区）指标分解、适宜场地建设模式与技术措施选择以及LID技术措施的地域性改良等相关问题。

5.2.4 雨洪管控方法的体系构成

在地域性雨洪管控的总体方法中，技术途径部分明确了基本的技术思路和路径，总体框架部分以4个模块搭建了规划各层级的工作目标与主要内容、明确了基于适地性评价的规划设计核心步骤，但从实践角度而言，还缺乏规划目标、措施、评价以及法规等内容体系方面的支撑。如何确定适宜的目标？有哪些适宜的技术措施、并且如何针对目标选择措施？如何判定目标和措施的适地性？构建的适地性规划设计方法在现有法律规范体系下面临哪些矛盾和制约？需要法规体系做出何种调整？上面这些问题需要在规划内容体系的构建中加以讨论和解答。

针对上述问题，结合总体框架各模块中涉及的具体规划内容，明确雨洪管控适地性规划需要构建多维目标体系、综合措施体系、目标与措施的适地性评价体系以及政策与法规体系4方面的支撑体系。鉴于地域城乡海绵建设面临的特殊问题以及地域雨洪管控技术途径的多学科特性，地域雨洪管控的多维目标体系需要涵盖雨洪管控、水土保持、场地安全、场地生境、景观视效以及成本效益等目标内容；还需要明确小流域和场地两个规划层级在雨洪管控目标上的侧重点。地域雨洪管控综合措施体系的构建则需要对传统雨水利用及水土保持技术措施和低影响开发（LID）类技术措施进行评价与选择，提高措施的地域针对性和目标指向性。针对雨洪管控目标与措施是否适宜的问题，需要建立适地性评价体系。适地性评价体系的建立包括评价因子的提取与量化、评价方法构建、目标与措施的适地性评价等内容。城乡规划的法律法规是一个庞杂的体系，需要对现有法律法规进行详细梳理，从城乡规划技术体系创新、法规体系创新和管理体系创新的角度，提出地域雨洪管控政策与法规协同创新的体系框架。

5.3 雨洪管控的多维目标体系

雨洪管控目标有广义和狭义目标之分，广义的雨洪管控目标不仅包含地表径流汇聚后形成的洪水总量控制、峰值控制、雨水资源化利用和污染控制等直接的“雨水”目标，还包括应对雨洪造成的土壤侵蚀而出现的水土保持目标以及雨洪管控措施规划实施过程中的景观风貌、生境恢复、成本效益等目标。狭义的雨洪管控目标则仅包含场地或小流域内的洪水总量控制、峰值控制、雨水资源化利用和污染控制等直接的“雨水”目标。目前的海绵城市建设多以狭义的目标为主，由于研究区域的特殊性，本研究采用了广义的雨洪管控目标体系。

因为水文过程及其面临的雨洪问题不尽相同，所以在小流域和场地两个不同的规划层级中，目标设定也有所区别。小流域层面主要强调基于完整水文过程而确立的雨洪总体控制和水土保持目标，场地层面的雨洪管控目标则要复杂得多，一方面是由于以城乡建设为主要利用方式的小流域场地在建设功能上的复杂性，另一方面是因为场地内部水文过程因高强度场地开发而造成的不确定性以及场地本身所附加的社会文化属性。城镇型场地其雨洪管控目标多侧重于地表径流的控制、湿陷性控制以及雨水的资源化利用；城乡聚落型的场地因规模小、地形地貌更复杂，可能在目标上更强调场地安全、地域风貌以及雨水利用；生态建设项目场地则还需要强调场地的生境保护与恢复目标。

5.3.1 雨洪管控目标

在《指南》中，将低影响开发的综合控制目标分解为总量控制、峰值控制、污染控制以及雨水资源化利用四个分目标[199]。本研究在径流总量控制、径流峰值控制、污染控制以及雨水资源化利用四个二级目标的基础上增加了水土保持、场地安全、场地生境、景观视效、经济性共5个一级目标及若干二级目标（表5-3）。增加这些一级目标都是根据地域内面临的实际问题提出的地域性应对思路。

基于场地适地性评价的规划设计目标体系　　表 5-3

一级目标	二级目标	三级目标
雨洪管控目标	径流总量控制目标	地表径流总量控制 雨水调蓄等
	径流峰值控制目标	防洪等级和设计降雨量
	雨水资源化利用目标	补充地下水（深层渗透） 补充土壤水分（浅层渗透） 生产回用（工农业） 生活回用（生活及杂用）等
	径流污染物控制目标*	悬浮物（SS）控制
水土保持目标	土壤侵蚀控制目标	侵蚀模数控制 地貌保持
场地安全目标	场地变形控制目标	沉降 湿陷 冻胀
	场地塌方、泻溜控制目标	场地塌方、泻溜 泥石流

续表

一级目标	二级目标	三级目标
场地生境目标	生境的维持与修复目标**	土壤水分保持 土壤盐分控制 维持或增加现有种群 生境碎片修复
景观视效目标	景观风貌控制目标	景观效果 地域特色 季相变化
成本与效益目标	建设成本控制目标	本土材料 乡土技术 工程量
	运转维护成本控制目标	维护频次 维护费
	经济效益目标	措施与生产结合程度以及后期效益

说明：* 径流污染物一般采用悬浮物（SS）、化学需氧量（COD）、总氮（TN）、总磷（TP）等指标表示。根据《海绵城市建设技术指南》，实际工作中，为提高项目的可操作性，一般采用SS作为径流污染物的控制指标，本表沿用了《指南》的思路。

** 与场地生境相关的目标很多，表中仅从雨水对场地生境的维持与修复的角度选择了土壤的水分保持、土壤盐分改良、维持或增加现有种群以及生境碎片修复四个对雨水比较敏感的目标。

如5.2.3.1小节所述，洪水总量控制目标及水土保持目标是小流域层面需要重点研究的问题。每个具体的小流域如何确定上述雨洪管控目标？需要哪些具体指标作为判定标准或实施标准？目标和指标确定的原则依据又是什么？这些问题都需要逐一分析。

5.3.1.1 水文分区与目标选择

确定小流域层面的雨洪管控目标，首先要了解小流域的水文分区及水文过程。小流域正常情况下同河流干流一样具有四种水流来源：河道降雨、地表径流、地下径流和地下水。而地下水则是河流排水量的主要来源，被称为基流。根据科研人员实地调查研究表明，对于林地中的河流而言，地下径流对河流水量的贡献率仅次于基流，是河流水量的重要来源，在森林覆盖率高的区域，地表径流对河流水量的供给是微不足道的。但是，在干旱地区、耕地和城市地区，地表径流通常是河流水流量的主要来源，这点对一些小河流而言尤其明显。[165]对于晋陕黄土高原沟壑型地貌中的众多小流域而言，其河道的水流显然主要来源于地表径流，甚至大部分的小流域在干旱季节是处于断流状态的。因此，以地表径流控制为主要任务并以此来确定雨洪管控目标是合理可行的。

一般情况下，黄土丘陵沟壑区的小流域都由若干封闭的集水单元（微流域）构成（图1–5），每个集水单元又包含了供水区（高地区）、集水区和输导区三个水文区（图5–6）。供水区也称为高地区，是独立集水单元中地势最高的区域，也是雨水的来源区域，在此区域没有上游排水的问题。集水区虽然也位于小流域的上游，但会受到供水区排水的影响。输导区主要是集水单元内的沟壑区域，承担着集水单元内所有地表径流汇集后的外排功能。如果按照第2、4章讨论的“产流–汇流”这一水文过程来分析，供水区属于产流区，集水区和输导区都属于汇流区。小流域集水单元的特点和水文过程对雨水目标的确定具有较大影响，具体而言影响着该目标需要针对哪一个水文阶段来设定。

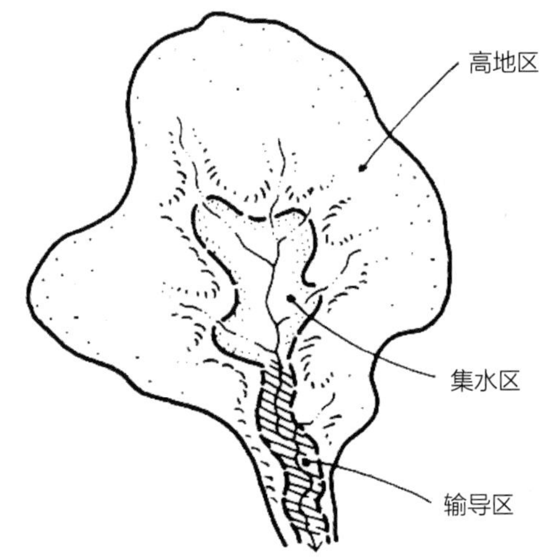

图5–6 微流域的水文分区

图片来源：[美]威廉·M·马什. 景观规划的环境学途径（原著第四版）[M]. 朱强，黄丽玲，俞孔坚等，译. 北京：中国建筑工业出版社，2006.

其次，地域不同，降水特征、水文地质条件、径流污染状况、内涝风险以及雨水资源化要求等都有较大的差异[199]，因此区域内雨洪目标的确定需要有所侧重、有所针对。具体如何确定，《指南》中确定径流控制目标的思路值得参考：[199]

（1）水资源缺乏的城市或地区，可采用水量平衡分析等方法确定雨水资源化利用的目标；雨水资源化利用一般应作为径流总量控制目标的一部分。

（2）对于水资源丰沛的城市或地区，可侧重径流污染及径流峰值控制目标。

（3）径流污染问题较严重的城市或地区，可结合当地水环境容量及径流污染控制要求，确定年 SS 总量去除率等径流污染物控制目标。实践中，一般转换为年径流总量控制率目标。

（4）对于水土流失严重和水生态敏感地区，宜选取年径流总量控制率作为规划控制目标，尽量减小地块开发对水文循环的破坏。

（5）易涝城市或地区可侧重径流峰值控制，并达到现行国家标准《室外排水设计规范》GB 50014中内涝防治设计重现期标准。

（6）面临内涝与径流污染防治、雨水资源化利用等多种需求的城市或地区，可根据当地经济情况、空间条件等，选取年径流总量控制率作为首要规划控制目标，综合实现径流污染和峰值控制及雨水资源化利用目标。[199]

根据此思路，研究区域属于典型水土流失严重和生态敏感的地区，应按照第四条来确定雨洪目标，即选取年径流总量控制率作为规划控制目标，尽量减小地块开发对水文循环的破坏。首先，关于径流污染问题，前文已有过分析，地域内最大的径流污染物是由于水土流失造成的悬浮物，与径流总量密切相关，一方面在“汇流”阶段控制了地表径流总量也就控制了悬浮物，另一方面，如果在径流产生的源头即“产流”阶段就采取技术措施，也同样能够达到减少径流污染物的目的。所以，选取年径流总量控制率作为雨洪管控的目标实际上是包含了污染物控制目标的。其次，由于研究区域地形变化巨大以及人居聚落主要沿沟谷坡地或高地分布的特点（图5-7），小流域内很少像城市聚居区那样出现内涝问题，反而是场地垮塌、水土流失以及对下游流域造成的洪峰压力应该作为重点解决的目标。

图5-7 黄土沟壑型小流域中的人居聚落
图片来源：作者 摄，2016年，米脂卧虎湾

5.3.1.2 地貌特征与指标类型

破碎的地形地貌、极高的沟壑分布密度以及普遍较陡的场地坡度等特征对雨洪控制指标的设置具有一定的影响，是《指南》中部分指标无法沿用的直接原因。

在明确将洪水总量控制作为小流域雨洪管控具体目标的情况下，年径流总量控制率就成为一个最关键的能够反映洪水总量控制水平的指标。在《指南》中，除了年径流总量控制率指标外，还将绿地率、水域面积率、下沉式绿地率等指标作为洪水总量控制目标落实过程中的操作性指标。具体到研究地域内，由于小流域内的用地构成与城市用地有很大的差别，主要以农林用地、荒地坡地、自然沟壑、川道以及人居聚落场地等为主，城市绿地的概念几乎不存在，自然水域也很少见，因此绿地率、下沉式绿地率以及水域面积率等指标并不适宜（城市除外）。

制定具体指标的目的是对年径流总量控制率目标进行转化与分解，便于将抽象的径流数量指标转化成规划中易于操作和落实的具有物质空间属性的指标，从而将物质空间规划要素与抽象数字联系起来，通过对空间要素的布局与设计来实现雨洪管控的数量指标要求。以“下沉式绿地率”为例，确定的“下沉式绿地率”和下沉深度决定了规划范围内所有下沉式绿地的空间下沉量是确定的数值，因而也就显示了绿地可以容纳地表径流的总容积，从而达到了分解总体雨洪控制目标的目的。由于绿地率、下沉式绿地率以及水域面积率等指标并不适宜于黄土丘陵沟壑区的小流域，寻找适宜的替代指标对小流域层面雨洪管控规划的具体实施具有重要意义。

在常规的海绵城市规划中，城市绿地、城市水面、透水铺装是滞蓄地表径流和产生下渗最主要的下垫面类型和空间载体，这些载体本身在规划设计中就是被规划和设计的物质对象，所以，选择绿地率、下沉式绿地率、水域面积率以及透水铺装率等作为具体的规划实施指标是十分恰当和可行的。在黄土高原沟壑型场地内，除了少量的人工建设（居民点、道路与铺装场地以及其他功能性建构筑物）外主要的下垫面都是未经硬化的自然地表，绝大部分都具有透水性。具体的操作性指标需要根据下垫面的类型、开发利用方式以及地域内的总体地形地貌特点来确定。首先，从地形地貌特点来看，最大特征是：①沟壑纵横、地形被切割得支离破碎，而且沟壑数量多，沟壑密度大；②地表坡度大，土地开发利用困难、成本高、易于造成水土流失。其次，从土地利用方式来看，小流域层面的土地主要包括建设用地（居民点、生产场地、人工构筑物和小型厂矿等）、坡耕地、各种林地（天然林、次生林、经济林）、无法开垦的陡坡和荒地等类型。其中，建设用地只占很小的比重，绝大部分为农林用地和坡荒地。如果将上述特征和小流域的地表水文分区（图5-6）以及“产流-汇流”这一水文过程结合起来分析，可以总结出两条规律并推导出相应的结论。

其一，供水区（高地区）主要由破碎的塬和梁峁等丘陵状地貌的顶部区域组成，地形坡度总体来说相对较小，农业开发利用比重较大。由于在水文过程中属于“产流”阶段，如果能够在规划设计中布局合理措施，尽可能地将雨水滞留在原地，那么给“汇流”阶段带来的压力会减小很多，从而实现部分雨洪管控的目标。综合本书前面章节对地域实践和民间智慧的相关论述可知，在供水区（高地区）能够实现这一功能的适宜地域措施主要有梯田、塬边埂、水窖等。由于水窖收集雨水需要集雨面、传输沟渠、沉沙池等配套设施，较为复杂，不适宜在大范围的农地中无差别地实施，故不予考虑。而梯田和塬边埂的原理基本相同，都是利用人工土埂或生物埂在场地较低一侧的边缘来拦截径流、滞留雨水，由于土埂或生物埂相比场地具有一定的高度，所以自然形成了一定的滞水容积，功能上类似于下沉式绿地（图3-14～图3-17）。关于梯田对流域地表径流的影响，余新晓等学者（2011）[259]对黄土高原秳河流域长期观测和模拟后，得出在该流域的坡耕地、梯田、林地和草地四种土地利用类型中，梯田对径流的影响率最大，达到了38%～47%，林地约为23%，草地对径流的影响波动较大，为14%～32%，从理论上验证了如果将梯田作为一种影响地表径流的措施，将是十分有效的。因此，无论是根据传统的实践经验还是依据理论上的实证研究结果，或是措施的可实施性来判断，确定“梯田比率”作为雨洪管控规划中的单项指标都是非常合适的，其在内涵上类似于海绵城市规划中的“下沉式绿地率”。同理，将林地和草地合并成一个类型，还可以设置“林草覆盖率”作为单项指标，其对地表径流的滞留和渗透等作用类似于“绿地率”。

其二，集水区是塬、梁、峁等高地地貌与沟壑的过渡地带，是小流域雨水的主要汇集区域，属于小流域上游，地貌形式主要为塬、梁、峁的坡脚以及小流域的各种毛细支沟，功能上主要承接和汇集上游高地区产生的径流。输导区则是小流域雨洪的主干通道，同时也是小流域的主干沟道，属于小流域的下游，连接下游的流域。集水区和输导区对应于小流域地表水文过程的“汇流”阶段，空间形态上呈带状沟谷形态，而且在整个流域中广泛分布，结合第3章的论述可知，沟谷地貌中最有效的传统雨洪管控措施是谷坊和淤地坝，其中谷坊针对较小的毛细支沟，淤地坝主要应用于较大的沟谷（图3-5～图3-9）。从雨洪管控功能的角度，谷坊和淤地坝类似一种可以滞沙蓄水的或大或小的洼地或临时水库，水满后可以自溢下流，如果在规划设计中能够合理布局，则能够在“汇流”阶段发挥强大的调节地表径流的作用。因此，选择“淤地坝密度”作为“汇流”阶段的指示性指标是非常切实可行的。

5.3.1.3 径流总量控制目标与控制指标

根据上文的论述，晋陕黄土高原沟壑型场地雨洪管控以径流总量控制目标作为规划控制目标为宜，小流域层面在年径流总量控制率目标之下，又以“淤地坝密度”和“梯田比率”作为地表水文过程中不同阶段和不同地块的实际控制指标。在具体规划中，如何将“年径流总量控制率”目标转化成“淤地坝密度”“梯田比率”以及“林草覆盖率”三个具体指标，需要进一步论述。

（1）年径流总量控制率

径流总量控制是雨洪管控的核心目标，能否合理确定管控区域内的径流总量目标直接决定了雨洪管控的成效。制定较高的径流总量控制目标虽然有利于流域出口以及下游流域的安全，但对规划流域内各分散场地的雨洪管控要求会更高，雨洪设施的工程规模和工程量也会更大，洪涝风险也更高，同时必然会带来经济成本和生态成本的提升。因此，确定合理的径流总量控制目标才是小流域雨洪管控的关键。在《指南》中，径流总量控制是用“年径流总量控制率”来作为控制目标的。如果定义一定时间内（一年内）经过处理的雨水量占全部雨量的百分比为控制率，则“年径流总量控制率”是指通过自然和人工强化的渗透、集蓄、利用、蒸发、蒸腾等方式，场地内累计全年得到控制（不外排）的雨量占全年总降雨量的比例[266，267]。《指南》根据全国的气候条件和土壤地质条件大致将年径流总量控制率目标划分了五个分区，晋陕黄土高原地区总体上处于Ⅱ区，该区的年径流总量控制率为80%≤α≤85%，该指标可以作为一个基础性的指标加以参考，但在地域规划实践中，一定要结合具体小流域的场地安全等其他目标来综合考虑，确定合理的控制率目标。

年径流总量控制率与设计降雨量为一一对应关系，即每一个设计降雨量对应一个控制率。理想情况下，径流总量控制目标应以开发建设后径流排放接近开发建设前自然场地的径流排放量为标准[199]。《指南》中提出的理想情况是将城市开发前的场地自然地貌按照绿地来考虑，所以参考绿地的年径流总量外排率15%～20%（相当于雨量径流系数为0.15～0.20）这一数值，得出在海绵城市建设要求下，场地开发后宜采用的年径流总量控制率最佳为80%～85%的结论[199]。然而，具体到晋陕黄土高原沟壑型小流域中，场地开发前的地表虽然为自然地表，但并不能简单地类比成城市绿地，因为该自然地表主要为坡度较大的农耕地、林地或荒地，在坡度、土壤湿陷性及人工耕作等多重因素影响下，年径流总量外排率通常大于普通城市绿地，这一点从该区域严重的水土流失现象中也可以得到验证。因此，在研究区域内，理想情况应该是通过人为干预措施，使场地开发或人工措施干预后的地表径流排放量标准低于人工开发或人工干预前自然场地的地表径流排放标准。这也是海绵城市规划理念具体到本地域之后应有的地域化思路。从实际操作的层面，建议将研究区域内的年径流总量控制率目标设定为90%，并将其作为晋陕黄土高原小流域及其聚落场地海绵设计的起点目标，此时对应的设计降雨量为28.6mm（表5-4、表5-5）。

年径流总量控制率的统计方法，可参考下面的过程和步骤：[172]

①针对本地一个或多个气象站点，选取至少近20～30年（反映长期的降雨规律和近年气候的变化）的日降雨（不包括降雪）资料。

②扣除小于等于2mm的一般不产生径流的降雨事件的降雨量，将日降雨量由小到大进行排序。

榆林市30年（1981～2010）降雨统计分析　表5-4

控制降雨量日值（mm）	对应降雨量（mm）	累计降雨量（mm）	日值对应频率（%）	累计频率（%）	小于该降雨量场次	大于该降雨量场次	控制降雨总量（mm）	控制率（%）
2.1～3.0	430.8	430.8	3.99	3.99	169	825	2905.8	26.93
3.1～4.0	469.9	900.7	4.36	8.35	303	691	3664.7	33.97
4.1～5.0	440.3	1341	4.08	12.43	400	594	4311	39.96
5.1～6.0	407.6	1748.6	3.78	16.21	474	520	4868.6	45.13
6.1～7.0	371.3	2119.9	3.44	19.65	530	464	5367.9	49.75
7.1～8.0	358.2	2478.1	3.32	22.97	577	417	5814.1	53.89
8.1～9.0	395.7	2873.8	3.67	26.64	623	371	6212.8	57.59
9.1～10.0	411.2	3285	3.81	30.45	666	328	6565	60.85
10.1～11.0	221.5	3506.5	2.05	32.50	687	307	6883.5	63.80
11.1～12.0	233.3	3739.8	2.16	34.66	707	287	7183.8	66.59
12.1～13.0	261.2	4001	2.42	37.08	728	266	7459	69.14
13.1～14.0	312.6	4313.6	2.90	39.98	751	243	7715.6	71.51
14.1～15.0	377.3	4690.9	3.50	43.48	777	217	7945.9	73.65
15.1～16.0	265.5	4956.4	2.46	45.94	793	201	8172.4	75.75
16.1～17.0	231.7	5188.1	2.15	48.09	807	187	8367.1	77.55
17.1～18.0	405.2	5593.3	3.76	51.84	830	164	8545.3	79.21
18.1～19.0	297	5890.3	2.75	54.60	846	148	8702.3	80.66
19.1～20.0	234	6124.3	2.17	56.77	858	136	8844.3	81.98
20.1～25.0	873.4	6997.7	8.10	64.86	897	97	9422.7	87.34
25.1～30.0	816.1	7813.8	7.56	72.43	927	67	9823.8	91.06
30.1～35.0	802.3	8616.1	7.44	79.86	952	42	10086.1	93.49
35.1～40.0	523.1	9139.2	4.85	84.71	966	28	10259.2	95.09
40.1～50.0	540.1	9679.3	5.01	89.72	978	16	10479.3	97.13
50.1～70.0	739.5	10418.8	6.85	96.57	990	4	10698.8	99.17
70.1～110.0	370	10788.8	3.43	100.00	994	0	10788.8	100.00

注：1. 表中用于统计分析的基础降雨数据来源：中国气象数据网提供的中国地面国际交换站气候资料日值数据集（v3.0）；

2. 由于降雨量小于2.0mm时几乎不产生径流，所以表中只统计分析降雨量日值在2.1mm以上的降雨数据；

3. 未在表中进行统计分析的0.1～2.0mm之间（含2.0mm，记录中该降雨量场次为0）的降雨量累计值为713.7mm，降雨场次1021场，表中分析的各种降雨场次均指大于2.0mm以上的降雨场次；

4. “小于该降雨量场次”和“大于该降雨量场次”中的“该降雨量”均指“控制降雨量日值”的上限值。

榆林市年径流总量控制率与设计降雨量对应关系　　表5-5

年径流总量控制率(%)	50	60	70	75	80	85	90	95
设计降雨量(mm)	7.1	9.7	13.4	15.6	18.5	22.8	28.6	39.7

③统计小于某一降雨量的降雨总量（小于该降雨量的按照真实雨量计算出降雨总量，大于该降雨量的按照该降雨量计算出降雨总量，两者累计总和）在总降雨量中的比率，此比率即为年径流总量控制率。[172]计算原理如图5-8所示。

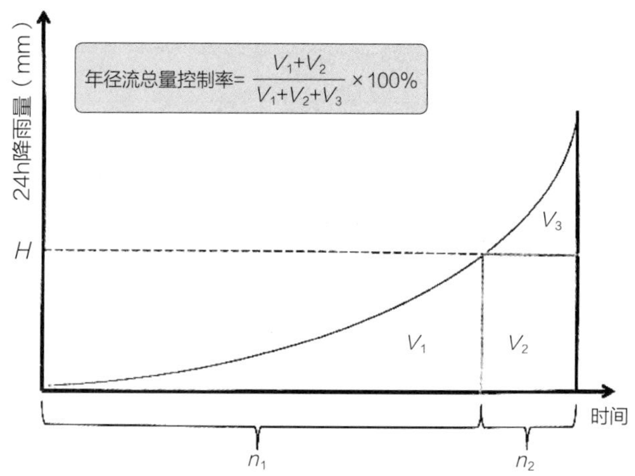

图5-8　年径流总量控制率计算原理图

图片来源：任心欣，俞露等，《海绵城市建设规划与管理》[M]. 北京：中国建筑工业出版社，2017：90.

以榆林市为例，根据上述方法，以中国气象数据网提供的中国地面国际交换站气候资料日值数据集（v3.0）为数据来源，选取中国国家级地面站榆林站1981年1月至2010年12月共30年间的降雨数据进行统计分析，可以得到表5-4。

根据上述数据可以绘制出年径流总量控制率与设计降雨量对应关系曲线，如图5-9所示。进一步采用内插法计算可得出年径流总量控制率与设计降雨量的对应关系表（表5-5）。

（2）淤地坝密度

小流域内每平方公里布置淤地坝的数量即是淤地坝密度，单位是“座/km²”。淤地坝密度的确定取决于两个方面的因素：一是小流域总体的防洪目标和标准，防洪标准定得越高，对淤地坝布置的密度要求就越高，淤地坝密度越大；二是与流域形状有关，窄长形的沟道布坝密度应大些，宽阔形的沟道布坝密度可小些[206]。当

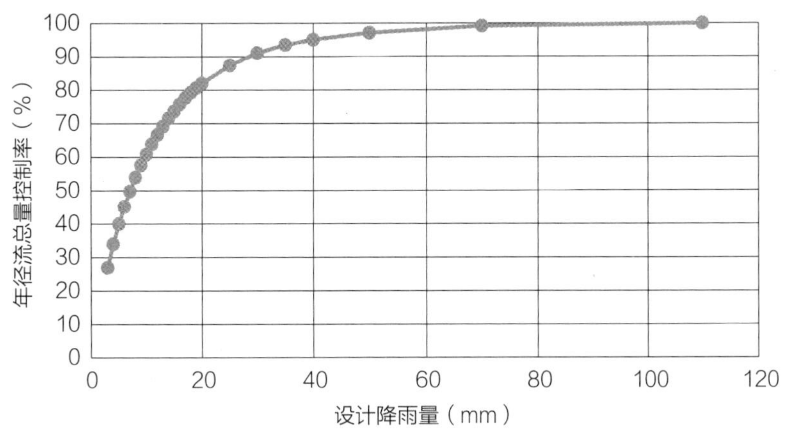

图5-9　榆林市年径流总量控制率与设计降雨量对应关系曲线
图片来源：作者，刘永 绘

在小流域内连续布置多座淤地坝时，便形成了坝系，坝系可以更高效安全地发挥淤地坝的防洪控沙作用。其布设一般遵循“小多成群有骨干”的思路，进行规模发展，陕北地区布坝密度一般为1～3座/km^2，大、中、小坝比例为1：（2～3）：（4～6），骨干坝与中小型坝的比例为1：9[206]。具体到特定的小流域中，最合适的布坝密度需要根据防洪目标计算后才能确定。

淤地坝密度可以根据如下步骤进行确定：

①确定小流域的雨洪管控目标，即确定小流域年径流总量控制率目标和坝系的防洪设计标准（重现期）。

②计算洪水频率为P的小流域洪水总量W_P［可用式（2-4）或式（2-5）计算］，当小流域有水土保持措施时，应以考虑坡面治理措施影响之后的小流域洪水总量为准。

③根据小流域洪水总量W_P以及坝系安全系数❶计算公式$I_{cP}=W_P/A_{实}(d_B+d_c)$［式（2-9）］，可算得以玉米等高杆植物为标准确定的坝地允许淹水深度和洪水所

❶ 根据范瑞瑜（2004）的坝系相对稳定理论及其多年实践检验，坝系从规划、逐步实施到逐年淤地达到稳定高效的防洪效果需要一定的建设期和较长的淤积期，如果缺少统一规划而盲目建设，则坝系的形成过程往往会比较曲折，并出现水毁、坝地利用率低、形成时间长等问题。因此，规划中可以用坝系稳定系数和坝系安全系数来反映坝系的稳定运行程度和坝系工程的安全程度。坝系稳定系数用坝系的总淤地面积与控制流域面积之比来表示，当比值达到一定的范围时，表明坝系已经达到了稳定运行的水平。坝系安全系数则用公式$I_{cP}=W_P/A_{实}(d_B+d_c)$表示，当$I_{cP}\leq 1$时，说明坝系允许的总体淹水深度和洪水所含泥沙的平均淤积厚度之和大于等于实际的洪水淹没深度，所以坝系工程在设计允许范围之内运行，是安全的；相反，当$I_{cP}<1$时，说明坝系允许的总体淹水深度和洪水所含泥沙的平均淤积厚度之和小于实际的洪水淹没深度，坝系工程超设计标准运行，判定为不安全。

含泥沙的平均淤积厚度之和$d_B+d_c=0.8$m、$I_{cP}\leqslant 1$时的淤地坝坝地实际面积$A_{实}$。

④根据小流域的面积、沟壑的分布和形态、沟道的沟底纵坡等因素综合确定需要确定控制性骨干坝和一般大中小型淤地坝的选址和数量。

⑤以第④步初步选定的坝址为依据，估算整个坝系达到稳定运行状态后的实际淤地面积，以此面积和第③步算得的$A_{实}$进行对比，如果小于$A_{实}$，则需要再继续增加淤地坝数量，如果大于$A_{实}$，则可在合适的位置削减一定的数量，经反复验算基本达到平衡后，即可确定最终需要规划的淤地坝数量。最后根据淤地坝数量除以小流域总面积可得规划小流域的淤地坝密度。

⑥控制性骨干坝数量的确定可以参照表5-6确定；和骨干坝配套的中小淤地坝的数量可以参照表5-7确定。

不同侵蚀强度区的骨干坝控制面积　　表 5-6

侵蚀强度类型区	平均侵蚀模数 [t/(km²·a)]	单个骨干坝控制面积(km²)	单位面积骨干坝数量参照值 (个/km²)
剧烈侵蚀区	≥15000	3	0.333
极强度侵蚀区	8000～15000	3～5	0.286
强度侵蚀区	5000～8000	5～8	0.2
中轻度侵蚀区	<5000	8	0.125

资料来源：1. 范瑞瑜. 黄土高原坝系生态工程［M］. 郑州：黄河水利出版社，2004：59；
2. 党维勤. 黄土高原小流域坝系评价理论及其实证研究［M］. 北京：中国水利水电出版社，2011：115.

不同侵蚀强度区中小型淤地坝与骨干坝的配置比例　　表 5-7

侵蚀强度类型区	平均侵蚀模数 [t/(km²·a)]	中小型淤地坝与骨干坝配置比例值
剧烈侵蚀区	≥15000	1∶8.3～1∶6.4
极强度侵蚀区	8000～15000	1∶5.5～1∶3.7
强度侵蚀区	5000～8000	1∶4.5～1∶3.0
中轻度侵蚀区	<5000	

资料来源：党维勤. 黄土高原小流域坝系评价理论及其实证研究［M］. 北京：中国水利水电出版社，2011：116.

根据上述过程可知，当淤地坝密度确定之时，小流域的洪水总量、淤地坝的预设选址及预期数量基本上都已确定下来了，可以看出淤地坝密度更像一个指示性的指标，根据该指标可以初步判定该小流域设定的雨洪管控标准的高低以及流域形态的特征：淤地坝密度越大，对应的小流域雨洪管控目标设置得越大，或者同样的管控标准下，该小流域的沟壑密度较大、沟壑宽度较为狭窄；反之亦然。

（3）梯田比率

梯田比率指流域中所有梯田（含坡式梯田、反坡梯田等各种形式的梯田或类梯田措施）的面积之和与流域面积的比值，可用百分比表示。梯田控制的是小流域源头的地表径流，梯田比率越大，则上游释放的径流越少，淤地坝需要拦截的雨洪就越少。根据《水土保持工程设计规范》GB 51018—2014的规定，年降水量250～800mm的地区宜利用降水资源，配套蓄水设施，大于800mm的地区宜以排为主、蓄排结合，配套蓄排设施。研究区域属于适宜利用降水资源，配套蓄水设施的地区。各种梯田的设计标准和规划设计要求可以参见《水土保持工程设计规范》GB 51018—2014及《水土保持综合治理　规划通则》GB/T 15772—2008中的对应内容。

（4）林草覆盖率

流域中有林地、草地总面积与流域面积的比值即是林草覆盖率。需要注意的是，林地的郁闭度和草地的盖度不同，其对地表径流的影响是有较大的差异的。此外，参考《水土保持综合治理规划通则》GB/T 15772—2008中实地调查时的要求，确定用以计算林草覆盖率的林地或草地的郁闭度和盖度都应大于30%，以保证林草覆盖率指标的有效性。林草覆盖率的计算公式可表示如下：

$$C=f/F \tag{5-1}$$

式中　C——林和草植被覆盖率，%；

F——流域总面积，单位为平方公里（km^2）；

f——林地和草地总面积，单位为平方公里，单位为平方公里（km^2）。

（5）流域治理度

流域中所有经过雨水措施或水保措施治理过的土地（含梯田、坝地、人工林草地等）的面积之和占流域面积的百分比称为流域治理度。流域治理度在一定程度上反映了流域雨洪管控措施的保水效益[1]，一般而言，治理度越高，保水效益也越高，雨洪受控程度越高。

5.3.1.4　关于径流峰值目标与污染控制目标

（1）径流峰值目标

径流峰值流量控制目标也是雨洪管控的重要目标。在城市场地中，由于低影响

[1] 在《水土保持综合治理效益计算方法》GB/T 15774—2008中，水土保持的综合效益包括调水保土效益、经济效益、社会效益以及生态效益。

开发设施受降雨频率与雨型、设施建设与维护管理条件等因素的影响，一般对中、小降雨事件的峰值削减效果较好，对特大暴雨事件，虽有一定的错峰、延峰作用，但其峰值削减幅度往往较低[199]。城市洪涝灾害的防治在很大程度上还需要依靠市政管渠和其他防洪设施。但对于晋陕黄土高原沟壑型场而言，洪涝灾害、水土流失以及场地安全问题大都是在大暴雨事件时发生的，对大量处于城市外围的聚居场地，因场地分散、地形破碎复杂、缺少相应的市政基础设施，峰值控制主要依靠场地及沟壑中的相关工程措施和雨水源头控制措施，需要依据小流域的情况来具体分析，峰值流量的控制值影响着场地雨洪设施的规模和密度。

（2）污染控制目标

污染控制既是雨洪管控的目标同时也是影响雨洪管控的重要因素。从目标的角度来说，污染控制所针对的污染物指标主要包括悬浮物（SS）、化学需氧量（COD）、总氮（TN）、总磷（TP）等。由于径流污染物变化的随机性和复杂性，在海绵城市中，对径流污染物的控制一般也通过径流总量控制来实现，并结合径流雨水中污染物的平均浓度和低影响开发设施的污染物去除率确定[199]。在研究区域内，由于城市的规模较小，雨洪管控主要针对城市外围的城乡聚落环境，雨水源头下垫面主要是农林业用地以及未开发的荒山坡地等。径流中的污染物组成与城市中有较大的差别，这正是“污染控制”这一因素对地域雨洪管控发生影响的关键之点，在雨洪管控适地性规划设计中，措施的规划设计应充分考虑这种差别。

5.3.2 水土保持目标

水土保持目标是黄土高原沟壑型聚落场地雨洪管控适地性规划的核心目标之一，因为洪水和土壤流失问题具有相伴而生、一体两面的属性，所以谈到水土保持目标，必然要放到水土流失的动力来源（降水及地表径流）问题中一起讨论，不能孤立。上一节讨论了单纯的“水”的目标，本节则从“水”的角度讨论“土”的目标。

在黄土高原沟壑型场地中，虽然造成水土流失的因素非常复杂，众多学者做了大量的实测与理论研究[88，91，92，268–270]，尤其是卫伟等（2006）对甘肃省陇中地区定西市安家沟小流域多年的实测数据进行统计研究后，得出“不同土地利用类型坡地径流量和侵蚀量与降雨特征值（雨量、雨强、历时等）和下垫面因子（坡度、土地利用、前期土壤水分状况等）关系密切”的结论，其具体规律表现如下：[253]

①影响侵蚀量的因子为降水量和最大30mm降雨强度的乘积，其次为最大30mm降雨强度，与降水量、平均雨强的相关性较差。降水量的多少直接影响着径流量，但根据降水量的多少来判断是否产生侵蚀或产生多少侵蚀是非常不可靠的。

②在10°～20°范围内坡度变化对侵蚀量有显著影响，坡度增加则侵蚀量增加（尤以15°～20°范围内增加较快）。

③土地利用类型是影响径流侵蚀的一个极其关键的因素，不同类型之间的径流与侵蚀存在显著差异。5种土地利用类型中，农田（小麦）和人工草地（苜蓿）最易产生径流和侵蚀；以黄土高原区长势旺盛的灌木丛（沙棘）和人为干扰少的荒草地降低和遏制径流侵蚀的效果最佳；多年生常绿乔木林（油松）的作用次之。

④在坡度和土地利用类型双重作用下，以土地利用为主导因素，坡度次之。在上述5种土地利用类型中，低坡度下的灌木及荒草地抵御土壤侵蚀的效果最佳，而坡度高的农田和人工草地最易遭受土壤侵蚀。

上述研究虽然是针对黄土丘陵沟壑区的特定区域进行的，但其揭示的基本规律对黄土丘陵沟壑区具有普遍的参考意义，尤其是在具体规划实践中，如何看待坡度、土地利用类型以及降雨特征等对土壤侵蚀的影响具有重要参考价值，对于土地利用的规划、措施的布局等具有指向性意义。

由于土壤侵蚀所具有的上述规律，在规划之前确定具体的水土保持指标有一定的困难，尤其是对具体的小流域而言，在未确定雨洪措施种类、数量、分布、土地利用类型以及针对的雨型的情况下，设定具体的水土保持指标（治理后减少的土壤侵蚀模数、坝地拦泥总量等）都比较困难，目标的完成度也具有一定的不可预见性。正因为如此，在《水土保持综合治理　效益计算方法》GB/T 15774—2008中，保土效益是基于雨洪措施实施后根据布设实验取得的实际数据来计算的。具体指标的计算方法可以参见上述规范。有一点可以明确的是，无论是就地入渗措施的效益计算还是就地拦蓄措施以及减轻沟蚀的效益计算，都需要依据流域措施规划后发生的地表径流减少量数据。因此，在本研究中，水土保持目标只作为定性的目标而不作为指标性的定量目标出现，其定量的水土保持效益数据可以根据地表径流目标设定后规划的具体措施来逐项估算。

5.3.3　场地安全目标

由自然地表水文过程或者场地开发干扰后形成的水文过程引起的场地沉降、湿陷、崩塌、滑坡、泻溜、冻胀等场地破坏是引发场地安全事故或隐患的根源。场地安全目标主要是指通过合理的规划设计，采用适宜的场地雨水措施对场地的水文过程进行有效的干预，从而避免场地破坏以及由此引发的灾害和损失。

在《指南》中，场地安全并不是海绵城市建设的主要目标，但对于晋陕黄土高原沟壑型聚落场地而言，洪水对场地带来的剧烈破坏性使场地安全毋庸置疑地成为雨洪管控的主要目标之一，也因此反过来成为影响雨洪管控的关键因素之一。对于湿陷性土壤地质条件，在场地坡度、破碎地貌、巨大高差以及植被低覆盖等不同组合条件下，场地在暴雨时面对的安全风险是差别巨大的。因此，针对不同场地事先进行场地评估，确定风险等级是雨洪管控规划的必要步骤，接下来根据场地的重要性进行场地安全目标的设定也是应有之义，最后根据场地安全目标规划设计适宜的雨洪措施以防范相对应级别的暴雨。在此过程中，场地安全既是目标，也是影响雨洪管控规划设计的重要因素，对场地的总体规划设计和雨水措施的规划布局有着重大影响。根据表5-3中的规划设计目标体系，场地安全目标包含场地变形控制目标和场地塌方与泻溜控制目标两类。

5.3.3.1 场地变形控制目标

区域内，由降雨引起的场地变形主要有沉降、湿陷和冻胀三种形式。三种变形的形成原因和危害程度不尽相同，因此其控制目标也应有所区别。表5-8对不同变形形式的形成原因、危害程度、控制目标要求等做了分析与归纳。

场地变形的形式及其控制目标要求　　表 5-8

变形形式	形成原因	危害对象	危害程度	变形控制目标要求
沉降	抽取地下水、采掘固体矿产、开采油气、抽汲卤水、高层建筑物的重压、低载荷持续作用、地下施工、基坑降水等	建、构筑物	高	高
		城市道路	中	一般
		绿地、广场	低	低
湿陷	湿陷性黄土或具有湿陷性的其他土（如欠压实的素填土、杂填土等），在一定压力下，下沉稳定后，受水浸湿产生的附加下沉	建、构筑物	高	高
		城市道路	高	高
		广场	中	一般
		绿地	低	低
冻胀	由于土中水的冻结和冰体的增长引起土体膨胀、地表不均匀隆起	建、构筑物	高	高
		路面	高	高

从表5-8可以看出，湿陷是黄土地区受降水因素影响最直接也是最大的场地变形形式。在场地雨洪管控规划与设计中，充分防范雨水对场地带来的湿陷破坏是场地安全控制目标的重点内容。在上述场地变形中，造成沉降和冻胀的最主要原因并不是降水，但如果对场地降水处理不恰当，会在某种程度上强化形成沉降和冻胀的原因。因此，在制定场地安全目标时，对于降水及地面径流可能引起或加重的沉降和冻胀破坏也应根据场地的实际情况加以关注。

5.3.3.2 场地泻溜与崩塌等灾害控制目标

场地崩塌、泻溜、滑坡以及泥石流等都属于重力侵蚀的具体表现形式。滑坡、崩塌、泥石流是与降雨或地下水有关的突发性极强的自然灾害，在陕西省地域分布上显示出点多、线长、面广的特征[249]。陕北地区主要以滑坡、崩塌为主，另外，由于人为因素对地表改造的日渐增强，引起的滑坡、泥石流灾害也增多，主要分布在黄土塬、梁、峁地形的边坡地带。形成滑坡、泥石流等灾害的原因既有降雨和地下水因素；也有开挖坡脚、形成高陡边坡，破坏了自然斜坡的稳定状态的原因；还有森林植被遭到破坏，生态失去平衡，暴雨直接冲刷风化层而形成泥石流的原因。[249]

从场地规划与建设的角度，可以采取的防护办法主要有[249]：①减少人为诱发因素。包含划定危险区段，制定相应的法规，严格控制不科学的边坡开挖，禁止在危险坡体内修建，以保护边坡的稳定性等措施。②积极防治，防患于未然。可分为工程治理和生物治理，工程治理包括修挡墙、防滑桩、排水、卸顶压脚等方法，生物治理即植树造林，绿化斜坡，防止水土流失和冲刷坡脚，以保持边坡的稳定性。[249]

综合场地崩塌、泻溜等重力侵蚀灾害的形成原因和防护措施，针对雨洪管控适地性规划设计，可总结出如表5-9所示的相关灾害控制目标要求。表内所列4种灾害形式中，在进行雨洪管控适地性规划设计时要重点布设针对滑坡和泥石流的灾害控制措施，一方面是因为二者的危害程度最高，另一方面因为雨洪是产生此两种灾害的主要原因之一。

场地崩塌、泻溜等形成原因及其控制目标要求　　表5-9

灾害形式	形成原因	危害对象	危害程度	灾害控制目标要求
泻溜	在土石山地、陡坡耕地或沟坡下部，疏松的岩屑、砾石、耕土等，因重力作用而泻溜下来。主要发生在35°以上由松散物质组成的干燥的坡面上，尤其是黄土及易风化的破碎岩组成的坡面较为常见。强度不大，但时间长，终年不止	建、构筑物	中	一般
		流域道路	低	低
		坡耕地	低	低
		沟谷	低	低
		坝地	低	低
崩塌	一般发生在70°~80°的陡坡范围内。多因岩层或母质的垂直节理比较发育，植被覆盖差，土（岩）裸露，风化强烈而形成，小者数10m^3，大者数10万m^3。黄土地区的河岸、沟岸、谷缘和陡崖时有崩塌发生。在新开挖或经过多年风化的公路、铁路及其他建设场地的陡坡上也容易发生崩塌	建、构筑物	高	高
		各类道路	高	高
		建设场地	高	高
		耕地	中	一般
		沟谷	高	高

续表

灾害形式	形成原因	危害对象	危害程度	灾害控制目标要求
滑坡	斜坡上的土体或者岩体，受河流冲刷、地下水活动、雨水浸泡、地震及人工切坡等因素影响，在重力作用下，沿着一定的软弱面或者软弱带，整体地或者分散地顺坡向下滑动的自然现象	建、构筑物	高	高
		各类道路	高	高
		建设场地	高	高
		耕地	高	高
		沟谷	高	高
泥石流	由暴雨的冲击或由于雨季引起的崩塌、滑坡形成的大量土石体与水组成的特殊洪流，是一种混合侵蚀。泥石流的侵蚀、搬运、冲刷和堆积过程十分迅速，含沙量特大，每立方米含沙量可达千公斤以上。陕北黄土高原多为泥流	建、构筑物	高	高
		各类道路	高	高
		建设场地	高	高
		耕地	高	高
		沟谷	高	高

资料来源：表中灾害形式及形成原因整理自陕西省地方志编纂委员会主编，《陕西省志·水土保持志》，西安：陕西人民出版社［M］，2000：63.

5.3.4 雨水资源化目标

小流域是黄土高原地区主要的地貌单元，并且是一个完整的集水单元[73]。由于该区土层深厚，包气带❶土层厚度一般在十几米至百米之间，外来地下水对流域水资源的补给作用非常微弱，常常可以忽略不计[73]。因此，雨水是小流域尺度上水资源的唯一补给源，流域内各种形式的地表水、土壤水、地下水都是雨水经过转化而形成的[73]。故可以认为小流域内的雨洪管控与雨水资源利用具有一体两面的属性：当降雨产生后，从防洪防涝的角度需要提出雨洪管控目标；从流域生产、生活以及生态需要的角度，则需要确定雨水资源利用目标。这两个目标既有很大的一致性，又有明显的差异性，两者的关联见表5-10。

黄土高原小流域雨洪管控与雨水资源利用目标的关联　　表 5-10

一级目标	二级目标	关联性	二级目标	一级目标
A雨洪管控	A_1径流总量控制目标	A_1与B_1正相关；A_3与B_1、B_2、B_3正相关；A_4与B_2、B_3正相关	B_1雨水资源化率	B雨水资源利用
	A_2径流峰值控制目标		B_2扩大经济效益	
	A_3污染控制目标		B_3增加生态效益	
	A_4场地安全目标			

❶ 地面以下潜水面以上的地带。该带内的土和岩石的空隙中没有被水充满，包含有空气。

黄土高原严重缺水的现状决定了充分利用雨水资源的重要性。雨水被开发、利用、转化为资源并产生价值的过程可称为雨水资源化，是雨水资源价值的实现过程，包括资源开发利用和产生效益等主要环节[13]。雨水资源化与该地区的雨水资源量有紧密的关系。雨水资源量则直观地反映在地区的降水分布上。黄土高原地区的降水分布，自东南向西北部总体上呈减少的趋势（图5-10）。具体到晋陕黄土高原以沟壑型场地占主导的丘陵沟壑区域，其年均降水量大致在400～600mm之间，具备雨水资源化利用的基本条件。

雨水被开发、利用，转化为资源并产生价值的一个过程可称为雨水资源化，是雨水资源价值的实现过程，包括资源开发利用和产生效益等主要环节[13]。雨水资源化与该地区的雨水资源量有紧密的关系。雨水资源量则直观地反映在地区的降水分布上。黄土高原地区的降水分布，自东南向西北部总体上呈减少的趋势（图5-10）。具体到晋陕黄土高原以沟壑型场地占主导的丘陵沟壑区域，其年均降水量大致在400～600mm之间，具备雨水资源化利用的基本条件。

为了促进雨水资源化过程的形成，李锐等（2001）[2]认为应该强调：①对大

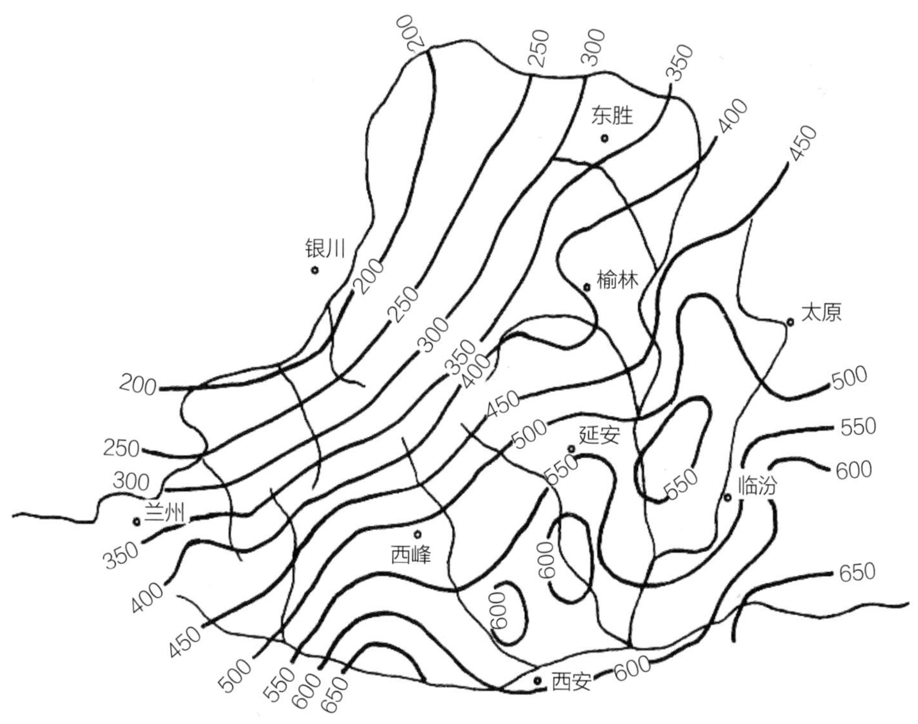

图5-10　黄土高原年平均降水量等值线图

图片来源：李锐，杨文治，李壁成，等. 中国黄土高原研究与展望［M］. 北京：科学出版社，2008：305.

气降水最充分的利用，重视人为干预的作用；②雨水在土壤–植物系统中调蓄利用与贮存和最大限度地发挥土壤水库效应；③将降水的时空不连续性、不稳定性转化为具有持续供水能力的相对稳定状态，缓解降水与植物生长不同步的矛盾。

雨水资源利用目标的实现程度可以从雨水资源化率、经济效益以及生态效益三个方面加以衡量。

5.3.4.1 雨水资源化率

对于干旱少雨地区而言，雨水资源化是场地雨洪管控规划设计中重要的目标。场地雨水的资源化大致包含四个方面，分别是补充地下水（深层渗透）、补充土壤水分（浅层渗透）、生产回用（工农业）以及生活回用。一般来讲，黄土高原小流域的需水要求主要是指生活、生产和生态环境建设3个方面。所以，资源化就是指雨水可以转化为生活、生产和生态环境能够使用的物质资源的过程。[73] 雨水资源化率则是指目标区域内潜在的雨水资源量转化为一种可用以满足人类生产和生活需求的水资源的比例。在规划设计中，雨水资源化目标可以用雨水资源化率来表示，不同场地雨水资源化率的大小在小流域或者场地面积以及降雨量确定的情况下，仅和集流效率有关，而集流效率的高低在很大程度上取决于雨水场地的类型、场地选用何种雨水利用措施、措施组合或雨水场地建设模式。不同的雨水利用措施和场地建设模式基本上决定了不同场地的地表径流控制率，而理论上，小流域或者场地内的雨水资源化率不可能大于流域或者场地的实际年径流总量控制率。因此可以把小流域或者场地的年径流总量控制率作为衡量相应小流域或者场地雨水资源化利用率的上限标准，在此上限以内，结合场地措施和建设模式，可以参照式（5–2）或式（5–3）来制定和计算出适宜的雨水资源化率或雨水资源量。

冯浩等研究认为，小流域内的雨水资源化率从理论上讲可以达到100%，即区域内的天然水资源量应等于当地的降水总量，但由于自然条件、社会条件和科学技术水平等因素的限制，往往只有部分降雨能转化为可以利用的雨水资源，这一部分称为雨水资源“可实现潜力”[73]，其定义为：在一定自然和技术经济条件下，通过已有的利用方式和技术，雨水资源中可以开发利用的最大量。小流域水资源的理论潜力和可实现潜力可以分别用下面两个公式表达：[73]

小流域雨水资源理论潜力：

$$Rt=P\times A\times 10^{3} \quad (5\text{–}2)$$

式中，Rt为小流域雨水资源的理论潜力（m^3）；P为降水量（mm）；A为小流域面积（km^2）。

小流域雨水资源可实现潜力：

$$Ra=\lambda_{R}\times P\times A\times 10^{3} \quad (5\text{–}3)$$

式中，Ra为小流域雨水资源化的可实现潜力（m^3）；λ_R为调控函数（集流效率），与技术经济水平有关。λ_R值可通过选定的野外急流区，或辅以模拟降雨实验获取。P为降水量（mm）；A为小流域面积（km^2）。

从水资源的可实现潜力计算公式来看，在小流域面积和降雨量确定的情况下，雨水资源化率仅和集流效率有关，而集流效率的高低在很大程度上取决于雨水场地的类型、场地选用何种雨水利用技术措施、措施组合或雨水场地建设模式[7]。

在具体规划设计中，对于单块场地雨水资源量的计算也是非常必要的工作，邢大韦等[221]在研究利用场地中的雨水资源发展径流林（草）业时，提出发展径流林（草）业的关键在于汇集雨水，而汇集雨量多少与降雨量、土壤类型、植被类型、地形坡度等有关[221]。降雨的汇集过程包括，雨水降落–林木树冠–湿润下垫面（地面枯叶层、表层土壤）–地下渗透–地下径流–渗出形成地表径流。在黄土高原区降雨集中，多为超渗产流。因而，汇流与坡面产流机理是完全相同的。[221]在此基础上，以王万中[271]划分的A型、B型、C型三种降雨类型为依据[1]，通过三种雨型的坡面产流分析，将黄土丘陵区的场地雨水汇流量表示为：[271]

$$F_c=\alpha \cdot A \cdot P_c \tag{5-4}$$

式中：F_c为次降雨坡面汇流量；A为汇流区面积；P_c为次降雨量；α为雨型系数，A型为0.8～0.85，B型为0.4～0.75，C型为0.2～0.3。

$$F=\sum\alpha \cdot A \cdot P_c \tag{5-5}$$

式中：F为年降雨坡面汇流量。

5.3.4.2 经济效益

通过雨洪管控来更有效地利用雨水能够给地区农业发展带来较大的经济效益。传统上，晋陕黄土高原地区是以农业为主的地区，虽然近年来煤炭和石油开采等行业有较大的发展，但总体上大量人口主要从事农林牧业的状况并未得到根本性的改变。目前限制黄土高原地区经济发展的因素主要有三个：一是农业生产的自然条件较差，二是交通不便，三是区域开发方向和产业结构不合理[11]。对于农业而言，

---

[1] 王万中将黄土高原区降雨分为三种类型：A型为局地雷暴雨、B型为锋面性降雨夹雷暴雨、C型为锋面性降雨。A型：产流前的降雨量一般为2～4mm，产流后降雨量一般为2～3mm。产生产流的降雨占次降雨量的80%～85%。引起产流的降雨强度0.5mm/min以上。降雨历时3～10min，产流历时占降雨历时的20%～40%。B型：产流前的降雨量一般为3.5～5.5mm，产流后降雨量一般不大于10mm。产生产流的降雨占次降雨量的40%～70%。引起产流的降雨强度为0.4～0.7mm/min。降雨历时20～50min，产流历时占降雨历时的10%～20%。C型：锋面性降雨雨强较小，土壤入渗量较前两种高。产流前的降雨量可达几十毫米，雨强每小时50～60mm。产生产流的降雨占次降雨量的20%～30%。降雨历时300～800min，产流历时占降雨历时的5%～10%。

最主要的限制因素是干旱少雨、水资源缺乏这一不利自然条件。事实上，研究区域内年均降水量大致在400～600mm之间，具备农业生产的条件，但是该区域降雨相对集中，6～9月份降雨占到全年降雨量的60%～80%，与作物生长需水关键季节错位，而且多为大到暴雨，导致季节性干旱缺水严重，农作物频繁受旱减产，多年平均（$1hm^2$）产量低于2250kg，不少地方仍在1500kg以下，实现对有限自然降水的高效利用是该区域旱地农业可持续发展的关键[85]。

从生态林业和经济林业建设的角度，黄土高原区必须采用抗旱植树种草的技术。黄土丘陵区和土石山区占黄土高原区面积的61.9%，地形破碎，沟谷切割严重，从社会经济条件和水源条件分析，难以利用地表水发展灌溉；黄土土层深厚，地下水埋深大，开采困难。因此就黄土高原整体而言，植物生长所需的水分是以降雨为主[221]。如何最大限度地拦蓄、接纳降水于土壤中，为林草植被提供水分，是解决黄土高原地表水贫乏、地下水埋藏深的重要途径[221]。

综上所述，合理而充分地利用降雨资源，一方面可以提高农业和林业的生产效益提高经济收入、促进生态恢复，另一方面，可以有效减少因缺水而必需的抗旱投入以及水土流失后的治理投入。这些都可以看作是雨水资源利用的经济效益。

5.3.4.3 生态效益

雨水资源化利用的目标在早期主要是充分利用雨水解决人畜生活用水困难的问题，随之出现了水窖、涝池等雨水措施；随着农业技术的发展以及农业生产的需要，人们逐渐有意识地利用雨水解决农业生产用水的问题，相对应地发展了梯田、塬边埂等雨水利用措施；在当前国家大力加强生态环境保护和建设的情况下，充分利用雨水解决生态环境用水问题成为新的目标，在此目标下发展起来的技术措施有鱼鳞坑、水平阶、涝池、淤地坝等。雨水利用的生态效益在很多情况下与经济效益无法完全分开，例如，淤地坝在拦水淤地保持水土的同时，所形成的坝地还能进行农业生产，产生良好的经济效益。有时，强调了生态效益，就必须牺牲一定的经济效益，比如为了保护生态而开展的退耕还林还草等工程就是以牺牲一定的农牧业经济效益为前提的。根据李锐等对黄土高原2001～2030年间林草建设生态用水量的预测与评估，到2030年时，生态用水量约相当于雨水资源量的86.4%，或相当于区内水资源总量的73.7%，由此也可以看出，雨水资源在无灌溉条件下，对林草植被建设为中心的生态建设，发挥着巨大的作用[2]。

5.3.5 景观视效目标

主要包含景观效果、地域风貌以及季相变化三个方面的具体目标要求。景观效果主要是从审美角度提出的判断，即场地建成后美观不美观、漂亮不漂亮之类的结果；地域风貌主要是从是否具有地域特点的角度提出的要求和判定；季相变化则主要针对人居环境中的场地，在规划设计了景观植物要素后，因植物的季相变化而引起的场地景观的季节性变化效果。对于小流域中最广泛的郊野场地，以造景为目的大面积追求人工措施对自然地表及其上植物群落季相的改变既不现实也无可能，所以该部分场地的规划设计不应将人工措施带来的季相变化作为追求的目标，而只需展示正常农业生产和自然环境的季节性特征即可，对于局部场地以及具体建设项目，则可以根据实际需要制定合理的季相变化目标。

在黄土高原的聚落场地中，特殊地貌孕育了千姿百态的窑洞建筑，培育出了璀璨绚丽的黄土文化。该区域也分布着很多极具研究价值的传统聚落，这些聚落的建筑形态和环境特征都承载了内涵丰富的社会、历史、文化信息。[272]纵观人类历史，出于生存目的所形成与创造的景观更是丰富多彩。景观与生存有着天然不可分割的联系。景观不仅局限于地理、生物、生态、旅游等专业领域的信息概念，它既涵盖风景元素，也囊括文化的内涵。[273]在雨洪管控适地性规划中提出景观风貌控制目标的目的就是为了延续和保护晋陕黄土高原人居环境的地域特征和空间载体，从而彰显其文化内涵。

该区域景观风貌具体可以从地形特征、聚落形态、建筑形式、地域材料、空间使用方式、地域色彩、景观植物、生产与生活场地选址特点等方面加以认知和保护。在小流域层面，规划应该根据具体小流域的特点有针对性地提出景观风貌保护的目标。在场地层面的项目规划与设计中，能够直接确定场地工程与措施的材料、色彩以及构造形式等细节，从而直接决定了景观视效目标的具体实现程度和实现方式。景观视效是与“人”这一审美主体紧密相关的场地建设目标，因此，根据不同项目场地与“人”关系的不同，场地的景观视效目标要求也会有所不同，有的场地可能追求的是景观效果，如城市公园、绿地等，有的则特别强调地域特色，如各种人居聚落、城市开敞空间等，这些都需要在具体场地规划设计之前进行评估和确定。不管场地设计追求的是哪种视效目标，实现该目标的途径不外乎是对场地建设所采用的材料、构造（形）与色彩三类要素的合理运用（表5-11）。

实现不同景观视效目标的具体途径　　表5-11

场地类型	场地中的项目类型	实现不同景观视效目标的途径								
		景观效果			地域风貌			季相变化		
		材	色	形	材	色	形	材	色	形
农林业生产类场地	农、林业生产类	○	○	○	○	○	○	◎	●	●
	乡村聚落	○	○	○	○	○	○	○	●	●
城乡建设类场地	机关单位、学校、居住区类	○	○	○	○	○	○	○	●	●
	企业、园区类	○	○	○	○	◎	◎	○	●	●
	绿地、公园类	○	○	○	○	○	○	○	●	●
	市政广场、道路类	○	○	○	○	○	○	○	●	●
	其他生态型项目	○	○	○	○	○	○	○	●	●

注：○——可行；◎——一定条件下可行；●——不可行。

5.3.6 场地生境目标

保护黄土高原脆弱的生态环境并使其趋于良性发展是国家层面的生态战略，具体到黄土小流域，生态环境保护目标可以体现在小流域及各类生产建设场地的生境保护与恢复上。该目标主要针对小流域中被人为破坏较严重的场地、景观要求较高的场地以及水土侵蚀严重的场地。通过规划和设计，以各种场地措施改善上述场地的水肥条件和植物立地条件，为植物的生长和群落恢复以及达到稳定状态创造可能性。

根据表5-3，场地生境目标包含土壤水分保持、土壤盐分控制、维持或增加现有种群以及生境碎片修复四个方面。这四种具体的生境目标或直接或间接地与降雨有关，而该地域生态环境脆弱的根本原因也在于干旱少雨，因此，除了减少人为的干扰和破坏之外，充分利用降雨资源则是保护与恢复场地生境的基本要求。

本书前面小节所述雨水资源化的4种途径从形式上讲可以简化为两类：一类是通过措施使降水滞留在原地并渗入土壤中，另一类是收集回用。由于黄土高原干旱、半干旱、半湿润偏旱地区雨养条件下，土壤水是林草植被建设生态用水的唯一供给源[2]，因此雨水渗入土壤这类利用方式对于黄土高原而言，意义非常重大，并且是黄土小流域除建设场地以外广大农林业用地的主要利用方式。但另一方面，黄土高原一定的水热资源只能生产出与之相适应的生物量，即环境容量是有一定限度的[2]，所以农林业生产需要充分考虑不同树草种的耗水状况，避免因群落密度过高而加剧土壤干燥化的趋势。在场地生境维持和恢复过程中，就需要充分考虑到雨水资源的环境容量，保证单株林木水分营养面积，从而保持林分稳定，李锐等根据调查并参考相关文献[274-277]，提出了表5-12所示的不同水分条件下较适宜的成林密度建议，在场地规划设计中可以作为参考。

黄土高原造林建议成林密度　　表5-12

年均降水量（mm）	树种	密度株（hm^2）	单株水分营养面积（m^2）
＞500	针叶林	1200～1800	8.30～5.60
	阔叶林	1000～1500	10.0～6.67
400～500	针叶林	1000～1500	10.0～6.67
	阔叶林	800～1200	12.5～8.30
	灌木林	1000～1500	6.67～5.60
300～400	灌木林	900～1200	11.1～8.30
＜300	小灌木	600～900	16.6～11.1

资料来源：李锐，杨文治，李壁成，等. 中国黄土高原研究与展望［M］. 北京：科学出版社，2008：313.

总之，场地生境目标虽然包含了4个方面的子目标，但最根本也是最具有决定意义的关联目标是场地雨水的资源化问题。在充分考虑场地雨水资源及其可支撑的合理生态环境容量的前提下来规划设计适宜的植物群落是本研究中场地生境目标的最佳实现途径。

5.3.7　成本与效益目标

该目标包含建设成本控制目标、运转维护成本控制、规划实施后带来的经济效益3个二级目标，以及本土材料、乡土技术、工程量、维护频次、维护费用、场地措施与生产结合程度6个三级子目标（表5-3）。工程成本控制目标主要是通过选择工程措施的材料、构造以及形式等来实现。工程成本控制对小流域的雨洪管控目标有直接的影响，较高的雨洪管控目标必然要求有布设密度更大、设计标准更高的场地措施，并且对措施的构造材料也必然要求较高，所以其总体工程成本也相对较高。上述目标都与具体场地建设密切相关，场地规划设计对措施形式及其材料、工艺、设计标准等的选择直接决定了最终的经济成本、维护成本和经济效益。雨洪管控的经济效益主要体现在小流域治理后所形成的坝地、梯田等所能带来的农业生产效益，可以依据《水土保持综合治理　效益计算方法》GB/T 15774—2008进行计算。总之，小流域层面的雨洪管控如果有经济上的目标考虑，则场地尺度的规划与设计是实现这些目标的关键阶段，换言之，在场地层面，经济类目标必然是规划设计多维目标之重要一维。

5.3.7.1 建设成本控制

建设成本控制是绝大部分规划设计项目都需要考虑的目标因素。在黄土小流域的场地设计中，主要通过对本土材料和乡土技术的运用以及工程量的合理控制来实现成本控制的目的。大量行之有效的传统经验技术措施结合本土材料，是降低项目总体成本的最佳途径。传统的技术措施在第3章已有论述，乡土材料则主要有生土材料、红胶泥、生石灰、河谷深切基岩裸露而出现的大量石材或石板、各种地域野生植物材料以及可结合场地措施的经济植物等。这些材料在传统的技术措施中都有大量的运用，对降低成本起到了重要的作用。

5.3.7.2 运行维护成本控制

运行维护成本的控制主要从3个方面入手:

（1）尽量采用构造简单、适宜性高、少维护的技术措施。

构造简单的措施往往可靠性更高，维护更新成本也更低，如带增强措施的渗透绿地的后期维护成本就比常规以土壤渗透为主的绿地要高，主要体现在后期更换增渗材料（增渗开孔管、PP透水网材等）和维护增渗构造的过程中需要花费更多的人工和材料费用。但新型的工艺技术和措施在雨洪管控效率上有时会更高一些，这是一对矛盾，设计时要根据实际情况合理选择，在性能和成本之间综合权衡，不能盲目求新，在经济相对落后的广袤黄土小流域人居建设中尤其重要。

（2）尽量采用耐久性强的构造材料。

砖石材料、钢筋混凝土等材料比生土类材料耐久性更高，对于一些重大的控制性工程措施，在成本允许的情况下尽量采用耐久性和强度更高的砖石材料会更有利于降低后期的维护成本。例如淤地坝建设中，混凝土坝和石坝就比土坝要耐久得多，因而骨干坝建设时常常会加以采用，再如，混凝土水窖在后期维护成本上就比红胶泥做防水里衬的土质水窖要更低。

（3）尽量将场地措施与生产相结合。

如果能将场地雨水措施的防护功能和生产功能相结合，则后期维护的成本也能得到有效地降低。比如梯田建设和农业生产相结合，田埂、塬边埂建设和花椒、枣树、龙须草、玫瑰、扁核木、黄花菜、苜蓿、沙打旺等[278, 279]经济植物相结合。

5.3.8 年径流总量控制目标分解

在前述所有的目标中，最核心的目标无疑是年径流总量控制目标，控制了流域的年径流总量也就控制了该部分径流所携带的沙土等悬浮污染物质，不仅减轻了下游河道淤积量，而且，滞蓄的雨水还成为资源化利用的来源。在小流域层面的雨洪管控适地性规划中，将小流域的年径流总量控制率目标分解到每一个分区场地中去的方法有容积法和模型模拟法两大类。

5.3.8.1 容积法

（1）基本原理

该方法参照了《海绵城市建设技术指南——低影响开发雨水系统构建（试行）》中推荐的容积法。该方法虽然是针对城市用地而言，但其主要思路可以在小流域层面的规划中加以借鉴。具体思路是根据小流域规划确定的年径流总量控制率目标，结合各地块绿地率等控制指标，参照式（5–6）计算各地块的单位面积控制容积，各地块再根据该目标试算分解。其基本原理是根据各类设施的规模计算单位面积的控制容积，通过加权平均的方法试算得出地块的单位面积控制容积及对应的设计降雨量，进而得出对应的年径流总量控制率。然后据此方法分别进行各地块、各片区及整个城市控制目标的核算。[172]

$$V=10H\varphi F \tag{5–6}$$

式中 V——设计调蓄容积，m^3；

H——设计降雨量，mm；

φ——综合雨量径流系数；

F——汇水面积，hm^2。

（2）具体步骤

依据上述原理及《指南》中的计算步骤[199]，充分考虑晋陕黄土高原沟壑型聚落场地及其小流域在地貌特征、用地类型以及雨洪管控措施上的差异后，可制定如下适宜的径流控制目标分解步骤：

①确定小流域雨洪管控总体规划阶段提出的年径流总量控制率目标。

②根据前述晋陕黄土高原地区淤地坝密度的经验值范围及规划小流域的形态特征和现场调研情况分析后确定初步的淤地坝密度指标，并根据该指标和现场调研的情况初步确定淤地坝的数量和位置，确定各淤地坝的滞水深度、淤地面积以及调蓄容积。

③根据小流域适地性评价阶段确定的流域治理度、梯田比率、林草覆盖率等指标，初步提出各微流域（汇水单元）的具体控制指标，可采用梯田比率及其类型比例、林草覆盖率（也可根据情况分解成林地覆盖率和草地覆盖率）、其他调蓄容积（水窖、涝池以及其他调蓄设施的容积）等单项或组合控制指标。

④根据容积法计算原理，分别得到各微流域或汇水单元雨洪管控设施以及淤

地坝的总调蓄容积。

⑤通过加权计算得到各微流域或汇水单元的综合雨量径流系数，并结合上述步骤④得到的总调蓄容积，参照式（5-6）确定各地块雨洪管控措施系统的设计降雨量。

⑥对照统计分析法计算出的年径流总量控制率与设计降雨量的关系（陕北及晋西地区可参考表5-5取值，太原、晋中一带可参考《指南》中表B-1取值，或根据各地多年降雨数据自行统计计算确定）确定微流域或汇水单元的年径流总量控制率。

⑦各地块的年径流总量控制率经汇水面积加权平均，得到小流域雨洪管控措施系统的年径流总量控制率。

⑧重复②~⑦，直到满足小流域规划提出的年径流总量控制率目标要求，最终得到各微流域或汇水单元雨洪管控设施的总调蓄容积，以及对应的梯田比率及其类型比例、林草覆盖率、其他调蓄容积（水窖、涝池以及其他调蓄设施的容积）等单项或组合控制指标。

⑨对于径流总量大、汇水范围内梯田、林草及其他调蓄空间不足的用地，需统筹周边微流域或汇水单元内的调蓄空间共同承担其径流总量控制目标时，可将相关汇水单元作为一个整体，并参照以上方法计算相关汇水单元整体的年径流总量控制率后，参与后续计算。

（3）小结

容积法的优点是能够综合考虑源头产流区以及中下游汇流区的各种设施和措施，对基础资料和基础数据的要求相对较少，计算过程简单，不需要软件工具，因而简单易行、易于推广。其不足主要表现在精确性相对较差，不能模拟和反映雨洪的动态变化过程。

5.3.8.2 模型模拟法

模型法在海绵城市建设以及黄土高原水土保持领域都有大量文献和研究，比较而言，由于城市内的各种观测条件、建设场地条件、观测数据和模型参数获取以及项目急迫程度等都要优于人口稀少的黄土高原小流域区域，加之黄土高原沟壑型场地的雨洪模型不仅需要模拟地表径流，还需要模拟径流引起的土壤流失和淤积量，情况要复杂得多。因此，在现实中，模型法在海绵城市建设中获得了实际的应用，但也限于有条件的城市，相当一部分的中小城市在技术力量和基础数据准备方面仍达不到要求，无法采用。在晋陕黄土高原沟壑型场地及其小流域的雨洪管控中，类似于海绵城市源头控制思路提出的各类模型绝大多数是处于课题研究阶段，理论性较高，实际运用限制条件也极高，很难实施，因而在实际规划中运用得较少。另外，从水利工程的角度，以淤地坝的布设为主要目的，相关机构和部门也提出了基于模型的计算方法，并且运用到了具体小流域的淤地坝及其坝系建设之中，但其关注的重点是地处小流域中下游或者汇水区的淤地坝，对于径流的源头控制及相关措施布置指导性较弱。

（1）基于海绵城市建设的SWMM模型

SWMM模型是目前海绵城市建设最常用的模型之一，除此之外，MIKE FLOOD模型[280]、BMPDSS和SUSTAIN系统[18]、HEC–HMS v3.5水文模拟模型[281]、CHM模型、TRRL模型、Wallingford模型[16]、Infoworks CS模型[282]、SSCM模型[283]、CSYJM模型[284]、UFDSM模型[285]等都是国内外海绵城市中早期或者当前都有使用的模型。但总体而言，SWMM模型因界面简单，操作方便，并且经过四十多年的升级优化后，其计算引擎、模拟计算能力、模型稳定性和模型准确性等已经得到世界各地的广泛认同，故目前海绵城市（包括LID系统）项目中多选用该模型进行模拟分析[172]。

基于SWMM的模型模拟分解法的思路是根据规划区的下垫面信息构建规划区水文模型，输入符合本地特征的模型参数和降雨，将初设的海绵城市建设指标赋值到模型进行模拟分析，根据得到的模拟结果对指标进行调整，经过反复试算分析，最终得到一套较为合理的规划目标和指标[172]（图5–11）。以任心欣等提出的SWMM模型模拟分解年径流总量控制率方法为基础，结合研究区域内土地利用及地表径流控制措施的特点，提出如下指标分解步骤：[172]

①地块分类

按照小流域规划及现状土地利用情况将小流域分为新规划用地、改造用地以及现状保留用地。其中，新规划用地和改造用地为雨洪管控的重点用地类型，现状保留用地则因地制宜开展地表径流控制。在每个类别中，再依据各地块的实际情况，划分为乡村建设用地、梯田、林草用地、坝地、荒坡地、水面等。

②初次设定年径流总量控制目标

在地块分类的基础上，以微流域或汇水单元为基本单位，初次设定各个微流域或汇水单元的年径流总量控制率目标。其中，新规划用地目标设定较高，改造用地目标设定较低。

③布置雨洪管控设施与措施

基于各微流域或汇水单元设定的目标，根据各单元地形地貌以及现状特点，通过规划布置各类梯田、塬边埂、林草用地、设置涝池、水窖、谷坊、淤地坝等水保措施实现年径流总量控制率目标。基于数学模型，模拟评估布置的水保设施是否满

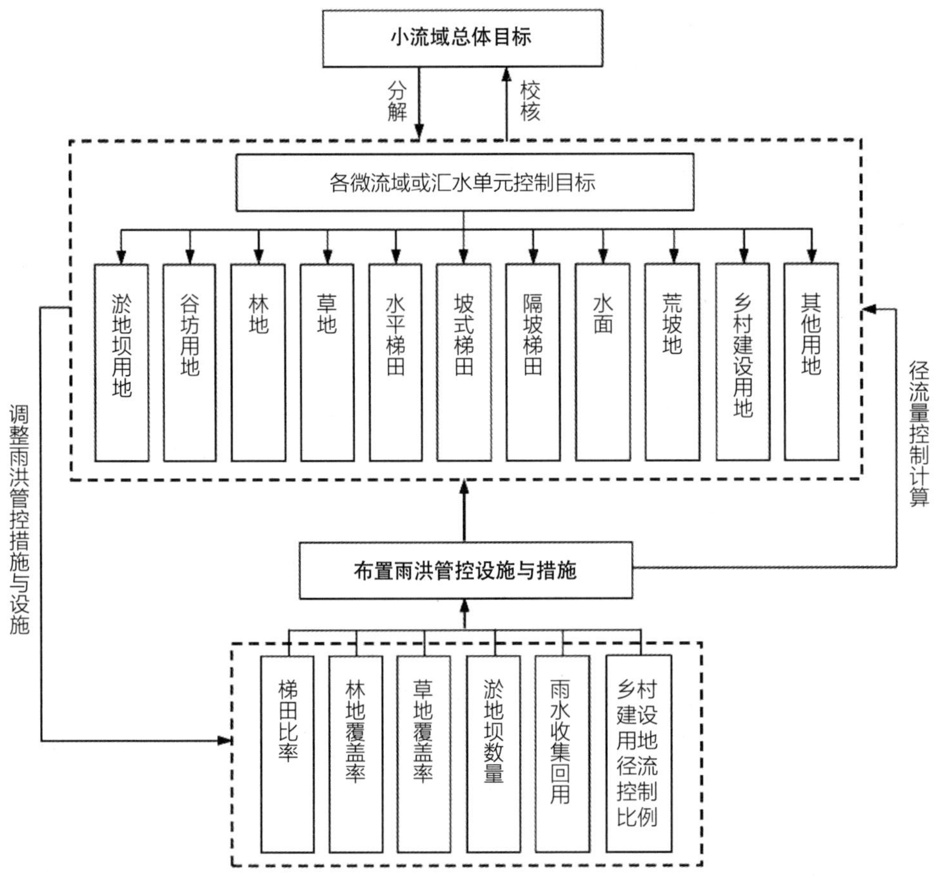

图5-11　年径流总量控制率目标分解流程

图片来源：作者结合研究对象的地域特点和雨洪管控需求，参考下列文献的思路改绘而成。任心欣，俞露．海绵城市建设规划与管理［M］．北京：中国建筑工业出版社，2017.图2-22.

足地块目标，并优化设施布局。

④调整径流控制目标

基于构建数学模型，模拟评估各类型用地初步设定的目标是否达到小流域径流控制总体目标。如果不达标则反复调整和优化后，得到各微流域或汇水单元合理的年径流控制目标。

⑤模型输出

经模型模拟评估并优化后，得到各个微流域或汇水单元的年径流总量控制目标，作为各微流域或汇水单元雨洪管控和建设项目的刚性指标，从而实现年径流总量控制率目标分解。

（2）基于坝系规划的应用数学模型

20世纪80年代以来，黄土高原地区群众性建设淤地坝的热情高涨，但因设防标准、建设水平、规划能力等方面的原因，垮坝现象频发。因此，在国家有关部委和科研机构的共同努力下，黄土高原小流域水土流失治理在规划方法上经历综合平衡规划法（也称经验规划法）、整数规划法、非线性规划法到动态仿真规划法的发展过程，并在众多的小流域中加以实践和运用。[206]这些方法有一个共同的特点，就是以淤地坝作为防御雨洪、防治水土流失的核心手段，以坝系的合理安全布置为主要规划目的。在上述方法中，综合平衡法最简单易行；整数规划法则在综合平衡法的基础上提高了规划结果的准确性，但计算容量提高了若干个数量级，在没有辅助计算机技术的前提下人工很难完成[206]；非线性规划法和动态仿真规划则都需要数学建模能力，后者还需要计算机编程能力。对于城乡规划领域的专业人员开展城乡一体化规划及小流域层面的雨洪管控适地性规划而言，采用综合平衡法是一种行之有效、易于推广的方法。

根据范瑞瑜的总结，综合平衡法的规划步骤如下（图5-12）：[206]

①方案设计

根据初选坝址，设计两种以上的坝系布局方案，以便于对比选择。设计多方案时，一是需要从工程结构上考虑其对比性，二是需要从坝的布局上考虑其差异性。最主要的还是需要根据具体流域的情况来确定设计思路。

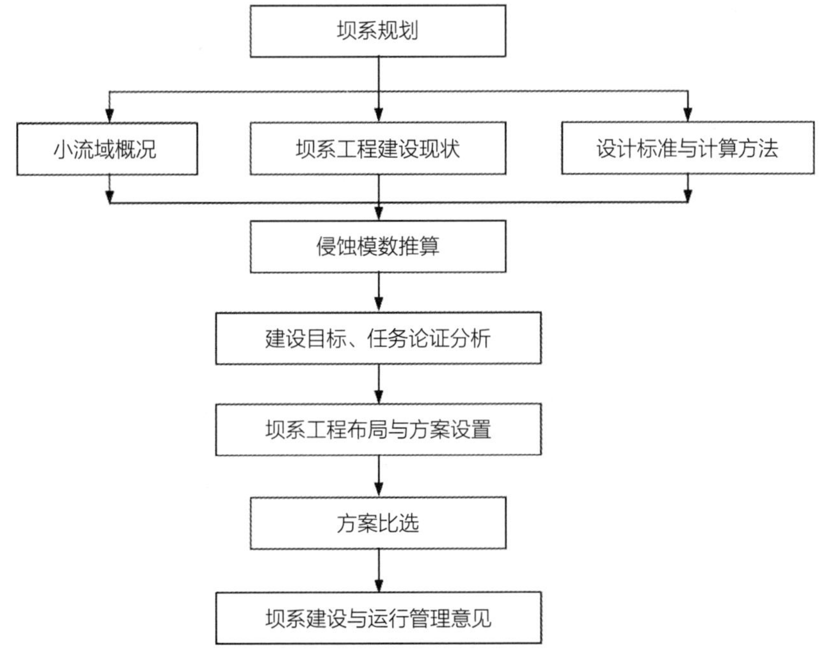

图5-12　淤地坝坝系规划流程

图片来源：范瑞瑜，《黄土高原坝系生态工程》[M]．郑州：黄河水利出版社，2004：82.

②规模确定

根据坝库工程在流域中的位置和作用，按照有关规范确定坝库工程的设计标准、设计淤积年限和枢纽工程结构。通过计算，确定各方案的工程规模、投资和效益。

③方案比选

对所选择的方案从建坝条件、投资与效益、坝系防洪能力和坝系防洪保收能力等多方面进行综合比选，确定优选规划布局方案和建设时序。

（3）研究实验模型

目前研究黄土丘陵沟壑区小流域雨洪及水土保持的模型大致可分为三类。第一类是用来研究LUCC[1]对水文过程影响的模型，主要有SWAT模型和TOPOG模型[259]。第二类是用来研究人类活动对流域的影响，即人为改变下垫面的条件下，反映径流、泥沙变化规律的模型。国内众多机构和学者在研究和实测的基础上提出了4类32种模型，徐建华等对其进行了归纳汇总，主要包括：①径流模拟经验模型；②输沙量模拟经验模型；③降雨–径流概念模型；④流域产沙概念模型。[286]第三类是基于产汇流规律、阻力规律以及水土平衡理论而提出来的动力学概念模型，包括降雨径流调控销蚀机理模型、降雨径流调控利用潜力模型以及基于降雨径流调控理论的水土保持规划模型三个部分[230]。这三类模型基本上是以理论研究和实验研究为主，在实际小流域规划和工程设计中应用极少。

（4）小结

在上述3类模型中，研究实验模型主要以理论研究为主，在揭示小流域水文过程中的各种作用机理上发挥了巨大作用，但都有确定的前提条件，且大都需要较强的数学建模知识，技术难度高，落地性较差，无法在规划实践中推广运用。在基于坝系规划的应用数学模型中，有的基于经验（如综合平衡法），虽然准确性相对较差，方案比选数量也较少，但简单易行、容易推广，适合基层和非水利部门的相关专业；有些则需要数学建模知识甚至软件编程能力，应用门槛较高，但其精确性也较高，也易于方案比选，适合工作条件充分、有较强实力的专业院所（一般为水利类）应用。作为城乡规划专业人员，在开展乡镇（村）规划、小流域雨洪管控专项规划或其他生态规划相关工作时，可以采用综合平衡法来计算淤地坝或坝系的滞洪能力。SWMM模型目前虽然主要运用于海绵城市建设中，但因其较为成熟，对专

---

[1] 根据百度百科的定义：LUCC即 Land-Use and Land-Cover Change（土地利用/土地覆盖变化），是IGBP（国际地圈生物圈计划）与IHDP（全球变化人文计划）两大国际项目合作进行的纲领性交叉科学研究课题，其目的在于提示人类赖以生存的地球环境系统与人类日益发展的生产系统（农业化、工业化/城市化等）之间相互作用的基本过程。

业人员的数学能力和编程能力要求也不是很高，所以在采用地域化的雨洪管控设施，并且对下沉绿地率、透水铺装率等控制指标做了可行的替换后，用于晋陕黄土高原沟壑型聚落场地及其小流域也不失为一种可行的工具。其有利的一点在于能够系统模拟源头和末端的各种雨洪设施的作用和潜力，并且能够综合运用各种地域化的雨洪措施，建立完备而高效的小流域雨洪管控系统。另外，当聚落场地和小流域靠近城市区域，流域内分布有各种建设项目时，经过适当的评估和分析后，可以将地域化的指标和措施与经评估后的海绵城市适宜指标和措施结合起来运用。

5.4 雨洪管控的综合措施体系

本研究结合了传统雨水利用、水土保持以及LID的技术体系，在技术途径上进行了融合（图5-2），故形成的技术措施体系必然是对上述技术体系中具体措施的评估、融合和适地性调整。本节重点对各类技术措施进行归纳与汇总，评估与融合等内容在后续相关章节中详细论述。

5.4.1 传统雨水利用及水土保持的技术措施体系

传统雨水利用及水土保持的技术措施体系在第3章中已做了详细的讨论，本节仅做归纳与总结。传统的技术措施主要包括淤地坝、谷坊、鱼鳞坑、涝池、水窖、坡式梯田、水平沟、塬边埂、沟头防护、下凹式路面、明沟跌落式沟渠、绿色屋顶等。按照其主要用途，其功能归纳起来大致有4种：防护功能、雨水利用功能、生产功能、地域景观功能。如果按照海绵城市的功能划分方式，则可以细分为渗、滞、蓄、净、用、排、防、阻、产、景等不同功能，其中前6种为“海绵城市”的基本功能，后4种为地域场地中对雨水设施的特殊功能需求。在4种地域特殊功能要求中，“防”指场地防护功能，如塬边埂、水平阶、梯田等措施均能够有效防止水土流失；“阻”也是防护功能的一种，但其更具体，主要指阻止地表径流向特定的方向流动，从而防止土壤侵蚀发生，如塬边埂、植物护埂、沟头防护等都具有此种功能；“产”指该种措施能够与生产功能相结合，如梯田、淤地坝、植物护埂、植物固沟等，这些措施除了具有雨洪控制方面的功能外，都可以在使用中发挥生产功能。

传统技术措施还有场地针对性极强的特点，大部分传统措施都是针对一种具体的地貌类型而发挥作用的，针对某种地貌的措施放到另一种地貌中就不适宜。如淤地坝和谷坊只能用在沟谷中，坡地上就无法使用，梯田、鱼鳞坑等则只能运用在坡地上，平坦塬面就无法布设。总结上述措施的类型和特点，可形成表5-13。

传统雨水利用及水土保持技术措施　　表 5-13

单项设施	功能类型	用地类型			
		塬、梁、峁	荒山、坡地	聚落场地	沟壑、谷地
涝池	蓄、用	√			
水窖	蓄、用	√			
塬边埂	防、阻	√			
水平阶、水平沟	防、蓄、渗		√		
梯田	防、蓄、渗、景、产		√		
鱼鳞坑	滞、蓄、渗		√		
植物护埂	防、阻、景、产		√		
截水沟	防、阻、排	√	√	√	
导流槽	防、排			√	√
下凹式路面	防、滞、排		√	√	
明沟跌落式沟渠	防、排、景			√	
绿色屋顶	滞、净、景			√	
沟头防护	防、阻、排				√
淤地坝	防、蓄、产、净、景				√
谷坊	滞、净、景				√
植物固沟	防、滞、净、景、产				√

5.4.2 低影响开发（LID）技术类措施体系

海绵城市采用的低影响开发（LID）技术措施从功能上可以分为渗、滞、蓄、净、用、排6类，从水文过程上基本涵盖了“产流–汇流”的不同阶段。主要的LID措施如表5-14所列。LID技术措施与传统措施比较，有如下差异：首先，LID措施针对不同的用地类型虽然有不同的适宜程度，但总体而言不是专门针对某一地貌类型而开发出来的，不同场地之间的通用性较高；其次，LID措施是专门为雨洪管理而开发的，在雨洪功能方面虽然也会有一种措施同时具备“渗、滞、蓄、净、用、排”中2种以上功能的现象，但总体上，该类措施的专用性比较高，没有传统措施那样具备更强的功能综合性，很少兼有雨洪管理以外的生产、防护等功能；最后，LID措施更精细化，构造更复杂，建造成本也更高，更适宜于需要精细化设计和施工的“城市型”场地，对于既有生产、生态类农林用地，又有生活类聚落场地的完

低影响开发（LID）技术措施　　表 5-14

技术类型（按主要功能）	单项设施	用地类型			
		建筑与小区	城市道路	绿地与广场	城市水系
渗透技术	透水砖铺装	●	●	●	◎
	透水混凝土	◎	◎	◎	◎
	透水沥青混凝土	◎	◎	◎	◎
	绿色屋顶	●	○	○	○
	下沉式绿地	●	●	●	◎
	简易型生物滞留设施	●	●	●	◎
	复杂型生物滞留设施	●	●	◎	◎
	渗透塘	●	◎	●	○
	渗井	●	◎	●	○
储存技术	湿塘	●	◎	●	●
	雨水湿地	●	●	●	●
	蓄水池	◎	○	◎	○
	雨水罐	●	○	○	○
调节技术	调节塘	●	◎	●	◎
	调节池	◎	◎	◎	○
传输技术	转输型植草沟	●	●	●	◎
	干式植草沟	●	●	●	◎
	湿式植草沟	●	●	●	◎
	渗管/渠	●	●	●	○
截污净化技术	植被缓冲带	●	●	●	●
	初期雨水弃流设施	●	◎	◎	○
	人工土壤渗滤	◎	○	◎	◎

注：●—宜选用　◎—可选用　○—不宜选用。

资料来源：住房和城乡建设部. 海绵城市建设技术指南：低影响开发雨水系统构建（试行）[M]. 北京：中国建筑工业出版社，2014：55.

整小流域而言，需要进行评估和选择。

上述两类措施极强的互补性表明，只有将两者结合起来使用，才能适应黄土沟壑型场地中的各种用地类型，满足小流域雨洪管控的总体需要。因此，黄土高原沟壑型场地中的雨洪管控措施体系必然由上述两类技术措施共同组成，但LID技术措施在本地域内运用还存在适地性的问题，需要进行评估或者适地性改造。

5.5 雨洪管控目标与措施的适地性评价体系

5.5.1 适地性评价因子的提取与量化

福斯特・恩杜比斯在总结生态适宜性规划程序时提出“适宜性是通过一系列的替代指标来建立的，……。替代指标可以是容量、机遇和约束，也可以是吸引力、承载力或者脆弱性等指标”[167]。如何从影响场地规划设计的要素中选择与提取评价因子是进行雨洪管控目标与措施适地性评价的基础；制定合理的原则来提取有效的适地性评价因子是一项重要的基础性的工作；对适地性评价因子的属性进行分析则有助于建立合理的评价框架。在4.5节中详细阐述了影响本地域雨洪管控的4大类19种要素，这19种因素有些属于恩杜比斯提出的容量性指标，如:“雨洪管控与雨水资源利用目标”因素中就包含了容量性指标，有些属于约束性指标，如:“地形地貌”因素中的坡度指标以及“经济成本”指标等，而“土壤侵蚀度”因子则属于典型的脆弱性指标。上述4大类19种景观因素都具备成为适地性评价指标的基本属性。根据前章分析，这些要素都对场地雨洪管控有着或大或小、或直接或间接的影响关系，如何从众多的要素中选择最有效、影响最大、最适宜于在规划设计实践中进行适地性评估操作的要素指标是本节论述的重点。

5.5.1.1 适地性评价因子提取的原则

开展目标与措施适地性评价的目的是摒弃海绵城市建设中不适用于具体地域场地的雨洪目标和技术措施，选择适合场地特点的多维目标和适地性技术来构建雨洪管控的技术措施体系。如何有效地确定合适的评价因子是制定本原则的唯一衡量标准，而评价因子是否对被评价对象有效主要体现在与被评价对象是否有关联性、是否对被评价对象有显著的影响力以及是否易于分级量度评价三个方面，由此可以确定三条适地性评价因子的提取原则。

（1）要素关联原则

要素关联原则指所选取的评价因子与被评价对象之间必须有逻辑上较强的关联关系，具备对被评价对象产生有效影响的条件。例如，场地建设目标大都与场地降水有关，如果能够有效影响场地的地表水文过程就能够最终影响到场地的雨洪管控建设目标，而场地坡度、土壤特性/类型、土壤侵蚀度等因素由于直接影响着地表水文过程从而最终影响着场地建设目标的实现，所以场地坡度、土壤特性/类型、土壤侵蚀度等因素就可以被作为目标与措施适地性评价的评价因子。

（2）有效影响原则

除了关联性之外，所选要素对于被评价对象的有效影响力也是需要考虑的原则。有些因素虽然有关联性，但对于被评价对象的影响力并不大，例如场地的面积和规模要素，虽然和地表水文过程有紧密联系，决定了该场地地表径流总量的多少，但对于单位面积上产生的径流量是没有影响的，对于雨洪管控目标的适地性以及技术措施的适地性而言是没有影响力的，面积大决定的只是措施的规模而不是措施是否适用。

（3）易于量度原则

在选择评价因子时，在满足关联性和有效影响的条件下，还需考虑评价因子对于被评价对象的影响力是否易于量度，如果不易于量度，那么评价时将不易操作。以植被要素为例，场地中的植被要素不仅直接影响着土壤的渗透性、地表径流的形成过程，还在一定程度上决定了场地水土流失的程度。但如果直接用“植被”或“植被类型”作为评价因子，就会有量度上的难题，只要场地中有植被就会有影响，但影响的大小和程度很难判断。如果采用“植被盖度”这一评价因子情况就会不一样，“植被盖度”因子不仅突出了场地中的植被这一要素类型，更重要的是用易于量化的植物群落或个体的地上部分的垂直投影面积与样方面积之比的百分数来限定这一因子，使得评价过程中的量度变得方便易行，因为植被盖度的大小与被评价对象之间能够很好地建立数理联系。

5.5.1.2 确定主要评价因子

影响人居环境适宜性的因素非常多，有自然、社会、经济等因素[287]，虽然雨水场地的建设目标与技术措施属于人居环境建设的一部分内容，但更着重针对场地雨水的自然过程，人为的影响也主要是通过施加于自然要素而获得。因此，在选择评价因子时主要还是考虑自然因素更多一些。本研究选择了与地表水文过程及海绵城市建设密切相关、影响广泛且易于操作的因素作为评价因子，如场地坡度、土壤特性/类型、土壤侵蚀度等。同时也兼顾了一些重要的社会因素，如经济成本、景观视效、地域性等。

（1）确定目标适地性评价的评价因子

场地雨洪管控目标包括6个一级目标、12个二级目标以及若干三级目标（表5–3），将雨洪管控目标与4.5节中讨论过的19种基本影响要素列表，逐一评估19种场地要素对场地雨洪管控目标的影响程度，然后根据评估结果选取合适的目标适地性评价因子。具体评估方法如下：

首先，将表5–3中需要评价的6个一级目标和12个二级目标作为评估表格的头行（栏头），将19种场地要素作为评估表格的边栏（行头、项目栏），形成表5-15的基本格式。

场地要素对场地雨洪管控目标的影响度　　表 5-15

场地要素		目标体系											综合影响度
		雨洪管控目标			水土保持目标	场地安全目标		场地生境目标	景观视效目标	经济类目标			
		防洪防涝	雨水资源化利用	径流污染控制	土壤侵蚀控制	场地变形控制	场地塌方、泻溜控制	生境的维持与修复	景观风貌控制	建设成本控制	运转维护成本控制	生产目标	
自然与社会环境	地形地貌	3	3	3	3	3	3	3	3	3	3	3	33
	气候条件	3	3	3	3	3	3	3	2	2	2	2	29
	社会经济	2	0	0	2	0	0	2	2	—	—	—	8
	人文环境	0	0	0	0	0	0	0	0	0	0	0	0
地域城镇雨洪管控及雨水利用方式	场地水文	2	2	2	2	2	2	2	2	2	2	2	22
	管理模式	2	2	2	2	2	2	2	2	2	2	2	22
	技术措施	2	2	2	2	2	2	2	2	3	2	2	23
	法律法规	2	2	2	2	2	2	2	2	0	0	0	16
雨洪管控、雨水资源利用与场地的关系	土壤类型	3	3	3	3	3	3	3	2	2	2	2	29
	下垫面类型	3	3	3	3	2	2	3	2	2	2	2	17
	场地植被	2	2	2	2	2	2	2	2	2	2	2	22
	雨水水质	0	3	—	0	0	0	2	0	2	2	2	11
	场地安全	2	2	0	—	—	—	0	0	2	2	2	10
	场地生境	2	0	2	2	0	2	—	2	0	0	0	10
	场地功能	—	—	—	—	2	2	2	2	2	2	—	12
	构造材料	2	2	2	2	2	2	2	2	3	3	0	22
	经济成本	0	0	0	0	0	0	0	0	—	—	—	0
景观因素	景观风貌	0	0	0	0	0	0	0	—	2	2	0	4
	景观视效	0	0	0	0	0	0	0	—	2	2	0	4

1 符合评价因子提取三原则中的一条；2 符合评价因子提取三原则中的两条；3 符合评价因子提取三原则中的三条；0 不符合评价因子提取三原则；— 目标本身作为影响要素，不参与对目标体系本身的评估。

其次，选定边栏中的场地要素逐一对栏头所列的二级目标进行评估，评估结果分为5种情况，分别用“0”“1”“2”“3”“—”5种符号表示。评估的标准是上述评价要素提取的三原则，即要素关联原则、有效影响原则和易于量度原则，符合一条分值加1，不符合分值为0，有一种特殊情况，就是评估目标本身作为影响要素时，不参与评估，用“—”表示。

第三，根据上述评估，得出每一种场地要素对目标体系的综合影响度分值，其排序如下：地形地貌（33）、气候条件（29）、土壤类型（29）、技术措施（23）、场地水文（22）、管理模式（22）、场地植被（22）、构造材料（22）、下垫面类型（17）、法律法规（16）、场地功能（12）、雨水水质（11）、场地安全（10）、场地生境（10）、社会经济（8）、景观风貌（4）、景观视效（4）、人文环境（0）、经济成本（0）。

在上述要素中，首先排除自身作为目标体系的一部分而存在的8种要素，有社会经济、雨水水质、场地安全、场地生境、场地功能、经济成本、景观风貌以及景观视效。在剩下的11种要素中，由于管理模式、法律法规、人文环境三要素并不是场地的自然要素，而雨洪管控适地性规划设计最终是需要通过对场地自然要素的人为干预来达到影响场地自然水文过程的目的，故而上述三要素不宜作为目标适地性评价的操作性因子。在剩下的场地要素中，技术措施和构造材料属于人为干预后的具体选择，故也不应作为规划前的目标评估要素，更适宜于在目标确定后加以选择性地运用。最后剩下的6个场地要素分别是地形地貌（33）、气候条件（29）、土壤类型（29）、场地水文（22）、场地植被（22）、下垫面类型（17），其综合影响度都是最靠前的，但为了在雨洪管控适地性规划设计的实践操作中更具可行性且更能针对地域问题和矛盾，需要做一些技术处理。具体处理方式如下：

①研究区域内的地形地貌种类繁多，直接用地貌类型名称作为评价因子过于抽象，无法度量。因地貌在本质上可以用地形坡度来描述，由于坡度具有易于量度的特点，而且对于地表径流的影响更直观，因此，可用地形地貌所包含的坡度属性作为评价因子，具体到建设场地中，用“场地坡度”表示。

②气候条件作为场地要素对确定场地的雨洪目标影响非常大，但在研究区域内，或者具体的项目小流域和场地内，年降雨量、最大降雨量等气候条件是作为前提条件给定的，没有可变性，不像地形地貌等因素在同一项目场地内具有较多的变化，因此可以排除在评价因子的选择之外。

③土壤作为场地中的主要物质载体，对雨洪管控的影响非常大，不同土壤属性中对雨洪管控和场地安全等目标影响最直接、也最易于度量的属性是土壤的湿陷性、渗透性和土壤的易侵蚀度（反映了土壤的组成和结构特点），因此，直接采用“土壤特性/类型”和“土壤侵蚀度”作为代表土壤的影响因子。需要说明的是，当场地安全矛盾比较突出，而土壤湿陷性又十分显著时，“土壤特性/类型”的二级因

子可以采用以湿陷性为主的相关属性，如：非自重湿陷性黄土、自重湿陷性黄土、膨胀土、高含盐土等；当土壤湿陷性和场地安全问题不突出时，可采用土壤的渗透性作为二级因子。在本研究区域内，土壤的湿陷性和场地安全问题比较突出，故本书中选择了前者。

④根据4.5.2.1节的论述可知，场地水文要素涉及的内容比较宽泛，不易于度量其对目标体系的影响程度，且其所包含的影响力在很大程度上是与地形地貌、土壤类型、场地植被、气候条件等因素综合作用的结果，因此，不作为影响因子考虑。

⑤场地植被要素包含了植被类型、植被群落形态、植被盖度等信息，其中植被类型和植被群落形态组合极其复杂，其不同的组合形式对场地雨水的影响规律并没有全面的研究结论，不适宜作为评价因子。植被盖度属性则弱化了植物种类与群落组成的概念，直接反映了植被的茂密程度和植物进行光合作用面积的大小，同时也反映了地表的土壤裸露程度，而这一点对土壤的侵蚀性和场地安全性有直接而显著的影响，与场地的雨洪管控目标体系能够建立起易于量化的关系，故而最终采用“植被盖度”作为代表场地植被的评价因子。

⑥下垫面类型在海绵城市中是一个重要的影响因素，但在本课题的研究范围内，由于面积占比的原因，下垫面类型丰富的聚落建设类场地对小流域雨洪管控的总体影响要比郊野类场地的总体影响弱得多（参见第4章的论述），而郊野场地的下垫面大部分都是各种植被覆盖的土地，在前面已选择了“土壤特征/类型”和“植被盖度”作为评价因子的情况下，不宜再将其纳入评价因子体系之内。

根据上述评估和论证，最终确定具有实践操作性的雨洪管控目标适地性评价最核心的评价因子为“场地坡度”“土壤特性/类型”“土壤侵蚀度”和“植被盖度”。当然，根据具体的项目和场地特点，可视情况适当增加有针对性的评价因子。

（2）确定措施适地性评价的评价因子

如表5-13和表5-14所示，被评价的技术措施可以分为传统措施以及“渗”“滞”“蓄”“净”“用”“排”6类低影响开发（LID）措施，将上述各类措施作为评估表格的头行（栏头），将前述19种场地要素作为评估表格的边栏（行头、项目栏），形成表5-16的基本格式。接下来的评估方法与表5-15的评估方法一样，选定边栏中的场地要素逐一对栏头所列的7类场地措施进行评估，评估结果分为5种情况，同样用“0”“1”“2”“3”“—”5种符号表示。评估的标准仍然是评价要素提取的三原则。

根据上述评估，得出每一种场地要素对措施体系的综合影响度分值，其排序如下：地形地貌（21）、经济成本（21）、土壤类型（18）、下垫面类型（18）、场地水文（14）、管理模式（14）、法律法规（14）、场地植被（14）、场地安全（14）、

场地要素对场地措施的影响度 表 5-16

场地要素		传统措施	措施体系						综合影响度
			“海绵城市”LID措施						
			“渗”类措施	“滞”类措施	“蓄”类措施	“净”类措施	“用”类措施	“排”类措施	
自然与社会环境	地形地貌	3	3	3	3	3	3	3	21
	气候条件	0	0	0	0	0	0	0	0
	社会经济	1	1	1	1	1	1	1	7
	人文环境	0	0	0	0	0	0	0	0
地域城镇雨洪管控及雨水利用方式	场地水文	2	2	2	2	2	2	2	14
	管理模式	2	2	2	2	2	2	2	14
	技术措施	—	—	—	—	—	—	—	—
	法律法规	2	2	2	2	2	2	2	14
雨洪管控、雨水资源利用与场地的关系	土壤类型	2	3	3	3	2	2	3	18
	下垫面类型	2	3	3	3	2	2	3	18
	场地植被	2	2	2	2	2	2	2	14
	雨水水质	0	0	0	0	0	0	0	0
	场地安全	2	2	2	2	2	2	2	14
	场地生境	2	2	2	2	2	2	2	14
	场地功能	—	—	—	—	—	—	—	—
	构造材料	2	2	2	2	2	2	2	14
	经济成本	3	3	3	3	3	3	3	21
景观因素	景观风貌	2	2	2	2	2	2	2	14
	景观视效	2	2	2	2	2	2	2	14

注：1. 符合评价因子提取三原则中的一条；
2. 符合评价因子提取三原则中的两条；
3. 符合评价因子提取三原则中的三条；0 不符合评价因子提取三原则；— 影响要素与措施本身具有内在一致性，不参与对措施本身的评估。

场地生境（14）、构造材料（14）、景观风貌（14）、景观视效（14）、社会经济（7）、气候条件（0）、人文环境（0）、雨水水质（0）、技术措施（—）、场地功能（—）。

在上述要素中，首先排除与被评估措施本身具有内在一致性的“技术措施”和“场地功能”要素。在剩下的17种要素中，由于社会经济（7）、气候条件（0）、人文环境（0）、雨水水质（0）四要素的影响度非常低，不宜作为评估要素。剩余的场地要素的分值都在14分以上，但其中管理模式、法律法规两要素既不是场地的自然要素，且最终还需要通过对场地自然要素的人为干预来达到影响场地自然水文过程的目的，属于间接影响，故不宜作为措施适地性评价的操作性因子。最后剩下的11个场地要素分别是地形地貌（21）、经济成本（21）、土壤类型（18）、下垫面类型（18）、场地水文（14）、场地植被（14）、场地安全（14）、场地生境（14）、构造材料（14）、景观风貌（14）、景观视效（14）、其综合影响度都是最靠前的，但由于评估要素数量较多且有些要素对于被评价技术措施的影响具有同质性，为了在实践操作中更具可行性并且更能针对地域问题和矛盾，需要做一些技术处理。具体处理方式如下：

①同前面确定目标适地性评估因子的分析，用“场地坡度”来代替“地形地貌”要素；采用“土壤特性/类型”和“土壤侵蚀度”作为代表土壤的影响因子；排除“场地水文”和“下垫面类型”要素。

②在目标体系的适地性评价因子选取中，采用了“植被覆盖度”作为代表“场地植被”的评价因子，但在对技术措施进行适地性评价时，场地植被对技术措施的影响主要体现在需要判断所选取的技术措施对场地原有的生态环境的破坏程度以及措施实施后场地生态环境的可恢复程度，因而采用“生境恢复”代替“场地植被”和“场地生境”两要素则更为直接也更合适。

③场地安全问题主要指由场地土壤类型和特性而引发的水土流失、垮塌、变形等，因此，在选择了“土壤特性/类型”和“土壤侵蚀度”两个影响因子的情况下，“场地安全”因子也可以省略。

④“景观风貌”和“景观视效”属于视觉美学类的评价要素，两者既有关联又各有侧重，如果“景观视效”更侧重于空间美学的判定，那么“景观风貌”在此则更侧重于地域文化属性的判定，为了使两者的区别更明显，采用“景观视效”和“地域性”来评估所选技术措施的适地性。

⑤在满足功能的前提下，“构造材料”要素对措施体系的影响主要在于经济成本控制和地域景观风貌以及景观视效三方面，因此在已有“经济成本”“景观视效”和“地域性”三评价要素的情况下，不需要再单独罗列“构造材料”要素作为评价因子，以免复杂化和出现重复。综上，最终选定的措施适地性评价因子是：“场地坡度”“土壤特性/类型”“土壤侵蚀度”“生境恢复”“经济成本”“景观视效”以及“地域性”。

5.5.1.3 评价因子的指标量化与细分

上节确定了影响地域雨洪管控适地性规划设计目标的评价因子为：场地坡度、土壤特性/类型、土壤侵蚀度和植被盖度；确定了影响地域雨洪管控适地性规划设计措施体系的评价因子为：场地坡度、土壤特性/类型、土壤侵蚀度、生境恢复、经济成本、景观视效以及地域性。两者合计共8个不同的评价因子。在具体的适地性评价中，直接用这些评价因子进行适地性评价操作仍有困难，需要开展更进一步的指标量化和细分工作。

（1）场地坡度因子的量化与细分

场地坡度的表示方法有度数法、百分比法、密位法和分数法四种，其中以度数法和百分比法较为常用。由于研究对象大多为自然地形地貌，而描述自然地形地貌的各类专业规范和图集，如《水土保持综合治理 技术规范》GB/T 16453—2008、《水土保持综合治理 规划通则》GB/T 15772—2008、《陕西省地图集·坡度》等都采用度数法来表示场地坡度，为了研究时资料使用的方便和表述的一致性，本本书中亦采用度数法表示场地坡度。

在《水土保持综合治理 规划通则》GB/T 15772—2008中，“A.1.1.2 微观地貌调查”条目下，将地貌的坡度组成分为五级：小于5°、5°~15°、15°~25°、25°~35°、大于35°，在平缓坡度较多的地区，将坡度组成分为六级：小于3°、3°~8°、8°~15°、15°~25°、25°~35°、大于35°。[244] 其中，将25°作为坡耕地的一个临界值，以此为依据来评估是否需要采取退耕还林措施。《陕西省地图集·坡度》中根据陕西的地形地貌特点，将地表坡度分为小于3°、3°~8°、8°~15°、15°~25°、25°~35°、大于35°六个等级。综合考虑上述规范与图集的分级、场地可能的利用功能以及场地适地性评估的易操作性，将场地坡度因子划分为“平坦（小于等于8°）”“缓坡（8°~25°）”和“陡坡（>25°）”三级量化标准。由于研究区域内的地形地貌丰富、同样坡度下场地宽窄尺度变化多样，而场地的尺度对雨洪管控目标、功能及技术措施的影响较大，因此，在上述三级坡度分类之下，按场地尺度的大小将场地坡度因子进一步细分为“平坦开阔”“平坦狭小”“缓坡长坡”“缓坡短坡”“陡坡长坡”和“陡坡短坡”6种，以期最大限度地适应地域内的地形地貌特点（表5-17）。

（2）土壤特性/类型因子的量化与细分

一方面，土壤特性包括土壤的颗粒结构、热性质、土壤水分循环等一系列物理性质和盐化、灰化、黏化、土壤胶体表面化学性质、土壤溶液化学性质、土壤生物化学循环等一系列化学性质，非常复杂；另一方面，土壤的类型也多种多样，如果将土壤特性的多样性与土壤类型的多样性都综合起来作为雨洪管控适地性评估的影响要素来考虑，显然过于复杂，无法操作。因此，可以考虑采用土壤要素的工程力学特性，尤其是与地表水文过程紧密关联的特性或者分类来作为适地性评价的影响因子会更为可行。鉴于上述因素，本书中参考《湿陷性黄土地区建筑规范》GB 50025—2004及《建筑与小区雨水利用工程技术规范》GB 50400—2016中采用的土壤有关特性与分类[288, 289]，将本研究中的“土壤特性/类型”因子细化为“非自重湿陷性黄土”“自重湿陷性黄土”“膨胀土”以及“高含盐土”4类。需要说明的是，由于研究区域普遍属于湿陷性黄土区域之内，所以排除了“非湿陷性黄土”这一类型。

场地坡度分级　　表 5-17

坡度 / 坡长	平坦(≤8°)	缓坡(8°~25°，含25°)	陡坡(>25°)
短坡（≤15m）；狭小（长和宽≤20m）	平坦狭小	缓坡短坡	陡坡短坡
长坡（>15m）；开阔（长和宽>20m）	平坦开阔	缓坡长坡	陡坡长坡

说明：1. 表中的“长坡、短坡”“开阔、狭小”只是从雨洪管控措施的极限要求出发来划定，以便判定措施的适宜性，并不代表对场地空间尺度的客观评价。

2. 坡长的划定标准主要考虑了各类坡面雨水管控措施适宜的最小场地尺度，在综合各类场地措施的具体要求后，选择一个坡长值作为适宜性评价中判定坡面长短的相对标准。例如：《水土保持综合治理技术规范小型蓄排引水工程》GB/T 16453.4—2008规定，坡面布设截水沟的最小间距为20~30m；水窖设置的位置距沟边、沟头须大于20m；一般规模涝池的直径建议取10~15m（圆形涝池）或者矩形边长10~20m（矩形涝池）。《水土保持综合治理技术规范　坡耕地治理技术》GB/T 16453.1—2008中规定，一般15°以上陡坡地，等高耕作的土埂间距为8~15m，10°以下缓坡地，等高耕作的土埂间距为20~30m；梯田田面的宽度，陡坡区一般5~15m，缓坡区一般20~40m。综合上述规范要求，选取15m作为长短坡的划定标准，选取20m作为平坦用地狭小与开阔的划定标准。

（3）土壤侵蚀度因子的量化与细分

根据水利部《土壤侵蚀分类分级标准》SL 190—2007，本书研究区域属于土壤侵蚀一级类型区中的“Ⅰ水力侵蚀类型区”，在二级类型区上属于“Ⅰ_1西北黄土高原区”，是黄河流域水土流失最严重的地区，年平均水土流失量在10000t/km^{2}以上，无定河北部则为2.0万~2.5万t，窟野河下游更高达3万t以上[219]。《土壤侵蚀分类分级标准》SL 190—2007将西北黄土高原区的容许土壤流失量标准定为1000t/（km^2·a），将土壤的水力侵蚀强度分为微度、轻度、中度、强烈、极强烈、剧烈6个等级（表5-18）[290]，考虑到区域土壤侵蚀的剧烈程度以及雨洪管控适地性规划设计中的适地性评估属于定性评估而非定量评估，最终将“土壤侵蚀度”因子细分为“轻度水蚀”“强烈水蚀”和“剧烈水蚀”三个评价量级，以简化实际操作程序。根据规范，如果侵蚀模数值难以获取，经分析后，可以采用有关侵蚀方式（面蚀、沟蚀）的指标来进行分级（表5-19、表5-20）[290]。

（4）植被盖度因子的量化与细分

研究中采用植被盖度来反映非耕地地表的裸露程度，并依此判断不同地表裸露条件下雨水场地目标的适宜性。由表5-20可知，当不同的盖度和场地坡度共同作

水力侵蚀强度分级　　表5-18

级别	平均侵蚀模数[t/(km^2·a)]	平均流失厚度(mm/a)
微度	<200，<500，<1000	<0.15，<0.37，<0.74
轻度	200，500，1000～2500	0.15，0.37，0.74～1.9
中度	2500～5000	1.9～3.7
强烈	5000～8000	3.7～5.9
极强烈	8000～15000	5.9～11.1
剧烈	>15000	>11.1

注：本表流失厚度系按土的干密度1.35g/cm^{3}折算，各地可按当地土壤干密度计算。

资料来源：中华人民共和国水利部，土壤侵蚀分类分级标准（SL 190—2007）[S]．北京：中国水利水电出版社，2008.表4.1.2-1。

土壤侵蚀强度沟蚀分级指标　　表5-19

沟谷占坡面面积比(%)	<10	10～25	25～35	35～50	>50
沟壑密度(km/km^2)	1～2	2～3	3～5	5～7	>7
强度分级	轻度	中度	强烈	极强烈	剧烈

资料来源：中华人民共和国水利部，土壤侵蚀分类分级标准（SL 190—2007）[S]．北京：中国水利水电出版社，2008.表4.1.2-3。

土壤侵蚀强度面蚀（片蚀）分级指标　　表5-20

地类 \ 地面坡度(°)		5~8	8~15	15~25	25~35	>35
非耕地林草盖度（%）	60～70	轻度	轻度	轻度	中度	中度
	45～60	轻度	轻度	中度	中度	强烈
	30～45	轻度	中度	中度	强烈	极强烈
	<30	中度	中度	强烈	极强烈	剧烈
坡耕地		轻度	中度	强烈	极强烈	剧烈

资料来源：中华人民共和国水利部，土壤侵蚀分类分级标准（SL 190—2007）[S]．北京：中国水利水电出版社，2008.表4.1.2-2。

用下，场地的土壤侵蚀程度是不一样的，因此，为了协调一致，可以沿用表5-20中描述不同地类盖度的量值分级，即可将植被盖度因子量化为裸露（<30%）、低盖度（30%～45%）、中盖度（45%～60%）和高盖度（60%～70%）4个等级。

（5）生境恢复因子的量化与细分

“生境恢复”因子主要用来判断所选取的技术措施对场地原有的生态环境的破坏程度以及措施实施后场地生态环境的可恢复程度，属于定性判定。在实际操作中，可以根据表5-21来进行判定。表中选取“植物群落或品种数量”“植被盖度”“生境条件”三项指标作为判定场地生境恢复程度的指标，三者分别对品种数量、长势和生长条件进行措施实施前后的对比，基本上能够客观地判断场地生境的演变方向是向好还是恶化。判定时只需一项指标满足判定条件即可完成判定。

场地生境恢复程度要求 表 5-21

生境恢复要求 / 生境恢复指标	要求高	要求低	无要求
植物群落或品种数量	明显增加	基本维持原状	无要求
植被盖度	明显提高	基本维持原状	无要求
生境条件	明显改善	基本维持原状	无要求

说明：1. 生境恢复指标包括场地措施实施前和实施后的指标；
2. 用场地措施实施后的指标与实施之前的指标进行对比，以判定生境恢复指标的前后变化；
3. 如果三项生境恢复指标齐全，判定结果只需依据其中一项来判定，且就高不就低，如：“植物群落或品种数量”判定结果为“明显增加”“植被盖度”判定结果为“基本维持原状”“生境条件”判定结果为“基本维持原状”，则整体的场地生境就高判定为“高要求”，依此类推。

（6）经济成本因子的量化与细分

经济成本的判定为定性判定，不同技术措施本身的复杂程度、功能要求和体量规模都不尽相同，无法给出具体的成本标准。对于具体项目，在立项之初就基本上有一个总体的投资额度，有些项目资金较为充裕，对工程措施和材料的选择范围就比较广泛，有些项目资金比较紧张，就需要尽可能选择相对低廉的材料和工艺。因此，对于“经济成本”因子采用“低成本”“中等成本”和“高成本”三个等级来细分，具体判定时需根据所选择的不同措施进行对比，以确定各自成本的相对高低。比如说，对于沟谷场地常用的淤地坝和谷坊两种措施，淤地坝因为构造和功能要求都比谷坊复杂，体量上也普遍大于谷坊，因此很容易判定淤地坝的成本高于谷坊；对于淤地坝而言，由不同材料建造其成本也有高低，一般而言符合如下规律：钢筋混凝土坝的成本大于石坝，石坝的成本大于土坝；不同级别的淤地坝成本也可以判定，在同一条沟中控制性骨干坝的成本大于一般淤地坝；由不同级别坝体组成的坝系工程成本大于单一的淤地坝工程。

（7）景观视效因子的量化与细分

对景观视效的判定主要依靠规划设计师的职业判断，没有量化标准，类似于专家评价法，由技术人员根据专业知识和工程实践经验，对各种待评价的场地技术措施进行实施后的景观视觉效果预评价。虽然为定性评价，但由于各种措施实施后的具体组成材料、形态、空间体量等都有既往案例作为参照，作为专业人员来进行定性判定不会有困难，而且相比较于非专业人员而言应该更为客观全面。“景观视效”因子可以采用“要求高”“一般”和“要求低”三个量级进行细分。

（8）地域性因子的量化与细分

“地域性”因子采用“要求高”“一般”和“要求低”三个量级进行细分。具体判定时也需要由专业规划设计师来操作。判定的依据可以从如下三个方面来进行：一是所采用的技术措施和工艺是否为当地传统的技术措施和工艺，包括措施的形式、材料和功能等，如果是，则可判定为地域性强，该措施即可应用于对场地地域性设定为“要求高”的场地；二是虽然所采用的是传统的技术措施，但对建造材料进行了更换、对建造工艺进行了改变，或者采用的不是传统的技术措施，但使用的却是地域风格明显的建设材料或者借鉴了传统的建造工艺，那么也具有较高的地域性；三是对于具体措施和材料都属于新引进的情况，其地域性判定为低，只适宜于应用在地域性要求为“无要求”的场地中。

5.5.2 雨洪管控目标与措施适地性评价方法建构

雨洪管控适地性评价方法建构包括评价的基本步骤、建立雨洪管控目标/措施变量与场地因子变量间的映射关系、变量与因子间的影响机制或原理、适地性评价的其他依据和标准4部分内容。

5.5.2.1 适地性评价的基本步骤

雨洪管控目标与措施适地性评价的流程在图5–5中有清晰的表达，具体如何评价，评价过程有哪些环节步骤，可以用图5–13表示。图5–13中的适地性评价具体环节由4个基本步骤构成：第1步是确定评价对象与影响因子之间的匹配关系；第2步是确定每组配对关系中影响因子对评价对象产生影响的基本原理，即映射函数$M=f(P)$；第3步是对每组映射关系进行评价赋值；第4步是根据评价结果选择适宜的评价对象（适宜的目标或措施）。

5.5.2.2 建立目标 / 措施变量与场地因子变量间的映射关系

根据表5–3所示适地性评价规划设计目标体系，雨洪管控预设目标集可以总结为6个一级目标12个二级目标，经过分析与评估后（表5–15），确定对场地雨洪管控目标具有较大影响的“场地坡度”“土壤特性/类型”“土壤侵蚀度”和“植被盖度”4大场地要素作为雨洪管控目标适地性评价的核心评价因子，因此构成了目标适地性评价的映射关系（图5–14）。

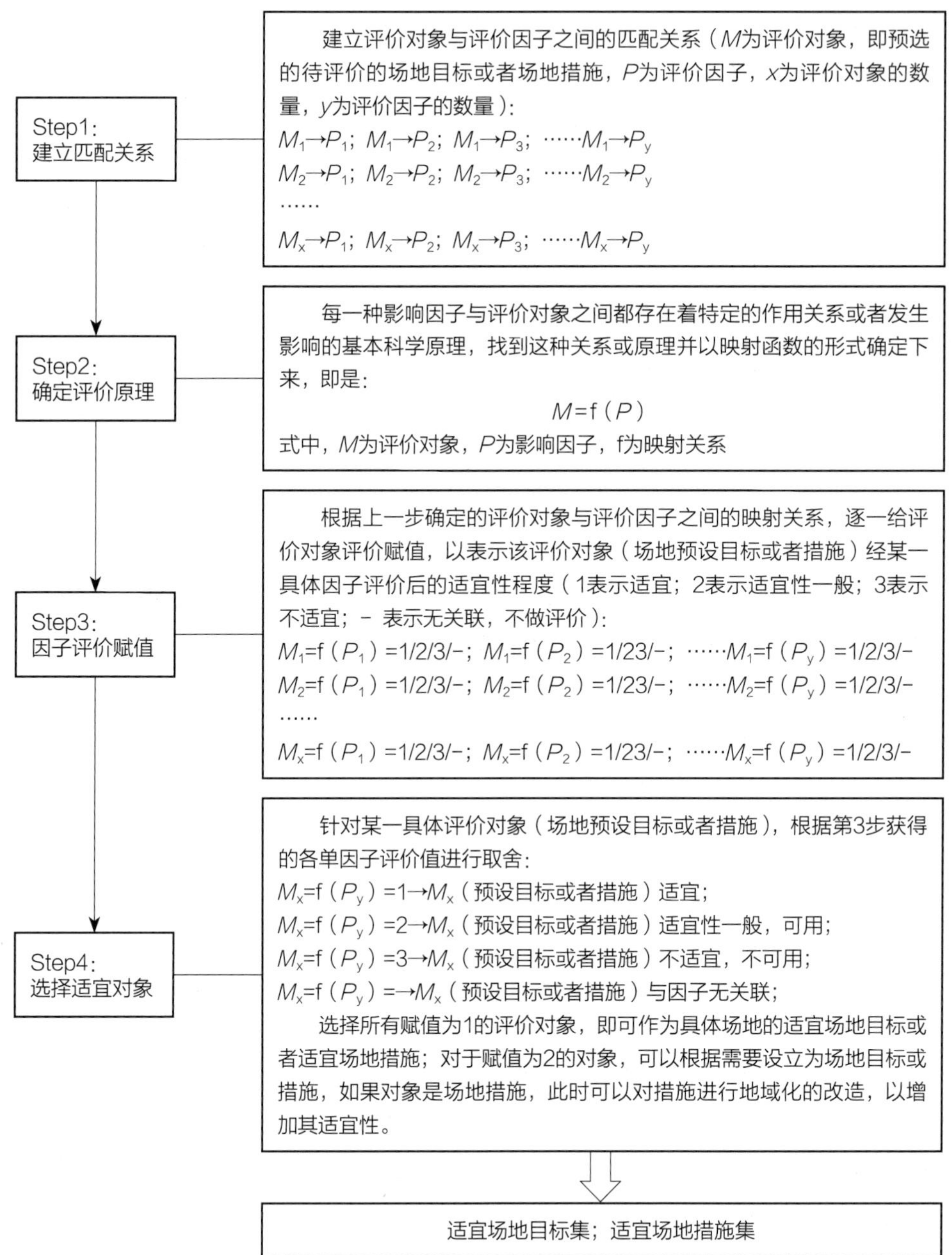

图5-13　场地适宜性评价步骤

图片来源：作者 绘

同理，根据表5-13、表5-14中的雨洪管控技术措施体系，经过分析与评估后（表5-16），确定对场地措施具有较大影响的“场地坡度”“土壤特性/类型”“土壤侵蚀度”“生境恢复”“经济成本”“景观视效”以及“地域性”7大场地要素作为雨洪管控措施适地性评价的核心评价因子，因此构成了如图5-15所示的措施适地性

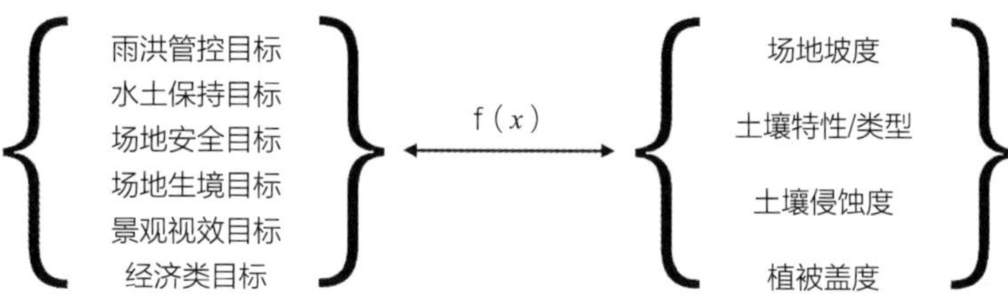

图5-14　目标变量与场地因子变量的映射关系

图片来源：作者 绘

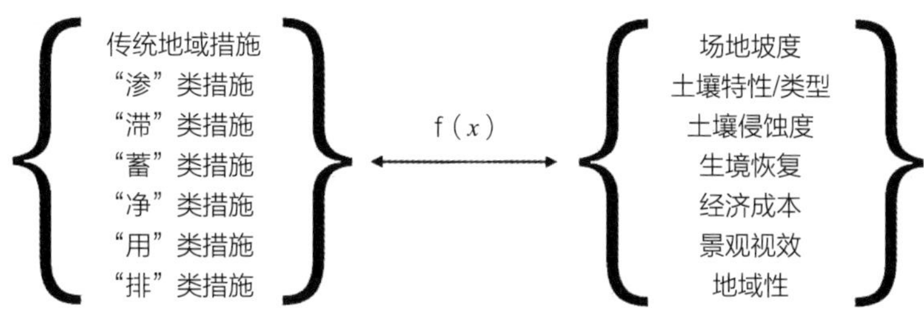

图5-15　措施变量与场地因子变量的映射关系

图片来源：作者 绘

评价映射关系。

上述雨洪管控目标/措施与场地影响因子之间的映射关系可以用M=f（P）这一变量关系模型来表示，M代表着雨洪管控目标或者雨洪管控措施，P代表影响M的各种因子，当改变P的特征（大小、程度、类型、性质等）时，因受到影响，M的适宜性可能会发生变化。图中f（x）表示M与P之间的作用机制或原理。

5.5.2.3　雨洪管控目标和措施变量与影响因子间的影响机制或原理

上述映射关系是对评价对象与所有影响因子之间关系的一种抽象表达，实际上，每一对具体的影响因子和评价对象之间的影响机制是不尽相同的，需要逐一分析和逐一评价。由于对于雨洪管控目标的评价和对场地措施的评价采用的核心影响因子并不完全相同，故需分别进行分析，参见表5-22、表5-23。

（1）雨洪管控目标与措施适地性评价中的水文学原理或机制

在上述变量关系模型中，无论是作为评价对象的雨洪管控目标变量和措施变量还是作为评价因子的各种指标变量，都是围绕场地雨水的地表水文过程来发生或直接或间接的相互作用和影响的。因此，水文学中有关土壤下渗以及地表径流形成过程相关原理和影响机制必然是适地性评价中各影响因子之所以能发挥有效影响的理论依据。

雨洪管控目标适地性评价的机制或原理　　表 5-22

<table>
<tr><th colspan="2">目标变量（M）</th><th>影响因子</th><th>影响机制或原理，即f（x）</th></tr>
<tr><td rowspan="6">雨洪管控目标</td><td>“渗”类目标</td><td rowspan="11">场地坡度；
土壤特性/类型；
土壤侵蚀度；
植被盖度</td><td rowspan="8">①达西定律：$Q=KA(h_2-h_1)/L$（式中，Q为单位时间渗流量，(h_2-h_1)为上下游水头差，A为垂直于水流方向的截面积，L为渗流路径长度，K为渗透系数。）
②地表水循环基本过程及原理。
③根据水文学的饱和下渗理论及非饱和下渗理论。
④土壤抗冲性理论及抗冲性函数$\tau=f(HJr)$（式中，τ为坡面径流冲刷力，H为坡面径流深，J为水力坡度，r为水的容重）。
⑤其他相关机制原理</td></tr>
<tr><td>“滞”类目标</td></tr>
<tr><td>“蓄”类目标</td></tr>
<tr><td>“净”类目标</td></tr>
<tr><td>“用”类目标</td></tr>
<tr><td>“排”类目标</td></tr>
<tr><td colspan="2">水土保持目标</td></tr>
<tr><td colspan="2">场地安全目标</td></tr>
<tr><td colspan="2">场地生境目标</td><td>根据地域植物的生长习性与立地条件，与植物立地条件越接近的场地，其生境保持或恢复目标越容易实现，评价场地制定较高的生境恢复目标则越适宜；反之亦然</td></tr>
<tr><td colspan="2">景观视效目标</td><td>以“地域性”和视觉美学的基本原则和标准为依据，越接近于该原则和依据的场地视效目标适宜性越高</td></tr>
<tr><td colspan="2">经济类目标</td><td>根据同一时期、同一区域内的经济、社会发展目标以及价格标准来判断</td></tr>
</table>

1）影响下渗的原理和作用机制

据水文学中的饱和下渗理论及非饱和下渗理论，在复杂的天然降雨条件下，影响土壤下渗的原因为：[169]

①土壤特性的影响：主要决定于土壤的透水性能及土壤的前期含水量。其中透水性能又和土壤的质地、孔隙的多少与大小有关。一般来说土壤颗粒愈粗，孔隙直径愈大，其透水性能愈好，土壤的下渗能力亦愈大。

②降水特性的影响：包括降水强度、历时、降水时程分配及降水空间分布等。其中降水强度直接影响土壤下渗强度及下渗量，在降水强度小于下渗率的条件下，降水全部渗入土壤，下渗过程受降水过程制约。

③流域植被的影响：有植被的地区，由于植被及地面上枯枝落叶具有滞水作用，增加了下渗时间，从而减少了地标径流，增大了下渗量。

④地形条件的影响：地面起伏，切割程度不同，都要影响地面漫流的速度和汇流时间。在相同的条件下，地面坡度大、漫流速度快，历时短，下渗量就小。

⑤人类活动的影响：人类活动对下渗的影响，既有增大的一面，也有抑制的一面。例如，各种坡地改梯田、植树造林、蓄水工程均增加水的滞留时间，从而增大下渗量。反之砍伐森林、过度放牧、不合理的耕作，则加剧水土流失，从而减少下渗量。在地下水资源不足的地区采用人工回灌，则是有计划、有目的地增加下渗

水量；反之在低洼易涝地区，开挖排水沟渠则是有计划有目的控制下渗，控制地下水的活动。[169]

雨洪管控措施适地性评价的机制或原理　　表 5-23

措施变量（M）	影响因子	影响机制或原理，即f（x）
“渗”类措施 “滞”类措施 “蓄”类措施 “净”类措施 “用”类措施 “排”类措施 传统措施	场地坡度； 土壤特性/类型； 土壤侵蚀度； 生境恢复； 经济成本； 景观视效； 地域性	①达西定律：$Q=KA(h_2-h_1)/L$（式中，Q为单位时间渗流量，(h_2-h_1)为上下游水头差，A为垂直于水流方向的截面积，L为渗流路径长度，K为渗透系数）。 ②地表水循环基本过程及原理。 ③根据水文学的饱和下渗理论及非饱和下渗理论。 ④土壤抗冲性理论及抗冲性函数τ=f（HJr）（式中，τ为坡面径流冲刷力，H为坡面径流深，J为水力坡度，r为水的容重）。 ⑤传统措施因经过了历史和实践的检验，总体而言是地域内较为适宜的技术措施，对于某一具体的场地条件和场地目标而言，依然可以依据上述措施适宜性判定的机制和原理来进行判定，并以此为依据进行传统措施的选择和改良升级。 ⑥根据同一时期、同一区域内的经济、社会发展目标、场地雨洪建设目标以及价格标准来判断选用某一项具体措施的经济成本是否合适。 ⑦其他相关机制原理。

2）影响地面径流的原理和作用机制

雨洪管控的本质就是通过人为干预来改变地表径流的过程，从而对流域或小流域的雨洪产生影响。地表径流的形成过程及机制在前面章节已有论述，此章节重点阐述影响径流的因素。影响径流形成和变化的因素主要有：气候因素、流域下垫面因素和人类活动因素[169]。下面分述之：

①气候因素的影响：气候因素包括降水、蒸发、气温、风、湿度等，气温、湿度和风是通过影响蒸发、水汽输送和降水而间接影响径流的[169]，在雨洪管控适地性规划设计中，气候因素不属于规划设计可以干预的范畴，不作为重点。

②流域下垫面因素的影响：流域下垫面因素包括地理位置（纬度、面积、形状）、地貌特征（山地、丘陵、盆地、平原、谷地、湖沼等）、地形特征（高程、坡度、坡向）、地质条件（构造、岩性）、植被特征（类型、分布以及阻水、吸水、持水、输水性能等水理性质）等[169]。这些下垫面的不同形态和组合决定了流域对降雨的再分配功能的强弱，从而决定了最终雨洪管控的目标与效果。下垫面对雨水的具体影响主要体现在下渗的原理和机制上，这一点前面已经论述。

③人类活动的影响：人类活动对径流的影响，既广泛、又深远，并且影响日趋严重。主要是通过改变下垫面条件从而直接或间接影响径流的过程、径流的数量、质量的变化[169]。

（2）雨洪管控适地性评价中的土壤侵蚀原理或机制

研究区域内之所以易于发生强烈的水土流失和土壤侵蚀现象，其根本原因是黄土抗冲性很弱，经多年研究和观测，影响黄土抗冲性的原因已经比较明确，可以用土壤抗冲性函数τ=f（HJr）表示，式中，τ为坡面径流冲刷力，H为坡面径流深，J为水力坡度，r为水的容重。根据上述函数及多年来观察验证，揭示了如下规律：[2]

①基本原理：土壤抗冲性主要取决于土粒间和微结构间的胶结力和土壤结构抵抗离散的能力；

②影响因素：影响土壤抗冲性的因素主要有土壤质地、土壤紧实度、地面坡度以及土地利用情况等；

③土壤质地：土壤颗粒在水流作用下，其稳定性决定于土壤颗粒本身的重力和颗粒间的粘结力；

④土壤紧实度：土体在比较紧实的情况下，颗粒间的摩擦力增大，因而抗冲性强；

⑤地面坡度：同一土壤，其抗冲性随坡度增大而降低；

⑥土地利用：土壤中植物根系含量越高，对土粒的机械缠绕固结作用越强，从而能改善土壤的表层结构，提高土壤抗冲性。[2]

（3）小结

①在上述水文学和土壤学作用原理和影响机制中，能发挥显著影响作用的因素包括土壤特性、气候与降水特性、地表植被、地形地貌特征以及人类活动等。而图5–14及图5–15中右侧所列的“场地坡度”“土壤特性/类型”“土壤侵蚀度”“植被盖度”以及“生境恢复”等评价因子正是影响地表水文过程诸因子的直接反映或间接表述，印证了在5.5.1.2小节中所确定的雨洪管控目标与措施适地性评价因子的合理性与有效性。

②在论证了上述物质性影响因子的合理性及其作用机制之后，确定各因子对于具体评价对象的影响程度只需根据物理学的一般常识进行判断即可，影响因子自身量级的划分根据评估需要可自行设定。例如，在本研究中，根据场地利用和项目规划设计的现实情况以及场地雨洪技术措施的特点，将“场地坡度”因子细分为：“平坦开阔”“平坦狭小”“缓坡长坡”“缓坡短坡”“陡坡长坡”和“陡坡短坡”6个等级，而每个等级的具体坡度值的确定则充分参考了各种技术规范中的划分情况。每种评价因子的具体量度与细分在5.5.1.3小节中进行了详细阐述。

③对于非物理性的社会经济类评价因素，如“经济成本”“景观视效”以及“地域性”，其对于评价目标的影响机制更多的是基于评价者（专家或规划设计师）的

专业判断。其中，对于“经济成本”的判断在具体的历史时期和地域是较为客观的，不会有大的误差，对于“景观视效”以及“地域性”的判断则取决于评价者的价值标准和审美水平，有一定的个人倾向性，但总体上，对于具体评价对象是否适宜的判断在总体上并无颠覆性的影响，因为对于专业人员而言，“景观视效”及“地域性”所要求的一般标准和原则都是基本一致的。

5.5.2.4 适地性评价的其他依据和标准

本研究中的评价没有严格意义上的数理量化指标和定量计算过程，属于定性评价，评价的依据除了前述影响评价的基本原理和作用机制外，还有四个方面。

首先是涉及安全的规范条文及定性判断，如《水土保持综合治理 规划通则》GB/T 15772—2008等涉及水土保持的规范和《湿陷性黄土地区建筑规范》GB 50025—2004、《建筑与小区雨水利用工程技术规范》GB 50400—2006等黄土地区的规范中，都有对场地安全的具体要求和条文，可以作为适地性评价的判定依据。

其次是场地的区位、性质以及本身对场地安全的敏感程度是适地性评价时需要参考的重要依据。例如，湿陷性等级相同的黄土场地，当场地内有大量的建构筑物时，以“渗”为主的场地雨水目标因为潜在的场地沉降等安全问题而显得明显不适宜，但如果场地为农林用地，在采取适当措施避免发生水土流失的前提下，则“渗”是完全可以作为场地的适宜雨水目标的。

再次，充分参考相关规范中对场地及措施的基本要求。在相关的规范中，对于场地安全等问题都有明确的条文，这些条文规定也可以视为在相似场地情况下对场地措施的适宜性要求，从而作为适地性判定的依据。

最后，每一项措施都有适用的条件和前提以及主要的功能目标，评估时必须作为判定的依据。在具体规划实践中进行适地性评价时，可以参考表5-24和表5-25中的评价结果，也可根据实际情况对特定的评价因子或适宜性数值进行结合实际的调整。

5.5.3 雨洪管控目标适地性评价

场地雨洪管控目标适地性评价实际上就是将图5-14中目标变量与场地因子变量的映射关系转换成适地性评价表格并依据前述适地性评价的机制和原理进行赋值的过程。如表5-24所示，将预选的雨洪管控目标集作为评价表格的头栏，将评价因子作为头行，就形成了评价表格的基本框架。接下来要做的就是根据前面分析的适地性评价的基本原理和影响机制等，逐行赋值，赋值完成后，即可结合实际场地根据表格来判断哪些雨洪管控目标适宜，哪些目标不适宜。

在评价过程中，要遵循如下策略要点：①表中所有的适地性分析和评价都是基于具体的小块场地来开展，而不是直接针对小流域或者整个规划设计项目。对于小流域以及整个项目而言，需要按照景观适地性评价中的景观单元和景观分类法，先进行场地的均质区分类，完成分类后才能按照本方法对具体均质区进行逐一评

雨洪管控目标适地性评价　　表 5-24

预选目标集		影响因子																
		场地坡度						土壤特性/类型				土壤侵蚀度			植被覆盖度			
		平坦开阔	平坦狭小	缓坡长坡	缓坡短坡	陡坡长坡	陡坡短坡	非自重湿陷性黄土	自重湿陷性黄土	膨胀土	高含盐土	轻度水蚀	强烈水蚀	剧烈水蚀	高（60%~70%）	中（45%~60%）	低（30%~45%）	裸露（<30%）
场地雨水目标	渗	1	1	1	1	3	3	2	3	3	3	1	2	3	1	1	1	1
	滞	1	1	1	1	2	3	2	2	2	2	1	1	1	1	1	1	1
	蓄	1	1	1	1	3	3	2	2	2	2	1	2	2	1	1	1	1
	净	1	2	1	2	2	2	2	2	2	2	1	2	3	1	1	1	1
	用	1	1	1	1	1	1	1	1	1	1	1	1	1	1	1	1	1
	排	2	1	1	1	1	1	1	1	1	1	1	1	1	1	1	1	1
水土保持		2	2	1	1	1	1	1	1	2	2	1	1	1	3	2	1	1
场地安全		1	1	1	1	1	1	1	1	1	1	1	1	1	3	2	1	1
场地生境		3	3	3	2	2	1	2	2	2	1	2	1	1	3	2	1	1
景观视效		1	1	1	1	1	1	1	1	1	1	1	1	1	1	1	1	1
经济目标	经济效益	1	1	1	1	3	3	1	1	3	3	1	2	3	1	1	1	1
	高投入	1	1	1	1	1	1	1	1	1	1	1	1	1	1	1	1	1
	中投入	1	1	1	1	2	2	1	1	1	1	1	2	3	1	1	1	1
	低投入	1	1	1	1	3	3	1	1	2	2	1	3	3	1	1	1	2

说明：1 适宜；2 一般；3 不适宜。

注：1. 坡度根据《陕西省地图集·坡度》图中的6个坡度分级简化而来，<8°为平坦，8°~25°为缓坡，≥25°为陡坡；

2. 土壤特性/类型因子的选择根据《湿陷性黄土地区建筑规范》GB 50025—2004及《建筑与小区雨水利用工程技术规范》GB 50400—2006中的相关条文要求提取而来；

3. 土壤侵蚀度因子根据《陕西省地图集·土壤侵蚀》图中的6个水蚀分级简化而来，省略了微度、中度及极强烈3个级别；

4. 经济类目标被细分为经济效益目标（主要指土地的经济产出目标）和场地措施的经济成本控制目标（高投入、中投入、低投入）两类。

价，最后可以根据每个均质区评价的总体情况归纳概括出整个小流域或者项目的总体适地性目标；②评价过程中，类似于组合原则法[167]，需要将不适宜于自重湿陷性黄土等影响场地安全诸因子的建设目标排除。例如，表5–24中，当场地预设目标为“渗”时，如果场地内的土壤因子为“自重湿陷性黄土”量级，则其适宜性分值为“3”，表示该场地目标不适宜，虽然根据其他的评价因子评价后，适宜性分值分别为“1”或“2”表示对应的适宜性为“适宜”或“一般”，但因前面根据土壤因子评价为“不适宜”，因而可以判定“渗”的目标在该地块“不适宜”。另外，需要特别说明的是，“渗”的目标特指经过规划设计和采取人为场地措施干预后来加强的目标，而不包括场地土壤在自然状态下的渗透作用，否则，一旦场地判定为不宜下渗，那么就需要对天然的土地进行防渗处理，这显然是不合理也不可能的。经过上述目标排除后，剩下的目标根据分值之和进行排序，分值越低则适宜性越高，可以作为优先目标设定。

5.5.4 雨洪管控措施适地性评价

同样地，场地雨洪管控措施适地性评价实际上就是将图5–15中的措施变量与场地因子变量间的映射关系转换成适地性评价表格并依据前述适地性评价机制和原理进行赋值的过程。如表5–25所示，将预选的场地措施集作为评价表格的头栏，将场地评价因子作为头行，就形成了评价表格的基本框架。接下来要做的就是根据前面分析的适地性评价的基本原理和影响机制等，逐行赋值，赋值完成后，即可结合实际场地的适宜雨水目标，根据“渗”“滞”“蓄”“净”“用”“排”六类雨水目标下相对应的预选措施，以适地性评价表格中的评价结论为依据来判断哪些技术措施适宜，哪些技术措施不适宜。

需要特别说明的是“渗”“滞”“蓄”“净”“用”“排”在表5–24中是雨水目标，而在表5–25中，则用来表示分类，说明实现该类目标的主要场地措施有哪些，以求措施与目标的对应性更明确。也正是基于这一点，表5–25中将传统的场地措施，如淤地坝、谷坊、梯田、涝池等按照其最主要的功能分别列入“渗”“滞”“蓄”“净”“用”“排”的某一具体类别中，但并不表明传统措施的功能是单一的。另外，表5–25中以六类雨水目标为依据来分类场地雨水措施而不是以场地安全、水土保持等其他目标来划分措施类型，是因为本研究的核心就是场地及其流域的雨水过程和人为的可能干预方法，所以围绕场地雨水这一核心目标来划分措施是最合适的。

在评价过程中，要遵循如下策略要点：①表中列举了六类雨洪管控目标及其

雨洪管控措施适地性评价 表 5-25

预选措施集		影响因子																								
		场地坡度						土壤特性/类型				土壤侵蚀度			生境恢复			经济成本			景观视效			地域性		
		平坦开阔	平坦狭小	缓坡长坡	缓坡短坡	陡坡长坡	陡坡短坡	非自重湿陷性黄土	自重湿陷性黄土	膨胀土	高含盐土	轻度水蚀	强烈水蚀	剧烈水蚀	要求高	要求低	无要求	低成本	中等成本	高成本	要求高	一般	要求低	要求高	一般	无要求
渗	透水铺装	1	1	1	1	3	3	2	3	3	3	1	2	3	1	1	1	1	1	1	1	1	1	2	1	1
	下沉式绿地	1	2	3	3	3	3	2	3	2	2	1	2	3	1	1	1	1	1	1	1	1	1	1	1	1
	渗透塘/池	1	3	3	3	3	3	2	3	3	3	1	2	3	1	1	1	1	1	1	1	1	1	3	2	1
	渗井	1	1	1	1	3	3	2	3	3	3	—	—	—	1	1	1	3	2	1	2	2	1	3	2	1
	渗管/渠	1	1	1	1	3	3	2	3	3	3	1	2	3	1	1	1	3	2	1	2	1	1	1	1	1
滞	绿色屋顶	1	1	1	1	2	2	—	—	—	—	—	—	—	—	—	—	2	1	1	1	1	1	1	1	1
	生物滞留设施	1	1	1	1	3	3	1	2	3	3	1	1	1	1	1	1	3	2	1	1	1	1	1	1	1
	调节塘/池	1	1	2	3	3	3	2	3	3	3	1	1	1	1	1	1	3	2	1	2	1	1	2	1	1
	淤地坝	3	1	1	2	3	3	2	3	3	3	1	1	1	1	1	1	2	1	1	2	1	1	1	1	1
	谷坊	3	3	1	1	1	1	2	3	3	3	1	1	1	1	1	1	1	1	1	1	1	1	1	1	1
蓄	雨水湿地	1	1	1	2	3	3	1	2	2	2	1	1	1	1	1	1	1	1	1	1	1	1	1	1	1
	鱼鳞坑	3	3	1	1	1	2	2	3	3	3	1	2	3	2	1	1	1	1	1	3	2	1	1	1	1
	涝池	1	3	2	3	3	3	2	3	3	3	1	1	1	1	1	1	1	1	1	2	1	1	1	1	1
	水窖	1	3	2	3	3	3	2	3	3	3	1	1	1	1	1	1	2	1	1	2	1	1	1	1	1
	塬边埂	1	1	1	1	3	3	1	2	3	3	1	1	1	1	1	1	1	1	1	1	1	1	1	1	1
	梯田	3	3	1	2	3	3	1	2	3	3	1	1	1	1	1	1	1	1	1	1	1	1	1	1	1
净	植被缓冲带	3	3	1	1	1	1	1	2	1	1	1	1	1	1	1	1	1	1	1	1	1	1	1	1	1
	湿式植草沟	1	1	1	1	3	3	1	2	2	2	1	1	2	1	1	1	1	1	1	1	1	1	1	1	1
	过滤/沉淀池	1	1	1	1	3	3	1	1	1	1	1	1	1	—	—	—	3	2	1	2	1	1	1	1	1
用	干式植草沟	1	1	1	1	3	3	2	3	3	3	1	1	2	1	1	1	1	1	1	1	1	1	1	1	1
	垄作区田	1	3	2	3	3	3	1	2	3	3	1	1	1	1	1	1	1	1	1	1	1	1	1	1	1
	景观水塘	1	3	2	3	3	3	2	2	2	2	1	1	1	1	1	1	1	2	1	1	1	1	1	1	1
排	水平沟	1	1	1	1	1	1	1	1	1	1	1	1	1	1	1	1	1	1	1	2	1	1	1	1	1
	排水沟/渠	1	1	1	1	1	1	1	1	1	1	1	1	1	2	1	1	2	1	1	2	1	1	1	1	1
	转输型植草沟	1	1	1	1	3	3	2	3	3	3	1	1	2	1	1	1	1	1	1	1	1	1	1	1	1

说明：1 适宜；2 一般；3 不适宜；— 无关联，不做评价。

注：1. 坡度等同表5.11下注释；2. 限于篇幅，表中仅列举了最常用的部分措施，根据项目的实际情况可增减措施内容；地域性的措施，如淤地坝、谷坊、塬边埂等不仅只具备“渗、滞、蓄、净、用、排”等雨水功能，还有水土保持、场地安全等多种功能，表中仅依据雨水功能进行罗列；3. 大部分的措施都具有多重雨水功能，为了不重复罗列，仅选择将其列入一种主要的雨水功能中。

对应的场地措施，在实际项目的评价中，单一场地的雨洪管控目标一般不会包含“渗”“滞”“蓄”“净”“用”“排”六种全面的类型，所以只需要根据目标适地性评价确定的雨洪管控目标来决定哪些技术措施需要进行适地性评价，其余不在该目标下的技术措施则可以不做评价或者根据需要来进行评价。②应该根据项目的具体情况来选择相对应的影响因子，如项目要求有较高的地域特色，则选择“地域性”因子中的“要求高”这一量级对各措施进行评估，以判断该项措施是否具有地域性或需要进行地域性的改造，有则适宜，没有则不适宜。

5.6 政策法规与技术规范体系

晋陕黄土高原沟壑型聚落场地雨洪管控体系中还包括政策法规与技术规范的支撑，现有的政策法规与技术规范归口众多，需要从雨洪管控的角度进行系统的梳理，形成框架体系并逐渐完善。

5.6.1 政策法规

黄土高原小流域的雨洪管控问题是一个系统而复杂的问题，涉及的知识内容和方法涵盖了水土保持、城乡规划、风景园林、土壤、生态、农业、林业、土木工程等众多专业领域。传统的应对思路中，条块分割较为明显，水利部门针对的主要是城镇外围的广阔流域空间与环境，强调的主要是水土保持的目标和效果；城乡规划部门更关注于城镇建成空间以及城乡建设项目场地，雨洪管控的目标多侧重于城镇以及建设场地内部的防洪排涝与场地安全；风景园林部门虽然对生态与景观效果比较重视，对具体场地的雨水管控措施（海绵措施）也有深入研究，但对于具体建设项目以外的小流域及其用地中的水文过程也缺乏关注。

事实上，小流域雨洪从产生、迁移到传输汇流，整个水文过程中径流所流经的区域既有可能全部是自然乡野，也常常是产流于小流域上游荒野、汇流于下游的乡村或城镇用地中（研究区域尤其如此），因此，提出多学科融合的适地性规划设计方法只是解决问题的第一步，制定管理上互通、专业上融合、技术上易行的创新融合政策与法规体系是保证适地性规划能够落地实施的重要配套步骤。

5.6.1.1 现有政策法规概述

目前整个黄土高原地区都缺少专门针对雨洪管控规划设计（或海绵专项规划设计）的系统性政策与法规，即使是在全国层面，针对城乡建设中的雨洪管控和海绵专项规划，所涉及的法律法规也是孤立而零散的，相互之间缺乏内在逻辑与系统性，不利于以多专业融合为背景的适地性规划设计工作，更不利于多专业综合审视下的多维雨洪管控目标的实现。

（1）城市与城镇层面

城市雨水在循环的过程中，地表水的调蓄是一个关键的环节。除一部分雨水被蒸发以外，其余雨水都降落地表形成地表水。地表水的出路只有两个，要么补充地下水，要么形成地表径流最后汇入城市排水管网流入河川。地表径流是形成城市洪灾的主要水源，目前的城市规划体系对于这部分水源的管理均纳入市政排水管理系统之中。而传统的排水系统只有污水和雨水两类管网设施，很少有调蓄、入渗、地下水回灌以及绿地雨水生态利用等生态基础设施。个别小区或地块虽有类似的雨水回收利用的示范工程，但仅是个案，未形成整体的雨水资源化利用系统。从城市规划设计的角度，要有效控制城市雨水径流，在源头上需要解决雨水再利用的基础设施的规划设计问题，并建立一套完整的规划设计制度和体系。

我国现有的城市规划设计体系（下表不涉及城乡规划法中所包含的城镇体系规划、镇规划、乡规划和村庄规划等内容，仅针对城市规划部分）针对上述要求均表现出不同程度的角色缺失（表5-26）。

我国城市规划体系在城市雨洪管理中的制度缺失　　表 5-26

	子体系	分项内容	与雨洪管理相关的内容
城市规划体系	规划技术体系	①城市总体规划（分区规划）； ②控制性详细规划； ③修建性详细规划	①城市给水工程规划； ②城市污水工程规划； ③城市雨水工程规划
	规划管理体系	①城市规划编制审批管理； ②城市规划实施管理； ③规划执业制度管理	无专门针对雨洪管理及其资源化利用的内容
	规划法规体系	①规划法规体系：包括基本法律、配套法规和各种技术标准与规范； ②城市规划相关专业法律法规； ③行政管理法制监督法律	仅有针对建筑设计的《建筑与小区雨水利用工程技术规范》，无针对规划的法律法规体现

在城市规划技术体系中，从总体规划到详细规划，仅有针对常规的城市给排水工程规划的具体要求，没有针对城市雨水资源化利用及其管理的专项规划或者章节，无法将现有的雨水资源化利用的技术和成果与城市规划编制结合起来从而形成具有法律效力的规划文件。

在城市规划管理体系中，无论是城市规划编制审批还是规划实施审批都没有针对雨水资源化利用的环节，只强调排水的概念。城市洪灾防治也是从雨水排水的角度考虑的，缺乏对雨水滞蓄、入渗、回灌以及其他回收用途的制度要求。在注册规划师执业制度管理中，对规划师的专业考核上同样缺乏雨洪生态管理与雨水资源化利用的知识要求。

在城市规划法规体系中，基本法律《中华人民共和国城乡规划法》有一些要求，如第四条规定："制定和实施城乡规划，应当……，改善生态环境，促进资源、能源节约和综合利用，……"；此要求并不是专门针对雨洪管理和雨水资源化利用的，需要在其他配套法规中加以深化和发展，而其他配套法规仅出台了一本《建筑与小区雨水控制及利用工程技术规范》GB 50400，离大规模的技术推广有巨大的距离。第二十九条规定："城市的建设和发展，应当优先安排基础设施以及公共服务设施的建设，……"。上述城市基础设施虽然从广义上包含雨水收集利用等"生态基础设施"，但在配套法规和技术规范建设中却主要针对常规意义上的城市基础设施。

（2）乡村层面

乡村规划一直以来都是我国城乡规划体系中的薄弱环节，无论是政策、制度、技术还是资金都向城市区域严重倾斜，导致城乡发展极不平衡，至于城市区域近年来才刚刚兴起的海绵城市建设、绿色基础设施建设等新兴事物，乡村层面更是望尘莫及。如表5-2所示的我国城乡规划各层面的法定类型及规划内容中，城市与城镇层面涉及雨洪管控的具体内容虽然还不完善，但基本上还算内容明确、上下衔接、自成体系，而乡村层面涉及雨洪管控规划的具体内容则语焉不详、一笔带过。事实上，小流域作为乡村层面雨洪管控的空间载体，其无论在水文过程的完整性、生态过程的连续性、土地空间的广阔性、技术措施的多样性、雨洪管控目标的多元性上都要优于城市和城镇空间，在提倡城乡一体化、提倡乡村复兴[291-296]的大政策背景下，黄土小流域层面的生态规划是大有作为的，如果不注重规划而任其发展将给下游城镇带来生态、安全、经济等方面的严重不利影响。因此，雨洪管控政策与法规的研究与制定，不仅要针对城市，更要针对乡村，要通过规划政策与法规的完善来确立空间规划在乡村建设中的引领作用[291]。

5.6.1.2 规划政策法规、规划设计体系及规划管理的协同创新

晋陕黄土高原沟壑型聚落场地雨洪管控规划虽然只是地域性的规划设计实践，但其所面临的政策与法规不匹配的问题却是当前海绵城市建设、生态基础设施建设以及城乡一体化规划等实践中面临的普遍性问题，不应被孤立看待。

根据研究地域雨洪产生的过程与特点，针对关键环节采用成熟的雨水再利用技

术进行资源化处理或者有效管控，并在城乡规划的各个子系统中以专项规划、相关法律规范等形式明确下来，通过制度进行推广，是有效缓解城乡雨洪灾害、降低损失的有效办法。

由于地表径流调蓄能力的大小是雨洪灾害防治的关键环节。针对黄土高原城镇及小流域雨洪灾害防治和雨水资源化的问题，城乡规划设计体系必须有针对性地进行协同创新（图5-16）。针对城镇与小流域地表径流调控的不同形式，相应地调整城乡规划的技术体系、法规体系和管理体系，使整个城乡规划体系能够更好地融合雨洪管控和雨水利用的最新技术和措施，并以成文法规的形式确定下来，从而形成局部创新后的城乡雨洪管控规划体系框架。

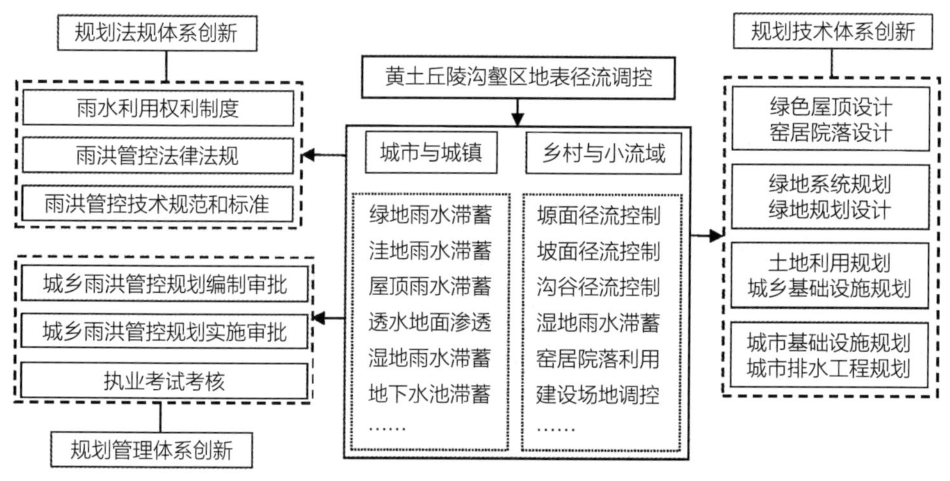

图5-16　黄土高原雨洪管控政策与法规协同创新

图片来源：作者 绘

在上述协同创新框架中，技术体系的创新比较容易，是现有传统雨水收集和利用技术、LID技术以及城市规划设计技术融合的问题；规划法规体系的创新则比较复杂，涉及雨水利用的权利制度研究问题[61]，还涉及一系列的规划法规的制定和调整问题。根据美国和德国的经验[297]，只有上升到法律法规的层面，整个社会才能自觉地实施低影响开发（LID）以及雨水的资源化利用，从而一方面有效减缓小流域及相关城镇的雨洪灾害，另一方面变废为宝，通过雨水入渗补充地下水，改善土壤生态环境。城乡规划管理体系创新则是为技术体系和法规体系创新服务的，目的是使法律法规和技术规范及流程能够顺利地实施。

总之，城市及小流域雨洪灾害的防治涉及面非常广，相关联的部门也非常多，要综合协调并非易事，仅仅依靠城乡规划主管部门来考虑这个问题是不现实的。但以规划为先导，在一个合理的框架下来制定相应的法律法规以及技术流程，使各相关部门和社会单位在法律的约束下共同促进雨洪管控、低影响开发以及雨水收集利用的制度化和常态化这一目标，才是规划体系创新的根本目的。

5.6.2 技术规范

技术规范是在场地尺度上开展雨洪管控规划设计非常重要的依据，对提高设计水平，保障工程建设的质量与安全，促进行业良性发展都有不可替代的作用。在海绵城市理念成为一种共识的今天，补充和完善相关的技术规范是一项非常必要的工作，对于地域性海绵城市建设和雨洪管控规划设计而言，更是一种技术上的支撑和促进。现实中，在面对地域性的雨洪管控或海绵项目时往往只能依据现有的通用规范，地域特点很难体现，盲目套用规范还会出现一些问题。

5.6.2.1 现有技术规范概述

针对黄土高原或者是西北干旱半干旱区范围内的地域性雨洪管控规划设计的技术规范目前并不十分完善，也不成系统，增加了相关规划设计工作开展的难度。概括而言，现有的技术规范按发布的部门来划分大致可以分为4类。第一类是原住房和城乡建设部[1]与国家质量监督检验检疫总局[2]（或国家质量技术监督局、国家技术监督局）联合发布的相关技术规范，属于国家标准。这一类标准的主导编制部门主要为住房和城乡建设部、水利部、国家林业局等部委或者地方职能部门，规范内容主要涉及城乡建设、水土保持、农田防护、水资源管理等专业口径。第二类是由国家质量监督检验检疫总局（或国家质量技术监督局、国家技术监督局）中国国家标准化管理委员会单独发布的相关技术规范，也属于国家标准。这类规范的主导编制部门主要为水利部，规范内容主要是水土保持这一专业方向。第三类是住房和城乡建设部或水利部[3]单独发布的相关技术规范，属于行业标准。这类规范多由住房和城乡建设部或者水利部独立主导编制，规范的内容主要针对城乡建设或者水土保

---

[1] 由于2018年国务院推行了政府机构改革，原住房和城乡建设部所属的城乡规划管理职责被划转到新组建的自然资源部，新成立的住房和城乡建设部已不再主导城乡规划工作。

[2] 由于2018年国务院推行了政府机构改革，原国家质量监督检验检疫总局被撤销，与标准规范管理相关的职责被划转到新组建的国家市场监督管理总局。

[3] 由于2018年国务院推行了政府机构改革，原水利部所属的水资源调查和确权登记管理职责被划转到新组建的自然资源部；原编制水功能区划、排污口设置管理、流域水环境保护职责被划转到新组建的生态环境部；农田水利建设等项目管理职责被划转到新组建的农业农村部；原水旱灾害防治相关职责被划转至新组建的应急管理部。

持。第四类是各地方对口管理部门发布的相关技术规范，属于地方标准。如陕西省的相关地方标准都由陕西省住房和城乡建设厅及陕西省质量技术监督局联合发布，规范的主导编制部门为陕西省住房和城乡建设厅，规范内容主要针对城乡建设。

雨洪管控技术规范涉及的部门较多，所针对的专业口径也各不相同，不同部门从各自管理职能和专业角度来应对降雨产生的雨洪相关问题时，必然产生具有不同侧重方向的技术规范和标准。但自然的降雨过程和地表水文过程是客观的、没有人为部门或专业区分，只满足单一部门或单一专业方向需求的技术规范都具有片面性，无法有效应对地域雨洪管控规划的真实需要。具体而言，当前的技术规范在地域雨洪管控规划设计实践中主要存在归口过多，缺乏系统性和多专业之间的衔接性等问题。规划设计的多尺度、多阶段、城乡项目场地差异以及多维雨洪管控目标等都需要系统性、全覆盖的技术规范体系，现有规范则因专业归口问题显得过于碎片化，未能形成统一的有效体系。另外，不同专业主导的规范在技术深度和要求上存在较大差异，虽适合各自专业领域，但面对多维目标下的小流域综合雨洪管控规划设计需求，规划设计深度没有统一，使操作有一定难度。

5.6.2.2 雨洪管控适地性规划设计面临的技术规范需求

黄土高原雨洪管控适地性规划设计目前缺乏针对性的规范加以指导和约束，针对现状，需要在两个方面加强工作：

（1）编制专门针对小流域雨洪管控和地域海绵城市建设的技术规范。需要针对小流域尺度，以小流域内所涉及的城镇和乡村建设、农林业生产需要、水土保持、洪涝防治、景观视效等多维目标要求为出发点，编制流程衔接、目标多元、深度一致、多专业协调统一的综合性技术规范。该规范无法替代现有相关规范的作用，但可以对现有规范体系起到重要的补充作用；该规范也不是简单地对既有规范做选择性地集成综合，而是在集成综合的基础上强调系统性、针对性和可操作性。

（2）新编制的规范在充分衔接各种通用规范的基础上，还应在地域性特征上多做工作，研究提出适宜的指导性条文和技术思路，并在技术措施中多吸取地域传统经验和智慧。比如湿陷性黄土场地中“渗、滞、蓄”的功能如何解决，是否有不同于通用规范的地域性思路和方法，使规划设计更接地气？针对黄土沟壑型聚落场地竖向变化剧烈的特点，在“蓄”和“排”两者上，有无特殊的技术要求或适宜的技术措施，以保持建设场地的地域风貌？这些问题的解决，可以从地域传统的经验智慧中获得启示。

5.7 本章小结

本章构建了晋陕黄土高原沟壑型聚落场地适地性雨洪管控规划的技术途径（1途径）、总体框架（2层级、4模块、4体系和4步骤）和目标、措施、评价以及政策法规等4大体系。

技术途径：分析了传统雨洪管控的技术途径以及基于LID技术的“海绵城市”技术途径的特点及两者不完全适应地域雨洪管控要求的原因，指出结合两者的特点进行技术途径的创新融合是切实可行的方向。融合后的技术途径（图5–2）在流域和场地两个尺度上针对不同的地貌形态及其雨洪管控目标需求，以地表径流过程为主线，利用水文过程中的有效影响因素，组合运用适地性技术措施来实施雨洪管控，充分发挥了传统技术体系与LID技术体系的特长与优点。

总体框架：明确了小流域和场地为规划设计的2个核心空间规划层级。总体规划技术框架以小流域为空间载体，沿用了《海绵城市建设技术指南》的思路并进行了地域化的调整，融入了水土保持规划的思想和措施；具体的地域化调整包括规划内容、规划程序、规划目标和指标等3个方面；具体内容体现为目标策略、指标分解、落实措施以及场地实现4个模块，每一个模块对应着具体的规划尺度与层级，具有明确的规划目的。确定了目标与措施适地性评价、建立雨洪管控目标、选择适宜技术措施以及场地规划与设计4大核心规划设计步骤。

目标体系：地域雨洪管控的多维目标体系包含6个一级目标和12个二级目标，涵盖雨洪管控、水土保持、场地安全、场地生境、景观视效以及成本效益等方面，基本覆盖了小流域和场地层面雨洪管控的目标需求。明确了洪水总量控制及水土保持目标是小流域层面的重点目标；城镇型场地其雨洪管控目标多侧重于地表径流与黄土场地的湿陷控制以及雨水的资源化利用；城乡聚落型场地因规模小、地形地貌更复杂，更强调场地安全、地域风貌以及雨水利用；生态建设项目场地则需强调场地的生境保护与恢复目标。提出了“梯田比率”“淤地坝密度”“林草覆盖率”等地域化控制指标，并确定了各指标的计算方法。

措施体系：包含了传统雨水利用及水土保持和低影响开发（LID）两类技术措施。传统类措施在具备相应场地条件的情况下，一般都适宜使用，但对于防护级别和要求很高的场地，则需要对传统措施在材料上进行选择、在构造上进行加强，对于不具备应用条件的黄土高原场地则应避免使用。低影响开发（LID）类技术措施的运用情况则相对复杂，需要根据措施的主要功能针对不同地貌类型、场地空间条件、使用环境和经济条件分别给出判定。

适地性评价体系：首先选取密切相关、影响广泛且易于操作的自然及社会因素作为评价因子，形成场地目标与措施的影响度评价量表，最终确定了场地坡度、土壤特性/类型、土壤侵蚀度、植被盖度、经济成本、景观视效、地域性等8种主要评价因子。其次，根据各因子自身的特点，进行评价因子的量化与细分，以增加适地性评估过程的可操作性。最后，重点采用“逻辑规则组合法”，提出了从“建立匹配关系”“确定评价原理”“因子评价赋值”到“选择适宜对象”的雨洪管控目标与措施适地性评价步骤，最后制定了目标和措施适地性评价量表。

法规体系：针对城镇与小流域地表径流调控的不同形式，从城乡规划技术体系创新、法规体系创新和管理体系创新的角度，提出了黄土高原雨洪管控政策与法规协同创新框架。指出技术规范建设需要加强两方面工作：一方面编制专门针对小流域雨洪管控和地域海绵城市建设的技术规范；另一方面，针对新编制的规范，在充分衔接各通用规范的基础上，强化地域特征、融合地域传统经验智慧。

概括而言，在雨洪管控适地性规划技术体系方面的创新表现在：①引入了景观适宜性评价方法，针对雨洪管控的地域水文特征和特殊问题，以对雨洪管控目标与措施的影响度为依据，遴选适地性评价因子，创建适地性评价量表，形成了雨洪管控的目标与措施适地性评价体系。为低影响开发（LID）方法广泛应用于地域规划实践提供了可行的落地工具（第4.5、5.5小节）。②打破学科壁垒，基于类型化场地在水文过程上的特点与联系，融合传统水保技术体系、传统人居场地技术体系以及LID技术体系的策略、目标和措施，构建了黄土高原沟壑型聚落场地雨洪管控的适地性技术途径，实现了水土保持规划、人居建设规划和海绵城乡规划的有机统一（图5–2）。③在梳理现有法律法规的基础上，对相关法律法规和技术规范的完善和体系化建设提供了参考性的协同创新框架（图5–16）。

第6章 晋陕黄土高原沟壑型聚落场地雨洪管控规划策略与模式

在场地层面，雨洪管控适地性规划包括：合理确定雨洪管控目标；制定基于水文过程的雨洪管控适地性规划策略；选择融合与改造后的雨洪管控适地性场地技术措施；场地空间要素合理布局；甄选雨洪管控适宜场地模式5个方面的内容。

6.1 针对场地类型的适地性雨洪管控目标

虽然在小流域层面建立了雨洪管控的目标体系（表5-3），但针对不同的场地类型，由于功能和特征的不同，其雨洪管控目标必然各有侧重，在场地层面的雨洪管控适地性规划设计中，合理确定针对性的雨洪管控目标非常重要。

6.1.1 晋陕黄土高原沟壑型聚落场地的类型

由于地形地貌的复杂性和多样性，黄土高原沟壑型聚落场地在不同的项目个案中普遍存在功能和形态上的具体差异，具体而言，差别体现在土地利用类型（功能）和地形坡度（形态）两方面。在规划实践中，对项目场地的土地利用功能的确定是规划实践的核心内容之一，因此，可以根据土地利用功能来划分黄土高原沟壑型聚落场地的具体类型。由于现有土地利用分类过于复杂，并不适合雨洪管控规划的实际需要，故对现有土地利用分类进行概括后，可以将土地类型划分为生活型、生产型以及生态型三类，相对应的聚落场地类型则为生活型聚落场地、生产型聚落场地以及生态型聚落场地。

6.1.1.1 生活型聚落场地

在黄土高原沟壑型小流域中，承担城镇组团、村庄、居民点等人居聚落的居住及日常生活活动功能的土地，其对应的场地称为生活型聚落场地。黄土高原沟壑型小流域中的生活型聚落场地主要包括小流域中的城镇小组团、居民定居点、乡村等，在空间位置上多处于河流和沟谷阶地、沟道两侧的向阳坡地和台地上。

6.1.1.2 生产型聚落场地

在黄土高原沟壑型小流域中，承担农林业生产功能的土地，其对应的场地称为生产型聚落场地。生产型聚落场地的生产功能主要包括小麦、玉米、杂粮、谷子、糜子、高粱、大豆和薯类等农作物的生产功能；还包括红枣、苹果、核桃等经济林业生产功能和用材林的生产功能；另外，有些以牧草地的形式承担牧业生产功能。

6.1.1.3 生态型聚落场地

在黄土高原沟壑型小流域中，承担生态防护和生态恢复等生态功能的土地，其对应的场地称为生态型聚落场地。黄土高原沟壑型小流域中的生态型用地主要包括各类生态防护林地，如各类防风固沙林、水源涵养林、水土保持林等；出于生态保护目的的退耕还林地；滞蓄、调节洪水的坝地以及小流域河流和沟道中的湿地[1]等。

6.1.2 生活型聚落场地的适地性雨洪管控目标

生活型聚落场地承担了聚落所在小流域的人居活动功能，虽然总体面积占比很小，但却是小流域的核心和重点。由于人是该类场地的主要服务对象，因此其场地雨洪管控目标体系与人的需求紧密相关，最核心的有如下几点：一是居住环境的安全；二是雨水的回收利用；三是审美上的目标要求，即构筑物的地域风貌追求；第四是建设和维护成本。由于人居安全的需要，水土保持目标也是应有之义。综上所述，生活型聚落场地的适地性雨洪管控目标要求是最为全面的，详细情况如表6-1所示。

根据场地尺度大小的不同，平坦或者缓坡类的生活型聚落场地可以承担城镇组团、村庄或者是聚居点的建设，而陡坡类的场地则往往只能承担村庄或者聚居点的建设。根据地形的差异，场地的雨洪管控目标也略有不同。在雨洪管控目标和场地安全目标上，三者都是一致的；由于水土保持的成效会影响场地安全，因此该目标也是需要考虑的内容；经济类目标中，生活型聚落场地主要考虑建设和维护成本，没有生产效益要求；场地生境目标则主要针对陡坡或缓坡场地才有意义，因为这类坡地存在因建设而严重破坏生境的可能。

---

[1] 根据《全国湿地资源调查与监测技术规程（试行）（林湿发［2008］265号）》，干旱区的断流河段全部统计为河流湿地。

生活型聚落场地的适地性雨洪管控目标　　表6-1

目标体系 场地类型		雨洪管控目标			水土保持目标	场地安全目标		场地生境目标	景观视效目标	经济类目标		
		防洪防涝	雨水资源化	径流污染控制	土壤侵蚀控制	变形控制	塌方、泻溜控制	生境维持与修复	景观风貌控制	建设成本控制	运转维护成本控制	生产目标
生活型聚落场地	平坦	○	○	○	○	○	◎	●	○	○	○	●
	缓坡	○	○	○	○	○	◎	◎	○	○	○	●
	陡坡	○	○	○	○	○	○	○	○	○	○	●

注：1. 平坦：≤8°；缓坡：8°～25°，含25°；陡坡：>25°。
2. ○——适宜；◎——一定条件下适宜；●——不适宜。

6.1.3 生产型聚落场地的适地性雨洪管控目标

生产型聚落场地占整个小流域土地面积的比重较大，由于该类场地承担了聚落所在小流域的农业、林业以及牧业等绝大部分的生产性功能，因此，从本身功能出发，其对雨水的主要目标是以利用为主。由于该类场地面积占比大、又多位于小流域的供水区和集水区（图5-6），因此，还需要在水土保持、径流总量控制和径流峰值控制上发挥更大的源头控制作用。不同生产型聚落场地因其地形与坡度差别较大，故其雨洪管控目标也略有不同。根据场地地形坡度的不同，可以列表表示生产型聚落场地的适地性雨洪管控目标及其差异（表6-2）。

生产型聚落场地的适地性雨洪管控目标　　表6-2

目标体系 场地类型		雨洪管控目标			水土保持目标	场地安全目标		场地生境目标	景观视效目标	经济类目标		
		防洪防涝	雨水资源化	径流污染控制	土壤侵蚀控制	变形控制	塌方、泻溜控制	生境维持与修复	景观风貌控制	建设成本控制	运转维护成本控制	生产目标
生产型聚落场地	平坦	○	○	○	○	○	●	●	●	○	○	○
	缓坡	○	○	○	○	○	◎	●	●	○	○	○
	陡坡	◎	◎	◎	○	○	○	○	●	○	○	●

注：1. 平坦：≤8°；缓坡：8°～25°，含25°；陡坡：>25°。
2. ○——适宜；◎——一定条件下适宜；●——不适宜。

对于生产型聚落场地而言，生产是其基本功能，在生产过程中充分利用雨水资源，并且发挥雨洪源头管控作用是其重要目标。在黄土高原地区，水土保持和湿陷控制是一项普遍要求的目标，应该在雨洪管控目标实现的同时加以考虑；塌方和泻溜则只针对有一定坡度的场地，平坦场地不需考虑；景观风貌目标主要针对聚居建设类项目，农林业生产中不做重点要求，维持农林业生产的正常自然过程即是维持了其地域风貌。场地生境目标对于农林业生产场地亦是如此，只需维持正常即可，但对于陡坡场地，由于易发生场地破坏，从而导致生境环境的破坏，因此可以考虑其生境维持和恢复的目标要求。如何低成本、可持续地实现上述目标是一个重要要求，因此，经济类目标也是需要重点考虑的，其中，由于陡坡场地在安全性、水土保持以及生态维持上要求更迫切，其生产效益目标相对更弱一些，故该类场地的生产目标不做重点考虑。根据上述思路，在确定具体生产型聚落场地的适地性雨洪管控目标时，可以参考表6–1加以选择确定，还应根据场地具体情况加以适当调整，这也是“适地性”目标的要义所在。

6.1.4 生态型聚落场地的适地性雨洪管控目标

生态型聚落场地承担了聚落所在小流域绝大部分的生态防护、生态维持和生态恢复的功能，在当前国家实施绿色生态发展的大战略下，黄土高原的生态恢复和建设是一项基本策略，因此，各黄土高原小流域中用于生态防护和生态建设的用地以及需要保护的现状生态用地占比越来越大。生态型聚落场地在雨洪管控目标上与生产型聚落场地最大的相似之处是：各类生态护林地、生态型退耕还林地、坝地、沟道湿地本身需要降雨获得水分加以维持，因此天然地对场地存在雨水资源化利用的目标要求；最大的不同之处是：生态类用地多位于较陡的坡地、生态敏感的塬边和沟壑谷地，是最不适宜进行频繁耕作和人为扰动的土地类型。当然，坝地是一个例外，能够常态化开展农业生产，但其淤地的第一位目标是生态防洪和水土保持。根据上述特点，可归纳出表6–3所示的生态型聚落场地的适地性雨洪管控目标。

生态型聚落场地的生态功能要求是内在的，因此其目标体系中的场地生境目标也是一种内生性目标。目标体系中的其他类型目标则根据地形坡度略有不同。平坦的生态型聚落场地主要为坝地、河道和沟底的滩涂湿地以及部分平坦土地上的生态林地。该类场地需要雨水作为生态维持的最主要水源，水土保持是其基本目标，防止土地湿陷变形亦应考虑，景观视效和经济类目标基本同生产型聚落场地的目标情况一致，不同的是平坦的坝地在承担滞洪生态功能的同时还有一定的

生态型聚落场地的适地性雨洪管控目标 表6-3

目标体系 / 场地类型		雨洪管控目标			水土保持目标	场地安全目标		场地生境目标	景观视效目标	经济类目标		
		防洪防涝	雨水资源化	径流污染控制	土壤侵蚀控制	变形控制	塌方、泻溜控制	生境维持与修复	景观风貌控制	建设成本控制	运转维护成本控制	生产目标
生态型聚落场地	平坦	○	○	○	○	○	●	○	●	○	○	◎
	缓坡	○	○	○	○	○	◎	○	●	○	○	●
	陡坡	◎	◎	◎	○	○	○	○	●	○	○	●

注：1. 平坦：≤8°；缓坡：8°~25°，含25°；陡坡：>25°。
2. ○——适宜；◎——一定条件下适宜；●——不适宜。

经济效益要求。缓坡上的生态型聚落场地主要为各类生态林地，雨洪管控目标要求也和生产型聚落场地的情况基本一致。陡坡上的生态型聚落场地主要为各类不适宜耕种、地块破碎或者容易垮塌泻溜的土地。该类场地生态敏感脆弱，雨水不易回收利用且植被不宜生长和恢复，因此其目标体系中，场地安全、水土保持以及场地生境目标是重点，雨水滞留利用目标除具备条件外基本不作为重点，经济类目标中除了要考虑雨洪管控措施的建设成本和维护费用外，对生产效益没有要求。

6.2 基于水文过程的雨洪管控适地性规划策略

晋陕黄土高原小流域众多，小流域的总体坡度、农林业开发强度、总体治理度、与城镇的区位关系以及因区位差异带来的城镇建设项目的布置密度等都会有差别。上述差异中影响最大的是城镇建设项目的布置密度，因为项目开发引起的小流域排水密度的增加，最终会导致重要的水文后果：地表径流或地下径流形式的水体运动距离缩短（图6–1、图6–2），从整体上缩短了各类径流形式的“汇聚时间”，即加快了整个水流过程的“响应时间”。对于沟壑型场地及其小流域，由于水流的“汇聚”过程几乎同步于高峰时期的暴雨强度（水体一进入地面，便进入了沟渠系统），因此水的流量反而变得更大。[165]鉴于此，在制定不同小流域总体雨洪管控目标以及规划技术思路和策略时应有一定的针对性，可以基于BMPs规划的思想，从地表水文过程的不同阶段来分别采取适宜的场地规划策略和措施。

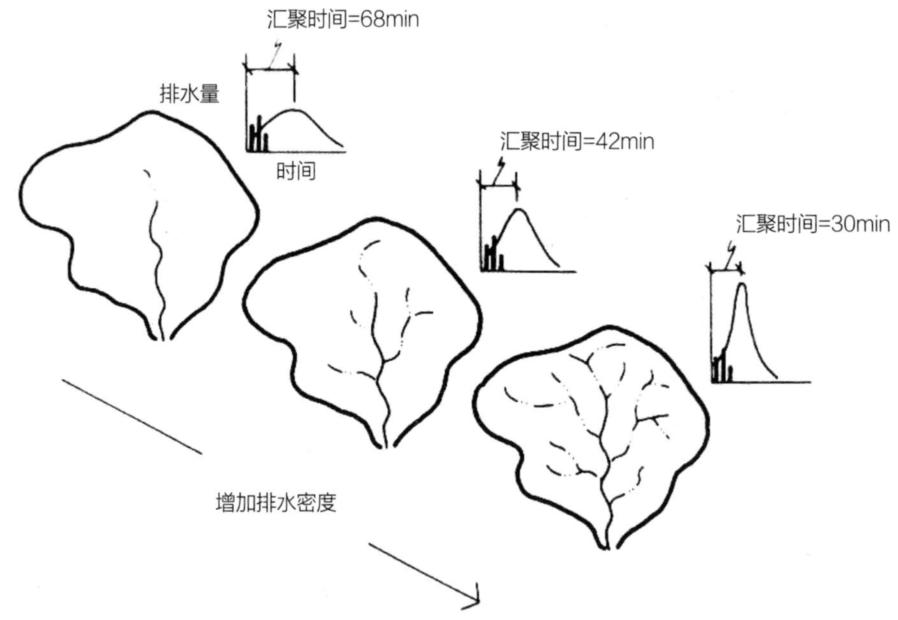

图6-1 排水密度增加对小流域水文过程的影响

图片来源：[美]威廉·M·马什．景观规划的环境学途径（原著第四版）[M]．朱强，黄丽玲，俞孔坚等，译．北京：中国建筑工业出版社，2006：p174.

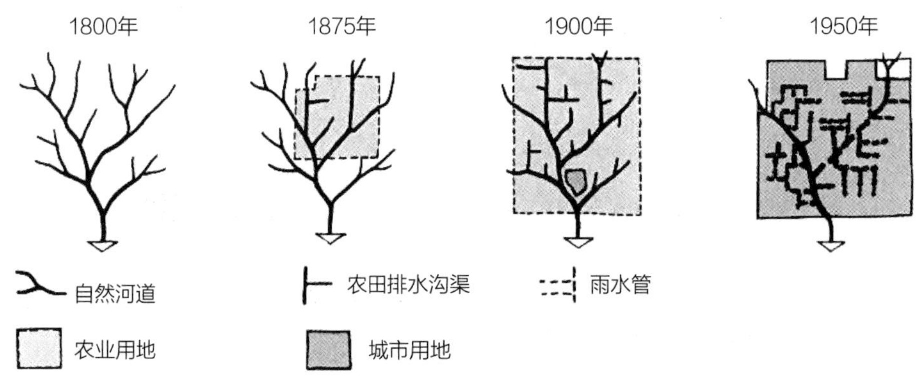

图6-2 城镇化发展导致的排水网络系统的变化（水道的删减、置换和加密）

图片来源：[美]威廉·M·马什．景观规划的环境学途径（原著第四版）[M]．朱强，黄丽玲，俞孔坚等，译．北京：中国建筑工业出版社，2006：p174.

6.2.1 基于 BMPs 的黄土高原沟壑型聚落场地雨洪管控规划策略

作为本书理论基础之一的最佳管理措施（BMPs）是在流域和场地层面减少地表径流和雨洪对环境造成负面影响的一系列规划措施和方法的总称，是一种预防性的规划方法和策略。其以地表水文过程为依据，针对径流的产生、迁移（释放）和传输三个环节分别采取适宜措施的规划方法对沟壑型聚落场地及其小流域的雨洪管控规划具有很好的借鉴意义，但由于黄土高原特殊自然条件的限制，BMPs规划的落地需要有地域性的场地规划策略。

如果将BMPs的方法与策略一一对应到晋陕黄土沟壑型聚落场地雨洪管控规划设计实践中，可以发现BMPs所体现出来的总体思路是可行的，但在某些具体的方法和策略上则存在因地域条件差异带来的不适宜性，这些不适宜的方法和策略在地表径流的3个阶段都不同程度地存在，如表6-4所示。

BMPs 规划策略在黄土高原沟壑型聚落场地中的可行性　　表 6-4

BMPs策略与措施		小流域尺度	场地尺度	
阶段	策略与措施		城镇场地	人居聚落
径流产生	（1）限制不透水铺装的面积	—	◎	◎
	（2）鼓励保留林地和湿地	○	○	○
	（3）道路交通设计应减少机动车运行距离，鼓励可持续交通模式	●	○	●
	（4）用储水池回收屋檐雨水，与绿地相关装置连接，循环利用	—	○	○
	（5）生产与生活过程中减少现场产生的污染物	○	○	○
	（6）鼓励公众及业主参与处理可回收利用垃圾和景观维护	○	○	○
	（7）对实施透水铺装、干井、林地等减少径流方法的行为实行鼓励政策	○	○	○
径流迁移（释放）	（8）将屋顶和庭园雨水与暴雨水系统分离	—	○	◎
	（9）利用雨水花园、洼地等生物滞留装置拦截暴雨水径流和治理污染	○	○	◎
	（10）利用渗透性装置（沼泽、沟渠、干井等）增强土壤涵养地表水的能力	◎	○	●
	（11）利用导流渠将暴雨水从暴雨传输系统中移出	●	○	○
	（12）利用洼地存储井和其他坡度缓和装置减缓径流流速	○	○	○
	（13）利用渗透层、沟渠和（底部布满草和鹅卵石）沼泽等措施	○	◎	●
	（14）利用特殊的种植设计（例如设计暴雨水花园），增强渗透性，减少土壤侵蚀，截断并处理暴雨水污染	○	○	◎
径流传输	（15）建立无限制物和排水沟的开放式排水方式（沼泽）	●	●	●
	（16）建立导流渠，从有价值的栖息地和水体导走暴雨水	○	○	—
	（17）重新设置水流路径，延长流经时间减缓迁移速度	○	○	○
	（18）建立储水盆地，具有保留和滞留功能	○	○	●
	（19）建立适度低坡的迁移系统，例如有着粗糙底床的宽阔沼泽	◎	●	●
	（20）构建湿地	○	◎	●
	（21）建立渗透性的沟渠	◎	◎	●

注：○——可行；◎——一定条件下可行；●——不可行；——不涉及。

资料来源：表中不同阶段的BMPs策略与措施依据［美］威廉·M·马什所著《景观规划的环境学途径》（原著第四版）第13章相关内容列出。

6.2.1.1 径流产生阶段的策略与方法的可行性分析

在径流的产生阶段，共有7条策略。其中，策略（3）在小流域和聚落场地中都不可行，本研究区域内沟壑纵横的地貌特征在国道及以下级别的道路选线中是非常重要的影响因素，不太可能单纯因减少交通距离而花巨资大量架桥挖洞，越是级别低的道路越是如此。因此，在小流域尺度，本地域的道路交通都依地形地貌的走势而建设，具体而言就是沿沟谷而蜿蜒曲折、顺梁峁而起伏错落，少有大规模的截弯取直处理。在城镇场地，由于选址相对平缓，策略（3）可行。策略（1）限制不透水铺装的面积虽然是BMPs最重要的策略之一，但在城镇和人居聚落场地中都只能是在满足场地安全的条件下才可以运用，尤其是在高差较大的黄土场地，既要实现大面积地面透水还要保证场地不发生水土流失和垮塌的风险非常困难。除此之外，策略（1）～（7）总体是可行的。

6.2.1.2 径流迁移（释放）阶段的策略与方法的可行性分析

在径流迁移（释放）阶段，包括（8）～（14）共7条策略。其中，策略（10）在小流域尺度只有在坡度适宜且换用地域性措施如梯田、塬边埂、水平阶、鱼鳞坑等之后，才具备大规模实施的条件；在人居聚落场地中则常常采用快排模式来保证场地安全，而本条策略思路刚好相反，所以不可行。在小流域尺度，受制于地形的复杂性，地表产生的暴雨水一般都是直接排入产流场地下游的毛沟、支沟这一径流传输系统之中，不具备单独利用导流渠将暴雨水从暴雨传输系统中大规模移出的条件，故策略（11）不可行。策略（13）在功能上属于“渗”“滞”和“净”的范畴，在城镇场地中远离重要构筑物并在采取安全措施后可用，在聚落型场地中则不具备采用的条件。策略（8）、（9）和（14）在聚落型场地中则分别需要满足不同的条件才可行。具体而言，策略（8）需要生活型聚落场地中能够建设蓄水设施，策略（9）和（14）则要求必须有较为开阔的场地才能实现，而现实的晋陕黄土高原沟壑型聚落场地非常复杂，并不都满足条件。

6.2.1.3 径流传输阶段的策略与方法的可行性分析

在径流传输阶段，同样有7条策略与方法，因为此阶段主要以工程性的BMPs策略和措施为主，因此受制于措施的地域适宜性条件，表中不可行的策略更多一些。策略（15）在小流域和场地尺度都不可行，主要原因是一方面类似沼泽状无明显沟渠的排水形式不是本地域内适宜的场地形式，这种雨水漫流的形态在自然条件下很难长久，场地最终会被侵蚀成沟谷形态；另一方面，小流域内也很少有真正的沼泽存在。在雨季能够滞留雨水的淤地坝及坝地在积水时有点类似沼泽，但本质上更接近策略（18），属于具有储存和滞留功能的小型人工盆地。在生活型聚落场地中建立储水盆地因受制于场地安全要求、场地尺度等因素，策略（18）基本不可行。在小流域尺度，在坡度适宜的沟谷可以建立淤地坝和坝系，属于具有粗糙底床的低坡迁移系统，由于季节性水源的因素，大多数情况下不能称为沼泽。因此，策略（19）也是满足条件才适宜，在城镇和生活型聚落场地中，该策略则基本上不可行。在小流域主要沟道下游，在上游的季节性来水以及沟壑两侧岩隙补水的情况下，常常形成一定面积的湿地，通过淤地坝建设也可以构建人工湿地，但在城镇场地内则需要一定的水源条件（人工组织的地表径流只在很短的季节内存在）和场地空间条件才有构建人工湿地的可能。至于生活型聚落场地，往往都处于地势较高处（相对于沟谷汇水区域而言），除了季节性的雨水几乎没有水源补给，在蒸发量远大于降雨量以及诸多场地条件限制的情况下，构建湿地的可能性相对而言要小得多，因此，策略（20）在不同尺度、不同场地中的可行性呈现出较大差异。在小流域和城镇场地中建立渗透型沟渠需要满足场地安全条件，在生活型聚落中则基本上会做反向的选择，即采取不渗透的快排模式，如明沟跌落等。所以策略（21）在小流域生产和生态型聚落场地以及城镇场地中有条件适宜，在生活型聚落场地中则完全不可行。

上述策略虽然并不是BMPs的全部，但基本上体现了其主要的思路和方法，通过上述分析揭示了在黄土高原沟壑型聚落场地及其小流域直接套用该策略存在的问题，单纯以BMPs策略和方法作为沟壑型聚落场地及其小流域雨洪管控规划设计的指导策略虽然有效，但同时也存在一定的局限性，这种局限性主要表现在所采取的措施大都缺少地域特色，不能与地域文化、经济以及生产生活的内在需求广泛结合。

6.2.2 源于地域经验的小流域雨洪管控策略与方法

在第3章中，笔者归纳总结了本地域雨洪管控的传统技术措施和经验（图3-19），在此基础上，以基于地貌特征的类型化场地为对象，可将黄土高原沟壑型聚落场地雨洪管控的地域策略归纳为表6-5所列的20条。

表6-5虽然是以场地类型为依据来归纳不同的管控策略，但与BMPs中提出的地表径流的三阶段具有很好的对应关系。塬、梁、峁类场地地势最高，顶部也较为平缓，面积占比很大，属于地表水文过程中的径流产生阶段，所采用的策略和措施可以归纳为产生段的策略和措施。各类荒山、坡地虽然坡度较大，但总体面积也很大，大部分属于地表径流的来源地，可纳入径流产生段，局部陡坡地段由于水平投

源于地域经验的黄土高原沟壑型聚落场地雨洪管控策略　　表 6-5

场地类型	径流阶段	黄土丘陵沟壑区雨洪管控的策略与措施
塬、梁、峁（顶部较平缓场地，含生产型和生态型聚落场地）	产生	（1）根据塬、梁、峁等地形顶部场地面积大、地形较平坦的特点，利用涝池、水窖等措施充分收集和利用雨水
	产生	（2）在塬边筑埂进行防护，防止塬面、梁峁顶部的雨水向下流入坡面后造成侵蚀破坏；塬边埂常和埂边沟配合同时使用
	产生	（3）植物护埂，常采用当地的经济林木，最大程度发挥生产防护功能
	产生	（4）鼓励林草类植物种植
荒山、坡地（各类坡度较大场地，含生产型和生态型聚落场地）	产生	（5）25°以下的坡耕地，鼓励改造成梯田，发挥防护、滞蓄、渗透以及景观等作用
	产生/迁移	（6）较陡的坡地，可以采取水平阶、水平沟的方式进行改造，发挥坡面截流、防护、滞蓄和生产等功能
	产生	（7）对于不宜改造成梯田、水平阶的不规则坡面，可以采用鱼鳞坑配合植物种植，发挥土壤滞蓄和渗透的功能
	产生	（8）采用植物护埂的方式强化梯田、水平阶、水平沟的防护能力
	产生	（9）保护坡面原有的各类林木和草地
	产生	（10）积极实施退耕还林政策
生活型聚落场地	迁移	（11）在聚落场地边界的上游修建截水沟，拦截上游坡面形成的径流
	迁移	（12）在人居构筑物的屋顶、台基等必要部位设置导流槽，快速排除构筑物顶部和基础等位置的雨水，保障构筑物的安全
	迁移	（13）采用下凹式路面、明沟跌落等措施快速将高处场地中产生的径流排出到下游沟谷之中
	产生	（14）在建筑内院或者有集雨面的场地中设置水窖，收集雨水
	产生	（15）运用传统窑居建筑的绿色屋顶滞蓄和净化雨水
沟壑、谷地（含生产型和生态型聚落场地）	迁移/传输	（16）在沟谷的上游起点设置沟头防护措施，防止沟谷向上快速发育，发挥防护、阻拦以及安全排水的功能
	迁移/传输	（17）在坡度适宜的较大沟谷中设置淤地坝，发挥保水、保土、淤地、生产等功能
	迁移/传输	（18）在较长的沟谷中设置连续的淤地坝，形成功能联动的淤地坝系
	迁移	（19）在较小的沟谷和毛细沟中设置谷坊，减缓径流速度，拦截泥沙
	迁移/传输	（20）在沟谷底部种植适宜的林木进行植物固沟，发挥防护、滞留、净化、景观等多重功效

影面积小，地表径流产生量小，但径流的迁移特征明显，所以可以划入径流迁移段。生活型聚落场地一般都选择在沟谷两侧交通较为方便的台地或阶地上，地势较高，由于涉及场地安全问题，所以除了采用径流产生段的策略和措施外，还需采用场地雨水安全排放等方面的策略和措施，这些措施属于径流迁移阶段。沟壑、谷地属于小流域中地势最低的场地，也是小流域形成地表径流的最终去处，毛细支沟和

小型沟壑主要承担径流的迁移功能，而大的沟谷则属于小流域的主干沟道，主要承担径流的传输功能，所以沟壑、谷地中所采用的雨洪管控策略和措施主要针对地表径流的迁移和传输阶段。

表中没有将城镇场地作为一个类别列出，主要是因为黄土高原的城镇有些全部都建在河道的阶地上，有些既建在阶地也建在河谷坡地上，还有些在塬面上，所以从场地类型上来看，大部分城镇建设场地包含有表中不同的场地类型，因此城镇场地不作为表中基本的场地类型列出。

6.2.3 BMPs 策略与地域性雨洪管控策略的比较与融合

如果将整个小流域作为城乡规划中的一个绿色基础设施系统来规划建设，那么基于对绿色基础设施（green infrastructure）理念的运用，小流域层面雨洪管控的方法就是对径流的源头加以控制。这种控制要么直接利用现有自然条件来截流和渗透暴雨水，或是人工创建这些控制条件。[165] 具体到地域性的小流域规划和场地规划设计中，应该使用最有效且最适宜的措施来实现源头控制。源头控制也不仅只是截流和渗透，还应包括为保障场地安全和防止水土流失而采取的有组织快排等针对性措施。

上述以BMPs为核心的方法策略和基于地域场地特点的方法策略虽然在具体的措施形式和策略表述上有着明显的差别，但两者在措施所发挥的本质功能和目的上却有很多相似之处，且两者都有很好的互补性，能够在黄土高原沟壑型聚落场地雨洪管控中发挥重要作用。如果能够根据聚落场地所在小流域的实际情况，结合具体场地的具体要求联合运用，使其协同作用，将事半功倍。两种雨洪管控策略的比较分析如表6-6所示。

BMPs 策略与地域性雨洪管控策略的比较与融合　　表 6-6

比较项目	BMPs策略	黄土高原地域雨洪管控策略
核心目标	流域雨洪管控、暴雨控制、水质控制	水土保持、场地安全、雨洪管控、雨水利用、生态恢复、促进生产
核心思路	源头控制、分阶段控制	根据场地特征采取不同源头控制措施
措施类型	工程性措施、政策性措施、综合措施	工程性措施、政策性措施（退耕还林）
工程性措施	无明显地域特征、适用面广，在地域特征明显的场地中适宜性较差	明显地域特征、适用面窄但针对性极强
暴雨控制	有效	有效

续表

比较项目	BMPs策略	黄土高原地域雨洪管控策略
中小降雨控制（水质、水量）	非常突出	非常突出
跨学科	是	是
跨尺度	是（流域、小流域、场地）	是（流域、小流域、场地）
多目标	是	是

6.3 融合改造后的雨洪管控适地性场地技术措施

小流域层面雨洪管控技术措施的选择主要针对流域的水文过程和总体目标来确定，是小流域层面雨洪控制和水土保持策略的具体体现，与具体的场地设计细节无关；场地层面选择适宜的技术措施则主要针对项目场地乃至场地局部的具体目标要求和设计风格来确定，不仅需要明确技术措施的种类和类型，还需要确定措施的材料、构造和工艺，甚至需要对相同功能的措施进行细节比选，以实现场地设计的最佳目标要求。因此，对传统措施和低影响开发（LID）措施的分析、评价与比较以及对低影响开发（LID）措施的地域化融合改造是一项基础性的工作。

6.3.1 传统技术措施的分析与评价

6.3.1.1 传统技术措施的主要特征

晋陕黄土高原传统的雨水管控技术措施主要有如下3个方面的特征：

（1）构造和技术原理简单，易于推广和大面积使用。

传统的场地雨水管控技术措施都具有构造和技术原理简单，易于推广和大面积使用的特征。构造最复杂的措施是淤地坝，其原理也不过是依靠土坝或石坝的重力来拦截和滞蓄流域上游汇聚的地表径流，对于基层设计和建设单位而言，依据规范进行设计，难度并不太高；其次是水窖、涝池和明沟跌落，使用的都是乡土技术，设计和建设的主体也主要是农村居民；其他的如梯田、塬边埂、鱼鳞坑、沟头防护、谷坊、窑洞绿色屋顶、截水沟以及下凹式路面等雨水措施，已成为晋陕黄土高原地区人民在生产和人居环境建设中自发采用的日常措施。

（2）采用地域常规材料，成本低廉。

传统技术措施的另一特征是主要采用地域性的常规材料，甚至就地取材，因而建造成本非常低廉。采用的主要地域材料有砖石、生土、红胶泥、水泥、地域性植物等。例如，小流域范围内大面积运用的梯田、鱼鳞坑、塬边埂、淤地坝等措施都是就地取材，采用生土材料构筑；使用频次较高的场地或者控制性的工程措施，则选择砖石材料，如骨干坝、明沟跌落、下凹式路面、谷坊、水窖等。

（3）经过长时间的实践检验，对雨洪管控和水土保持具有很高的有效性。

因为黄土小流域的季节性雨洪、水土流失和场地垮塌问题非常普遍，人民在长期生产与生活实践中逐步探索并形成了一套地域化的防护体系和措施体系，并一直沿用。这些技术措施基本上都经历了长期的实践检验，具有很高的有效性。

6.3.1.2 传统技术措施的局限性

事物都具有两面性，传统技术措施的优势特征，在不同的语境或条件下便显示出一定的局限性。主要体现在2个方面：

（1）面对较大强度或较长历时的降雨，有些纯粹以生土为材料构筑的措施其防护能力和安全性会显得有些不足。尤其是当降雨强度大、历时长的降雨事件出现时，没有进行植物护埂处理的塬边埂、梯田等措施就面临着被地表径流冲毁的危险，当上游措施损毁严重，导致下游洪峰超过一定强度时，下游土坝溃坝的概率也较大。另外，传统窑居院落因为上游场地排水没有处理好，在特大暴雨中出现的水毁垮塌事件历年都有发生和报道。因此，有些传统措施在极端气象条件下防护能力不强是一明显的局限。

（2）部分传统措施是针对特定场地而产生的，普适性较差。比如淤地坝、梯田、塬边埂等，适用于广袤的小流域农林业生产场地，但在晋陕黄土高原城镇内部，适合运用的场地并不多。涝池、渗坑、鱼鳞坑等措施，经景观化处理后，在城市公园内的适当场地也可以运用，但总体而言运用的范围仍有局限性。因此，面对快速城市化的现状，传统措施在特定场地里运用受到限制是其局限之一。

表6-7总结归纳了不同黄土地貌中适宜的雨水利用场地技术措施，从表中可以看出，传统措施大都是有针对性地根据不同的地貌类型及其特征而提出的，如淤地坝、谷坊、梯田、塬边埂等，彼此并不能在不同的地貌中通用。这既是传统场地措施的典型特征，同时也是其明显的局限因素。

6.3.2 低影响开发（LID）技术措施的分析与评价

低影响开发技术措施虽然在黄土高原地貌土壤条件下存在着较大的局限，但与传统的措施一样，在特定的场地中也有应用的可能和价值，不能笼统判定，需要具体分析。

不同地貌条件下适宜的传统雨水利用场地及措施 表 6-7

地貌类型		黄土塬			黄土梁峁及梁墹			黄土沟谷				
地貌特点		面积较大、高平地、塬面平坦、水土流失轻微			梁峁横剖面多为穹状，顶面坡度较小、下部坡度较大，面蚀、细沟、浅沟侵蚀相当强烈；梁墹为厚层黄土披覆的缓梁宽谷地貌、侵蚀作用相对较弱			包含阶地与河谷平原、谷坡等，地貌形态复杂多样，是水土流失和地质灾害频发的区域。此类地貌主要由流水侵蚀产生，常见侵蚀沟由小到大可分为细沟、线沟、切沟、冲沟、河沟等。尺度较大的河沟平地也称为川，是城镇建设的首选地				
场地与措施		涝池/水窖	塬边埂	下沉式窑居场地	梯田	鱼鳞坑	独立式窑居场地	淤地坝	谷坊	沿沟式窑居场地	靠山式窑居场地	宽阔建设场地
场地特性		平坦、便于雨水收集	塬或高平阶地的边缘、易侵蚀	平坦旱塬场地，小坡度利排水	土壤疏松、地表糙率大、有坡	坡度大、水流易汇集、有植被	顶部覆土、背面靠崖或坡、窑前平坦	沟底场地、汇水范围大、坡度大	沟底场地、径流量大、坡度大	占地少、垂直落差大、地形曲折、生境好	占地少、垂直落差大、视野开阔	总体平坦开阔利于建设和集水，侵蚀小
应用范围		农业、人居建设	农业、大地景观	人居建设	农业、景观	农业、景观	人居建设	农业、景观	农业、景观	人居建设	人居建设	人居建设
主要影响因素	降雨量	影响度–大	影响度–中	影响度–大	影响度–小	影响度–大	影响度–大	影响度–大	影响度–大	影响度–大	影响度–大	影响度–小
	土壤	土质均匀	—	土质均匀、要求地下水位深	—	—	土质均匀	—	—	土质均匀、最好在离石黄土层	土质均匀、最好在离石黄土层	—
	坡度	小	小	小	中	大	大	大	大	大	大	中
	生境	较好/差	较好	中	差	较好	中	较好	较好	中	差	中
	覆被	影响度–小	影响度–大	影响度–小	影响度–大	影响度–大	影响度–小	影响度–大	影响度–中	影响度–小	影响度–小	影响度–大
	雨水目标	蓄积回用、固土防洪	防侵蚀、蓄积、入渗	入渗	防侵蚀、增加入渗	防侵蚀、增 加入渗	滞留、防侵 蚀	淤地、滞留、入渗	防侵蚀	滞留、防侵蚀	滞留、防侵蚀	入渗、滞留、蓄积回用
	视效目标	美观	—	美观		—	美观	—	—	美观	美观	美观

注：1. — 表示无特殊要求；

2. 限于篇幅，表中仅列出了最常见的传统雨水利用场地形式及主要影响因素。

6.3.2.1 低影响开发（LID）技术措施的主要特征

（1）源头控制，分散处理，能充分发挥微观尺度的场地潜力。

低影响开发理念强调对地表径流在初期就进行源头控制，分散处理，因此其措施中有相当一部分属于源头性、分布式的场地措施。这种特点使得可以充分发挥小场地、小空间的作用，发挥微观尺度场地的潜力，利用先进的设计手法，以较低的成本和较少场地扰动优化现有项目，而不是依靠大规模的人工工程改变城市水文条件[298]，非常适合高密度空间的雨洪管控。如下沉式绿地、透水铺装、绿色屋顶等，都能在高密度的人居场地中见缝插针地布局、化整为零地分解和实现规划范围内的总体雨洪管控目标。

（2）构造精细，数据可靠，能进行较为精确地计算和较为准确地系统性模拟。

低影响开发措施对构造和材料一般都有具体的要求，设计中也可以根据具体的设计水文参数来选择合适的材料和构造形式，材料和构造的技术参数比较容易通过实验进行测量和验证，具有较高的可靠性，例如各种下垫面的径流系数、下沉式绿地及其特定构造形式下的渗透系数，土壤和其他新型介质的饱和含水率等。在具备较为准确的技术参数的前提下，进而可以进行相对准确的水文计算，使得系统性的场地水文模拟不仅可行而且还具有较高的可靠性。

6.3.2.2 低影响开发（LID）技术措施的局限性

虽然低影响开发措施在原理上符合源头控制、分散布置的原则和要求，但目前常用的技术措施大都是通用措施，缺乏地域针对性，在特定的气候、土壤、地形地貌等条件下具有明显的局限性。针对黄土丘陵沟壑区而言，低影响开发措施的局限性主要表现如下：

（1）盲目使用在场地安全上有局限性。

尤其是以“渗”为主要目标的技术措施不能应对本地域湿陷性黄土场地中因渗透带来的场地安全问题。在区域内大部分场地土壤都普遍具有湿陷性的前提下，就地渗透这一良好的源头处理理念无法真正落地，如果盲目采用会带来比较严重的场地安全隐患。植草沟等渗透型传输措施面对相对狭小、坡度较陡、竖向变化剧烈的黄土丘陵地貌，也无法直接应用，否则不仅会造成植草沟自身的严重构造破坏，还会引起场地的沟蚀破坏和水土流失。

（2）由于构造相对复杂，技术参数要求较高，在小流域全面实施成本很高。

对于黄土丘陵沟壑区的城市，当地势平坦时，措施的布局和使用具有一定的可行性，而当地势变化剧烈时，狭小而陡峭的场地条件以及因湿陷而不宜渗透的目标限制，使得很多以渗透为目标的措施都不宜布置和使用，否则会带来场地安全隐患，如渗透塘、干式植草沟和湿式植草沟等。再比如，以深层渗透为目的的渗井，在构造上要求打穿表土层，直达地下沙石层，但这对于黄土覆盖厚达80～120米，局部甚至达到400多米[2]18的黄土高原场地而言，成本上是难以接受的；如果只定位为浅层土壤渗透，则黄土湿陷性又决定了大量雨水集中到渗井中渗透是不可行的，除非对措施加以改良，配套相关的防护构造和措施。因此，对于小流域内的聚落场地和广袤的农林生产场地，虽然具备实施条件的场地会更多一些，但在成本上却不具备普遍推广的可行性。

低影响开发（LID）技术措施在黄土高原沟壑型聚落场地中应用的局限性可参见表6-8中的总结。由表可知，低影响开发（LID）技术措施如果要在黄土高原沟壑型聚落场地中安全地加以应用，需要进行甄别和适地化改造。表6-8中的适宜性仅针对各措施以及黄土地貌的一般特征评估得出，不能覆盖各种特殊情况。实际项目中，表中措施在某一具体地貌或者场地中能否适用，除了可以参照表6-8外，还需根据实际情况并考虑场地具体特点和功能要求后综合权衡选择。

6.3.3 场地雨洪管控技术措施的融合改造

如前所述，传统雨洪管控技术措施和低影响开发技术措施都有各自的特点和不足，因此，在充分研究两类技术措施特点的基础上相互借鉴、融合改造，可以提高传统技术措施的雨洪防护能力、扩展低影响开发技术措施的适用范围和场景，最终增加场地雨洪管控规划设计的有效技术选项。由于两类技术措施具有较强的互补性，因此，场地雨洪管控技术措施的融合改造主要是针对某一具体措施的不足，借鉴另一类措施的特点和技术思路来对该技术措施加以完善和改造。具体而言，针对传统技术措施，主要通过材料和构造上的改造来提升其防护能力；针对低影响开发技术措施，则主要结合地域化思路来增强它的场地适应性、扩展其应用场景和范围。

6.3.3.1 传统技术措施的融合改造

传统雨洪管控技术措施普遍具有构造和技术原理简单、材料地域化以及现实有效的特点，但面对较大强度或较长历时降雨防护能力稍显不足的短板也十分明显。这种不足主要是因为地域技术措施应用范围广、建设规模大，因此采用了低技术路线和就地取材的策略造成的。因此，传统技术措施的融合改造可以从借鉴融合LID技术措施的原理和构造，改造自身构筑材料两个方面来进行。

根据表5-13及表6-7所列的传统技术措施，以应用的广泛性和改造的可行性为

低影响开发设施主要技术特征及其在黄土高原场地中的适宜性一览表 表6-8

技术类型（按主要功能）	单项设施	功能					控制目标			处置方式		经济性		污染物去除率（以SS计，%）	占地面积	地形坡度	景观视效	适宜场地				
		集蓄利用	补充地下水	削减峰值流量	净化雨水	传输	径流总量	径流峰值	径流污染	分散	相对集中	建造费用	维护费用					黄土高原城镇	黄土人居聚落	黄土塬	黄土梁峁及梁埫	黄土沟谷
渗透技术	透水砖铺装	○	●	◎	◎	○	●	◎	◎	√	—	低	低	80~90	—	<2%	—	可用	不宜	可用	不宜	可用
	透水混凝土	○	○	◎	◎	○	◎	◎	◎	√	—	高	中	80~90	—	<2%	—	可用	不宜	可用	不宜	可用
	透水沥青	○	○	◎	◎	○	◎	◎	◎	√	—	高	中	80~90	—	<2%	—	可用	不宜	可用	不宜	可用
	绿色屋顶	○	○	◎	◎	○	●	◎	◎	√	—	高	中	70~80	—	2%~15%	好	宜	宜	—	—	—
	下沉式绿地	○	●	◎	◎	○	●	◎	◎	√	—	低	低	—	小/中	<15%	一般	可用	不宜	可用	不宜	不宜
	简易型生物滞留设施	○	●	◎	◎	○	●	◎	◎	√	—	低	低	—	小	—	好	宜	可用	可用	不宜	不宜
	复杂型生物滞留设施	○	●	◎	●	○	●	◎	●	√	—	中	低	70~95	小	—	好	宜	宜	宜	不宜	不宜
	渗透塘	○	●	◎	◎	○	●	◎	◎	—	√	中	中	70~80	小/中	<15%	一般	可用	不宜	不宜	不宜	可用
	渗井	○	●	◎	◎	○	●	◎	◎	√	√	低	低	—	埋地	<15%	—	可用	不宜	不宜	不宜	可用
储存技术	湿塘	●	○	●	◎	○	●	●	◎	—	√	高	中	50~80	大	—	好	宜	可用	宜	可用	可用
	雨水湿地	●	○	●	●	○	●	●	●	√	√	高	中	50~80	大/小	—	好	宜	可用	可用	可用	可用
	蓄水池	●	○	◎	◎	○	●	◎	◎	—	√	高	中	80~90	埋地	—	—	宜	宜	宜	宜	宜
	雨水罐	●	○	◎	◎	○	●	◎	◎	√	—	低	低	80~90	小	—	—	宜	宜	—	—	—

续表

技术类型（按主要功能）	单项设施	功能					控制目标			处置方式		经济性		污染物去除率（以SS计，%）	占地面积	地形坡度	景观视效	适宜场地				
		集蓄利用	补充地下水	削减峰值流量	净化雨水	传输	径流总量	径流峰值	径流污染	分散	相对集中	建造费用	维护费用					黄土高原城镇	黄土人居聚落	黄土塬	黄土梁峁及梁埫	黄土沟谷
调节技术	调节塘	○	○	●	◎	○	○	●	◎	—	√	高	中	—	大/中	—	一般	宜	可用	可用	可用	可用
	调节池	○	○	●	○	○	○	●	○	—	√	高	中	—	大/中	—	—	宜	可用	可用	可用	不宜
转输技术	转输型植草沟	◎	○	○	◎	●	◎	○	◎	√	—	低	低	35～90	中	1%～5%	一般	宜	可用	宜	可用	不宜
	干式植草沟	○	●	○	◎	●	●	○	◎	√	—	低	低	35～90	中	<2%	好	可用	不宜	不宜	不宜	可用
	湿式植草沟	○	○	○	●	●	○	○	●	√	—	中	低	—	中	<2%	好	可用	不宜	不宜	不宜	可用
	渗管/渠	○	◎	○	○	●	◎	○	◎	√	—	中	中	35～70	埋地/中	<15%	—	不宜	不宜	不宜	不宜	不宜
截污净化技术	植被缓冲带	○	○	○	●	—	○	○	●	√	—	低	低	50～75	中	<6%	一般	可用	可用	可用	可用	可用
	初期雨水弃流设施	◎	○	○	●	—	○	○	●	√	—	低	中	40～60	小/埋地	—	—	宜	不宜	—	—	—
	人工土壤渗滤	●	○	○	●	—	○	○	◎	—	√	高	中	75～95	小	—	好	宜	宜	宜	宜	宜

注：●——强；◎——较强；○——弱或很小；“宜”——表示在该类场地中，大多数情况下此措施适宜使用；“可用”——表示在该类场地中，大多数情况下此措施从技术原理和构造上均可使用，但需要注意场地的特点以及具体要求，或者需根据场地特征做适当改进；“不宜”——表示在该类场地中，大多数情况下此措施不适宜使用。

资料来源：1. 住房和城乡建设部《海绵城市建设技术指南：低影响开发雨水系统构建（试行）》. 北京：中国建筑工业出版社，2014. P53-54；

2. 任心欣，俞露. 海绵城市建设规划与管理. 北京：中国建筑工业出版社，2017. P96；

3. “适宜场地”部分为作者根据论文中的适地性评价方法进行评价后归纳总结而来。

依据，对防护能力较弱的措施逐一遴选后，可以选择涝池、塬边埂、水平阶/水平沟、梯田、下凹式路面（土路）、绿色屋顶等技术措施作为重点改造的措施。表6-9列出了上述几种传统措施的改造要点及其改造后功能与应用场景的扩展情况。

几种传统雨洪管控技术措施的改造要点　　表6-9

措施名称	功能	材料与构造	应用范围	改造要点	功能改进
涝池	蓄、用	生土夯实	塬、梁、峁	增强防渗功能：①增加一层灰土垫层；②增设微渗型防渗层	减少渗透性；增强黄土场地安全性
塬边埂	防、阻	生土夯实	塬、梁、峁	增强结构强度和美观性：①用植生袋设埂；②用砖石或混凝土设埂，外覆生土或植生袋；③土埂采用植物护埂措施	增强防护；增加美观；扩展用于生活型聚落场地
水平阶/水平沟	防、蓄、渗	生土夯实	荒山、坡地	增强结构强度和美观性：①用植生袋设埂；②用砖石或混凝土设埂，外覆生土或植生袋；③土埂采用植物护埂措施	增强防护；增加美观；扩展用于生活型聚落场地
梯田	防、蓄、渗、景、产	生土夯实	荒山、坡地	增强结构强度和美观性：①用植生袋设埂；②用砖石或混凝土设埂，外覆生土或植生袋；③土埂采用植物护埂措施	增强防护；增加美观；扩展用于生活型聚落场地
下凹式路面（土路）	防、滞、排	生土夯实	荒山、坡地	增强结构强度：①增加一层灰土垫层；②面层采用级配砂砾；③增设横向砖石减蚀带	增强防护；增加美观；扩展用于生活型聚落场地
绿色屋顶	滞、净、景	生土夯实	生活型聚落场地	增强防渗功能：①增加一层灰土垫层；②增设防渗层	减少渗透性；增强窑洞安全性；扩大绿色屋顶面积

表6-9中，针对传统涝池基本上以生土作为池底构造的做法，可以通过在池底增加一层灰土垫层或者增设微渗型防渗层来增强涝池的防渗功能。灰土垫层和微渗型防渗层可以同时增加也可以单独增加，取决于成本控制要求。采用微渗型防渗材料的目的是增加涝池的生态自净性，此类材料有膨润土防水毯、黏土、防水土工布等。通过改造后的涝池安全性更高，可以在更多的场地中采用。塬边埂、水平阶/水平沟以及梯田三类措施在基本原理上都有很大的类似性，主要靠土埂来管控地表径流，尽管它们针对的场地并不完全一样。三种措施改造的主要目的是增强措施的结构强度和美观性，根据应用的场景可以在用植生袋设埂、用砖石或混凝土设埂并外覆生土或植生袋以及土埂采用植物护埂三种改造方法中选择或者进行组合来实现措施的功能加强。改造后的措施可以应用于生活型聚落场地的坡地场地上，其景观

风貌和效果取决于措施改造所采用的材料和做法。砖石砌筑的下凹式路面（土路）在生活型聚落场地中比较成熟，但成本较高，一般多用在重点地段。对于生活型聚落场地中很多使用频率相对较低或者非重点地段的坡地道路，经济上不允许普及砖石型下凹式路面，但场地安全要求又比较高，那么，对生土下凹式路面进行改造不失为一种折中的办法。具体改造方式为有三种：①增加一层灰土垫层；②面层采用级配砂砾；③增设横向砖石减蚀带。可单独采用也可组合采用，最好是三种措施都同时使用，成本会更高一些，但其防护性和场地安全性是最接近砖石下凹式路面的。绿色屋顶在生活型聚落场地中呈比较原始的状态（屋顶长满天然草灌或者人为开辟菜地），在面对长历时降雨时存在渗漏的风险。改造办法是在构造上增加防渗层，改造后的绿色屋顶可以很好地发挥雨水滞留和净化的功能，可以大规模推广采用。

6.3.3.2 低影响开发（LID）技术措施的融合改造

低影响开发（LID）技术措施普遍具有构造精细和技术原理相对复杂、材料多样化、便于模拟计算以及可靠性高的特点，但过于强调“渗”的特点以及较高的成本是其在黄土沟壑型场地中使用面临的明显短板。对低影响开发（LID）技术措施的融合改造可以借鉴融合传统地域技术措施的特点，从地域化思路来增强它的场地适应性、扩展其应用场景和范围。

根据表5-14及表6-8所列的低影响开发（LID）技术措施，以地域化改造的可行性为依据，对不适宜的技术措施逐一遴选后，可以选择透水铺装、下沉式绿地、植草沟、生物滞留设施等技术措施作为重点改造的对象。表6-10列出了上述几种LID措施的改造要点及其改造后功能与应用场景的扩展情况。

几种低影响开发（LID）技术措施的改造要点　　表6-10

措施名称	功能	材料与构造	应用范围	改造要点	功能改进
透水铺装	渗透技术	透水性构造	城镇、塬、沟谷	降低向土壤的渗透性：①改为慢渗构造；②在构造层与土壤之间增设快速集水盲管	减少向土壤渗透性；增加盲管收集功能；增强黄土场地安全
下沉式绿地	渗透技术	透水性构造	城镇、塬	降低向土壤的渗透性：①改为慢渗/微渗构造；②在构造层与土壤之间增设快速集水盲管	减少向土壤渗透性；增加盲管收集功能；增强黄土场地安全
植草沟	传输技术	透水性构造	城镇、沟谷	降低向土壤的渗透性：构造层中增加微渗土工布或膨润土防水毯层，改为慢渗/微渗构造	减少向土壤渗透性；增强黄土场地安全

续表

措施名称	功能	材料与构造	应用范围	改造要点	功能改进
简易型生物滞留设施	渗透技术	透水性构造	城镇、沟谷生活型聚落、塬	降低向土壤的渗透性：构造层中增加微渗土工布、膨润土防水毯或黏土层，改为慢渗/微渗构造	减少向土壤渗透性；增强黄土场地安全；变渗透功能为滞蓄功能
复杂型生物滞留设施	渗透技术	透水性构造	城镇、沟谷生活型聚落、塬	降低向土壤的渗透性：构造层中增加微渗土工布、膨润土防水毯或黏土层，改为慢渗/微渗构造	减少向土壤渗透性；增强黄土场地安全；变渗透功能为滞蓄功能

表6–10中，5种LID技术措施主要以渗透技术为主，只有植草沟主要是用来传输的，但5种技术都采用了透水性构造，未改造的措施和构造都具备很强的渗透性，这是符合低影响开发和海绵城市总体目标的。因为这种特点，使上述5种常规的LID措施在黄土高原沟壑型聚落场地中因安全问题受到很大的限制。对上述5类措施的改造方法具有相似性，即通过改变构造层中材料的防渗能力或者增设快速收水盲管来降低设施向土壤层渗透水分的目的，从而增强黄土场地的安全性。改造之后，该措施在黄土高原城镇和生活型沟壑聚落场地等都可适用。

6.3.4 分析总结

传统的技术措施在具备相应场地条件（针对每种传统措施适宜的地貌和场地空间）的情况下，一般而言都是适宜使用的，但对于防护级别和要求很高的场地，则需要对传统措施在材料上进行选择、在构造上进行加强，对于不具备应用条件的黄土高原场地则应避免使用。低影响开发（LID）技术措施的运用情况要更复杂一些，不能一概而论地认定某种措施可行或不可行，需要根据措施的主要功能针对不同地貌类型、场地空间条件、使用环境和经济条件分别给出判定。例如，在场地相对狭小、竖向变化较大的黄土人居聚落中不适宜使用的渗透型植草沟（干式和湿式），在本地域的城市中则具备结合各种绿地加以运用的可能（根据土壤湿陷程度决定是否采取防湿陷构造措施即可）。

经适地性评估和改造后，传统措施的雨洪管控功能可以得到较大的提升，尤其是防护能力能得到较大的增强；低影响开发措施则扩展了其适用范围。在具体实践中，可改造的技术措施不仅局限于上述表6–9和表6–10中的措施，可根据实际场地及其具体功能要求进行有针对性的改造。

6.4 雨洪管控目标导向下的场地空间要素布局要点

在城乡规划设计中，场地空间要素包括建构筑物、道路、基础设施、绿地、水体等众多类型，但针对场地层面的雨洪管控目标而言，场地空间要素则主要指能够影响场地水文过程的各类雨水管控的物质措施或措施中的物质要素。对这些措施和物质要素的合理布局能够改变地表的水文过程、实现黄土场地的安全、雨水资源利用、径流安全排放以及防洪减涝等目标。场地空间要素如何布局是为合理？才能有效实现雨洪管控目标？这是场地层面雨洪管控规划设计的核心问题。

6.4.1 雨洪管控目标导向下的场地空间要素类型

针对雨洪管控目标的场地空间要素可以分为3类：

第一类是传统场地空间要素。即研究区域内传统上广泛用于地表径流管控和雨水利用的各类物质性管控措施，如前文所述的下凹式路面、水窖、绿色屋顶、塬边埂等。

第二类是新引入的场地要素。主要指新引入本研究区域内的各种低影响开发（LID）措施或者措施中的物质要素，如透水铺装、下沉式绿地、植草沟、植被缓冲带、蓄水池等。

第三类是辅助性场地要素。主要指规划设计中用于辅助管控雨洪的各种物质要素，如植物、挡土墙、集水场、导流槽等。

6.4.2 雨洪管控目标导向下的场地空间要素布局原则

地域自然地理和社会经济条件以及沟壑型聚落场地广袤而分散的分布特点，决定了雨洪管控目标导向下的场地空间要素布局必须遵循“高适配”“低成本”“少维护”和“系统性”4原则。

6.4.2.1 高适配原则

高适配原则指在进行场地雨洪管控规划设计过程中，对场地雨洪管控基本要素（措施或物质要素等）的选择和布置都要与场地确定的雨洪管控目标高度适配、与场地地形地貌高度适配、与场地建设风貌（或景观效果要求）高度适配。

（1）与场地雨洪管控目标的适配

在场地规划设计的过程中，对雨洪管控要素的选择首先要满足场地雨洪管控的目标要求。在传统的技术措施体系和低影响开发技术体系中，每一种场地措施都有其主要的雨洪管控功能定位，对场地雨洪管控措施和其他相关要素的选择必须做到场地雨洪管控目标定位与要素自身定位的高度匹配。这是最基本的一条原则。如：低影响开发（国内称“海绵城市”）措施体系里明确了“渗、滞、蓄、净、用、排”6类功能目标，选用时就需要注意场地雨洪管控目标的明确定位。这里有一点需要注意，场地规模有大有小，对于较大的场地，其总体雨洪管控目标和场地局部的雨洪管控目标经常不一致，例如，场地总体目标可能是蓄积利用为主，但场地局部地形陡峭，无法蓄积，其目标应该定位为“快排”，快排到场地地势较低的平坦地块进行收集利用，此时场地规划要素的适配原则应该是针对场地的局部地块目标，而不是总体的场地目标（图6-3）；对于地块本身很小，目标也单一的场地，则总体目标和每种措施的目标基本是一致的。

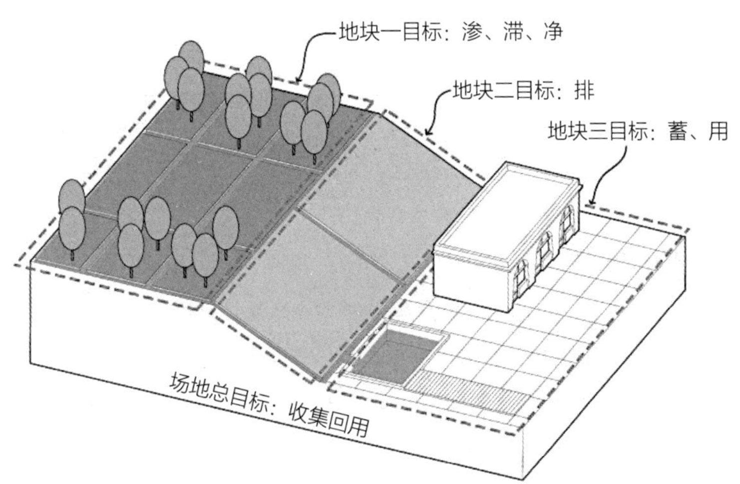

图6-3　同一场地中不同地块的径流管控目标

图片来源：作者，周天新 绘

总之，高适配原则主要指直接承载措施要素的场地空间的具体目标与措施的功能定位之间的高匹配关系，不应以复杂场地的综合雨洪管控目标来和单一措施定位进行匹配。

（2）与场地地形地貌的适配

晋陕黄土高原沟壑区地形地貌破碎复杂，生产型、生态型及生活型沟壑聚落场地千差万别，复杂多变。规划设计中对雨洪管控措施要素的选择和布局必须要和具体场地的地形地貌相适应，适用于坡地的措施不能用到塬面，适用于塬面的措施也不能用于沟谷，即使是同为坡地上的措施，适用于生产型聚落场地的不一定适用于生活型聚落场。所以场地要素的选择与布局一定要遵循与场地地形地貌相匹配的原则。传统技术措施都有明确的适用地形地貌要求，在规划布局时参考表5-13、表6-7和表6-9即可做出选择；低影响开发措施在《指南》中只对其主要功能做了规定，没有适用地形方面的说明和规定，本书针对这一问题做了论述，并针对部分措施提出了应用场景的扩展研究，可以参考表5-14、表6-8以及表6-10来做出判断和选择。

（3）与场地建设风貌的适配

晋陕黄土高原沟壑型聚落场地具有突出的地域特征，不论是生产型聚落场地、生态型聚落场地还是生活型聚落场地，其呈现出来的整体风貌都与黄土高原之外的地区有着明显的差异；即使是在黄土高原内部，大中型城市与生活型沟壑聚落的总体风貌也差别明显。因此，在进行场地雨洪管控要素的布局规划时，要素选择和布局方式遵循与场地建设风貌相适配的原则十分重要。

6.4.2.2 低成本原则

在进行场地要素规划布局时，需要充分考虑黄土高原地区总体经济发展水平相对较低、需要建设的范围和地区广阔且都属于城市边缘地带的特点，对所选择的雨洪管控场地措施的经济成本具有清醒的认知，始终以低成本作为选择和布局的原则，减少项目的总体投入。成本的控制可以从两个方面加以实现：一是在符合雨洪管控目标高适配要求的措施中尽量选择构造简单、材料便宜、工程量少的措施；二是在空间布局时提高措施要素的功能效率，避免浪费。一般而言，同一类措施，材料和构造越简易，其雨洪管控能力越弱，有如土坝和石坝的功能区别、生土材料的塬边埂与用植生袋强化的塬边埂的差别。这种情况下，需要根据场地建设的总体经济定位来决定，概算充分的，可以选择构造复杂一些、功能更强的措施，概算有限的，则尽量选择简易一些的构造和材料。总之，控制成本始终是一项重要的原则。

6.4.2.3 少维护原则

由于黄土高原沟壑型聚落场地有别于城市场地，具有面积广阔、分散分布、地形复杂的特点，且场地的实际使用和建设者大都是较低等级的行政和企事业单位或者居民组织与个人，在经济实力上无法与大中城市的政府、企业以及机构相比。面积广、经济弱的现实，要求规划布局中用于雨洪管控的场地措施必须满足正常运行后维护次数尽量少、维护成本尽量低的原则要求。要实现这一点，可以在措施选择时从材料的易得性、构造的耐久性、设施的低维护性上考虑。例如，生土塬边埂和植物护埂技术相结合，就能满足材料低廉和少维护的要求。有时，为了满足后期的低维护性，在构造材料的选择上提高了标准，导致前期建设成本增加，但从长远来看，因为减少了大量的后期维护费用，措施在整个运行生命周期内的成本是更经济的，这一点在规划设计和措施布局时需要综合考虑，对于使用频率很高的场地和措施尤其如此。例如，生活型聚落场地中的重要坡地道路，采用砖石材质的下凹式路面和简易的甚至是生土下凹式路面相比较，前者一次性建设成本更高，但后期几乎不用维护，后者前期费用很低，但每场暴雨过后都需要及时维护，长此以往，付出的人力和材料成本可能会更高。

6.4.2.4　系统性原则

前述三项原则既可针对场地总体目标，也适用于场地规划布局时对每一种具体措施的选择，但更偏重与场地局部具体功能对应的具体措施。而系统性原则却是仅针对场地总体雨洪管控目标而提出的场地措施选择与布局原则。大部分规划项目场地的雨洪管控目标并不是单一的渗透、净化、利用或者排放，而是多种目标的综合，即使是单一的雨洪管控目标，其场地中使用的措施也很少只局限于一种。因此，如何将同一规划设计场地中众多的场地措施要素协调统一起来，发挥系统高效的雨洪管控功能，是规划设计面临的重要考验，也是必须遵循的规划设计原则。为了在场地规划布局中更好地实现上述系统性原则，可以从如下4个方面加以考虑：一是充分遵循地表水文规律，因势利导选择措施；二是措施之间要具有功能互补性；三是形成可分可合的单一或综合雨水链，加强地表径流过程的可控性；四是单项措施功能冗余原则，即规划布局的每一项措施，其承担的雨水管控能力都留有相对安全的余量。

6.4.3　生活型聚落场地的空间要素选择与布局要点

6.4.3.1　生活型聚落场地雨洪管控要素布局的核心矛盾

分析生活型聚落场地雨洪管控要素布局面临的核心矛盾是重要基础。在晋陕黄土高原沟壑型聚落中，生活型聚落场地包含城镇组团场地和窑居院落场地两大类型，前者主要是城市边缘延伸入沟壑小流域的组团、片区或者本身位于沟壑小流域内的乡镇居民点建设场地，后者则主要指广袤的乡村居民点建设场地。两类场地由于选址条件、聚居规模、功能复杂程度以及建筑形式的不同，雨洪管控目标和面临的核心矛盾都有所不同。

城镇组团场地有传统和现代两个类型，规模上一般要比乡镇居民点要大，因而建设场地大多位于流域出口平坦或缓坡土地上；功能上，城镇组团主要承担了生活居住的功能，规模大的还有办公类功能。传统的城镇组团多为早期形成的老片区，建筑布局基本呈传统的院落加街巷式布局，建筑形式以传统的独立式窑洞居多。现代式组团多为后期开发建设，建筑风格现代居多，建筑尺度、高度以及布局都与现代城市类似。根据表6-1的雨洪管控目标定位以及这两类城镇组团的差异，可知现代式组团基本以滞留和回用目标为主，而传统式组团还需考虑风貌要求和成本控制要求（成本控制要求受组团功能和人口密度影响较大）。上述因素共同决定了两者在雨洪管控措施布局时面临的核心矛盾差异较大（表6-11）。

生活型聚落场地雨洪管控要素布局的核心矛盾　　表6-11

类型		场地功能	地形特点	场地规模	建筑形式	雨洪目标	布局的核心矛盾
城镇组团类	传统式	生活、办公	平缓	较大	传统院落	滞、蓄用、风貌、成本	建筑密度大，开敞空间少，措施布局限制强；成本控制要求高
	现代式	生活、办公、商业、生产	平缓	较大	现代组团	滞、蓄用	人口密度大、场地功能复杂；硬化下垫面面积大；雨洪措施受场地功能制约大
窑居院落类	独立式	生活	小台地	较小	传统窑洞	蓄用、排、安全、水保、风貌、成本	场地空间小，措施选择受限；场地安全受雨水影响巨大；成本控制要求高
	靠山式	生活	前坡后山	较小	传统窑洞	蓄用、排、安全、水保、风貌、成本	场地空间小，措施选择受限；场地安全受雨水影响巨大；成本控制要求高
	沿沟式	生活	前沟后山	较小	传统窑洞	蓄用、排、安全、水保、风貌、成本	场地空间小，措施选择受限；场地安全受雨水影响巨大；成本控制要求高
	下沉式	生活	塬顶平地	较小	传统窑洞	蓄用、排、安全、风貌、成本	场地安全受雨水影响巨大；成本控制要求高

窑居院落类聚落场地根据窑洞形式的不同可划分为4种类型，功能上主要是生活居住，也可发展成旅游、休闲功能。独立式窑居院落不依托坡地而用砖石独立砌筑，所以院落本身多位于沟壑中背风向阳的小台地上。靠山式和沿沟式窑居院落都建在沟壑的坡上，区别是靠山式窑洞的场地是前坡后山，视线更开阔些，而沿沟式窑洞场地是前沟后山，视线往往受对面沟坡所限。下沉式窑居院落主要建在塬面平地上，所以在沟壑区很少见。这4种类型的窑居院落受地形的限制，在规模上都较小；其雨洪管控的目标定位也基本相同，以收集回用、超量雨水安全排放、窑洞安全、水土保持、风貌保持以及成本控制为主，下沉式窑洞由于位于塬面，水保要求要低一些。这4类场地开展雨洪管控要素布局时面临的主要矛盾也基本类似，不

同之处是除下沉式外，其他三种因位居坡地，场地空间局促，措施选择受限明显（表6-11）。

6.4.3.2 生活型聚落场地的空间要素选择

生活型聚落场地的类型差异以及由此形成的雨洪管控目标和面临的核心矛盾的不同，决定了在雨洪管控规划中对场地空间要素的选择也应体现出针对性。根据要素布局需遵循的高适配、低成本、少维护以及系统性4原则，以前述3类场地要素的功能特点为基础，结合各类生活型聚落场地的雨洪目标与核心矛盾，可以遴选出若干场地要素用于雨洪管控规划（表6-12）。

生活型聚落场地雨洪管控要素选择　　表6-12

类型		主要雨洪目标对应的场地要素						
		渗、滞	蓄、用	排	安全	水保	风貌	成本
城镇组团类	传统式	绿色屋顶	水窖、涝池、蓄水池	截水沟、明沟跌落、导流槽、下凹式路面	“排”类措施；塬边埂；植物	—	所选措施皆可	所选措施皆可
	现代式	绿色屋顶、透水铺装、下沉式绿地、生物滞留设施、渗井	水窖、涝池、蓄水池、下沉式绿地、生物滞留设施、渗井	截水沟、明沟跌落、导流槽、下凹式路面、暗/盲管、植草沟	“排”类措施；塬边埂；措施中的防渗构造；植物	所选“渗排”及“安全”类措施；植物	与建筑风格一致的措施	所选措施皆可
窑居院落类	独立式	绿色屋顶、下沉式绿地、生物滞留设施	水窖、涝池、蓄水池、下沉式绿地、生物滞留设施	截水沟、明沟跌落、导流槽、下凹式路面、暗/盲管、植草沟	“排”类措施；塬边埂；措施中的防渗构造；植物	所选“渗排”及“安全”类措施；植物	传统措施；所选LID措施经材料地域化处理后	根据投资额度选择不同
	靠山式沿沟式	—	水窖、涝池、蓄水池	截水沟、明沟跌落、导流槽、下凹式路面、植草沟	“排”类措施；塬边埂；措施中的防渗构造；植物	所选“渗排”及“安全”类措施	传统措施；所选LID措施经材料地域化处理后	根据投资额度选择不同
	下沉式	下沉式绿地、生物滞留设施	水窖、涝池、蓄水池、下沉式绿地、生物滞留设施	截水沟、明沟、导流槽、下凹式路面、植草沟	“排”类措施；塬边埂；措施中的防渗构造；植物	所选“渗排”及“安全”类措施	传统措施；所选LID措施经材料地域化处理后	根据投资额度选择不同

注：1. 透水铺装、下沉式绿地、植草沟、生物滞留设施等都是指根据表6.10改造后的措施。
2. 传统城镇组团和独立式窑居院落中有时会采用坡屋面的形式，此时绿色屋顶不适用。

表6–12中所列的各类场地的雨洪管控目标为其常见的主要目标，规划实践中应根据项目实际情况进行微调。表中所列的措施要素属于最为可行的要素，但并未全部罗列，根据实际雨洪管控目标需要还可在前面章节所列的适宜措施中选择。表中靠山式窑居院落与沿沟式窑居院落具有很高的相似性，所以合并列表。

6.4.3.3 生活型聚落场地雨洪管控要素的基本空间布局形式

以不同类型的生活型聚落场地为空间基底，以雨洪管控目标及场地特点为要素选择的依据，针对各类场地的核心矛盾，遵循要素布局4原则，可以形成如下7种基本空间布局形式。

（1）传统城镇组团雨洪管控要素布局

布局形式1：院蓄街排式

此布局形式针对的是晋陕黄土高原城镇组团中的传统院落场地，该类场地主要由各种形式的围合院落和街巷组成。院落有大有小、有一进的也有两进的；院落建筑多为独立式窑洞，有些一层、也有两层的，窑洞屋顶有平屋顶也有坡屋顶形式。院落与院落之间有些以墙相隔、有些以巷相邻，小巷最终联通街道。研究区域内保存得较好的传统城镇组团所呈现出来的院落街巷格局非常典型，在雨洪管控方面，基本上都是自然的重力排水模式，即顺街巷由高处快速排放至低处，最终沿主街排出城外。在院落内部，大部分的院落都设置有明沟，通过明沟将屋顶和院落的雨水汇集起来外排到街巷上，有部分院落内部设置有水窖，则可以蓄积部分雨水。但总体而言，传统院落在雨洪管控目标诉求和实际措施布置上都不够系统，需要提高和完善。本布局形式（图6–4）针对上述情况，做出了如下改进：

①目标：确定了院内以蓄为主，街巷以排为主、有条件滞蓄的目标。

②措施：针对平屋顶，将绿色屋顶措施全面推开，选择改造后的屋顶构造和适宜的植物，改变传统上屋顶自发生长草灌形成原始“绿色屋顶”的状态，增强绿色屋顶的雨水滞蓄效果；将水窖在院落内全面推广，并根据设计标准来确定容积和数量；在水窖的进水口前设置一个适宜规模的下沉式绿地，起到滞留、沉淀和净化雨水的作用，降低水窖的维护频次，平时还能起到美化院落环境的效果；对于院落比较开阔，原来设置有园地的情况，对园地进行改造，在四周和中间增设明沟，并与院内的明沟系统连接起来；将院落内常见的明沟系统化，形成承接屋顶雨水和院落雨水、串联下沉式绿地、园地、水窖以及院外街巷的明沟暗渠系统，实现常态雨水内部积蓄、超标雨水自动溢排的功能；外部街巷则全面推广下凹式路面，主街巷和较长的街巷在下凹式路面上增设雨水口，下设排水管道，土路面则使用改造后的加强构造；在街巷空间条件具备的情况下，可以在街角增设地下蓄水池与街巷雨水

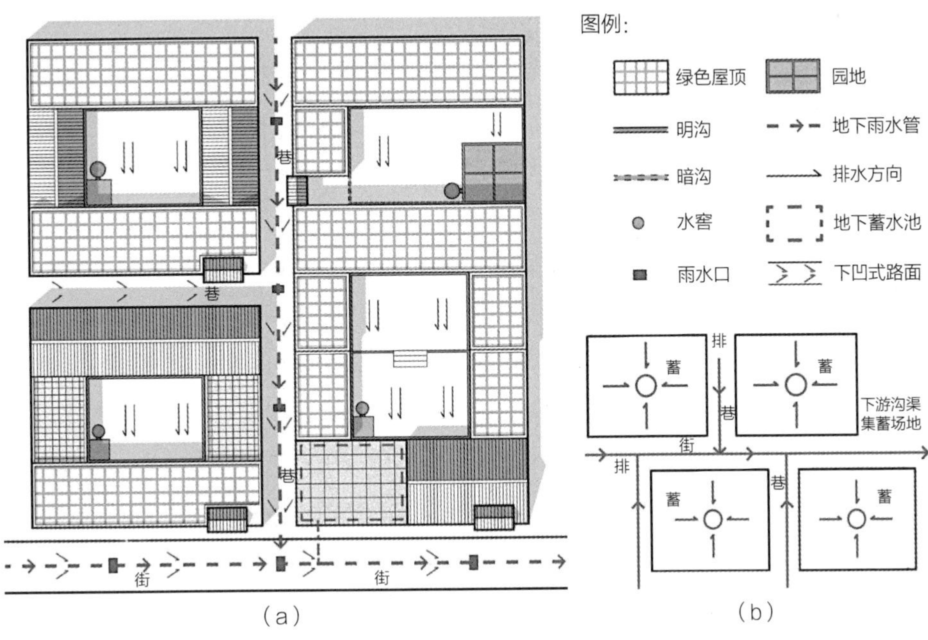

图6-4　院蓄街排式布局
(a)基本要素布局;(b)模式图
图片来源:作者,周天新 绘

管道连接。

③效果:以榆林地区一个400m²(0.04hm²)的院落来测算。根据表5-5查得年径流总量控制率为85%时的设计降雨量H为22.8mm;根据传统院落的特点,院落铺装多为砖石铺地,取综合雨量径流系数φ的值为0.40[1];由容积法的式(5-6)可算得所需蓄水容积为:$V=10H\varphi F=10\times22.8\times0.40\times0.04=3.65\text{m}^3$;可知,水窖的容量只需达到3.65m³就可以满足海绵城市规定的年径流总量控制率要求。事实上,通过合理的设计,明沟系统和下沉式绿地还可以积蓄一部分雨水,而400m²的院落空间则完全可以根据需要建一个容积更大一些的水窖,其年径流总量控制率目标可以轻松达到90%以上(所需容积为4.58m³)。如果组团内每一个院落的年径流总量控制率都能达到90%,则整个组团的年径流总控制率达到85%并非不可实现,这比海绵城市建设中绝大部分城市设定的老旧片区的年径流总量控制率要高得多。实现这一目标并不需要对城市外部空间做大的改动,只在院落内部做有限的改造即可。

布局要点:

"院蓄街排式"的基本要素布局与模式图如图6-4所示,其布局要点有2点:

[1] 综合雨量径流系数由《海绵城市建设技术指南》查得。

①要素选择时，水窖和明沟必选，其他要素，如下沉式绿地根据院落的面积和实际情况决定是否保留，绿色屋顶根据成本可以大面积也可以部分实施，甚至可以省略；②水窖容积的设计根据场地大小、雨洪管控目标以及成本控制来综合决定，水窖建议选择防渗性能较好的混凝土窖。

（2）现代城镇组团雨洪管控要素布局

布局形式2：沟渗/滞井蓄式（适用开放空间）

此布局形式针对的是晋陕黄土高原现代城镇组团中的开放空间场地，该类场地主要由各种形式的绿地、铺装场地以及城市道路组成，既可以是城市的街头绿地、城市公园，也可以是街头广场等不同的形式，是现代城市中最基本也是数量最多的场地形式之一。研究区域内现代风格的城镇组团在雨洪管控功能上总体来说还比较缺失，外部开放空间除了绿地对雨水有一定程度的利用外，道路和街头场地大都是向道路雨水口或者场地旁的沟渠直接排放。零星分布的雨水利用措施在目标和措施的系统性以及针对性上还远达不到海绵城市建设的要求，具有较大的提高和完善空间。针对开放空间的上述情况，提出了沟渗/滞井蓄式布局（图6-5）。

①目标：铺装场地和绿地以渗或者滞为主；专设的雨水井/水窖/蓄水池以蓄用为主；地勘和场地条件适合时可以选择下渗目标。

②措施：在沿城市道路一侧设置一条或多条植草沟/旱溪作为场地的主要渗/滞

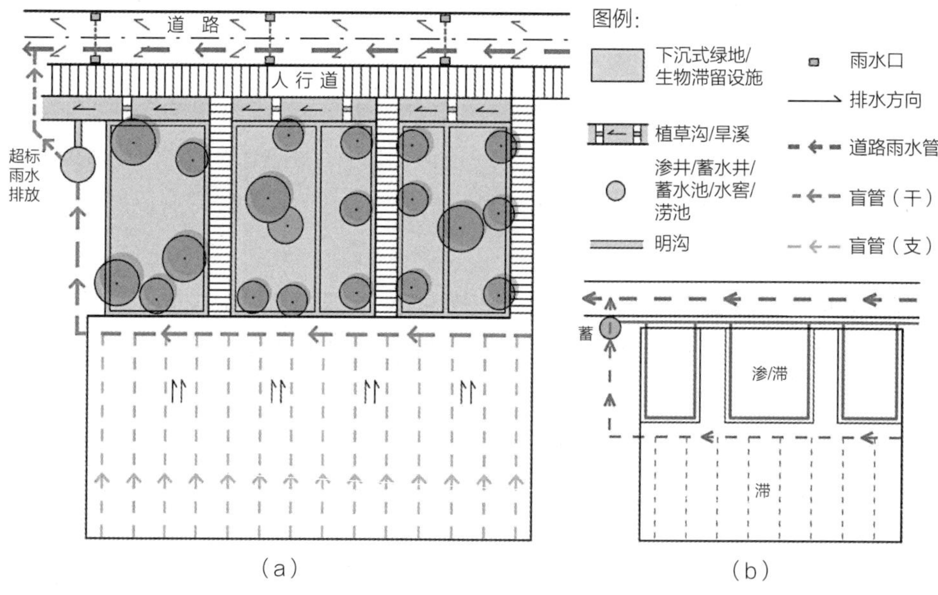

图6-5 沟渗/滞井蓄式布局

（a）基本要素布局；（b）模式图

图片来源：作者，周天新 绘

沟渠；在场地下游绿地中设置雨水收集设施（渗井/蓄水井/蓄水池/水窖），并用溢水暗管与城市雨水管连接，用于超标雨水排放；所有绿地采用下沉式绿地形式；绿地内部采用明沟与场地内的主植草沟/旱溪连接；铺装场地向绿地或植草沟一侧放坡排水，也可以根据土壤地质条件采用透水式路面，此时路面下一般要铺设雨水收集盲管，将雨水导向雨水收集设施（渗井/蓄水井/蓄水池/水窖）。

③效果：与研究地域内大多数未进行海绵措施改造的开放空间场地相比，采用本布局形式建设的开放空间场地，由于大量使用了滞/蓄措施，场地内部的雨水基本上能够做到全部滞留收集回用，不用外排。如果将外围不具备海绵化条件的场地中的雨水也引入本场地中，照样能发挥巨大的作用，但此时的设施规模和容量需要根据自身场地面积和外围引入场地面积的总和来计算确定。

布局要点：

“沟渗/滞井蓄式”的基本要素布局形式如图6–5所示，其布局要点有5点：①上述措施要素中，植草沟/旱溪与集水设施（渗井/蓄水井/蓄水池/水窖）为基本要素，不可缺少；当场地中有绿地时，则下沉式绿地以及绿地中的明沟也为基本要素，不可缺少；透水铺装及其构造中的盲管系统为可选要素；②集水设施根据场地规模、土壤地质条件、设计风格以及容量需求等因素，选用渗井、蓄水井、蓄水池或水窖等不同形式；主沟也可根据实际景观风格要求、后期维护水平等选择植草沟或者旱溪；③基本布局模式中，除了必须保留的措施要素，其他措施要素可以根据现实场地情况进行增减，只要符合场地要素布局4原则即可；④所有LID类措施，除了经评估后可以直接在本地域使用的外，其余措施均指经过地域化改造后的措施；⑤“渗”的功能在基本模式中只是备选项，并不是必然要求，需要根据场地土壤地质条件来决定；不具备条件的场地，可以采用改造后的微渗型措施，此类措施的主要功能并不是“渗”。

布局形式3：面滞线排点蓄式（适用居住空间）

此布局形式针对的是晋陕黄土高原现代城镇组团中以居住生活为主要功能的空间场地，如居住区、单位大院等，如果不包括操场，学校空间在很大程度上也有相似之处。该类场地主要由各种形式的绿地、铺装场地、道路以及居住或办公建筑组成，属于现代城市中最基本也是比例最多的场地形式之一。区域内类似场地在雨洪管控功能上总体而言比较缺失，除了场地内的绿地对雨水有一定程度的利用外，屋面、铺装、道路等下垫面对雨水的海绵化处理非常有限。针对居住类场地的上述情况，提出了面滞线排点蓄式布局（图6–6）。

①目标：屋面、绿地和铺装场地以滞为主；专设的植草沟/旱溪以及明沟承担排放的目标；绿地中的雨水井/水窖/蓄水池则以蓄用为主；地勘和场地条件适合时

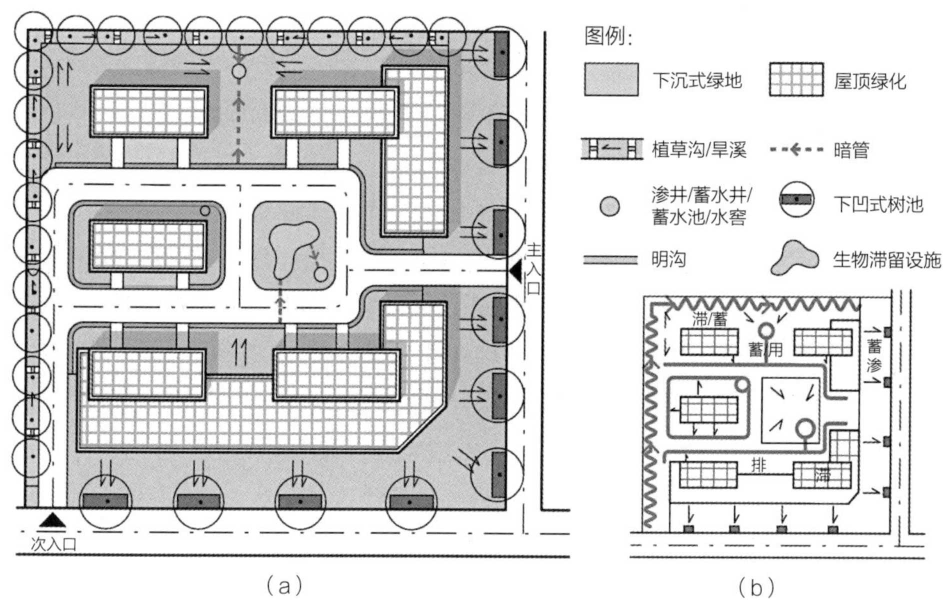

图6-6 面滞线排点蓄式布局
（a）基本要素布局；（b）模式图
图片来源：作者，周天新 绘

植草沟和明沟可以增加下渗目标。

②措施：所有面状的下垫面主要以“滞”为主，其中，在合适的屋顶采用绿色屋面措施以滞蓄雨水；绿地采用下沉形式，增加滞蓄能力；铺装场地根据条件采用盲管下渗收集措施实现滞留目标或者直接排向下沉式绿地实现雨水滞留。通过线状措施实现滞排目标，具体而言，在场地边缘或者位置合适的绿地中设置一条或多条植草沟/旱溪作为场地的主要滞/排沟渠、在绿地边缘设置明沟或小型植草沟/旱溪作为雨水传输的通道。采用点状措施实现雨水集蓄利用目标，即在绿地中合适的位置布设雨水收集设施（渗井/蓄水井/蓄水池/水窖），并用溢水暗管与城市雨水管连接，用于超标雨水排放。根据场地条件，集水设施前可以考虑增加生物滞留设施发挥净化和下渗作用。在场地靠近城市道路的一侧布置下凹式种植槽，代替常规树池，一方面增加种植面积，另一方面滞蓄场地靠城市道路一侧铺装下垫面的雨水。

③效果：与研究地域内大多数未进行海绵措施改造的居住类空间场地相比，采用本布局形式建设的居住类空间场地，由于大量使用了滞/蓄措施，场地内部的雨水基本上能够做到全部滞留收集回用，不用外排。此类场地的建筑密度决定了即使屋面不采用绿色屋顶措施，依靠地面的相关滞蓄措施，通过对设施规模和容量进行合理计算和统筹安排，也能实现预期的海绵建设目标。

布局要点：

“沟渗/滞井蓄式”基本要素布局形式如图6–6所示，其布局要点有5点：①上述措施要素中，植草沟/旱溪与集水设施（渗井/蓄水井/蓄水池/水窖）为基本要素，不可缺少；当场地中有绿地时，则下沉式绿地以及绿地中的明沟也为基本要素，不可缺少；透水铺装及其构造中的盲管系统为可选要素；②集水设施根据场地规模、土壤地质条件、设计风格以及容量需求等因素，选用渗井、蓄水井、蓄水池或水窖等不同形式；主沟也可根据实际景观风格要求、后期维护水平等选择植草沟或者旱溪；③基本布局模式中，除了必须保留的措施要素，其他措施要素可以根据现实场地情况进行增减，只要符合场地要素布局4原则即可；④所有LID类措施，除了经评估后可以直接在本地域使用的外，其余措施均指经过地域化改造后的措施；⑤“渗”的功能在基本模式中只是备选项，并不是必然要求，需要根据场地土壤地质条件来决定；不具备条件的场地，可以采用改造后的微渗型措施，此类措施的主要功能并不是“渗”。

布局形式4：环沟滞蓄井/池收集式（适用办公/商业空间）

此布局模式针对的是现代城镇组团中以商业办公为主要功能的空间场地。该类场地主要由办公/商业建筑、建筑周边的开敞场地（包含大量铺装场地、停车场和绿地）以及外围道路组成，同样属于现代城市中最基本也是比例最多的场地形式之一。同上述几种类型场地一样，该类场地在雨洪管控功能上总体而言比较缺失，除了场地内的绿地对雨水有一定程度的利用外，屋面、铺装、道路等下垫面对雨水的海绵化处理非常有限。针对该类场地的上述情况，可以采用环沟滞蓄井/池收集式布局（图6–7）。

①目标：屋面、绿地和铺装场地以滞为主；专设的环形植草沟或旱溪承担滞蓄的目标；绿地中的渗井/雨水井/水窖/蓄水池则以蓄用为主；场地条件适合时植草沟和明沟可以增加下渗目标。

②措施：在场地周边布设环形的植草沟或者旱溪发挥滞、蓄作用，最终与雨水收集设施连接，入口和不便设沟处以暗沟连接；场地内合适位置设置一定的下沉式绿地，增加滞蓄能力，也能在雨水流入蓄水井之前发挥净化功能；铺装场地直接排向周边的植草沟或者旱溪实现雨水滞留。在绿地中合适的位置布设雨水收集设施（渗井/蓄水井/蓄水池/水窖），并用溢水暗管与城市雨水管连接，用于超标雨水排放。屋顶根据实际情况可以选择布设绿色屋顶措施。

③效果：此类场地由于建筑密度较低，地面空间较大，即使屋面不采用绿色屋顶措施，依靠地面的滞蓄措施，通过对设施规模和容量进行合理计算和统筹安排，也能实现预期的海绵建设目标。

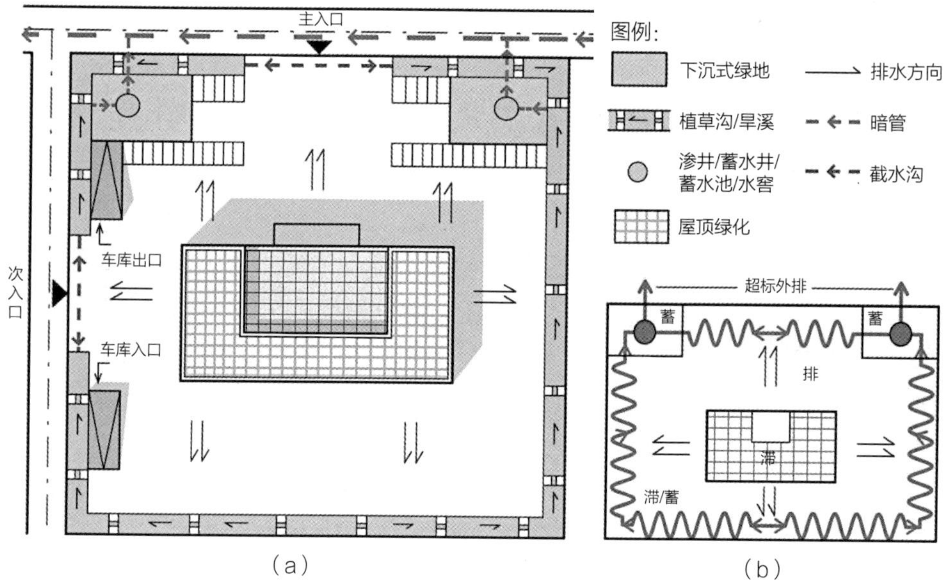

图6-7　环沟滞蓄井池收集式布局
（a）基本要素布局；（b）模式图
图片来源：作者，周天新 绘

布局要点：

“环沟滞蓄井池收集式”的基本要素布局如图6-7所示，其布局要点有4点：①上述措施要素中，植草沟/旱溪与集水设施（渗井/蓄水井/蓄水池/水窖）为基本要素，不可缺少；绿地位置需根据场地使用功能确定，最好位于场地较低的位置，且与植草沟/旱溪毗邻；应根据实际景观风格要求、后期维护水平等决定环沟采用植草沟还是旱溪；②“渗”的功能对于植草沟/旱溪而言，并不是必然要求，需要根据场地土壤地质条件来决定；不具备条件的场地，可以采用改造后的微渗型措施；③根据屋顶的形式、荷载以及其他具体条件决定是否采用绿色屋面；④集水设施根据场地规模、土壤地质条件、设计风格以及容量需求等因素，选用渗井、蓄水井、蓄水池或水窖等不同形式。

（3）独立式窑居院落雨洪管控要素布局

布局形式5：上滞下排场中蓄式

由于独立式窑洞是在平地上利用拱券修建的掩土建筑，对窑居院落的选址有一定的要求，一般是在平地上或者选择在山坡上有一定尺度的小台地或阶地作为建设场地。城镇组团大尺度平地上修建的独立式窑洞在前面布局形式1（院蓄街排式）中已作了论述，因此，本布局则主要针对沟壑坡地上的独立式窑居院落场地。该类场地在晋陕黄土高原沟壑型聚落中大量存在，属于主要的居住场地形式。现实中，

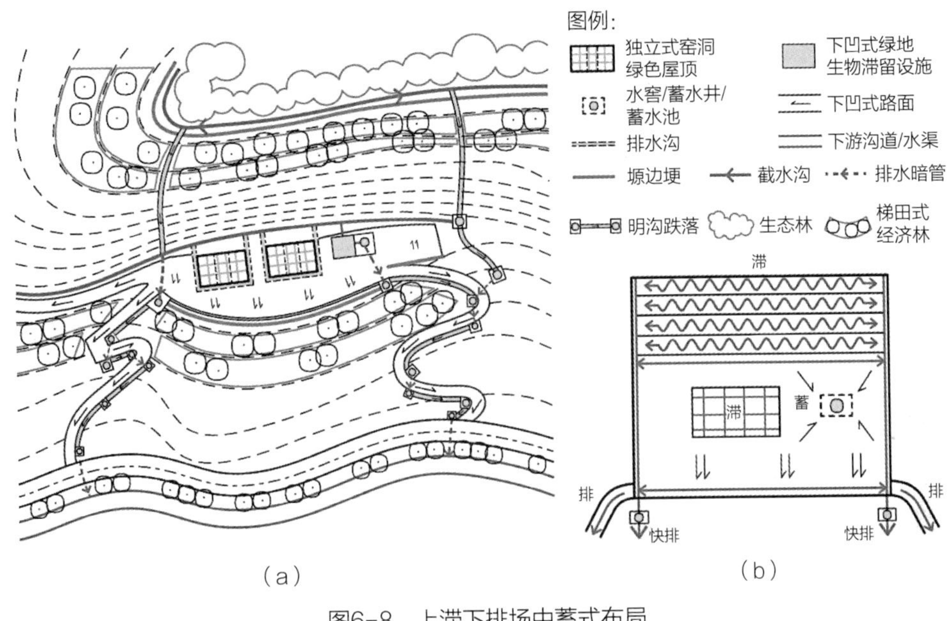

图6-8 上滞下排场中蓄式布局

（a）基本要素布局；（b）模式图

图片来源：作者，周天新 绘

此类场地的雨洪管控主要从场地安全出发，设置了截水沟和排水沟系统，很少主动建设屋顶绿化，部分场地设置了水窖来收集雨水，但占比很低，明沟跌落系统则只在个别地主遗留下来的庄园里有布置。总体而言，场地雨洪管控以排为主，场地安全防护是其重点，但构造措施较为简陋，对大暴雨的防护能力显得不足，急需系统性地完善和提高该类场地的雨洪管控能力。针对上述情况，提出了上滞下排场中蓄式布局（图6-8）。

①目标：窑洞上游的坡地以滞为主，并将超量雨水安全导流到下游沟渠中；场地下游布置各类措施承接上游和场地内部需要排放的雨水，以安全排放为主要目标；场地的核心部分则考虑以蓄集利用为主；总体目标兼顾了对上游雨水的控制、场地雨水资源的充分收集利用以及整个场地超标雨水的安全排放要求。雨洪管控能力可以根据小流域的总体规划目标来定量化设计。

②措施：在场地上游峁顶或台地上设置塬边埂，坡地上根据坡度布设梯田、水平阶或鱼鳞坑等滞蓄措施，并种植生态林木或经济林木，坡度不符合要求时采用植草措施，场地内合理布设排水沟与下游沟渠连接，快速排除上游场地内超标的径流。窑洞院落内部场地需要设置截水沟、排水沟和暗管以连接上下游沟渠形成体系，并且收集场地内部的雨水；截水沟和排水沟的形式根据景观需要可以采用植草沟、旱溪或者普通明沟的形式；在窑居院落合理的位置布置下沉式绿地/生物滞留

设施和水窖/蓄水井/蓄水池形成净化和收集系统，该系统与场地内的沟渠系统连接来接收水源，设置暗管联系下游沟渠形成自动溢流功能；独立式窑洞屋顶根据需要可以布置成绿色屋面，发挥径流滞蓄作用；场地内的道路一律采用下凹式路面形式来作为上下游场地的交通联系。场地下游设置明沟跌落系统作为中上游雨水的排水通道，与下游沟渠连接。

③效果：此类场地由于建筑密度较低，且上游可收集雨水的场地面积较大，在设施条件允许的情况下，能够较多地回收利用雨水，有效缓解干旱地区日常生活缺水的现状。采用改造后的LID类措施，则可以大大增强窑洞场地的滞蓄能力、雨水净化能力和场地安全性，且可以根据目标要求来设计其设施的容量和规模。

布局要点：

"上滞下排场中蓄式"的基本要素布局如图6-8所示，其布局要点有5点：①上游场地措施要素中，应根据场地的坡度和实际用途来选择措施要素，各类措施的使用要符合场地自身的内在要求；②窑洞院落场地中截水沟、明沟、暗管系统为必选要素，形式上可以根据景观要求和成本控制要求选择植草沟、旱溪或者明沟形式；③下沉式绿地/生物滞留设施以及水窖/蓄水井/蓄水池组成了净蓄系统，可以根据设计需要选择"净"和"蓄"措施的搭配形式；④屋顶绿化为可选措施；⑤下游场地中的明沟跌落系统一般和下凹式路面同时布局，一方面可以就近排除路面的汇流，另一方面可以成为道路的挡墙防护系统，也可以不和路面一起布置；当下凹式道路总体长度过长时，一定要沿路面中线间隔布置雨水口、并在路面下布设雨水管和明沟跌落连接，以保证路面安全。

（4）靠山式/沿沟式窑居院落雨洪管控要素布局

布局形式6：上固下排场中蓄式

靠山式窑居院落和沿沟式窑居院落在窑洞形式和核心场地形式上都是一样的，因此可以作为一个类型来考虑其雨洪管控要素的布局。靠山式/沿沟式窑居院落场地与独立式窑居院落场地相比较，最主要的区别是前者需要直接在黄土坡体内挖窑洞，所以场地上游的黄土坡坡度都较陡峭，而后者由于是直接在坡上台地中砌筑，所以所选坡地一般要缓和一些。另一个区别是前者没有屋顶，后者有独立的屋顶。因此，两者在雨洪管控要素的布局上总体相似，但针对场地的上述差异做了布局上的局部调整，主要体现在上游陡坡和屋顶措施上，鉴于本场地窑洞上游坡地较陡且窑洞位于上游黄土崖之内，所以上游的雨洪目标由"滞"改为"固"，以确保安全。据此，确定本布局形式为上固下排场中蓄式布局（图6-9）。

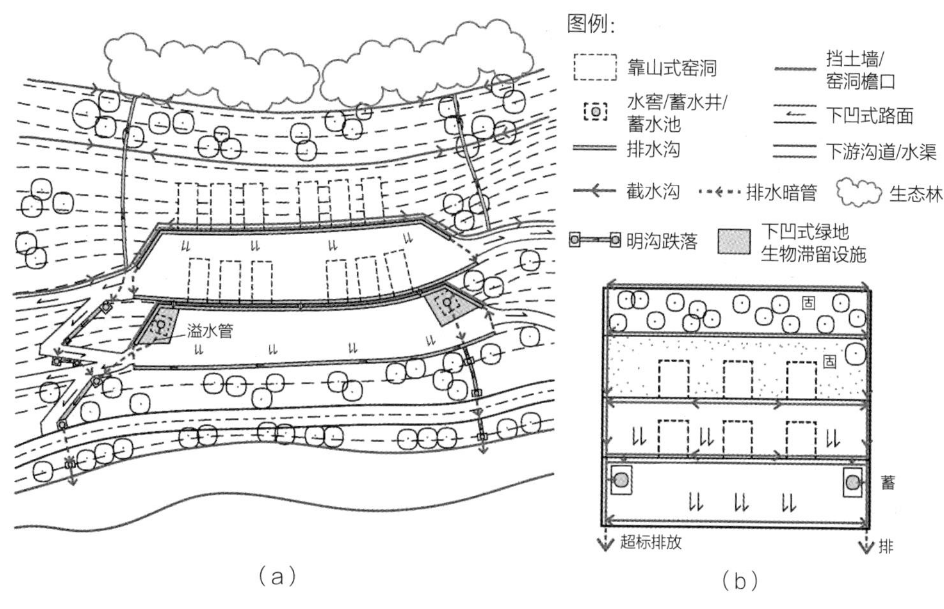

图6-9　上固下排场中蓄式布局
(a)基本要素布局;(b)模式图
图片来源:作者,周天新 绘

①目标:窑洞上游的坡地以“固”为主,通过生物措施增强坡体的稳定性和安全性,并且布置沟渠将坡地雨水快速安全导流到下游沟渠中;场地内部和场地下游目标同独立式窑居院落场地。其雨洪管控能力可以根据小流域的总体规划目标来定量化设计。

②措施:在场地上游峁顶或台地上设置塬边埂,坡度合适时坡地上以各类林草类生物措施为主,强调上游坡地的稳定性;场地内合理布设排水沟与下游沟渠连接,快速排除上游场地内超标的径流。窑洞院落内部以及下游场地除了无法布置绿色屋顶外,其余基本和独立式窑居院落场地的要素布局类似。

③效果:同独立式窑居院落场地(上滞下排场中蓄式)。

布局要点:

共有3点:①上游场地措施要素中,应根据场地的坡度和实际用途来选择措施要素,各类措施的使用要符合场地自身的内在要求,尤其要以场地安全为首要目标,不能过分强调“滞”和“渗”;②当窑洞院落场地有上下两层时,下沉式绿地/生物滞留设施以及水窖/蓄水井/蓄水池组成的净蓄系统最好布置在下层,如果提高该组措施的防渗级别,也可以在上层布置,但要与下层窑洞保持一定的水平距离;③其他布局要点参照独立式窑居院落场地。

（5）下沉式窑居院落雨洪管控要素布局

布局形式7：环沟净排窖池蓄用式

此布局形式针对的是晋陕黄土高原下沉式窑居院落场地，该类场地主要位于平坦的黄土塬面上，在沟壑型场地中极少见，但为了使窑居院落场地类型尽量全面，故在此处一并讨论。此类场地中央为下沉的窑居院落，窑洞屋顶为正常的塬面标高，一般可作为活动场地或者晒场使用，场地周边种植植物。由于窑洞位于正常地面标高以下，下沉院落内主要采用水窖收集贮存院内雨水；出于对窑洞的保护，院落上面屋顶和周边场地的雨水要么自然排放，要么有组织排放，很少滞留，总体管控和利用的效率较低。针对上述情况，提出了“环沟净排窖池蓄用式”布局以改进雨洪管控效率（图6-10）。

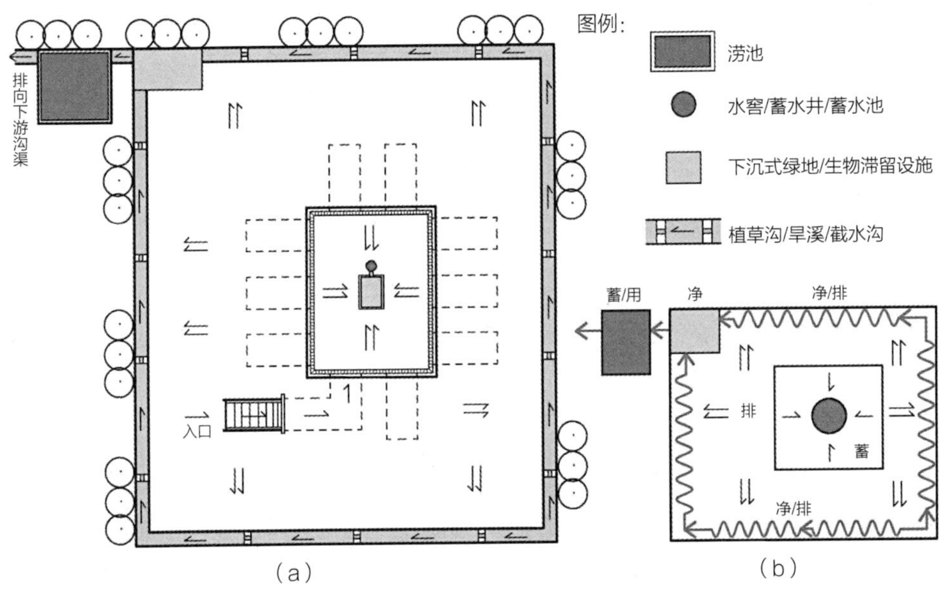

图6-10　环沟净排窖池蓄用式布局

（a）基本要素布局；（b）模式图

图片来源：作者，周天新 绘

①目标：下沉式窑洞院落内以集蓄为主，院内所有雨水全部收集到水窖中；下沉式院落屋顶场地则包含净化、排放以及蓄用三重目标。场地整体雨洪管控能力可以根据海绵设计目标来定量化设计。

②措施：在下沉式院落里面设置下沉式绿地或简易生物滞留设施净化院落内的雨水，最后将雨水汇入旁边的水窖、蓄水井或蓄水池。窑洞屋面上的大片场地主要布置有环沟、下沉式绿地/生物滞留设施以及涝池3种基本要素。环沟围绕场地外围布设，可以采用改造后的微渗型植草沟或旱溪，也可以采用简单的快排明沟或暗

沟，全面收集场地内的径流、并发挥初步净化功能。环沟的下游设置下沉式绿地或生物滞留设施，发挥滞留净化雨水的作用。环沟末端离下沉式窑洞较远处设置涝池收集上游排出的雨水，作为日常杂用。

③效果：此类场地由于集雨面较大，能够高效收集场地内的绝大部分径流，对措施要素进行合理布设后雨洪管控效率极高，且能满足日常的杂用水需求。

布局要点：

共4点：①环沟和下沉式绿地的具体形式可以根据净化功能、成本控制以及景观效果等多种目标的要求进行选择；②实际项目中场地形式不一定是规则的，下沉式院落也可能不止一处，此时需要根据场地情况灵活布置环沟，可以每院一环，也可以一组院落布设一个环沟；如果场地坡度明显，也可以仅在场地地势较低的一边布设沟渠；③涝池大小根据集水面的大小采用容积法来计算和设计，可以一组团或者一个片区共用一个涝池，前提是沟渠系统需要联通并确保涝池位于沟渠系统的末端；④当一个组团共用一个涝池时，涝池前端必须增加下沉式绿地，每一院落外围沟渠的末端可以根据场地条件和景观要求考虑是否单独设置前置下沉式绿地。

6.4.4 生产型聚落场地的空间要素选择与布局要点

6.4.4.1 生产型聚落场地雨洪管控要素布局的核心矛盾

黄土高原沟壑型聚落中，生产型和生态型聚落场地占绝大部分的比例。在开发强度较高的小流域中，生产型场地甚至比生态型场地占比更大。小流域中的生产型聚落场地在功能上主要以农林业生产为主，极少有大规模的工业生产用地。针对农林业生产场地，雨洪管控目标主要受土壤类型和地形坡度的影响和限制。研究地域内，湿陷性黄土占主导地位，各场地差别不大，而地形坡度则变化较大，地形坡度和地貌的不同，雨洪管控目标和面临的核心矛盾会有所不同。

根据地形地貌的差别，生产型聚落场地可以区分为“塬、梁、峁”“荒山、坡地”以及“沟壑、谷地”三种不同的位置类型。根据表6–2的雨洪管控目标定位以及这3类位置的差异，可知“塬、梁、峁”上的生产场地基本以滞蓄利用目标为主，同时考虑水保目标；“荒山、坡地”类生产场地主要以“滞”为主要径流管控目标，同时重点突出水保和场地安全；“沟壑、谷地”则重点强调“滞”和“蓄用”目标，同时强调水保和场地安全。由于每一类场地的总规模都较大，因而三者都面临着大规模运用雨洪管控措施而必然出现的成本效益目标要求。场地地形特点和不同的雨洪目标控制要求导致的矛盾如表6–13所示。

生产型 / 生态型聚落场地雨洪管控要素布局的核心矛盾　　表 6-13

类型	地形特点	雨洪目标	布局的核心矛盾
塬、梁、峁	顶部平缓	渗滞、蓄用、水保、成本效益	场地面积大、管控能力提高与成本控制矛盾大
荒山、坡地	缓坡/陡坡	渗滞、水保、安全、成本效益	场地面积大、地形复杂、管控能力提高与成本控制矛盾大；雨洪滞留、渗透类径流措施与水保、场地安全目标相矛盾
沟壑、谷地	平坦/缓坡/陡坡	滞、蓄用、水保、安全、成本效益	场地安全受雨水影响巨大；成本控制要求高

6.4.4.2　生产型聚落场地的空间要素选择

针对雨洪管控要素布局面临的核心矛盾，根据要素布局需遵循的4原则，以不同生产型场地要素的地形特点为基础，结合其雨洪目标与面临的核心矛盾，可以遴选出若干场地措施要素用于雨洪管控规划（表6-14）。

生产型聚落场地雨洪管控要素选择　　表 6-14

类型	主要雨洪目标对应的场地要素						
	渗、滞	蓄、用	排	安全	水保	生境	成本
塬、梁、峁	塬边埂、梯田、渗坑、生物滞留设施	水窖、涝池、蓄水池	截水沟、植草沟	“排、阻”类措施，塬边埂，植物	所选“渗、滞、排”及“安全”类措施，植物	—	根据投资额度，可选择不同构造和材料
荒山、坡地	梯田、水平阶/水平沟、鱼鳞坑、植草沟	—	截水沟、明沟跌落、水平沟、植草沟、下凹式路面	“排”类措施、植物	所选“渗、滞、排”及“安全”类措施、植物	所选“渗滞”类措施、植物	根据投资额度，可选择不同构造和材料
沟壑、谷地	淤地坝、谷坊、生物滞留设施、植物固沟、植草沟	涝池、蓄水池、雨水湿地、湿塘	截水沟、明沟、导流槽、植草沟	“渗、滞”类措施，“排”类措施，植物	所选“渗、滞、排”及“安全”类措施	所选“渗滞”类措施、植物	根据投资额度，可选择不同构造和材料

注：塬边埂、植草沟、生物滞留设施等都是指根据表6-9、表6-10改造后的措施。

表6-14中所列的各类场地的雨洪管控目标为其常见的主要目标，规划实践中应根据项目实际情况进行微调。表中所列的措施要素属于最为可行的要素，但并未全部罗列，根据实际雨洪管控目标需要还可在前面章节所列的适宜措施中选择。

6.4.4.3 生产型聚落场地雨洪管控要素的基本空间布局形式

布局形式8：塬蓄坡滞沟淤式

生产型聚落场地在晋陕黄土高原沟壑型聚落小流域中面积占比很大，除了不适于生产的土地和生态用地，其余大部分都属于此类型。由于流域地形地貌破碎且变化剧烈，故生产型聚落场地随地形坡度的变化而呈斑块状分布，不宜生产的较为陡峭的坡地则多为林地、草地或荒地。在生产型聚落场地的雨洪管控目标中，核心目标应该是雨水的资源化利用、水土保持和场地安全控制，在实现此目标的过程中，措施要素的布局还需满足低成本、低维护以及兼顾生产的经济目标。传统的生产型场地由于投入较低，在雨洪管控措施上运用得比较单一，没有系统性。比如说，传统中大量使用的梯田措施，虽然有很好的径流滞留效果，但其主观意图中收集雨水促进生产的比重更多一些，雨洪防控的意识相对少一些，因此，除了梯田外，配套的截水沟、超标径流的排水沟等就很少同时布置。塬、梁、峁顶部坡度较缓场地产生的大量雨水，除了塬边埂滞留一部分外，面对暴雨时产生的超标径流，也很少见有相应的措施加以处理。总体而言，传统的生产型聚落场地因为生产的需要采用了梯田、鱼鳞坑、塬边埂等措施，但由于未成体系、没有形成完整的雨水管控链，还无法防御较大的暴雨，压力全靠下游沟谷承担，导致淤地坝溃坝时有发生。生产型聚落场地雨洪管控要素的布局需要解决的就是雨洪管控链路的系统性和有效性问题，使上下游场地的各类雨洪管控措施有机贯穿为一个整体系统，协同发挥作用，提高措施运行的安全性和雨洪综合管控能力。因此，根据生产型场地所处地形地貌的特点和上下游关系，提出了“塬蓄坡滞沟淤式”布局（图6-11）。

①目标：上游塬、梁峁类场地以蓄用为主，基本实现雨水就地收集利用；中游荒山、坡地采取各种措施增加坡地作物的土壤墒情并做到中小降雨原地滞留、超标雨水安全排放；下游沟谷则以淤地保土、生产防洪为主。通过上下游措施的整体规划布局，实现系统性的雨洪管控、水土保持和生产生态功能。

②措施：上游塬、梁、峁地势较高，且地形较为平缓，故在场地边缘布置塬边埂和埂边沟，重点场地可以采用植物护埂或者强化的塬边埂措施。在塬边埂内侧合适的位置布置集水坑、水窖、涝池或蓄水池等措施并与埂边沟连接，用以蓄集场地雨水，给生产提供灌溉水源。能用于农林业生产的坡地一般坡度相对较缓，故可以改坡地为梯田或者水平沟，并间隔设置水平条沟和纵向排水沟，用以超标雨水的截留和安全排放。下游沟谷根据沟底坡度和开阔程度可以选择谷坊和淤地坝两种措施来保土淤地，沟谷较长时采用连续布设形成坝系效果更好。坝地可以用来生产，具有良好的经济效益。在沟谷的下游或者低洼处，可以形成雨水湿地或

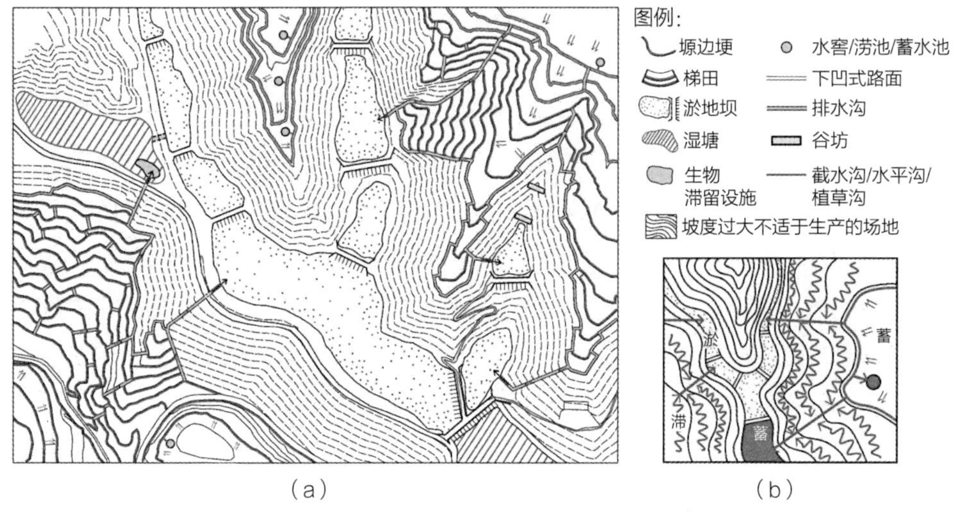

（a） （b）

图6-11　塬蓄坡滞沟淤式布局

（a）基本要素布局；（b）模式图

图片来源：作者，周天新 绘

者湿塘，也可布置生物滞留设施，发挥净化和储蓄雨水的作用，也有较好的生态功能。

③效果：生产型聚落场地集雨面较大、地形复杂，是黄土沟壑小流域雨洪管控的关键场地，按照系统性原则布设各类措施后，能够高效收集、滞留场地内的大部分径流，发挥很强的雨洪管控能力，并且能充分做到雨水的资源化利用，促进农林业生产。根据前面章节的方法对措施容量及规模进行计算后合理布局，可以量化其雨洪管控以及收集回用的能力。

布局要点：

共3点：①根据功能、成本控制以及景观效果等多种目标的要求，上游蓄水设施可以选择集水坑、水窖、涝池或者蓄水池，坡地较陡无法梯田化处理时可以采用水平阶/水平沟来代替，注意一定要平行等高线间隔布置截水沟或条形沟，保证暴雨时对梯田或水平阶中溢出径流的截留收集能力，条形沟之间用顺坡方向的排水沟连接到下游沟渠。根据场地尺度、成本控制及重要场地的景观要求，可以选择植草沟或旱溪作为条形沟使用；②沟谷中的淤地坝或坝系的布设需要经过计算，以确定容量和防洪能力；③所有上下游的措施必须相互连接成为一个系统，具备常态滞、蓄、排功能和超标径流快速排放功能。

6.4.5 生态型聚落场地的空间要素选择与布局要点

6.4.5.1 生态型聚落场地雨洪管控要素布局的核心矛盾

生态型聚落场地在小流域中往往发挥着生态防护、水土保持、水源涵养、生态恢复等重要生态功能，该类场地以生态林草种植为主。针对生态型场地，雨洪管控目标主要受土壤类型、地形坡度以及林草正常生长生态需水量的影响和限制。由于林草正常生长生态需水量是生产层面重点考虑的问题，在此不作为雨洪管控要素布局的主要依据。由于生态型聚落场地与生产型聚落场地可以分布的地貌类型基本类似，差别只是场地上所种植品种的差异，因此，分析后可知该类场地雨洪管控布局面临的核心矛盾基本与生产型场地相同（表6–13）。

6.4.5.2 生态型聚落场地的空间要素选择

针对雨洪管控要素布局面临的核心矛盾，根据要素布局需遵循的4原则，以不同生态型场地要素的地形特点为基础，结合其雨洪目标，可以遴选出若干场地措施要素用于雨洪管控规划（表6–15）。总体上，生态型聚落场地的雨洪管控措施要素与生产型场地的措施要素有较高的相似性，区别在于两类场地的“生境”和“生产”目标有所不同，从而在对应的措施选择上略有差异。

表6–15中所列的各类场地的雨洪管控目标为其常见的主要目标，规划实践中

生态型聚落场地雨洪管控要素选择　　表 6–15

类型	主要雨洪目标对应的场地要素						
	渗、滞	蓄、用	排	安全	水保	生境	成本
塬、梁、峁	塬边埂、梯田、渗坑、生物滞留设施	水窖、涝池、蓄水池	截水沟、植草沟	“排、阻”类措施，塬边埂，植物	所选“渗、滞、排”及“安全”类措施，植物	所选“渗滞”类措施、植物	根据投资额度，可选择不同构造和材料
荒山、坡地	梯田、水平阶/水平沟、鱼鳞坑、植草沟	—	截水沟、明沟跌落、水平沟、植草沟、下凹式路面	“排”类措施、植物	所选“渗、滞、排”及“安全”类措施、植物	所选“渗滞”类措施、植物	根据投资额度，可选择不同构造和材料
沟壑、谷地	淤地坝、谷坊、生物滞留设施、植物固沟、植草沟	涝池、蓄水池、雨水湿地、湿塘	截水沟、明沟、导流槽、植草沟	“渗、滞”类措施，“排”类措施，植物	所选“渗、滞、排”及“安全”类措施	所选“渗滞”类措施、植物	根据投资额度，可选择不同构造和材料

注：塬边埂、植草沟、生物滞留设施等都是指根据表6-9、表6-10改造后的措施。

应根据项目实际情况进行微调。表中所列的措施要素属于最为可行的要素，但并未全部罗列，根据实际雨洪管控目标需要还可在前面章节所列的适宜措施中选择。

6.4.5.3 生态型聚落场地雨洪管控要素的基本空间布局形式

布局形式9：塬蓄坡排沟固式

生态型聚落场地与生产型聚落场地占据了黄土高原沟壑型聚落小流域的绝大部分面积。生态型聚落场地根据生态防护和生态修复的需要，在上游塬、梁、峁的顶部，在坡地上，甚至是下游沟谷里都有分布。塬、梁、峁的顶部当作为生态用地来规划时，其场地特征与生产型场地并无区别。荒山、坡地作为生态用地来规划建设时，往往选择坡度较陡、不适宜从事生产的场地，这一点与生产型聚落场地区别较大，生产型场地优先选择坡度较缓的土地。当然，根据流域生态建设的需要，较缓的坡地也时常用作生态建设用地。下游沟壑谷地的生态建设一般选择沟壑的上游坡度较陡的区段，或者是常年有径流存在的沟谷，强化防护和生态维持的功能；较开阔平坦的沟壑一般作为坝地来淤地生产。根据此特点，生态型聚落场地雨洪管控要素的总体布局可以用“塬蓄坡排沟固式”加以概括（图6–12）。与生产型聚落场地相比，坡地部分因坡度较陡而更强调安全排放，而沟底部分则强化生态固沟目标。传统的生态建设场地，其雨洪管控要素的布局情况基本和生产型场地类似，不再赘述。

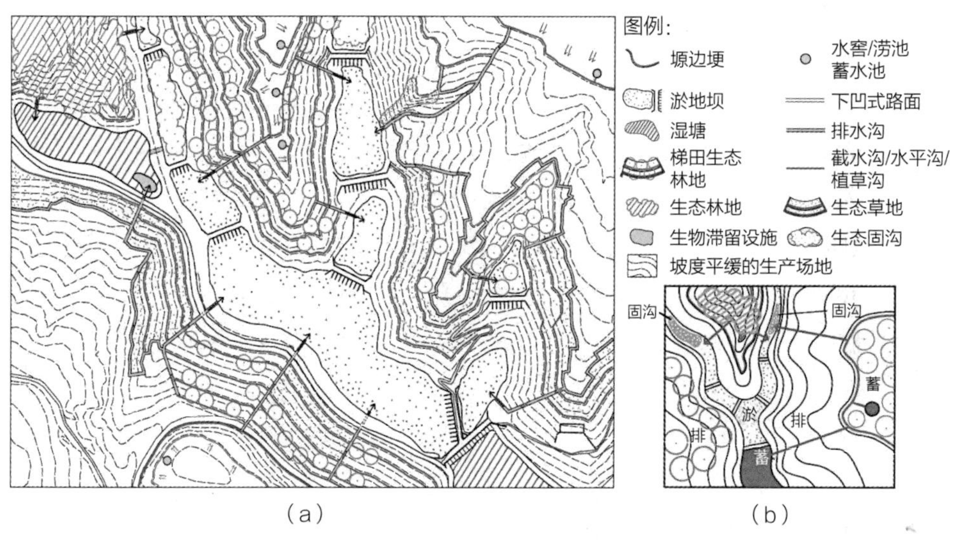

图6–12 塬蓄坡排沟固式布局
(a)基本要素布局；(b)模式图
图片来源：作者，周天新 绘

①目标：上游塬、梁峁类场地以蓄用为主，基本实现雨水就地收集利用；中游用于生态建设的荒山、坡地由于坡度较陡，故采取各类坡地措施实现雨水安全排放，适当地加以渗透利用；下游沟谷则以生态固沟、湿地保护、水土保持及防洪为主。通过上下游措施的整体规划布局，实现系统性的雨洪管控、水土保持和生产生态功能。

②措施：上游塬、梁、峁措施布局同生产型聚落场地。坡地上的生态型场地，当坡度较缓时，措施同生产型场地；大多数情况下，生态建设场地坡度都较陡，此时不宜采用梯田，但可以根据坡度情况采用水平阶、水平沟以及鱼鳞坑等措施，同时用顺坡向的排水沟连接到下游沟渠上，使上下游措施贯穿成为体系。水平沟和条形沟、鱼鳞坑等有一定的滞蓄能力，但整个坡地的措施系统主要以安全排放为主，减少坡地的泻溜风险。下游沟谷除了同生产型场地一样可以采用谷坊和淤地坝来实现水土保持功能外，主要可以通过植物固沟的方式来加强沟壑上游较陡区段的沟底防护；在沟谷下游，则可以根据场地条件和沟谷常年径流的情况布设湿塘和生物滞留设施，同时辅以植物固沟措施，实现沟谷湿地的生态保护目的。

③效果：在雨洪管控效果上，同生产性聚落场地，可以实现量化管理；对于生态建设与恢复而言，雨洪管控措施的系统化运用可以极大地改善坡地、塬面以及沟谷中的林草生境，提高其成活率。

布局要点：

共3点：①上游塬、梁、峁同生产类聚落场地；坡地则需充分考虑坡度因素对场地安全和水土保持的影响，坡度较缓时可以参照生产型聚落场地的坡地措施布局，坡地较陡时应避免采用梯田措施，代以水平沟渠沿等高线间隔布置，实现坡面径流的安全收集和快速排放。②沟谷中的淤地坝或坝系的布设需要经过计算，以确定容量和防洪能力；③所有上下游的措施必须相互连接成为一个系统，具备常态滞、蓄、排功能和超标径流快速排放功能。

6.4.6 空间要素选择与布局的核心思路

雨洪管控目标导向下的场地空间要素布局方法是雨洪管控适地性规划方法的核心内容，该布局方法包括划分场地类型、制定要素布局原则、基于雨洪管控目标和类型化场地布置措施要素3方面内容。考虑到土地利用功能确定是城乡规划实践的核心工作之一，故对应于土地功能将聚落场地划分为生活型、生产型以及生态型3种聚落场地类型，便于实际操作中与相关规划衔接与协调。3种类型的聚落场地由于功能特征和地形地貌的差异，导致其需要考虑的雨洪管控目标也具有较大区别。

在目标导向下，措施的合理选择和布局成为目标能否实现的关键环节，只有严格遵循“高适配”“低成本”“少维护”“系统性”4原则才能在不同类型场地的雨洪管控要素布置过程中有效解决面临的核心矛盾。遵循上述4原则，针对生活型、生产型以及生态型3类聚落场地提出了9种最基本的雨洪管控要素布局形式，涵盖了场地空间和功能的最基本类型，成为雨洪管控适地性规划的基础。鉴于现实中场地功能的复杂性、场地组合的多样性以及同类型场地其雨洪管控目标选择的不确定性，单纯依靠9种基本要素布局形式显然无法轻松应对；以9种基本要素布局形式为基础，深化形成更具体、更细化、更多样的雨洪管控适宜场地模式则更具现实意义。

概括而言，雨洪管控目标导向下的类型化场地空间要素布局要点所遵循的核心思路是：依据目标需求和场地特征，选择和整合传统与低影响开发（LID）两类措施要素，在“高适配”“低成本”“少维护”“系统性”原则下，以形成系统性的径流管控链路、实现上下游场地地表水文过程的全程有效管控，使场地形成标准内降雨充分资源化利用、超标降雨安全快速排放的功能为要素布局的根本目标。

6.5 雨洪管控的适宜场地模式

上一节中根据生活型、生产型以及生态型聚落场地的功能和地形特征，总结形成了9种雨洪管控要素空间布局形式，在原理上揭示了研究区域内几种典型聚落场地的完整水文过程和上下游措施协同作用的工作机制，解决了场地要素如何空间布局以及上下游措施如何协同作用的问题；但面对某一具体雨洪目标，多种可行的措施如何高效组合搭配的问题并未解决。在实际中，场地的构成和形式会更复杂和多样化，因此，可以根据项目的尺度和具体建设目标总结构建不同的场地建设模式作为上述9种典型场地雨洪管控要素布局形式的细化和发展，丰富规划实践的工具选项。

根据场地雨水利用目标的不同，采用针对性的技术措施，可以组合出针对性和适地性都很强的场地建设模式。表6-16构建了8类具体的场地建设模式，列出了每类模式适宜采用的场地技术措施和应用范围。

6.5.1 场地尺度的适宜建设模式

场地尺度包括两种情况：一种是城乡范围内的各种单一项目建设场地，其特点是规模尺度较小，场地功能、下垫面条件、场地边界等都清晰明了；另一种是以城镇或城镇片区为主体的复合场地，其特点是规划范围内包含众多不同归属的单一场

晋陕黄土高原沟壑型聚落场地雨洪管控的适宜建设模式 表6-16

建设模式		建设目标	适宜的场地类型及措施	应用范围	技术特点
单一项目场地	水土并重模式	防止土壤侵蚀、雨水就地利用	(1)(2)(3)(4)(5)(6)(7)(8)(9)(10)	F/U/L	需系统组织和组合才能发挥总体目标
	集水回用模式	雨水收集回用；减少雨水外排量	(11)(12)(13)	F/U	雨水目标明确单一、技术成熟
	窑院综合利用模式	收集、滞蓄、渗透、蓄存、回用的综合利用目标	(14)(15)(16)(17)	C/U	充分利用场地特点和窑居建筑形式
	低影响开发场地综合利用模式	实现场地雨水有组织地“渗、滞、蓄、净、用、排”，场地视效目标良好	(21)(22)(23)(24)(25)(26)	F/U/L	目标综合、措施多样且易于组合
城镇复合场地	城镇分布式场地模式	实现城镇整体雨水系统构建，径流雨水源头减排、径流污染控制和雨水资源化利用	(1)(2)(3)(5)(11)(12)(13)(21)(22)(23)(24)(25)(26)	U/ C	在较大尺度雨水目标下统一规划LID技术措施，易于分散实施
	基于雨洪管理模型的城镇场地建设模式	借助模型（SWMM）评估城市化对流域水文过程的影响，藉此最终确定城镇/片区的雨洪管控技术措施及方案，实现高效的城市低影响开发	(21)(22)(23)(24)(25)(26)	U/ C	需借助暴雨雨水管理模型（SWMM），模拟水文过程；以此为基础选择不同措施确定其合理分布
小流域尺度场地	小流域坝系生态工程模式	实现流域内稳定沟（岸）坡、改善流域生态环境的目标	(18)(19)(20)	LB/B	需进行坝系组合才能发挥最大功效
	基于水文模型的小流域径流调控模式	借助水文模型，模拟多种相关过程及各种人工影响，选择和布置合理的场地措施实现流域径流调控、消除水土流失动力和雨水资源化利用的目标	(1)(2)(3)(4)(5)(6)(7)(8)(9)(10)(18)(19)(20)	LB/B	难度较高，需建立水文动力模型或雨洪管理模型，选择的措施多样、能实现大尺度的综合水土保持目标

注：场地类型及措施——（1）塬边埂；（2）梯田；（3）鱼鳞坑；（4）淤地坝；（5）谷坊；（6）水平阶；（7）菱形微集水系统；（8）“V”字形微集水系统；（9）等高埂；（10）半圆形土堤等；（11）涝池；（12）水窖；（13）渗坑/渗井；（14）下沉式窑居场地；（15）独立式窑居场地；（16）沿沟式窑居场地；（17）靠山式窑居场地；（18）工程型坝系；（19）生物型坝系；（20）混合型坝系；（21）渗；（22）滞；（23）蓄；（24）净；（25）用；（26）排。

应用范围——F农业生产；U城镇建设；L景观生态；C乡村人居；LB小流域；B流域。

地，场地的功能特征差异巨大，下垫面复杂多样，场地边界与汇水范围较为复杂。与流域或小流域尺度来比较，以城镇或城镇片区为主体的复合场地虽然面积规模上不一定比小流域小，但其水文分区和汇水范围很少能有流域那么完整和独立，各单个组成场地在水文过程上并非都有联系，更没有流域或者小流域那样明确的“产流–汇流”功能分区，其各单一场地之间的水文特性都是相似而独立的，内部不同场地之间主要靠管渠系统联系。鉴于此，将城镇或城镇片区尺度的适宜建设模式纳入场地尺度的建设模式中统一论述更为合适。

6.5.1.1 单一项目场地的适宜建设模式

本尺度雨洪管控的总体目标主要体现在场地安全、雨水资源利用以及提高景观视效和改善场地生境等方面。据此目标及项目需要，可以归纳为4种场地建设模式，每一种模式又可根据具体的技术措施针对场地特点形成若干种不同组合。

（1）水土并重模式

通过不同场地措施的组合，发挥场地对雨水的动力拦截、强化入渗、径流汇集、径流储存以及径流利用等多重功能，实现防止土壤侵蚀和就地利用雨水的双重目标。可以组合形成动力拦截、强化入渗等5种具体组合形式。这5种组合形式及其技术要点分别是：①动力拦截模式：工程截流增渗降蚀、农艺截流增渗减蚀、生物截雨降蚀；②强化入渗模式：工程增渗、林草减流增渗、农艺增渗；③径流汇集模式：强化入渗、强化增流；④径流蓄存模式：微型蓄水、旱地蓄水、微型水库、水库；⑤径流利用模式：水质净化、生活用水、集流节灌、集流生态农业。[230]此类模式的特点是需要充分利用传统场地的特点，结合地形地貌进行合理组合和设计，多场地措施综合发挥作用。

（2）集水回用模式

通过集水面，有组织地收集场地内的雨水，供生产和生活使用；减少雨水外排量。根据集水措施和使用方式的不同可以进一步细分。此类模式使用的场地措施较单一，技术成熟。大致可以有如下组合（图6-13）：①涝池→农业生产＋生活模式；②涝池→农业生产模式；③涝池→生活模式；④水窖→农业生产＋生活模式；

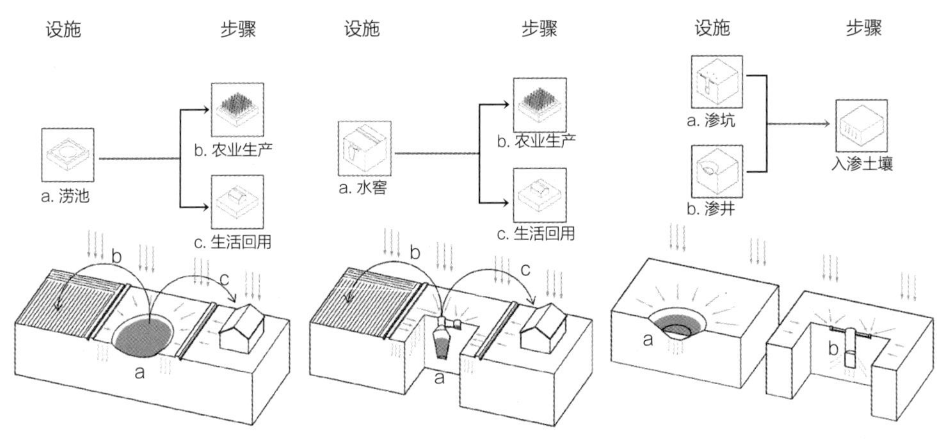

图6-13 集水回用模式
图片来源：作者，孙浩鑫 绘

⑤水窖→农业生产模式；⑥水窖→生活模式；⑦渗坑/渗井→入渗土壤模式。

（3）窑院综合利用模式

通过窑洞屋面、庭院、门前场地等收集和滞蓄雨水，通过庭院内/外的水窖、渗坑或渗井将雨水蓄存回用，通过管沟系统排出超量雨水，达到综合利用的目的。根据窑洞院落的不同形式以及利用措施不同，可以形成约8种不同模式组合，分别如下（图6-14）：①窑洞屋面＋院落及场地收集→水窖→生活/生产回用模式；②下沉式窑洞屋面（塬面）集雨→场地排放＋院落及场地收集→水窖→生活/生产回用模式；③下沉式窑洞屋面（塬面）集雨→塬面种植滞蓄/场地排放＋院落及场地收集→渗坑/渗井→入渗土壤模式；④独立式窑洞绿化屋面/菜地集雨滞蓄→院落及场地收集→水窖→生活/生产回用模式；⑤独立式窑洞绿化屋面/菜地集雨滞蓄→院落及场地收集→渗坑/渗井→入渗土壤模式；⑥独立式窑洞绿化屋面/菜地集雨滞蓄→院落及场地收集→有组织排放模式；⑦独立式窑洞绿化屋面/菜地集雨滞蓄→院落及场地收集→场地绿地滞蓄下渗→有组织排放模式；⑧窑洞屋面＋院落及场地收集→场地绿地滞蓄下渗→排放模式等。这些模式都充分利用了场地的特点和窑居建筑形式，若运用现代工程技术进行场地选址、设计以及构造改良则能够很好应对极端降雨情况。

（4）低影响开发（LID）场地综合利用模式

以LID理念为指导，运用现代构造材料和技术措施，实现场地雨水有组织地“渗、滞、蓄、净、用、排”的过程，并且满足场地良好的视效目标。此类模式主要应用于城镇建设场地，其雨水目标综合、措施多样且易于组合，可分为生态住区、公园绿地广场、生态校园、机关及企事业单位等模式。具体如下（图6-15～图6-19）：①生态型居住区模式：屋顶雨水→收集回用/绿地或地面渗透＋庭院/路面→蓄集回用/透水铺装＋绿地→下凹式入渗；屋顶雨水→绿地或植被浅沟/收集处理后回灌地下或景观补水＋庭院/路面→引入绿地或植被浅沟/透水铺装＋绿地→下凹式入渗/增渗设施＋人工湖→入渗回补地下/景观生态用水＋景观渠道→植被浅沟；②公园绿地及广场模式：绿地→下凹式入渗＋停车场→透水铺装＋道路、广场→绿地/收集回用＋湖边坡地/岸边雨水口收集→景观湖→雨水中水联合回用＋林地→生态树坑/增渗设施；③生态校园模式：屋顶雨水→单独收集回用/绿地或地面渗透/统一（蓄水池）收集回用/屋顶绿化贮蓄＋路面→透水铺装＋绿地→下凹式入渗＋运动场→操场草坪入渗/跑道环沟收集回用；④机关及企事业单位模式：屋顶雨水→单独收集回用/绿地或地面渗透/统一（蓄水池）收集回用/屋顶绿化贮蓄＋路面→非机动车道透水铺装/蓄集回用–机动车道管网排除＋绿地→下凹式入渗[15，32，199]。

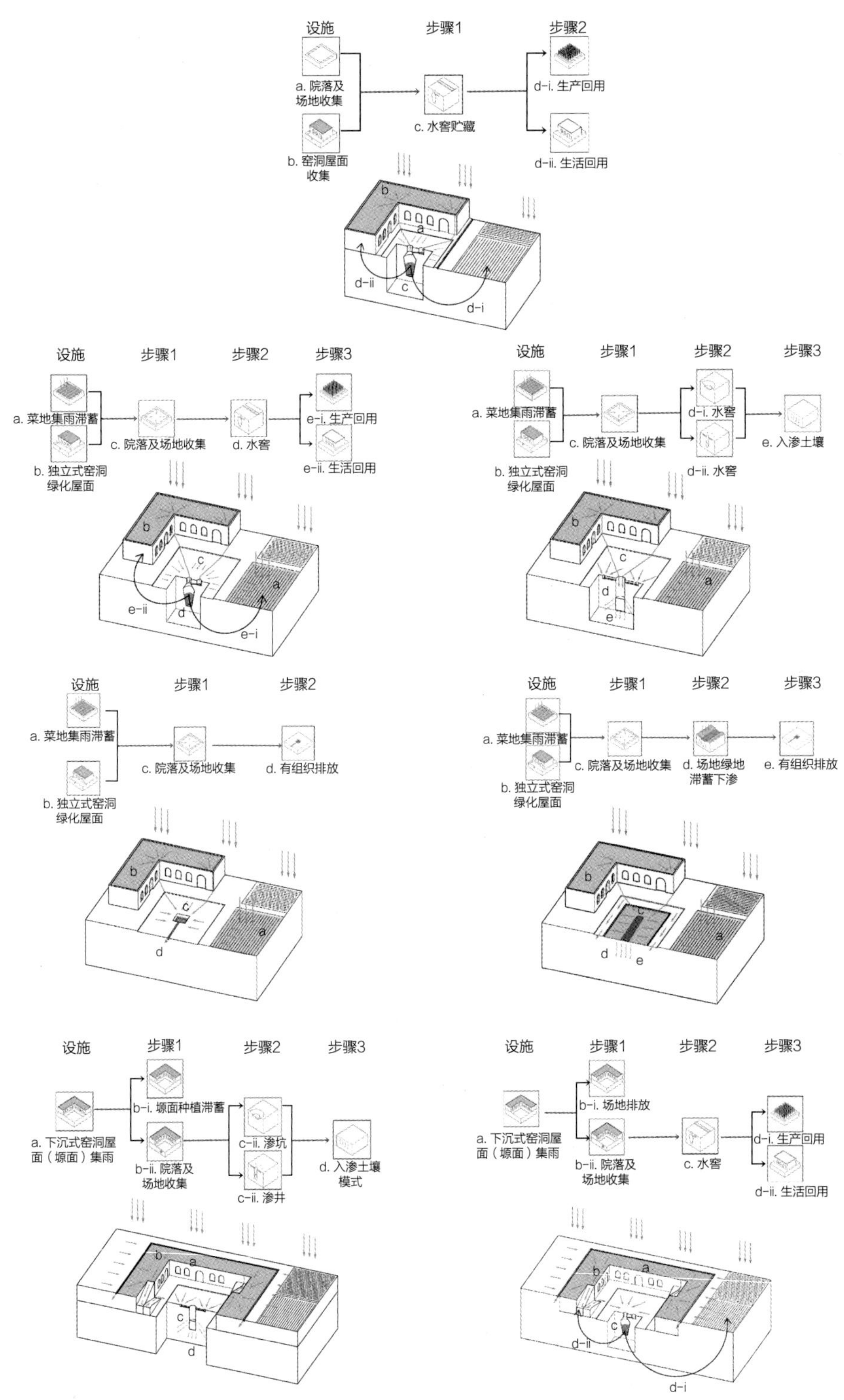

图6-14　窑院综合利用模式

图片来源：作者，孙浩鑫 绘

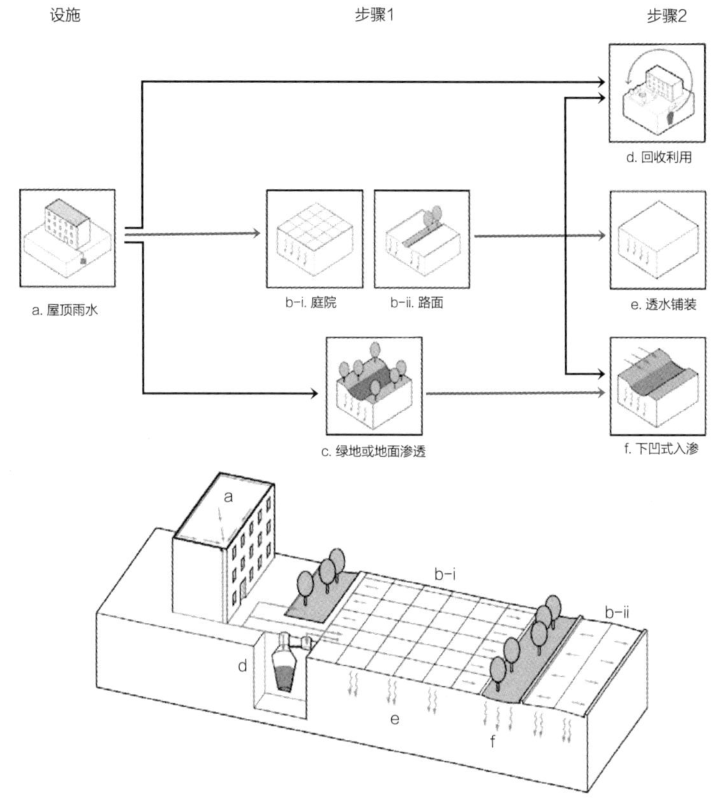

图6-15　生态型居住区模式Ⅰ

图片来源：作者，孙浩鑫 绘

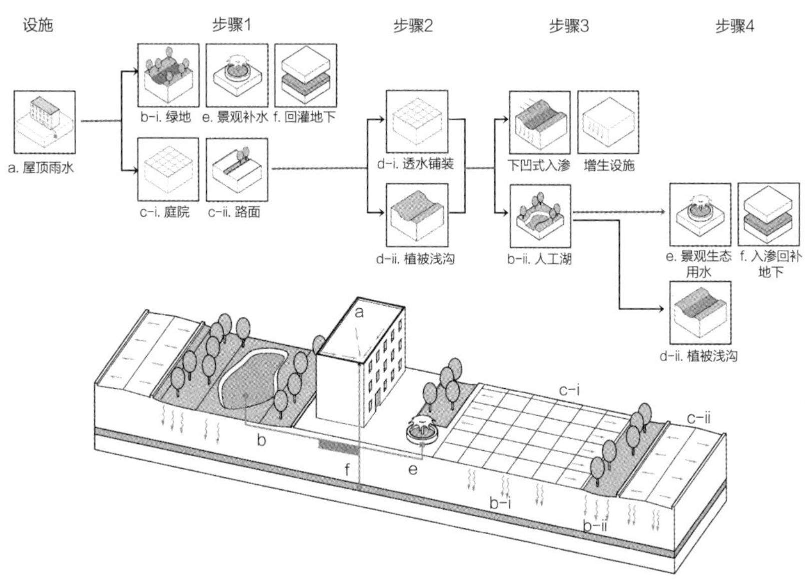

图6-16　生态型居住区模式Ⅱ

图片来源：作者，孙浩鑫 绘

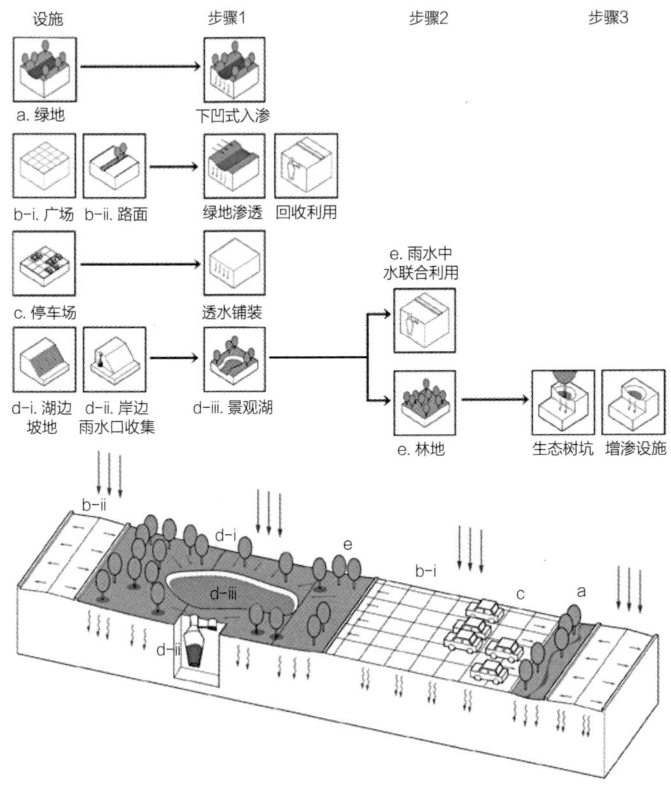

图6-17　公园绿地及广场模式
图片来源：作者，孙浩鑫 绘

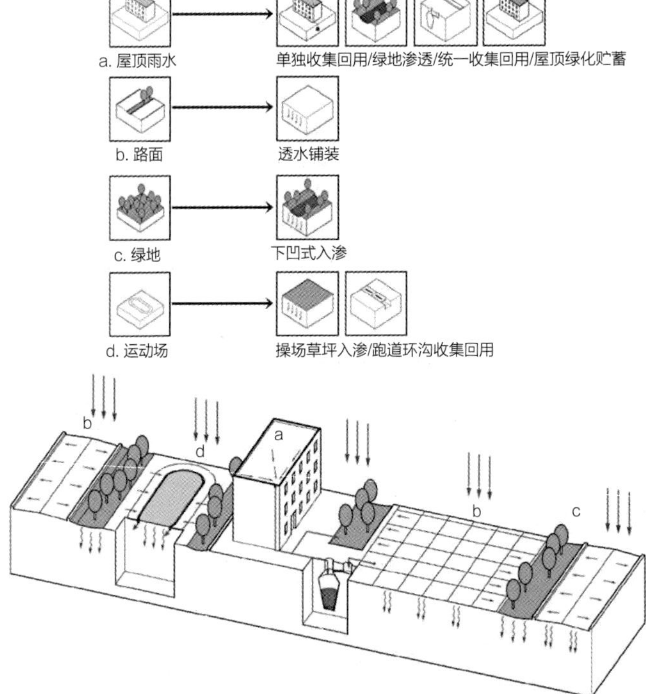

图6-18　生态校园模式
图片来源：作者，孙浩鑫 绘

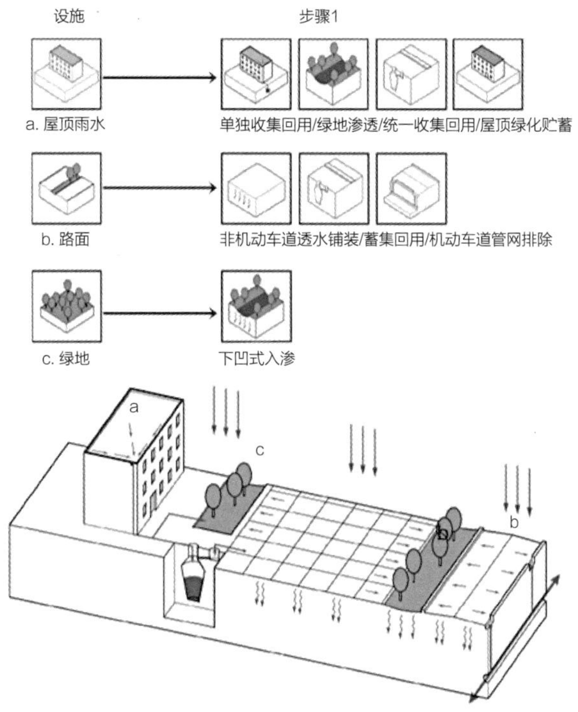

图6-19 机关及企事业单位模式
图片来源：作者，孙浩鑫 绘

6.5.1.2 城镇复合场地的适宜建设模式

城镇或城镇片区规模的雨水场地建设主要着眼于暴雨管理、源头减排、污染控制以及雨水资源化利用等方面，重点在于总体目标、水文过程以及系统的效率上，根据需要各种具体场地措施皆可使用。具体可分为两类建设模式。

（1）城镇分布式场地模式

以LID理念为指导，运用现代构造技术/工程材料和技术措施，对城市片区或整体分布式地实施雨水系统构建，以实现城市径流雨水源头减排、径流污染控制和雨水资源化利用等目标。根据项目场地特点可以有如下6种组合模式。①生态型居住区模式：（同上）；②公园绿地及广场模式：（同上）；③生态校园模式：（同上）；④机关及企事业单位模式：（同上）；⑤周边场地/城市道路雨水→城市道路LID设施→渗透/滞蓄/净化→城市雨水管；⑥城市水系调节模式：城市上游雨水灌渠系统/（周边场地雨水→植被缓冲带）→城市水系→渗透/滞蓄/净化→回用/向下游排放模式等[199]。城镇分布式场地模式是上述多种模式的综合利用（图6-20）。

（2）基于雨洪管理模型的城镇场地建设模式

以建立城市暴雨雨水管理模型（SWMM）为手段，模拟城市化开发前后或应

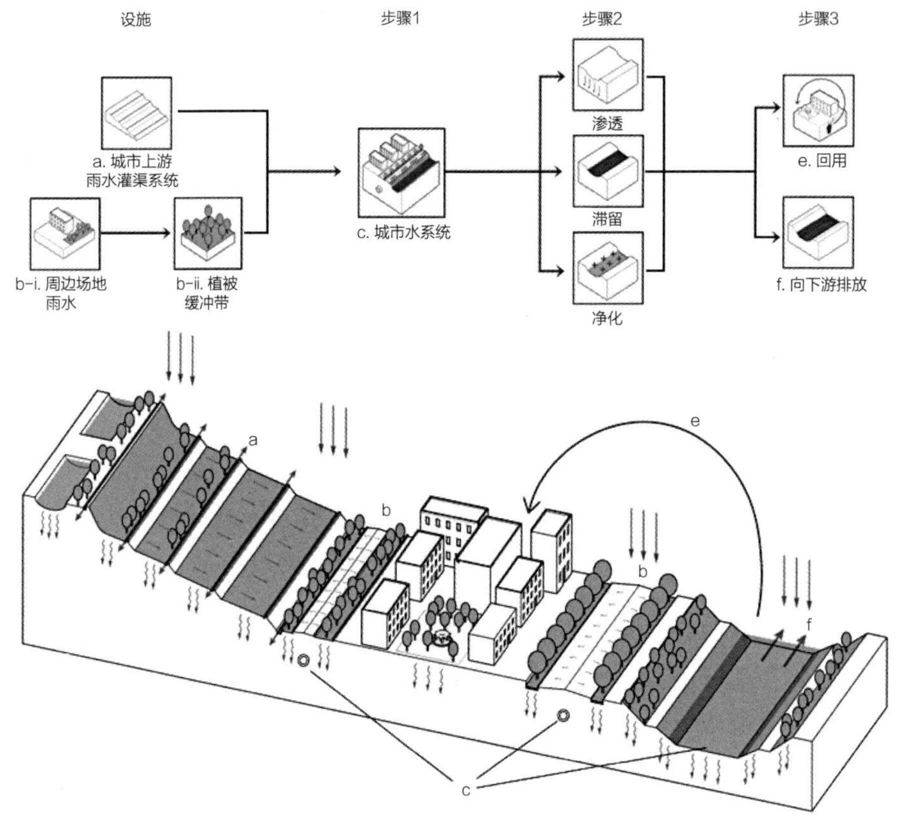

图6-20 城镇分布式场地模式

图片来源：作者，孙浩鑫 绘

用LID设施前后等不同情境的水文过程，评估城市化对流域水文过程的影响、不同LID措施对雨洪控制的作用及与传统排水管网截流规模的差别，藉此最终确定城市/片区的雨洪管控技术措施及方案，实现高效的城市低影响开发[299]。其具体的场地措施组合模式同城镇分布式场地模式，但技术措施和模式的选择与组合需要以SWMM模型模拟的结果为指导（图6-21）。

6.5.2 小流域尺度场地的适宜建设模式

在多维雨洪目标指引下，以综合工程技术措施和合理理论模型为指导，综合运用各种场地模式，在小流域尺度形成雨洪管控、场地安全及生态维护的统一系统。该模式强调目标的科学性、技术措施的系统性、社会经济及生态效益的统一性。

（1）流域坝系生态工程模式[206]

在流域内，沿沟道、河滩设置一系列工程型、生物型以及混合型坝系，实现

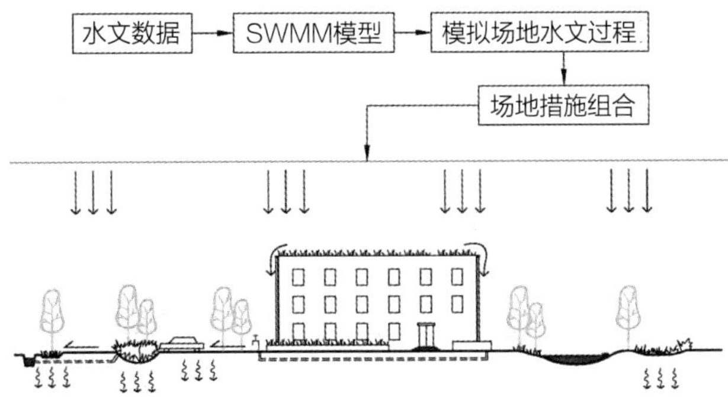

图6-21　基于雨洪管理模型的城镇场地建设模式
图片来源：作者 绘

垦殖、拦沙、防洪、蓄水、灌溉等功能，并且实现稳定沟（岸）坡、改善流域生态环境的目标。具体包括：①沟滩坝系种植带模式：沟川上下游沟沟打坝、沟滩坝系集中连片、节节拦沙＋排洪渠配套＋坝地植被建设；荒滩格子坝＋河道护岸坝＋引洪落淤＋渠系配套＋植被建设；②沟川、河道拦蓄带模式：沟道上游建库蓄水＋中下游生产种植模式；中小河道打坝拦蓄＋发展灌溉、养殖业模式；③沟坡周边生物带模式：沟缘带乔灌/经济林种植＋草灌结合固定边坡沟缘模式；④缓坡林网开发带模式：15°以下坡耕地坡改梯＋经济林网＋旱井/水窖模式；⑤陡坡退耕还林还草保护带模式：鱼鳞坑/水平阶/微集水系统/等高埂/半圆形土堤＋林草种植等。实践中需根据流域地貌及用地属性对上述模式进行合理组合。（参见图6-22～图6-27）。

（2）基于数学模型的小流域径流调控模式

以建立水文动力模型或水文管理模型（含SWMM模型）为手段，模拟小流域

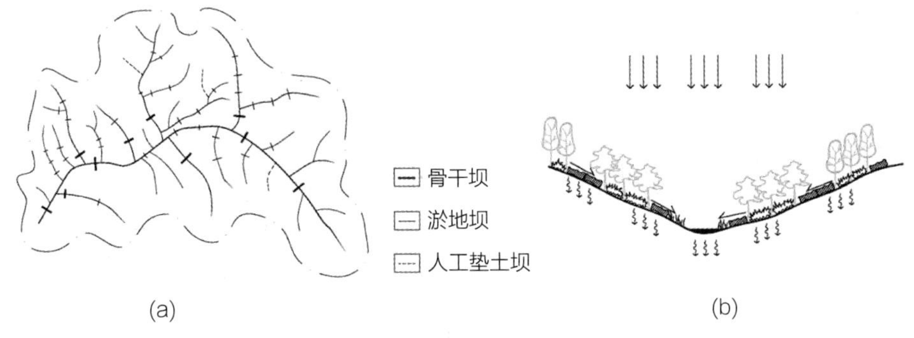

图6-22　流域坝系工程布局示意图
（a）工程型坝系平面布局示意图；（b）生物型坝系场地剖面示意图
图片来源：作者 绘

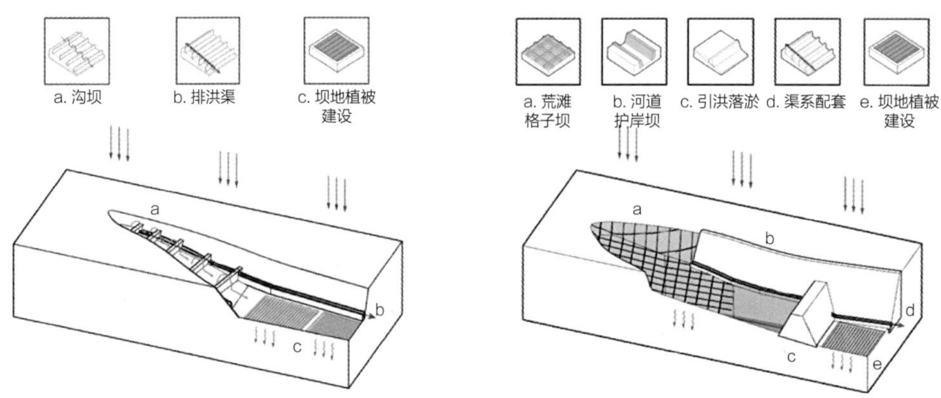

图6-23　沟滩坝系种植带模式
图片来源：作者，孙浩鑫 绘

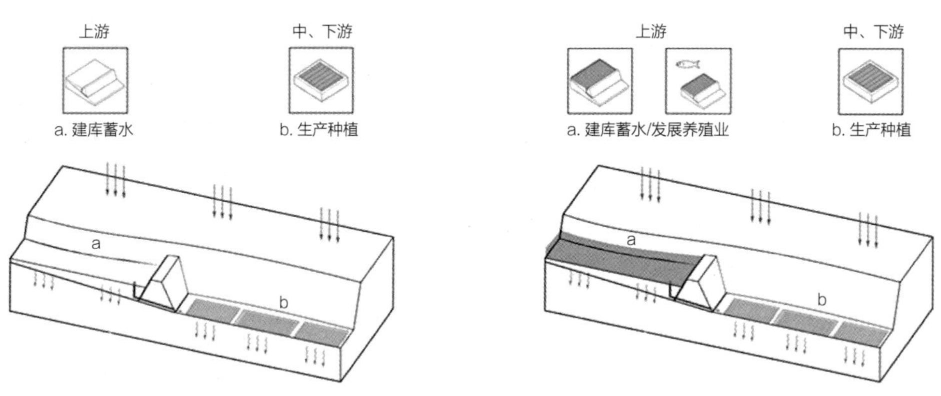

图6-24　沟川、河道拦蓄带模式
图片来源：作者，孙浩鑫 绘

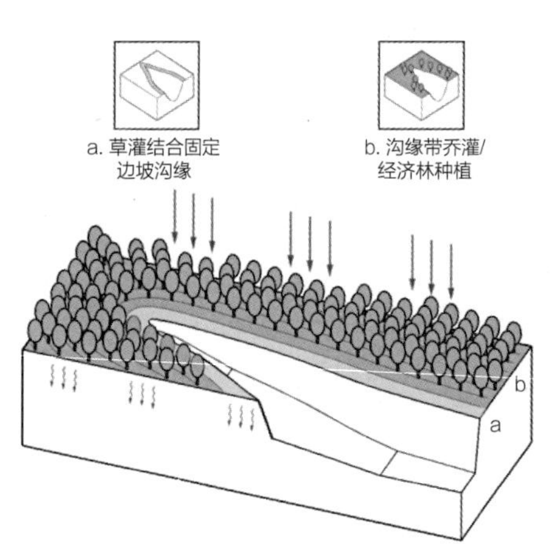

图6-25　沟坡周边生物带模式
图片来源：作者，孙浩鑫 绘

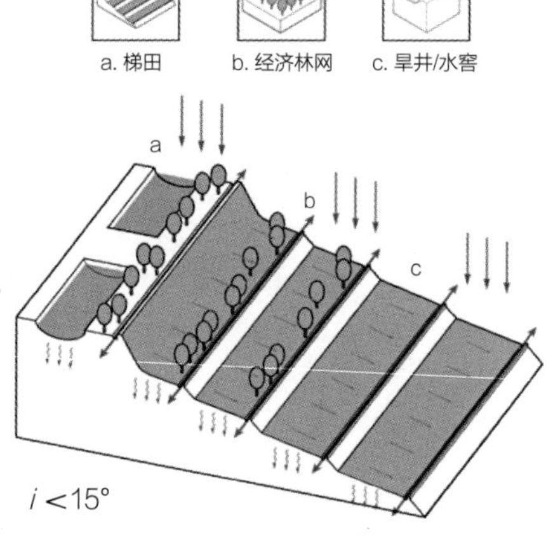

图6-26　缓坡林网开发带模式
图片来源：作者，孙浩鑫 绘

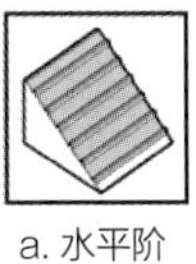
a. 水平阶

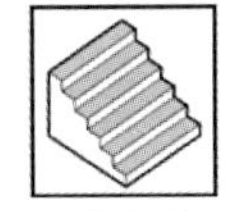
b. 等高埂

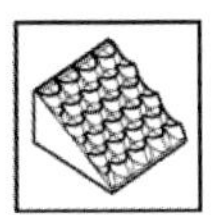
c. 鱼鳞坑

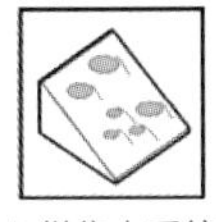
d. 微集水系统

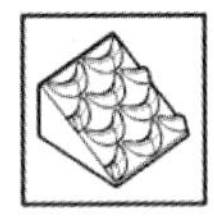
e. 半圆形土堤

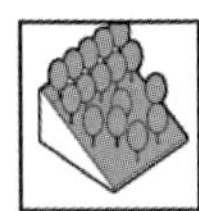
f. 林草种植

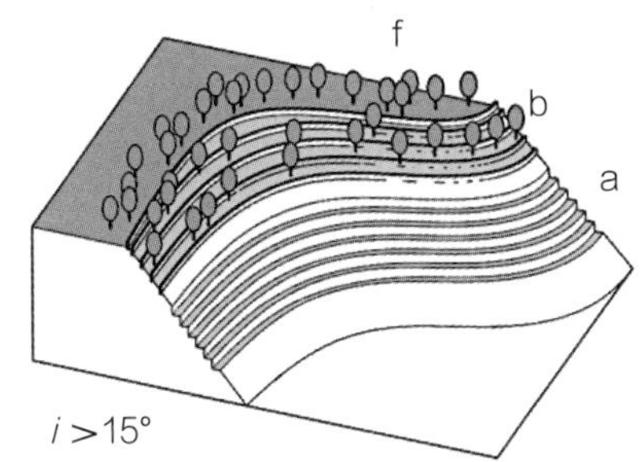

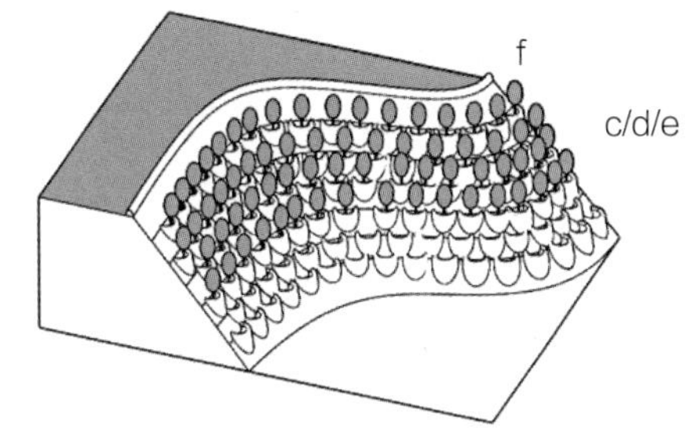

图6-27　陡坡退耕还林还草保护带模式

图片来源：作者，孙浩鑫 绘

地表径流、输沙、土壤水分、蒸散发、水质、非点源污染等多种过程以及各种农业管理措施对这些过程的影响，进而选择和布置合理的场地措施实现流域径流调控、消除水土流失动力和雨水资源化利用的目的。[230，235，259-261]“水土并重模式”及“小流域坝系生态工程模式”的各种具体措施在此皆可使用。

6.5.3　分析总结

不论是小流域尺度、城镇尺度还是项目场地尺度，最终的雨洪管控思路和方法都要落实到具体的场地措施上，因此场地措施及场地要素的合理组合才是黄土高原沟壑型聚落场地及其小流域雨洪管控适宜场地建设模式的核心和关键。虽然都是围绕场地要素来合理组织和安排技术措施，但不同尺度层面的适宜场地模式在雨洪管控的思路和策略上还存在着较大的区别。

小尺度（即在通常进入市政管线前的独立用地单元内）分散式调蓄，以控制径流排放总量和污染雨水利用等功能为主，常用雨水池/桶、生物滞留设施等灰色及绿色源头调蓄设施，针对中小降雨事件来设计设施规模；中尺度（如进入市政的一个排水区域）往往更侧重于控制径流污染、防控内涝，常用调节池、储蓄池、雨水湿地和景观水体等设施；大尺度（例如城市、流域范围）除了要涵盖前两个尺度的调蓄和控制目标外，还需要考虑从更大范围和利用终端设施来控制超常规暴雨，往往还需要考虑采用大型调节池、调蓄隧道、多功能调蓄公园或开放空间、泛洪调蓄区等大型设施才能实现其控制效果，而且，在这三个尺度之间，也具有十分复杂的耦合和交叉关系，并不是截然分开。[24]

具体到研究区域内，集水回用模式和窑院综合利用模式是地域性的建设模式，符合地域干旱缺水的雨水利用需求，还能充分适应地域建设场地的特征以及地域建筑风貌控制的要求。其他城镇型的场地建设模式，则综合了低影响开发（LID）的技术思路和传统措施的地域性特点。在黄土高原小流域中，除了可以利用水文模型进行模拟，模式中的雨洪管控措施则以黄土高原传统的雨水场地措施为主。

概括而言，本小节根据项目尺度和具体建设目标，以类型化场地雨洪管控空间要素的布局原理和方法为依据，基于径流产生、迁移、传输三阶段的适地性规划策略，将适宜的雨洪管控措施合理组合，形成了两种尺度8大类约40种措施组合模式，深化和发展了场地雨洪管控要素的布局形式，给场地雨洪管控规划设计提供了更多针对性选项。由于措施的组合遵循了水文过程管控的地域化策略，因而相较于传统的经验方法和纯粹的低影响开发模式具有地域特征明显、安全高效的特点。

6.6 本章小结

本章根据土地利用功能划分了黄土高原沟壑型聚落场地的具体类型。分析比较了BMPs策略和地域传统策略在水文过程3个不同阶段的可行性与差异，并对两种策略进行了地域化的融合。在进一步分析比较两种策略分别对应的LID措施和传统措施各自技术特点的基础上，甄选并融合形成了不同地貌条件下适宜选用的雨洪管控技术措施一览表。该表是针对5.4节“雨洪管控的综合措施体系”基于适地性规划策略的进一步发展和深化，也可认为是经适地性评估后的综合措施选择，可以直接在规划实践中参考选用。继而针对雨洪管控要素布局这一场地层面雨洪管控规划设计的核心问题，提出了“高适配、低成本、少维护、系统性”4条布局原则，以形成系统性的径流管控链路、实现上下游场地地表水文过程的全程有效管控，使场地形成标准内降雨充分资源化利用、超标降雨安全快速排放功能为根本目标的场地要素布局方法。最后，对9种典型场地布局形式进一步细化发展，归纳总结了小流域和场地尺度适宜的场地建设模式及其对应的建设目标、适宜的措施类型、模式的应用范围和技术特点，完善和丰富了场地雨洪管控规划设计的工具选项。

具有如下理论和实践意义：①理论上，以适地性为出发点融合与改造了传统雨水利用和低影响开发（LID）技术措施和策略；形成了适应晋陕黄土高原沟壑型聚落场地特点的地域化场地雨洪管控要素布局方法和多尺度场地建设模式；实现了传统雨水利用方法的科学化提升和低影响开发技术的地域化落地以及两者的有机融合；为我国海绵城市规划设计方法提供了地域性的补充和完善。②实践上，针对地域内各类沟壑型聚落场地基于经验布局雨洪管控措施，且措施布局零星单一、系统性差，超标降雨防控能力弱的现状，提供了包含适地性措施、地域化策略以及基于雨洪管控目标的类型化场地要素布局方法和多尺度场地建设模式等内容的场地雨洪管控规划设计方法；对地域内的雨洪管控和城乡海绵化实践以及生态建设具有现实的指导意义。

第7章 晋陕黄土高原沟壑型聚落场地雨洪管控适地性规划实践

7.1 陕北杨家沟红色旅游景区小流域海绵建设专项规划研究[1]

杨家沟位于陕西省米脂县城东南25km处，属杨家沟镇管辖，距镇政府所在地何家岔5km，距米脂城区约40min车程（图7-1）。1978年成立杨家沟革命纪念馆。2012年，杨家沟村入选首批国家传统村落名单，目前已成为陕北重要的爱国主义教育基地和红色旅游目的地。

杨家沟全村现有人口462户1404人，全村总土地面积为10km^2，耕地面积为4770亩，其中退耕地为2273亩。村特色产业为红色旅游业产业，2015年全年游客为12万人。2015年农民人均可支配收入为17315.1元。目前杨家沟村在发展上存在四个方面的主要问题：①红色主题与历史地位的揭示不足；②未与区域旅游格局形成联动发展；③未产生脱贫致富、带动民生的社会效益；④地域生态建筑特色不

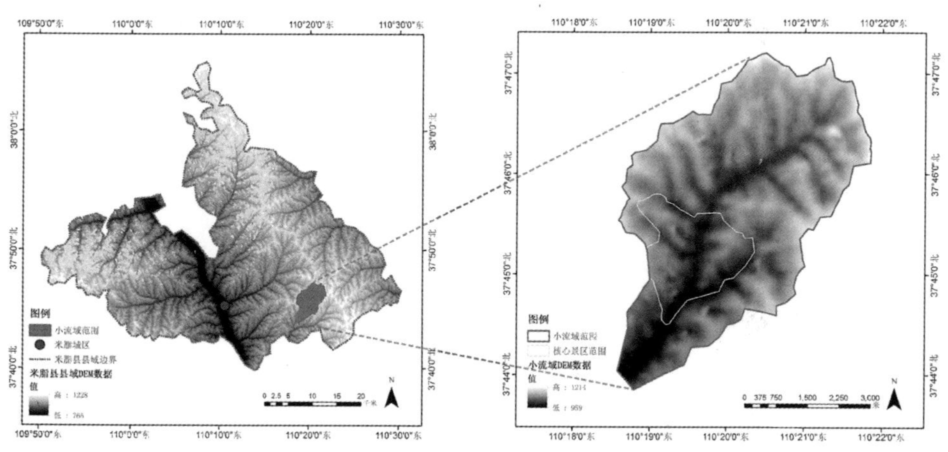

图7-1 杨家沟红色旅游区区位

图片来源：作者，聂祯 绘

[1] 本海绵建设专项规划研究所涉及的主要基础规划资料除特殊说明外均来源于西安建大城市规划设计研究院编制完成的《杨家沟红色旅游区总体建设规划》(2017)。

凸显。因而，2017年委托西安建大城市规划设计研究院完成了《杨家沟红色旅游区总体建设规划》，以求通过空间、产业、基础设施以及用地的重新规划布局和功能调整来解决上述问题和矛盾（图7-2～图7-3）。上述总体规划在用地上涉及了农、林、建设、生态等不同土地类型，在功能上需要协调旅游产业、农业生产、居民生活、生态建设等不同的需求，从传统村落保护以及旅游特色营造的角度还需要加大对现有窑洞民居的保护力度、强调新建构筑物地域风格的延续，较高的建设密度和游人量对场地安全也提出了远比一般黄土沟壑型村民聚居区更高的要求。

由于暴雨及其水文过程对黄土沟壑型场地的生态及场地安全具有重大的影响，

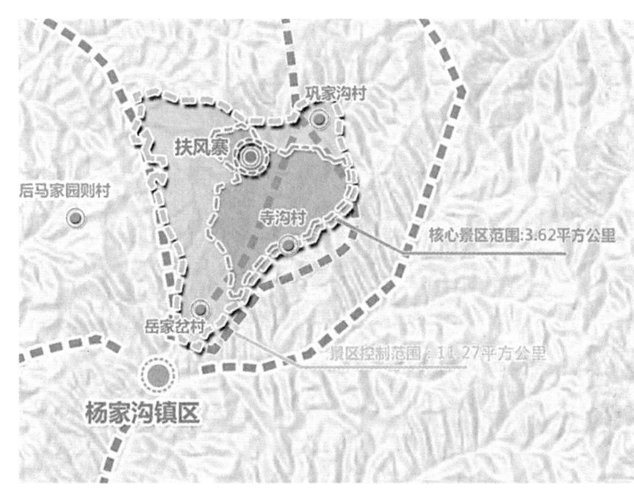

图7-2　杨家沟红色旅游区范围示意图

图片来源：西安建大城市规划设计研究院

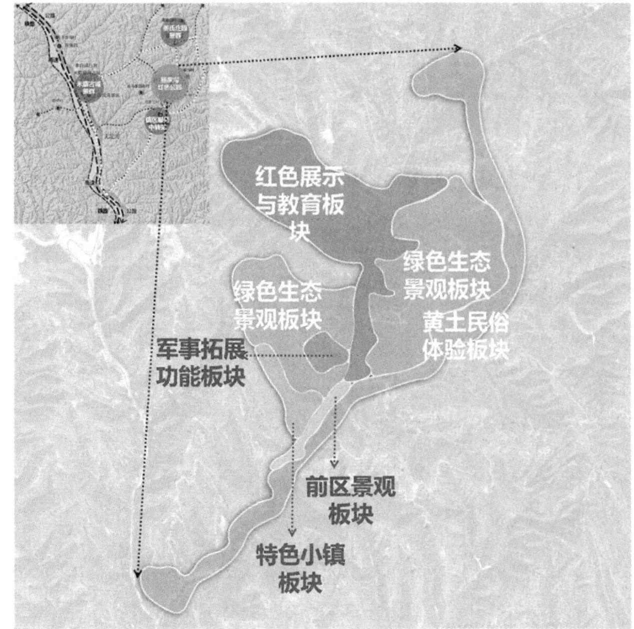

图7-3　杨家沟红色旅游区功能板块

图片来源：西安建大城市规划设计研究院

对杨家沟红色旅游区场地及其所在小流域开展海绵专项规划研究不仅有助于总体规划目标与功能的落地，还可以加强各类建设场地的防洪涝能力，另一方面有助于实现海绵建设的地域化、促进小流域水土保持和生态建设。杨家沟红色旅游区在地貌上属于黄土高原丘陵沟壑区，属于典型的黄土高原沟壑型聚落场地，在当前的发展中面临着强烈的旅游、生产、居住、生态等各类建设需求，因而也面临着各类规划项目场地的多维雨洪管控目标要求，因此探索其雨洪管控适地性规划途径，破解总体规划项目落地面临的场地安全、雨洪控制、风貌保持、生态恢复等方面的瓶颈问题，有着积极的示范作用，这也是选取该案例进行海绵建设专项规划研究的意义。

7.1.1　杨家沟红色旅游区总体规划目标与景区小流域海绵建设目标

杨家沟红色旅游区海绵建设专项规划目标的确定除了遵循内在的水文逻辑及场地需求外，还需与上位的总体规划目标衔接，通过海绵专项规划目标的落实来促进和保障总体目标的实现。在黄土高原沟壑型场地内，规划项目往往都会涉及水土保持、雨水资源利用、生态恢复等方面的目标要求，从而和雨洪管控目标具有较高的一致性。换言之，如果总体规划目标与雨洪专项规划目标有较大的冲突，则总体规划目标在生态保护与恢复、场地安全等方面的定位或许需要重新审视。

7.1.1.1　杨家沟红色旅游区总体规划目标

根据上述杨家沟发展中面临的4方面现状问题，结合现有的资源禀赋，《杨家沟红色旅游区总体建设规划》（2017）提出了以红色文化为引领，庄园文化、绿色经济、旅游脱贫为核心的1+3的红色文化综合发展模式。

（1）战略目标定位：杨家沟红色文化公园（革命景区+传统村落）

其目标内涵包括三个方面：①具有全国影响力的红色文化主题体验区；②全国最大的黄土窑洞庄园文化体验区；③带动村民脱贫、协调区域发展、传播地域文化、展示生土建筑的示范基地。根据上述战略目标，总体建设规划确定了表7–1中的主要发展指标。

（2）总体规划布局

在景区的总体规划布局上，对现有资源及规划项目进行整合后，形成了如下6个功能板块（图7–3）。

红色展示与教育板块：该板块的主体是三馆一体的扶风寨（红色文化博物馆群；生土窑洞建筑博物馆群；自然博物馆群），属于现有资源的重新规划定位。

杨家沟景区总体建设规划指标预测表 表7-1

项目	单位	指标		
		现状(2015)	近期(2020)	远期(2030)
接待旅游者总数	万人次	12	50	120
旅游总收入	亿元	0.09	0.68	1.17
旅游对GDP的贡献率	%	—	30	50
旅游业直接从业人数	人	30	200	350
农民人均纯收入	元	5500	12000	30000

资料来源：陕西省住房和城乡建设厅，西安建大城市规划设计研究院，《杨家沟革命纪念地总体规划》(2017)。

军事拓展功能板块：承载的主要内容为军事及山地训练营地，属于规划新建设项目。

特色小镇板块：主要功能为移民安置及景区服务，疏解扶风寨及杨家沟村的村民，形成新的移民安置聚落。

前区景观板块：位于景区的入口，主要承担景区交通集散及人流组织的功能。

黄土民俗体验板块：将村民搬迁后保留下来的传统村落串联起来，形成黄土民俗体验村游线。

绿色生态景观板块：将村民的农地及林地发展成为果园及经济作物种植区，兼具景观观赏与食品供应功能，同时发挥植被的水土保持功能。依据《风景名胜区规划规范》GB 50298—1999，上述6个板块的用地类型包括风景游赏用地、旅游设施用地、居民社会用地、交通与工程用地、林地、园地、耕地7种类型共1127.15hm²（表7-2），景区总体用地布局和总体规划分别如图7-4、图7-5所示。

杨家沟景区规划用地分类统计表 表7-2

类别代码	用地名称	用地面积(hm²)	所占比例
甲	风景游赏用地	25.98	2.30%
乙	旅游设施用地	24.33	2.16%
丙	居民社会用地	9.31	0.82%
丁	交通与工程用地	18.62	1.65%
戊	林地	803.79	71.32%
己	园地	183.21	16.26%
庚	耕地	61.90	5.49%
	总计	1127.14	100.00%

资料来源：陕西省住房和城乡建设厅，西安建大城市规划设计研究院，《杨家沟革命纪念地总体规划》(2017)

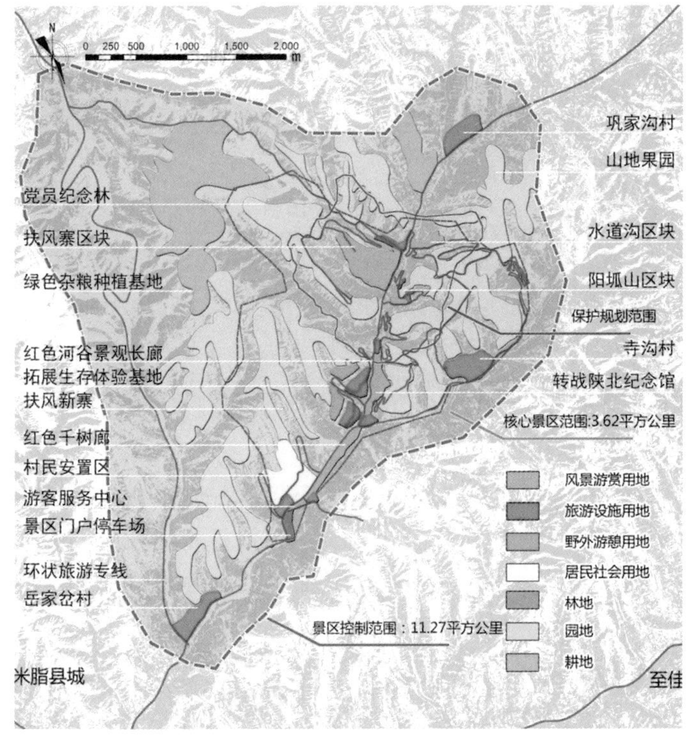

图7-4　杨家沟红色旅游区用地布局
图片来源：西安建大城市规划设计研究院

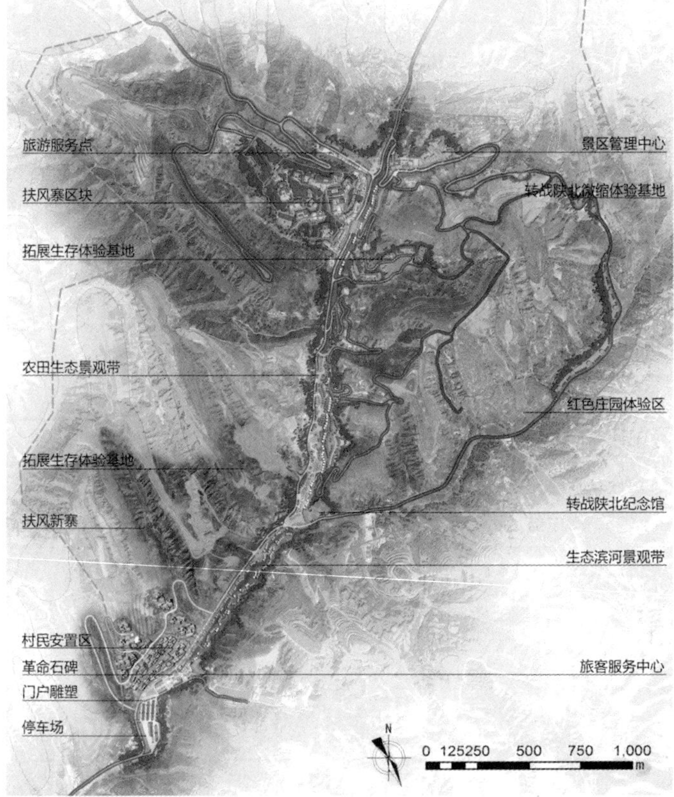

图7-5　杨家沟红色旅游区核心区总平面
图片来源：西安建大城市规划设计研究院

7.1.1.2 杨家沟景区小流域海绵专项规划的空间管控层级

杨家沟景区小流域海绵专项规划的目标应该从景区所在小流域和景区两个层面来加以制定。在景区总体规划中划分了景区控制范围（11.27km^2）和核心景区范围（3.62km^2）两个层次（图7-4），景区控制范围主要以旅游环路和地貌单元为界来进行划分，同时兼顾了周边旅游资源类型、景区总体环境建设需求以及旅游产品的体系化建设需求等因素；核心景区则以扶风寨为核心，以寺沟沟道为轴，沿交通线梳理资源线路，结合扶风寨南侧梁峁沟壑，建设核心景区配套功能，所以绝大部分的景区项目都分布在核心景区内（图7-5）。

由于景区的控制范围比景区所在的杨家沟小流域范围要小，且处于小流域的下游，从雨洪管控的角度，雨洪过程具有连续性和整体性，因而仅仅在景区控制范围或者核心景区范围内进行雨洪管控是无法保障地处下游的景区沟道用地的安全的。鉴于此，杨家沟景区海绵专项规划的总体管控范围应该包括景区控制范围以及核心景区所在小流域上下游的汇水范围（图7-6中A区）。杨家沟景区海绵专项规划的空间层级可以划分为以小流域为主体的总体管控层级和核心景区管控层级。总体管控

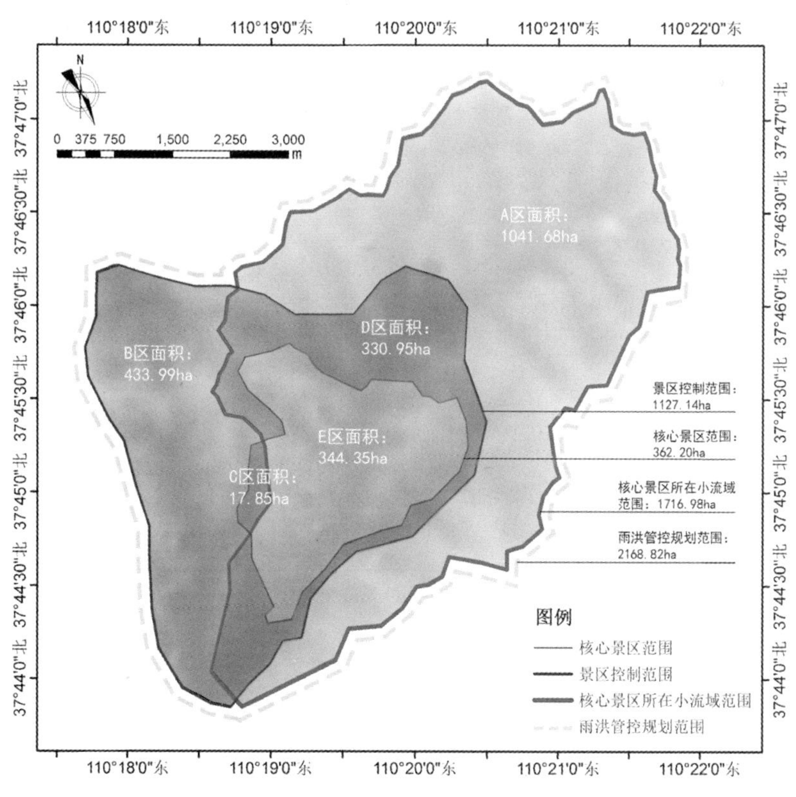

图7-6 杨家沟景区小流域海绵专项规划控制范围

图片来源：作者，聂祯 绘

层级面积2168.82hm^2，其中对核心景区（C、E区）产生雨洪威胁的范围为核心景区所在的整个小流域，面积1716.98hm^2，剩余的451.84hm^2（B、C区）产生的汇水汇入相邻的小流域，不对核心景区产生雨洪威胁，但存在自身的水土保持和场地安全需求，故规划中仅对该部分用地提出具体的雨洪管控目标并提供规划策略，但不参与杨家沟小流域的水量计算。核心景区绝大部分用地都在杨家沟小流域内，只有C区不属于该小流域，因此C区也不参与杨家沟小流域的水量计算。

7.1.1.3 杨家沟景区小流域海绵专项规划的预设目标

雨洪管控目标需要依据项目的总体发展目标以及地块本身的水文特征来确定。从雨洪管控的空间层级上，包含了小流域和核心景区两个空间层级。

（1）小流域雨洪管控目标

小流域层面的雨洪管控目标可以看作是杨家沟红色旅游区总体规划目标的拓展，景区总体规划目标与小流域雨洪管控要求之间的关系可用表7–3表示。

杨家沟景区总体建设规划目标与景区小流域雨洪管控要求　　表7–3

旅游区建设规划目标		场地位置与雨洪风险	雨洪管控要求
杨家沟红色文化公园	红色文化主题体验区 窑洞庄园文化体验区 生土建筑的示范基地	以传统窑洞建筑院落以及拆迁安置的扶风新寨为主体，场地主要位于沟壑两侧的坡地或台地上，遇暴雨和长历时降雨有塌窑和场地垮塌、泻溜及场地水蚀的风险	窑洞院落雨水资源收集利用；场地安全控制；场地侵蚀控制；景观风貌控制；建设与维护成本控制
	绿色生态种植基地	以绿色杂粮、果木等种植为主，主要位于窑洞院落外围的坡地和梁峁上，遇暴雨和长历时降雨有场地垮塌、泻溜以及土壤侵蚀的风险	场地雨水资源收集利用；场地侵蚀控制；景观风貌控制；建设与维护成本控制
	配套基础设施	以道路交通、供水、排水、供电、通信、游客服务中心等为主，主要沿主沟两侧道路沿线布置，遇暴雨容易淹没、水毁和淤积	汇集了小流域的地表径流，需要进行径流总量控制和峰值控制、下排泥沙控制；场地安全控制；场地侵蚀控制；景观风貌控制；建设与维护成本控制

资料来源："旅游区建设规划目标"部分根据西安建大城市规划设计研究院，《杨家沟红色旅游区总体建设规划》（2017）归纳整理而成。

根据表7–3可以确定杨家沟红色旅游区在小流域层面的海绵建设规划目标为：采用适地性措施，在小流域范围内有效控制地表径流，减少暴雨时汇入下游核心景区沟道中的径流总量、减少土壤侵蚀；提高场地应对暴雨时的安全防护能力；海绵建设措施符合地域景观风貌特点，降低雨洪管控措施的建设和维护成本。

年径流总量控制率。综合考虑上述总体海绵建设目标后，确定杨家沟红色旅游区所在小流域的年径流总量控制率为$\alpha \geq 95\%$。指标确定的依据如下：

首先，根据《海绵城市建设技术指南》中我国大陆地区年径流总量控制率分区图，案例所在地的年径流总量控制率建议取值区间为$80\% \leq \alpha \leq 85\%$，但考虑到《指南》中主要针对的是城市用地，其绿地率远小于本案例（把大量农林业用地类比为绿地的前提下），本案例中90%以上的土地规划成为林地、园地和耕地（表7–2），建设用地占比很少，故取85%的年径流总量控制率明显偏低。

其次，根据表5–5，项目所在地区85%的年径流总量控制率对应的设计降雨量仅为22.8mm，而黄土高原地区雨季降雨量集中、单场次降雨量偏大，且水土流失、场地安全问题等都由较大降雨量的暴雨所导致的特点使得将设计降雨量定为22.8mm明显达不到暴雨时有效减少水土流失、保障场地安全的雨洪管控目标（参见4.5.2.1小节）。

最后，核心景区位于小流域下游，暴雨时产生的不受控制的外排洪水都要汇聚到核心景区所在沟道后排出，因此，小流域总体的年径流总量控制率越高，对核心景区的威胁越小。

（2）核心景区具体场地的雨洪管控目标

根据表7–3可知，核心景区的海绵建设目标主要是保障建设场地安全、防止水土流失、维持地域景观风貌、避免沟道中的主要设施被暴雨产生的洪水淹没。此目标的需要和具体建设项目相结合来加以体现。由于核心景区中村民安置区是开发强度最高的项目场地，其雨洪管控目标要求也最高，故本研究选择该场地作为核心景区雨洪管控的落地场地。具体而言，村民安置区是为了集中安置景区中分散的村民而新建的聚居区，建设场地位于核心景区下游支沟中的坡地上（图7–5）。该安置区建筑采用了传统的窑居院落形式，充分结合坡地地形，形成上下层叠，逐级退台的空间效果，因此，快速排除场地雨水，保障坡地场地安全是该安置区雨洪管控的主要目标，利用绿色屋顶合理滞留和收集利用雨水则可根据具体院落的实际情况酌情考虑。

7.1.1.4 现状问题

根据现场调研及分析，流域存在的问题主要体现在如下6个方面：

（1）主沟和支沟现有的淤地坝年久失修，基本丧失了滞蓄洪水的功能；毛细支沟中谷坊等措施较少（图7–7）。现有的淤地坝未能形成稳定合理的坝系，防护能力弱；上游产流场地未能与下游汇流区的淤地坝形成协调统一的综合管控措施系统。

（2）流域整体治理度虽然达到了74.14%，核心景区的治理度更达到了78.20%，但

图7-7 缺少维护的淤地坝系统-坝地
图片来源：作者，聂祯 摄

在治理措施的质和量两个方面仍有较大的提升空间。目前的治理措施主要以条形台田为主（图7–8），中小降雨事件时虽然能够快速渗透降雨，避免形成径流，但出现高强度降雨时，没有田埂的条形台田虽然能够逐级消耗径流的动能，但并不能滞留超渗产流机制下形成的径流，会逐台阶向下游汇集，并最终形成较大的冲蚀能力，并发生较大的场地破坏现象（图7–9）。

（3）林地面积虽然较大，约745.23hm^2，仅占流域总面积的43.40%，但相当大比例的林地比较稀疏、郁闭度很低；各类草地面积约395.15hm^2，占流域总面积的23.01%，面积虽然较大，但以中低盖度的草地较多，在陡坡和放牧双重因素影响下，防护能力有所减弱。

（4）生物防护措施缺乏，不合理的开发较为普遍。一方面植物护埂和植物固沟等生物防护措施在流域内使用较少，另一方面，在陡坡上开荒种地、种植经济植物的不合理开发现象比较普遍（图7–10）。

（5）流域内仍有大量的居民窑洞零星分布，基础设施和场地安全防护措施不足

图7-8 大量存在的台田
图片来源：作者 摄

图7-9 径流形成的台地边缘侵蚀
图片来源：聂祯 摄

（图7-11）；为风电开发而修筑的大量简易道路防护性不足，容易形成侵蚀破坏，最终影响场地安全（图7-12）。

（6）核心景区杨家沟村为拓展停车用地和入口面积，填占排洪主沟道超过横断面的一半以上，严重影响暴雨时的行洪和蓄洪能力（图7-13）。

图7-10　陡坡上不合理的开发现象
图片来源：作者 摄

图7-11　零星分布的居民窑洞
图片来源：作者 摄

图7-12　为风电开发修筑的简易道路
图片来源：作者 摄

图7-13　填占排洪主沟修筑停车场和道路
图片来源：作者 摄

7.1.1.5　雨洪管控目标适地性评估

在基于项目建设需求提出雨洪管控预设目标的基础上，根据小流域及核心景区的具体现状条件进行目标适地性分析和评估。首先，以小流域的CAD地形图为基础，在ArcGIS软件中进行分析，可以得出小流域及核心景区的坡度、盆域、坡地类型等信息；其次，以小流域的卫星影像图片为基础，结合实地采样调查，可以确定植被分布及土地利用的现状情况；小流域内的土壤绝大部分为黄绵土，沟壑两侧的坡脚有红土分布，沟底则以新积土为主，在现场调查的基础上绘制出土壤类型的大致空间分布。详情见图7-14～图7-23和表7-4、表7-5所示。

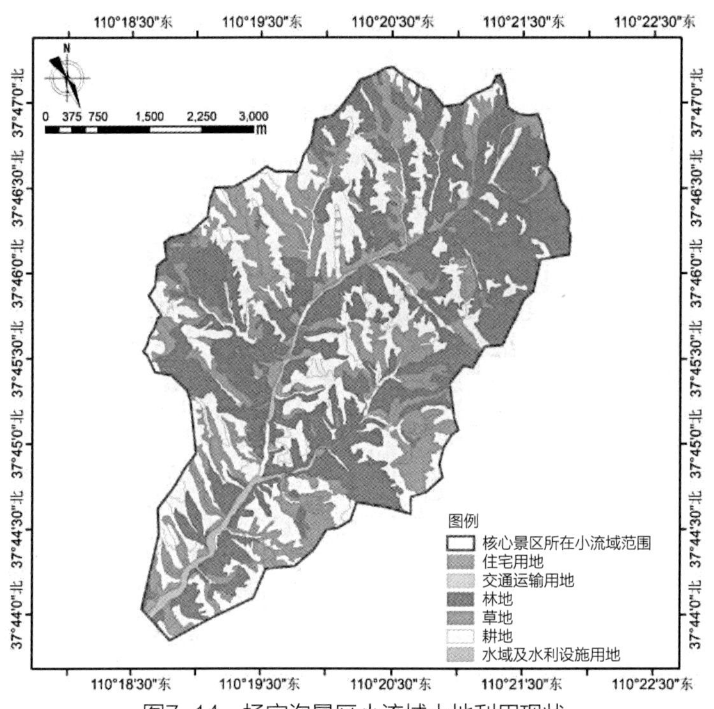

图7-14　杨家沟景区小流域土地利用现状

图片来源：作者，聂祯 绘

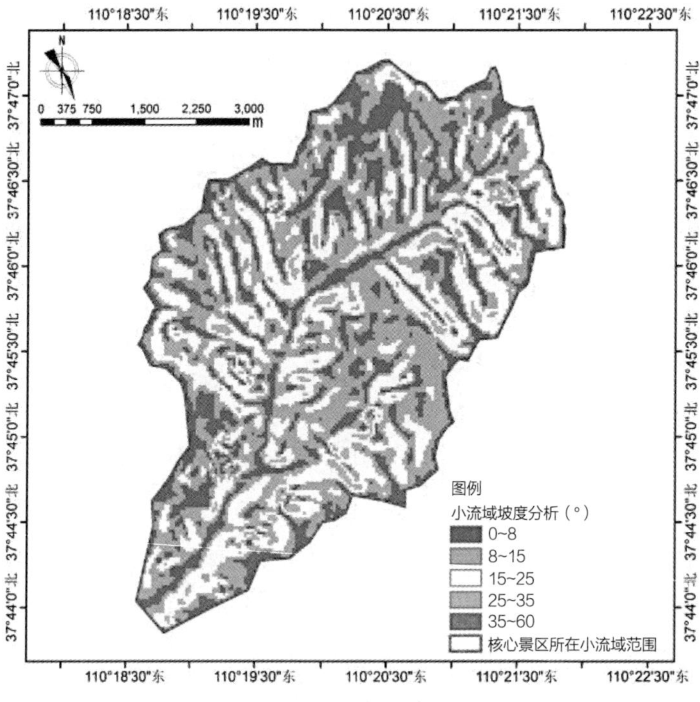

图7-15　杨家沟景区小流域坡度分析

图片来源：作者，聂祯 绘

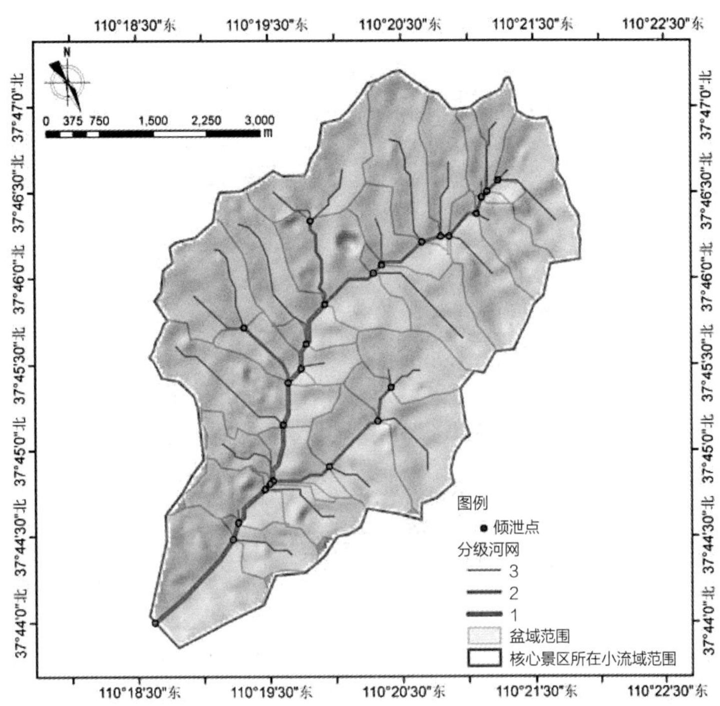

图7-16 杨家沟景区小流域盆域分析

图片来源：作者，聂祯 绘

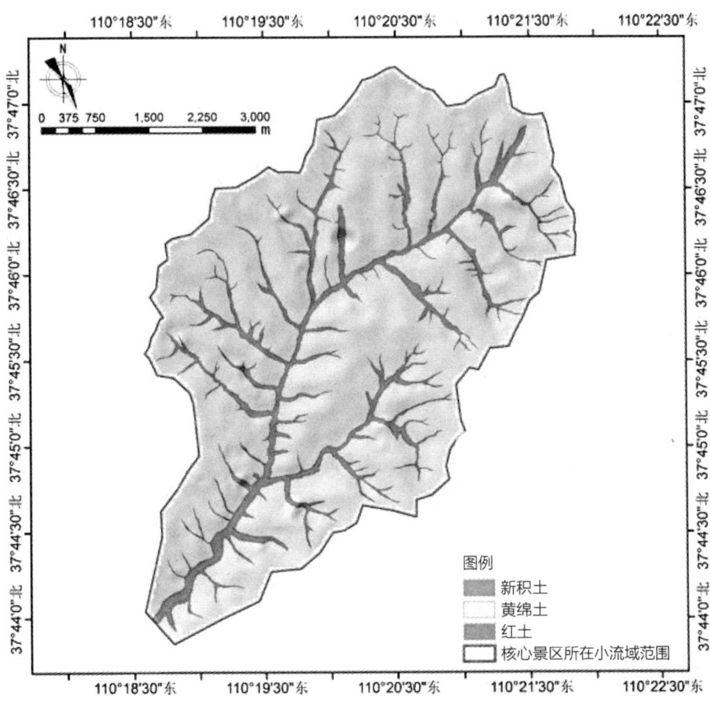

图7-17 杨家沟景区小流域土壤类型分布

图片来源：作者，聂祯 绘

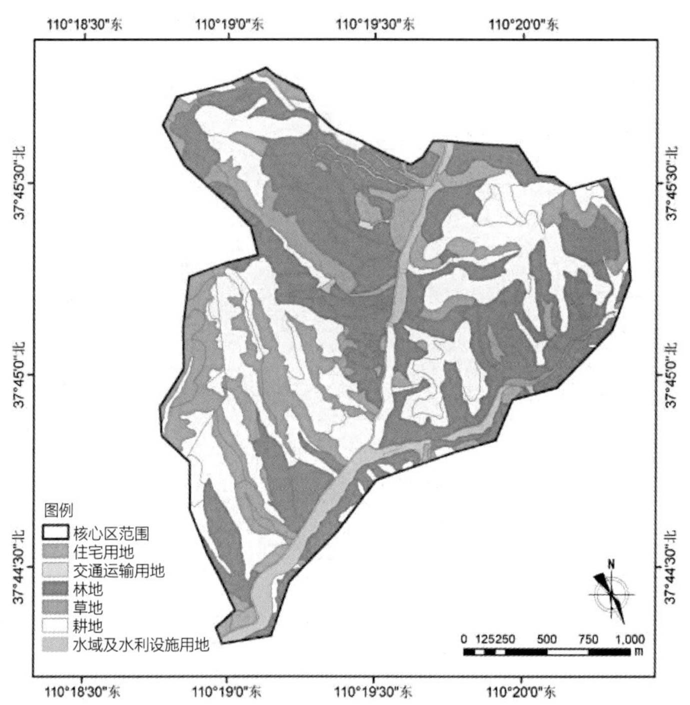

图7-18 杨家沟景区核心区土地利用现状

图片来源：作者，聂祯 绘

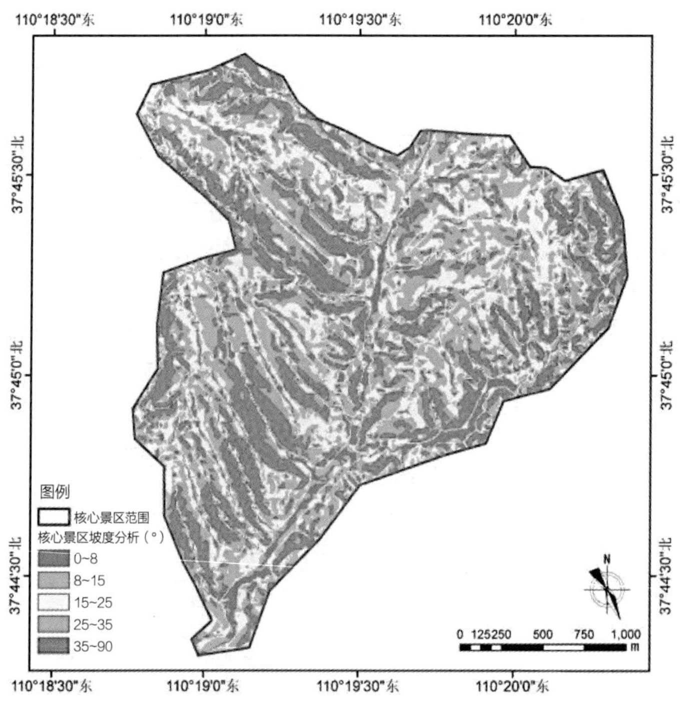

图7-19 杨家沟景区核心区坡度分析

图片来源：作者，聂祯 绘

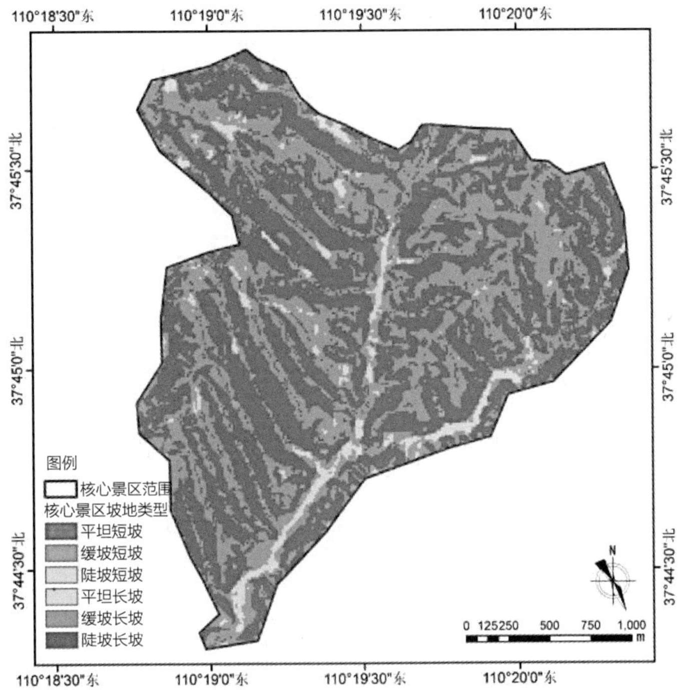

图7-20 杨家沟景区核心区坡地类型分析

图片来源：作者，聂祯 绘

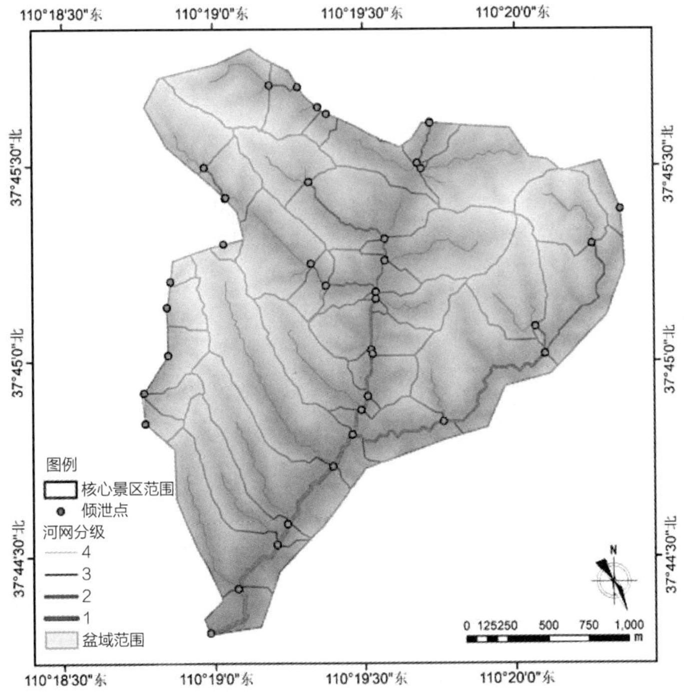

图7-21 杨家沟景区核心区盆域分析

图片来源：作者，聂祯 绘

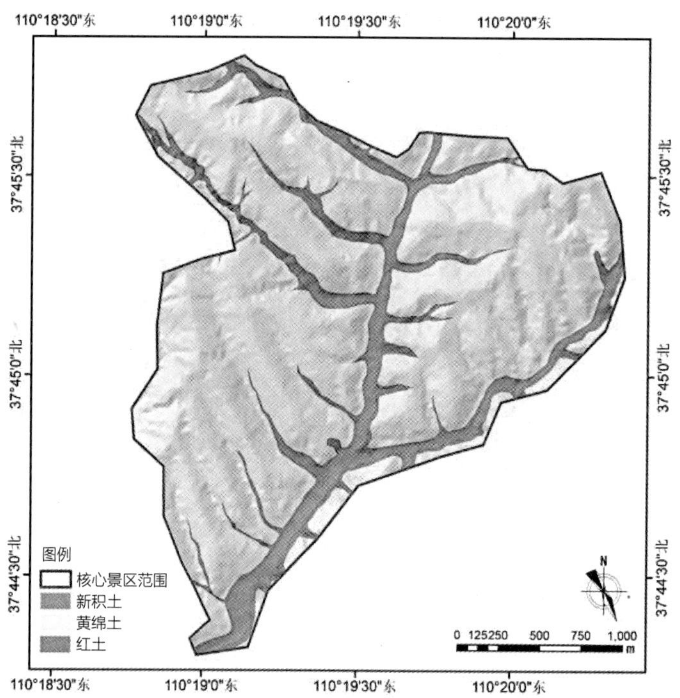

图7-22 杨家沟景区核心区土壤类型分布

图片来源：作者，聂祯 绘

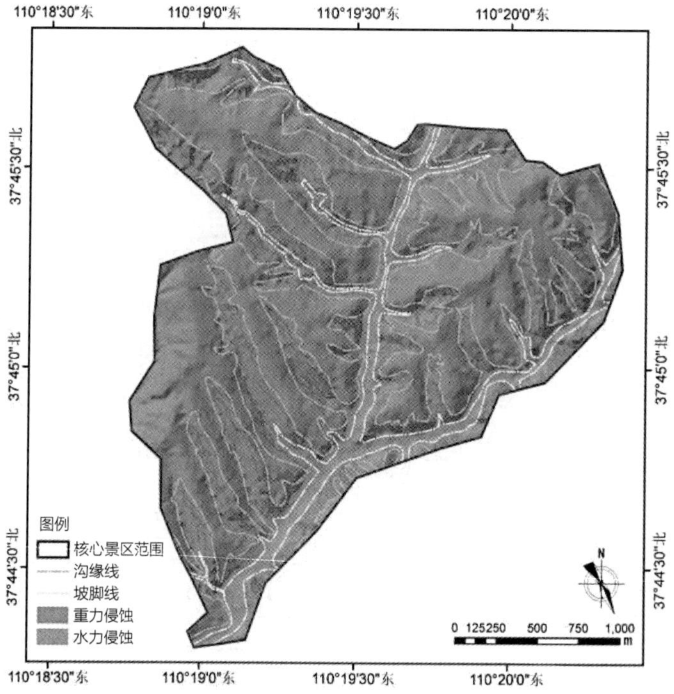

图7-23 杨家沟景区核心区土壤侵蚀分布

图片来源：作者，聂祯 绘

杨家沟景区小流域土地利用现状统计 表7-4

土地利用类型	面积占比（%）	用地面积（hm^2）	备注
耕地	28.66	492.13	其中梯田占432.89hm^2，其余为坝地
住宅用地	2.65	45.44	窑居院落治理措施面积占5.08hm^2
交通运输用地	0.50	8.51	—
草地	23.01	395.15	—
林地	43.40	745.23	其中林地中的梯田占186.17hm^2
水域及水利设施用地	1.78	30.52	其中淤地坝坝体占4.62hm^2
合计	100.00	1716.98	—

杨家沟景区核心区土地利用现状统计 表7-5

土地利用类型	面积占比（%）	用地面积（hm^2）	备注
耕地	31.37	113.61	其中梯田占99.95hm^2，其余为坝地
住宅用地	4.50	16.30	窑居院落的治理措施面积占5.08hm^2
交通运输用地	1.20	4.36	—
草地	17.50	63.39	—
林地	41.48	150.25	其中林地中的梯田占30.78hm^2
水域及水利设施用地	3.95	14.29	其中淤地坝坝体占0.44hm^2
合计	100.00	362.20	—

核心景区所在小流域两条主沟总长约12.3km，沟道平均比降2.28%；小流域内坡度在25°以下的土地面积占比为97.47%，总体坡度较小，具有较好的开发利用以及雨洪措施建设的条件（图7-7、表7-6），核心景区内25°以下的土地面积占比则仅有44.52%，条件相对较差（图7-9、表7-7）。

杨家沟景区小流域地面坡度统计 表7-6

坡度	0°~8°	8°~15°	15°~25°	25°~35°	>35°
所占比例（%）	30.39	42.61	24.47	2.08	0.46

注：表中每一级坡度范围都包含该级别的上限坡度值，除了第一级的0°外，都不包含下限值。

杨家沟景区核心区地面坡度统计 表7-7

坡度	0°~8°	8°~15°	15°~25°	25°~35°	>35°
所占比例（%）	7.11	10.80	26.61	30.50	24.98

注：表中每一级坡度范围都包含该级别的上限坡度值，除了第一级的0°外，都不包含下限值。

根据预设的总体目标，参考表5–3所列的规划设计目标体系，结合杨家沟小流域的现状条件与现实问题，以表5–24为依据可以初步确定：滞、蓄结合，分区管控，上滞下蓄，生物防护、重点兼顾的雨洪总体适宜目标策略。具体如下：

（1）上游雨洪管控目标

梁峁顶部：以“滞”“蓄”为主。

坡面：25°以下，以“滞”“蓄”为主；25°～35°，以“滞”和“净”为主；35°以上，目标为快“排”。

（2）下游雨洪管控目标

毛细支沟：以“滞”和“净”为主。

主干沟谷：以“滞”“蓄”和“用”为主。

（3）场地安全目标

在农村宅基地周边以及沟谷、陡坡、塬边是重点的场地安全防护区域，需要防止场地垮塌和水毁破坏。对于新建的村民安置区，场地安全目标是首位目标，同时可以兼顾雨水的收集回用。

（4）生境目标

在沟谷、塬边、田埂处、无开发利用的坡地等水肥条件适宜的场地促进生境的恢复与良性发展。

根据现状条件和上述分析，可判定前述预设雨洪管控目标总体适宜，符合小流域和场地的实际情况，具体地块的适宜目标，可以根据现状条件和规划设计需要，依据表5–24进行确定。

7.1.2 杨家沟景区小流域雨洪管控措施评价与选择

7.1.2.1 杨家沟景区小流域雨洪管控措施适地性分析与选择

根据小流域的场地现状、存在的问题以及上述雨洪管控目标，结合表5–25、表6–1～表6–3对不同场地适宜措施以及不同径流水文阶段管控策略的比较与分析，可以初步选定梯田、塬边埂、作为25°以下坡地和峁顶的径流控制措施，必要时配套使用水窖和集水坑；选择鱼鳞坑作为25°以上陡坡的控制措施，并调整用地方式为草地或林地；毛细支沟选择谷坊作为滞流措施，主沟中下游可建设淤地坝；在田埂上采用植物护埂措施，不用淤地的沟谷底部建设植物缓冲带或者采取植物固沟措施；农村宅基地周围结合窑洞建筑采用窑居院落雨水利用模式，建设绿色屋顶、下凹式路面、截水沟等配套措施。在进行具体措施的空间布局之前，需针对地块进行分析判断。

7.1.2.2 杨家沟景区核心区雨洪管控措施适地性分析

（1）梯田类措施适地性分析

根据表5–25，措施适地性评价的7个影响因子中，梯田类措施对于生境恢复、经济成本、景观视效以及地域性这4个因子而言，在各种量级情况下都是适宜的，剩下的场地坡度、土壤特性/类型以及土壤侵蚀度三因子在不同的量级下呈现出的梯田类措施的适地性有较大的差别，需要逐一评价分析，可知适宜的场地条件如下：

①坡度：缓坡长坡——适宜，取值1；缓坡短坡—— 一般，取值2（缓坡：8°～25°，含25°、不含8°，参见表5–17），在ArcGIS软件中进行分析处理后，可得场地坡度与坡长的综合分析图（图7–20）。

②土壤特性/类型：非自重湿陷性黄土——适宜，取值1；自重湿陷性黄土—— 一般，取值2；由于没有流域内的地勘数据，全部按自重湿陷性黄土考虑。

③土壤侵蚀度：不同侵蚀量级下都适宜，取值1。

根据上述条件，在ArcGIS软件中进行分析处理后，可得出梯田类措施的适宜分布区域，如图7–24所示。

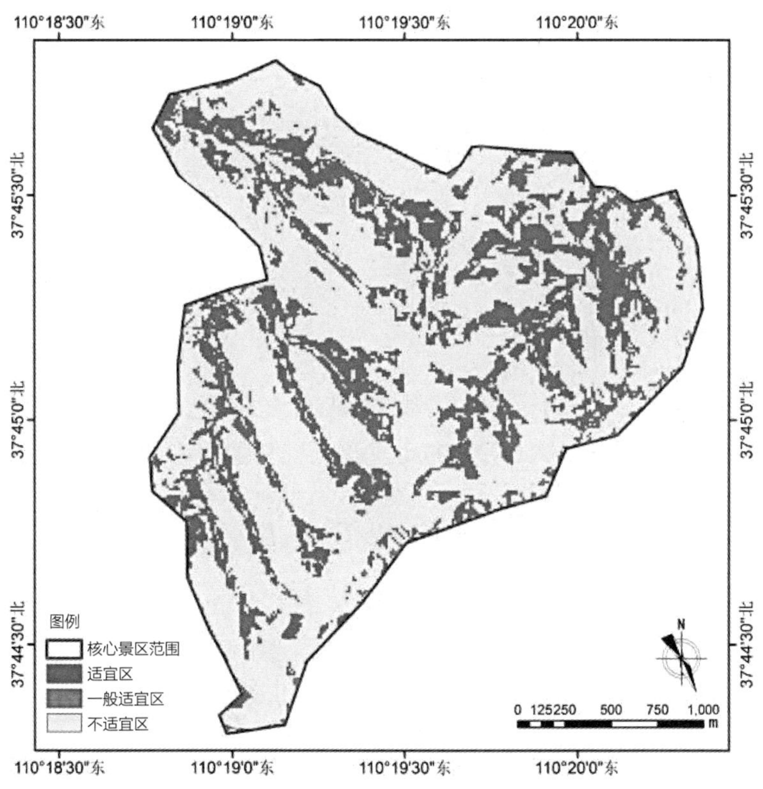

图7–24 核心区梯田类措施适宜分布范围

图片来源：作者，聂祯 绘

（2）塬边埂类措施适地性分析

根据表5-25，塬边埂类措施对于生境恢复、经济成本、景观视效以及地域性这4个因子而言，在各种量级情况下都是适宜的，其余三因子在不同的量级下呈现出的措施适地性有较大的差别，需要逐一评价分析，具体方法同上。采用ArcGIS软件分析处理后，可得出塬边埂类措施的适宜分布范围（图7-25）。图中塬边埂措施的适宜范围较小，且呈集中点状分布，这与基地地貌破碎，适合修建塬边埂的较平坦的小型塬面或峁顶较少的现状基本吻合。

（3）水窖、涝池、渗坑类点状措施适宜性分析

根据表5-25，采用同样的方法，进行评价分析，需要注意的是，根据水窖、涝池、渗坑类点状措施的建设条件，在适地性分析时需要考虑排除性因素：即非塬、峁、梁的顶部场地需要排除。经分析处理后，可得出水窖、涝池、渗坑类点状措施的适宜分布范围（图7-26）。

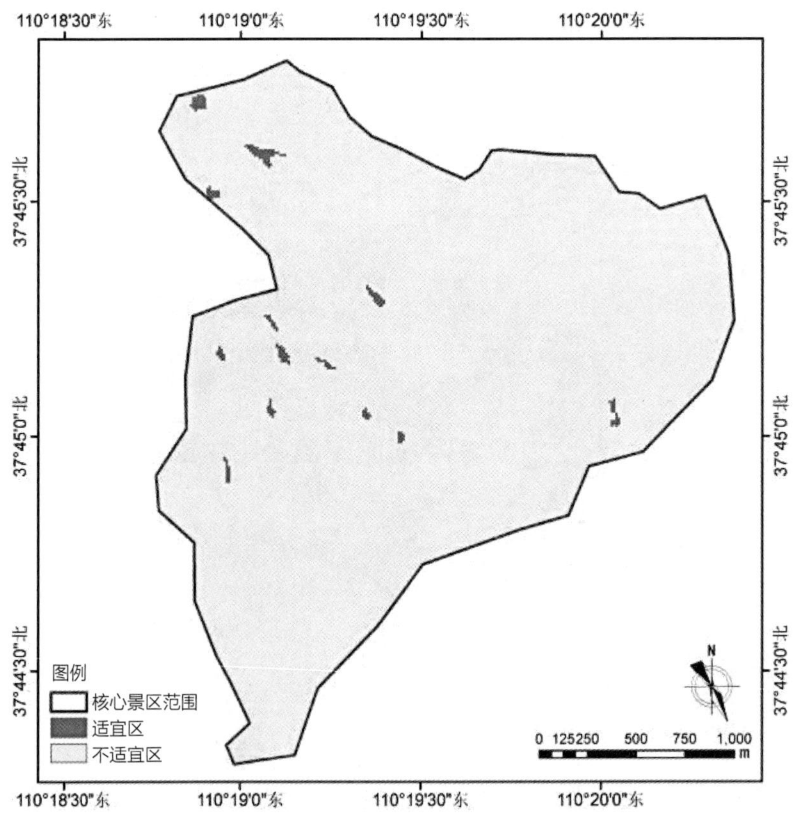

图7-25 核心区塬边埂类措施适宜分布范围

图片来源：作者，聂祯 绘

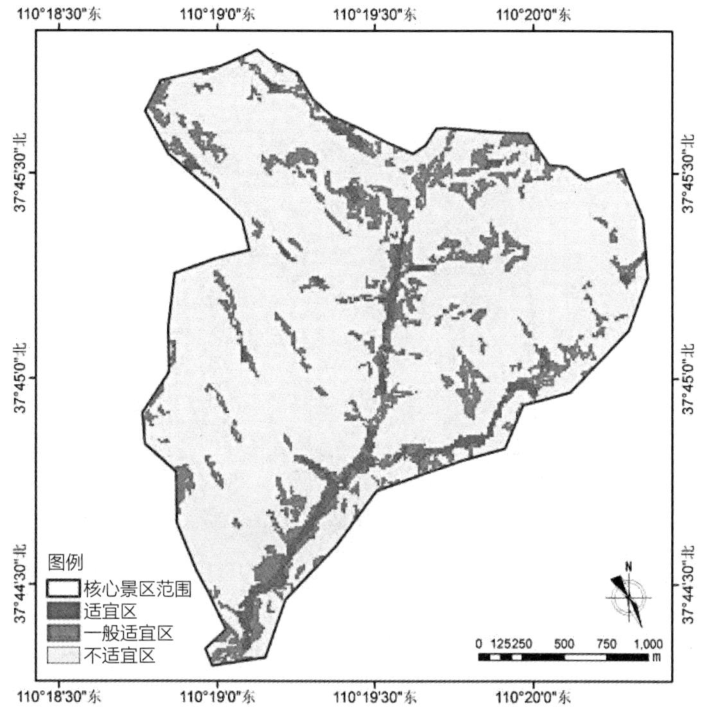

图7-26　核心区水窖、涝池、渗坑类措施适宜分布范围

图片来源：作者，聂祯 绘

（4）淤地坝、谷坊类措施适地性分析

根据表5-25，忽略掉在各种量级下取值全部为1或者2（表示没有不适宜）的因子后，针对其余因子进行逐一评价分析，并考虑淤地坝、谷坊类措施的排除性因素（非沟谷场地排除）后，可得出淤地坝、谷坊类措施的适宜分布范围（图7-27）。

7.1.3　杨家沟景区小流域年径流总量控制目标分解

7.1.3.1　雨洪管控的现状措施

由于杨家沟的功能和定位较为特殊，其开发和治理比黄土高原的一般小流域要好得多，小流域整体治理度达到了74.14%，核心景区的治理度则达到了78.20%，处于较高的水平，治理度的地块分布如图7-28、图7-29所示。小流域目前采用的治理措施主要以台田、淤地坝和林地为主（表7-8、表7-9、图7-30、图7-31）。台田虽然降低了地表的坡度，但由于没有修筑田埂，其防护能力有限（图7-8）；现有的淤地坝则大多年久失修，基本处于废弃状态，需要重新加固坝基、加高坝体、维修坝体的附属构筑物（图7-7）。林地的占比较大，核心景区林地质量普遍较高、流

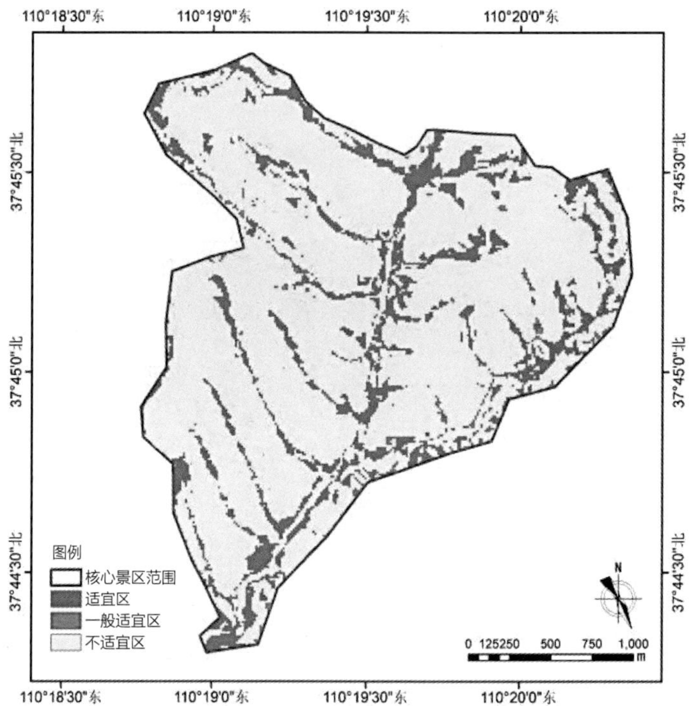

图7-27 核心区淤地坝、谷坊类措施适宜分布范围

图片来源：作者，聂祯 绘

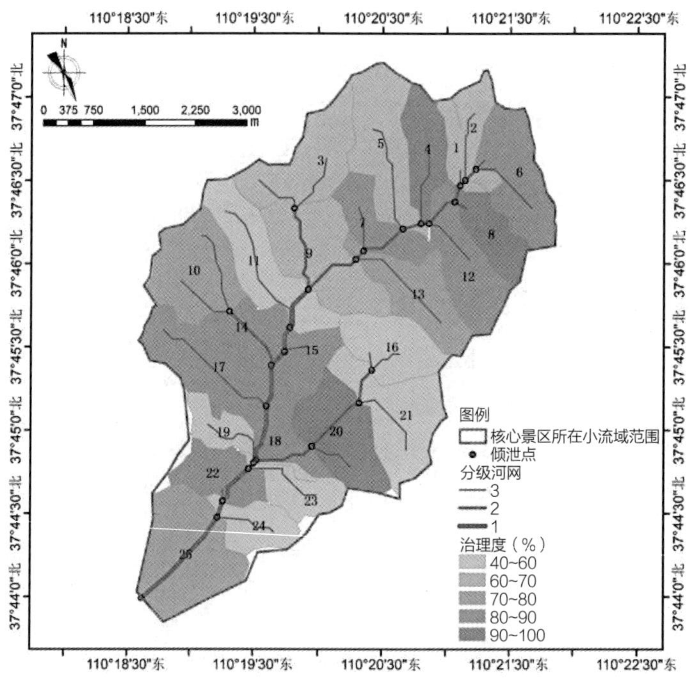

图7-28 杨家沟小流域现状治理度

图片来源：作者，聂祯 绘

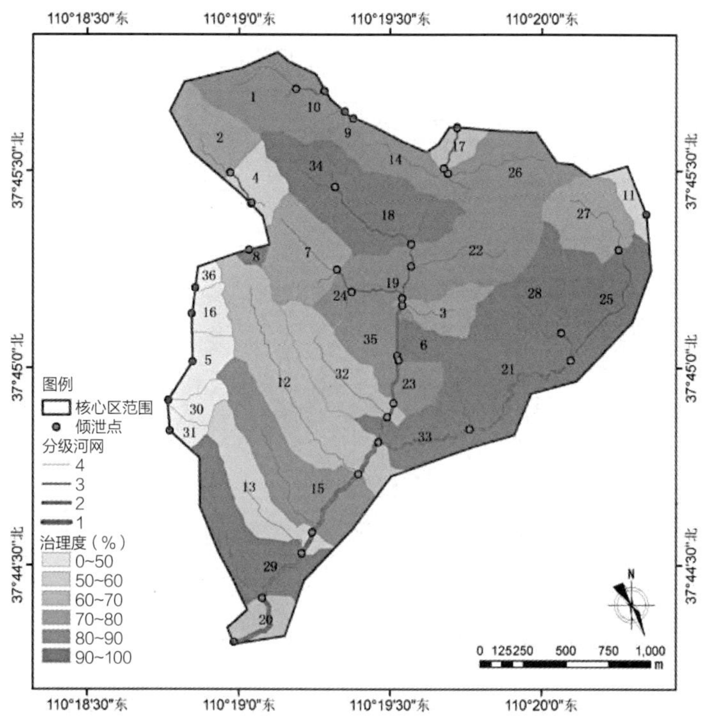

图7-29 核心区景区现状治理度

图片来源：作者，聂祯 绘

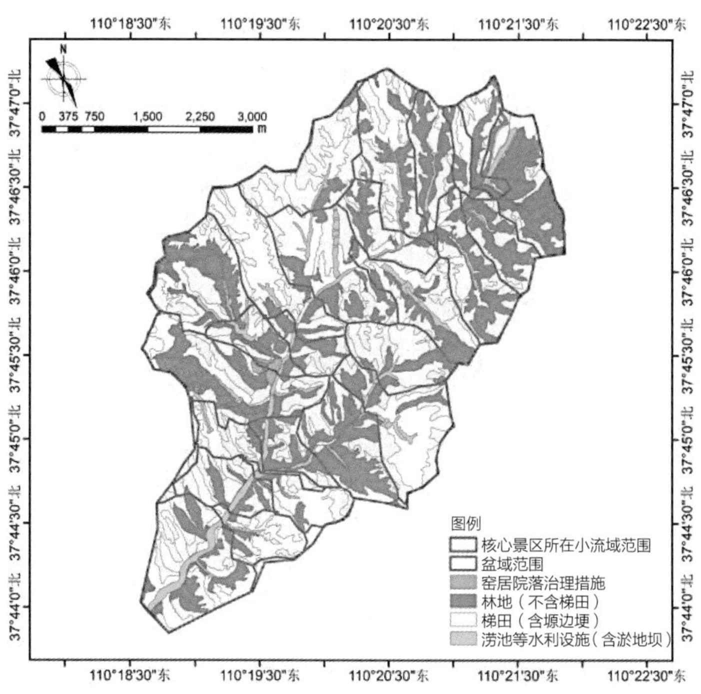

图7-30 杨家沟小流域现状治理措施分布

图片来源：作者，聂祯 绘

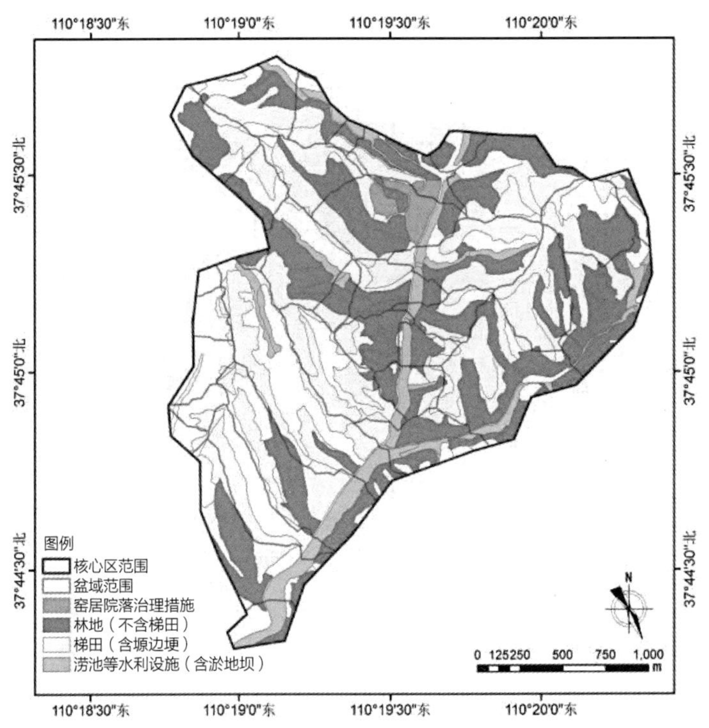

图7-31　核心区景区现状治理措施分布

图片来源：作者，聂祯 绘

杨家沟景区小流域现状治理措施统计　　表7-8

措施类型	梯田（含塬边埂）	涝池等水利设施（含淤地坝）	林地（不含梯田）	窑居院落治理措施	合计
面积（hm^2）	619.06	89.76	559.06	5.08	1272.96
占比（%）	48.63	7.05	43.92	0.40	100.00

杨家沟景区核心区现状治理措施统计　　表7-9

措施类型	梯田（含塬边埂）	涝池等水利设施（含淤地坝）	林地（不含梯田）	窑居院落治理措施	合计
面积（hm^2）	130.73	27.95	119.47	5.08	283.23
占比（%）	46.16	9.87	42.18	1.79	100.00

域其他地块的林地郁闭度则有待提升。流域中虽然有一定面积的天然草地，但由于总体质量较差、盖度较低，未作为治理面积加以统计。另外，在人居场地的雨洪管控措施上，杨家沟村特别是扶风寨建筑群的雨洪管控措施堪称传统经验措施的典范（图3-11、图3-12、图3-20、图3-21及图3-23），可以成为景区内新建村民安置区乃至黄土高原类似人居场地建设的示范样板。其他零星居民点的防护措施较弱，待

集中安置后，雨洪引发的居住场地安全问题将不复存在。

7.1.3.2 采用综合平衡法进行滞洪目标分解

小流域中的年径流总量控制目标可以用淤地坝的总体滞洪目标（总体滞洪库容）代替。根据综合平衡法的规划流程（图5–12），总体滞洪库容的分解过程即是雨洪管控措施规划与布局的过程，此过程需要先从整体上估算雨洪管控措施的规模，然后按照盆域逐一核算所需措施的规模，直到能够满足总体目标为止，此时即可确定措施的总体数量和空间布局。要完成上述工作，除了掌握现状雨洪管控措施情况之外，还需确定侵蚀模数、淤地坝密度、设计标准、坝系滞洪库容、坝系稳定系数以及坝系安全系数等数据。在此基础上进行坝系规划布局和雨洪管控目标分解与模拟验算。

（1）侵蚀模数与淤地坝密度

根据《黄土高原志》图9–1黄土高原土壤侵蚀图，查得杨家沟所在区域的侵蚀模数大约为20000［t/（km^2·a）]，位于剧烈侵蚀区。由表5–6可知，当侵蚀模数为≥15000［t/（km^2·a）］时，骨干坝的密度可取0.333个/km^2，杨家沟小流域总面积约17.17km^2，可估算得所需骨干坝的数量约为6个。根据表5–7，骨干坝与中小型坝的配置比取值1：7，可估算得所需中小型坝的总数量为42个。以上数量可以作为小流域最主要的滞洪措施淤地坝的初步布局依据，实际数量根据现实情况决定。

（2）根据淤地坝密度进行坝系初步布置

应用ArcGIS软件的空间分析功能提取流域的沟道图，结合现场调查的情况进行骨干坝和淤地坝的初步选址与布局。选址布局的主要原则如下：①尽量以盆域为基本单位来布设淤地坝形成坝系；②鉴于主沟道中段公路路基较低，仅在下游增设淤地坝，对上中游的现状淤地坝做功能修复与加固处理；③兼顾分布的均衡性和功能上的互补性。布局后形成如图7–32所示的坝系布局图，并统计出各单体坝或坝系的控制流域面积F_c、初步估算出坝系稳定后的淤地面积S和滞水库容$V_{滞}$。根据上述数据经反复试算达到规划目标要求后形成最终的统计表（表7–11）。

7.1.3.3 滞洪库容的验算

（1）设计标准

根据《水土保持工程设计规范》GB 51018—2014、《水土保持综合治理技术规范 沟壑治理技术》GB/T 16453.3—2008，当淤地坝总库容<$10\times10^4m^3$时，设计标准为10~20年，校核标准为30年。在本案例中，由于流域面积较小，布置的淤地坝总库容都在$10\times10^4m^3$以内，故淤地坝的设计标准定为20年，校核标准为30年。根据

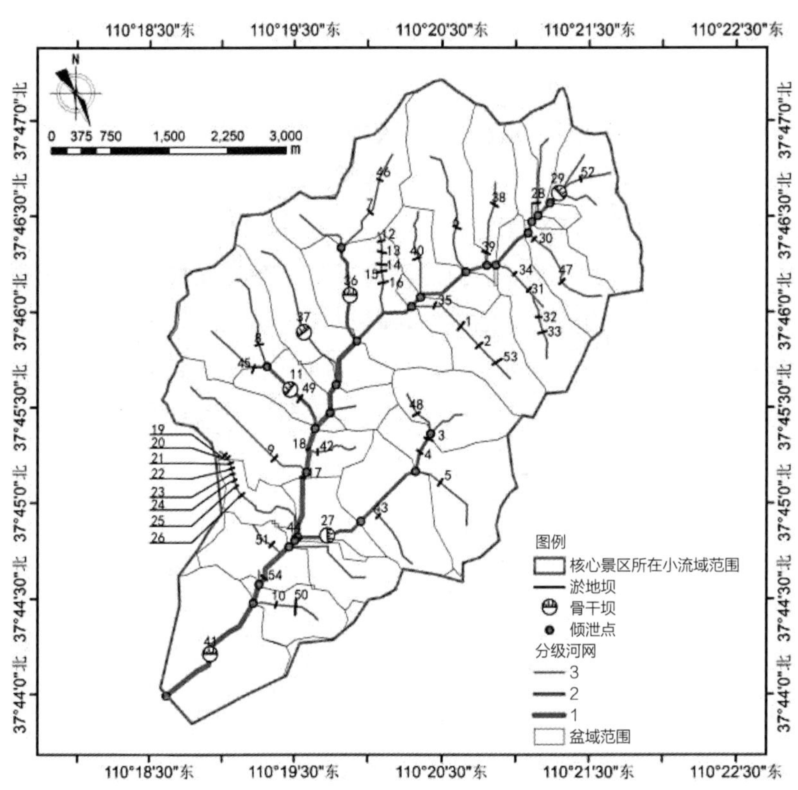

图7-32 杨家沟景区小流域坝系规划布局

图片来源：作者，聂祯 绘

《水土保持综合治理 技术规范 坡耕地治理技术》GB/T 16453.1—2008，干旱半干旱地区梯田防御暴雨标准，可采用20年一遇3～6h最大降雨，为了和淤地坝库容计算的降雨历时一致，并适当提高防护能力，本案例中的梯田设计标准，可采用20年一遇24h最大降雨。

（2）治理流域洪量模数（M_p）与坝系滞洪库容（$V_{滞}$）

根据《榆林地区实用水文手册》中的水文站分布图，杨家沟小流域属于无定河流域丁家沟水文站上游、赵石窑水文站下游。查水文手册或根据表7-10可知小流域20年一遇的洪量模数为$M_{5\%}=3.8\times10^4 m^3/km^2$。

榆林地区单位面积重现期的一次洪水总量（单位：$10^4m^3/km^2$） 表 7-10

重现期（年）	100	50	20	10	平均值
黄土丘陵沟壑区（赵石窑、青阳岔以下）	6.0	5.0	3.8	3.0	1.3
黄土丘陵沟壑区（赵石窑、青阳岔以上）	4.7	4.0	3.0	2.4	1.0
黄河沿岸土石山区	11.0	9.2	7.0	5.5	2.4

资料来源：范瑞瑜. 黄土高原坝系生态工程［M］. 郑州：黄河水利出版社，2004：112.

求频率P=5%的设计洪水总量（W_p）：根据式（2–4），$W_p=M_p[F_c-(f_1C_1+f_2C_2+f_3C_3)]=3.8\times10^4\times[16.08-(9.11\times70\%+5.45\times60\%+1.22\times30\%)]=23.06\times10^4\text{m}^3$。

式中，M_p是频率为5%的洪量模数，取值$3.8\times10^4\text{m}^3/\text{km}^2$；$F_c$为坝控流域面积，单位$\text{km}^2$；$f_1$、$f_2$、$f_3$分别为规划后的梯田、林地、草地的面积，单位$\text{km}^2$；$C_1$、$C_2$、$C_3$分别为梯田、林地、草地的减水效益。在洪水频率$P<2\%$的情况下，$C_1$、$C_2$、$C_3$的取值分别为70.0%、60.0%、30.0%。$F_c$、$f_1$、$f_2$、$f_3$可分别根据表7–11、表7–13查得。

滞洪库容的确定：根据式（2–8），可初步估算得$V_{滞}=1.05KM_{p治}F_c=1.05\times0.8\times3.8\times10^4\text{m}^3/\text{km}^2\times16.08\text{km}^2=51.33\times10^4\text{m}^3$；

因此，上述W_p和$V_{滞}$的计算结果满足式（2–6）$V_{滞}>W_p$的要求，故可以确定滞洪库容的大致规模为$51.33\times10^4\text{m}^3$左右。

规划滞洪库容与计算所得滞洪库容的比较：淤地坝初步布局后，经过反复试算和布局修正，确定了最终的淤地坝布局（图7–32）和规模（表7–11），可知最终的规划滞洪总库容为$51.23\times10^4\text{m}^3$，与计算所得的滞洪库容$51.33\times10^4\text{m}^3$一致度非常高，且都满足$V_{滞}>W_p$的要求，说明规划坝系的布局和总体库容符合20a一遇的雨洪管控目标要求。

杨家沟景区小流域坝系规划规模与滞洪库容分解　　表7–11

<table>
<tr><th>编号</th><th>类型</th><th>面积（hm^2）</th><th>库容（10^4m^3）</th><th>备注</th><th>坝控流域面积（hm^2）</th><th>编号</th><th>类型</th><th>面积（hm^2）</th><th>库容（10^4m^3）</th><th>备注</th><th>坝控流域面积（hm^2）</th></tr>
<tr><td>28</td><td>淤地坝</td><td>0.78</td><td>0.546</td><td>规划</td><td>34.04</td><td>53</td><td>淤地坝</td><td>2.11</td><td>1.477</td><td>规划</td><td></td></tr>
<tr><td>7</td><td>淤地坝</td><td>1.10</td><td>0.770</td><td>现状</td><td rowspan="2">89.93</td><td>11</td><td>骨干坝</td><td>2.79</td><td>1.953</td><td>现状</td><td rowspan="2">38.48</td></tr>
<tr><td>46</td><td>淤地坝</td><td>3.41</td><td>2.387</td><td>规划</td><td>49</td><td>淤地坝</td><td>0.71</td><td>0.497</td><td>规划</td></tr>
<tr><td>38</td><td>淤地坝</td><td>1.05</td><td>0.735</td><td>规划</td><td rowspan="2">53.48</td><td>48</td><td>淤地坝</td><td>2.08</td><td>1.456</td><td>规划</td><td>66.91</td></tr>
<tr><td>39</td><td>淤地坝</td><td>1.78</td><td>1.246</td><td>规划</td><td>9</td><td>淤地坝</td><td>1.65</td><td>1.155</td><td>现状</td><td rowspan="4">122.63</td></tr>
<tr><td>6</td><td>淤地坝</td><td>2.20</td><td>1.540</td><td>现状</td><td>98.56</td><td>17</td><td>淤地坝</td><td>0.57</td><td>0.399</td><td>现状</td></tr>
<tr><td>29</td><td>骨干坝</td><td>2.19</td><td>1.533</td><td>规划</td><td rowspan="2">86.47</td><td>18</td><td>淤地坝</td><td>0.90</td><td>0.630</td><td>现状</td></tr>
<tr><td>52</td><td>淤地坝</td><td>1.29</td><td>0.903</td><td>规划</td><td>42</td><td>淤地坝</td><td>1.42</td><td>0.994</td><td>规划</td></tr>
<tr><td>40</td><td>淤地坝</td><td>2.67</td><td>1.869</td><td>规划</td><td>49.89</td><td>27</td><td>骨干坝</td><td>0.78</td><td>0.546</td><td>规划</td><td>37.75</td></tr>
</table>

续表

<table>
<tr><th>编号</th><th>类型</th><th>面积（hm²）</th><th>库容（10⁴m³）</th><th>备注</th><th>坝控流域面积（hm²）</th><th>编号</th><th>类型</th><th>面积（hm²）</th><th>库容（10⁴m³）</th><th>备注</th><th>坝控流域面积（hm²）</th></tr>
<tr><td>30</td><td>淤地坝</td><td>1.31</td><td>0.917</td><td>规划</td><td rowspan="2">46.70</td><td>19</td><td>淤地坝</td><td>0.10</td><td>0.070</td><td>现状</td><td rowspan="3">35.21</td></tr>
<tr><td>47</td><td>淤地坝</td><td>0.57</td><td>0.399</td><td>规划</td><td>20</td><td>淤地坝</td><td>0.08</td><td>0.056</td><td>现状</td></tr>
<tr><td>12</td><td>淤地坝</td><td>0.25</td><td>0.175</td><td>现状</td><td>107.92</td><td>21</td><td>淤地坝</td><td>0.14</td><td>0.098</td><td>现状</td></tr>
<tr><td>13</td><td>淤地坝</td><td>0.45</td><td>0.315</td><td>现状</td><td rowspan="5">107.92</td><td>22</td><td>淤地坝</td><td>0.15</td><td>0.105</td><td>现状</td><td rowspan="6">35.21</td></tr>
<tr><td>14</td><td>淤地坝</td><td>0.68</td><td>0.476</td><td>现状</td><td>23</td><td>淤地坝</td><td>0.16</td><td>0.112</td><td>现状</td></tr>
<tr><td>15</td><td>淤地坝</td><td>0.34</td><td>0.238</td><td>现状</td><td>24</td><td>淤地坝</td><td>0.17</td><td>0.119</td><td>现状</td></tr>
<tr><td>16</td><td>淤地坝</td><td>0.51</td><td>0.357</td><td>现状</td><td>25</td><td>淤地坝</td><td>0.18</td><td>0.126</td><td>现状</td></tr>
<tr><td>36</td><td>骨干坝</td><td>4.79</td><td>3.353</td><td>规划</td><td>26</td><td>淤地坝</td><td>0.27</td><td>0.189</td><td>现状</td></tr>
<tr><td>8</td><td>淤地坝</td><td>0.73</td><td>0.511</td><td>现状</td><td rowspan="2">95.69</td><td>44</td><td>淤地坝</td><td>2.64</td><td>1.848</td><td>规划</td></tr>
<tr><td>45</td><td>淤地坝</td><td>4.60</td><td>3.220</td><td>规划</td><td>43</td><td>淤地坝</td><td>1.07</td><td>0.749</td><td>规划</td><td>86.96</td></tr>
<tr><td>37</td><td>骨干坝</td><td>0.73</td><td>0.511</td><td>规划</td><td>92.03</td><td>3</td><td>淤地坝</td><td>3.60</td><td>2.520</td><td>现状</td><td rowspan="3">96.29</td></tr>
<tr><td>31</td><td>淤地坝</td><td>0.68</td><td>0.476</td><td>规划</td><td rowspan="4">76.33</td><td>4</td><td>淤地坝</td><td>0.60</td><td>0.420</td><td>现状</td></tr>
<tr><td>32</td><td>淤地坝</td><td>0.45</td><td>0.315</td><td>规划</td><td>5</td><td>淤地坝</td><td>1.10</td><td>0.770</td><td>现状</td></tr>
<tr><td>33</td><td>淤地坝</td><td>0.94</td><td>0.658</td><td>规划</td><td>51</td><td>淤地坝</td><td>2.19</td><td>1.533</td><td>规划</td><td rowspan="2">51.08</td></tr>
<tr><td>34</td><td>淤地坝</td><td>0.52</td><td>0.364</td><td>规划</td><td>54</td><td>淤地坝</td><td>2.84</td><td>1.988</td><td>规划</td></tr>
<tr><td>1</td><td>淤地坝</td><td>2.12</td><td>1.484</td><td>现状</td><td rowspan="3">75.76</td><td>10</td><td>淤地坝</td><td>0.42</td><td>0.294</td><td>现状</td><td rowspan="2">42.35</td></tr>
<tr><td>2</td><td>淤地坝</td><td>0.78</td><td>0.546</td><td>现状</td><td>50</td><td>淤地坝</td><td>3.94</td><td>2.758</td><td>规划</td></tr>
<tr><td>35</td><td>淤地坝</td><td>1.21</td><td>0.847</td><td>规划</td><td>41</td><td>骨干坝</td><td>2.40</td><td>1.680</td><td>规划</td><td>123.20</td></tr>
<tr><td rowspan="4">小计</td><td colspan="3">淤地坝坝地面积/hm²</td><td colspan="4">63.16</td><td colspan="2" rowspan="2">坝地面积合计/hm²</td><td colspan="2" rowspan="2">73.87</td></tr>
<tr><td colspan="3">骨干坝坝地面积/hm²</td><td colspan="4">10.71</td></tr>
<tr><td colspan="3">坝控流域总面积/hm²</td><td colspan="8">1607.66</td></tr>
<tr><td colspan="3">总滞洪库容/10⁴m³</td><td colspan="8">51.233</td></tr>
</table>

注：1. 上述表格中8、11、45、49号坝地为同一管控单元（盆域编号10、14），面积134.17ha；3、4、5、27、43、48号坝地为同一管控单元（盆域编号16、18、20、21），面积287.91ha；77、12、13、14、15、16、36、46号坝地为同一管控单元（盆域编号3、9），面积197.85ha。

2. 淤地坝的库容统一按下式估算，单库滞水库容=单库规划坝地面积×d_B；d_B为坝地允许淹水深度平均值，取0.7m。

（3）坝系稳定系数（I）

根据式（2-1），坝系稳定系数$I=0.01S/F_c$，其中，坝系控制流域面积$F_c=16.08km^2$，坝地面积S根据表7-11可知为$73.87hm^2$，可算得坝系稳定系数$I=1/21.8$，符合强度侵蚀区坝系稳定系数1/40～1/18的合理区间[224]78。

（4）与杨家沟景区小流域海绵专项规划预设目标的比较

前述预设目标为，小流域的年径流总量控制率$\alpha \geqslant 95\%$，由表5-5查得其对应的24h设计降雨量为39.7mm。

由规划采用的暴雨标准反推对应的24h设计降雨量。规划采用了20a一遇（$P=5\%$）的设计标准，根据《榆林地区实用水文手册》可分别查算得设计小流域24h设计面暴雨均值为52.7mm、24h变差系数$C_v=0.53$、倍比系数$C_s/C_v=3$。将上述24h设计面暴雨均值、C_v值及C_s/C_v比值输入P3水文频率分布曲线适线软件中，可得24h降雨量频率曲线图，并可自动输出《24小时降雨量频率曲线》计算成果（表7-12）。

杨家沟景区小流域 24h 降雨频率曲线计算成果　　表 7-12

设计频率(%)	0.5	1	2	3.333	5	10	20	30	50	60	95
设计值(mm)	163.9	147.2	130.2	117.6	107.5	89.8	71.6	60.5	45.6	39.9	22.1

查表7-12可知，$p=5\%$时对应的设计降雨量为107.5mm，远大于年径流总量控制率$\alpha \geqslant 95\%$时要求的39.7mm的设计降雨量。所以小流域坝系的雨洪管控目标完全满足预设的小流域年径流总量控制率目标。

7.1.4 杨家沟景区小流域雨洪管控措施规划布局

7.1.4.1 小流域层面的雨洪管控措施规划布局

经过小流域坝系的初步布局、滞洪库容计算、反复验算后，相应地对坝系的布局进行不断的调整，得到最终的坝系规划布局图（图7-32）。梯田、林地和草地类措施的规划遵循以下原则：①现有梯田（实际为台田）措施全部保留（包括评估后处于不适宜区域的梯田），并进行加田埂的改造；②对适宜建设梯田且现状未建的区域，在与景区土地利用规划不冲突的前提下全部规划为梯田；③保留所有林地，加强林地质量建设，当既是林地又是梯田时按梯田规划和统计；④林地和梯田等措施之外较陡的坡地规划为草地。据此原则，可形成小流域雨洪管控措施规划图（图7-33）。根据规划图，可统计出各类雨洪管控措施的面积和数量（表7-13）。

杨家沟景区小流域规划措施及用地类型统计　　表 7-13

措施及用地类型		面积（hm^2）	面积小计（hm^2）	占比（%）	
林地	现状林地1（0°～8°）	126.20	544.66	7.35	31.72
	现状林地2（8°～25°）	391.82		22.82	
	现状林地3（>25°）	26.64		1.55	
梯田	现状梯田1（与适宜范围一致）	412.33	911.11	24.01	53.06
	现状梯田2（在适宜范围之外）	196.23		11.43	
	规划梯田	302.55		17.62	
涝池等水利设施（含淤地坝）	水窖、涝池、坝地等	118.66	118.66	6.91	6.91
窑居院落	现状窑居院落治理措施	5.08	20.88	0.30	1.22
	规划窑居院落治理措施	15.80		0.92	
草地		121.67	121.67	7.09	7.09
合计		1716.98		100.00	

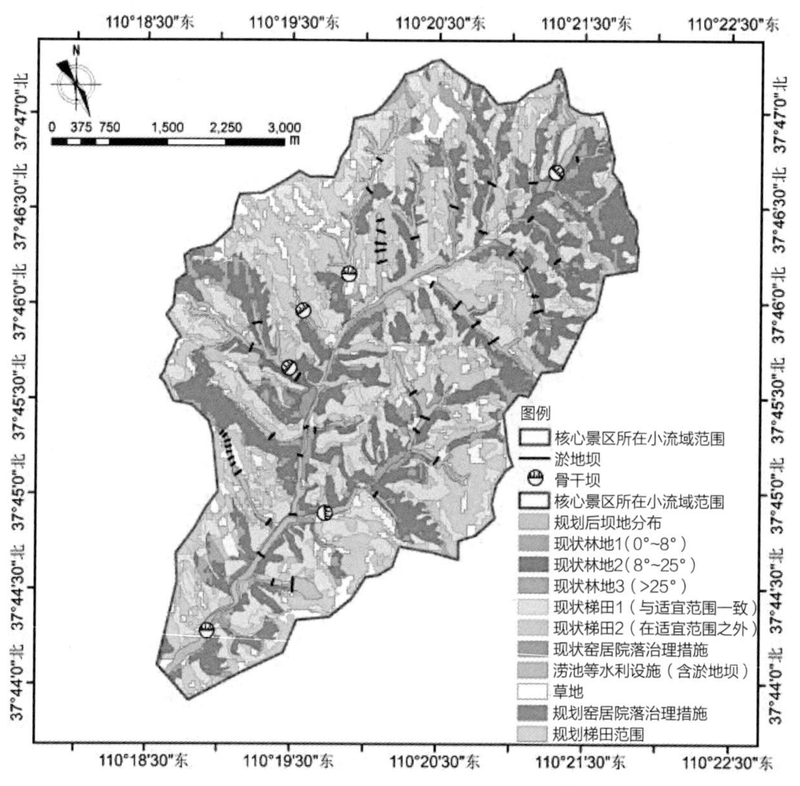

图7-33　杨家沟景区小流域雨洪管控措施规划

图片来源：作者，聂祯 绘

7.1.4.2 场地尺度（安置区）的雨洪管控措施规划设计

在核心景区层面，由于获取的地形数据精度较高，因而可以进行更精确的措施适地性评价（图7–24～图7–27）。在后续的场地开发建设中，可以结合该评价结果，依据小流域雨洪管控措施规划图进行各地块的详细规划设计。根据核心景区建设的需要，本研究选取了村民安置区进行了雨洪管控措施的详细规划设计。

（1）安置区概况

由于杨家沟是第一批中国传统村落、第二批中国历史文化名村，村庄拥有全国最大的窑洞庄园——扶风寨，该窑洞建筑群属于第五批全国重点文物保护单位、全国爱国主义教育示范基地、国家国防教育示范基地。因此，根据《杨家沟总体建设规划》的要求，需另寻新址安置原村寨中的居民。且要求安置区在建设风貌方面“要充分吸收扶风寨寨堡庄园中的传统智慧，融入现代工艺，形成具有扶风寨建筑神韵的移民‘新寨’，在遥相呼应中展现陕北黄土高原的建筑特色”。“新寨”最后选址于扶风寨西南方向2km以外的门户区西侧山坡，用地约为15.8hm^2，安置区位置及地形地貌如图7–34～图7–35所示。安置区建筑采用独立式窑洞顺地形分层布置于坡地之上，其中一条支沟将安置区分隔为两大片区（图7–36）。

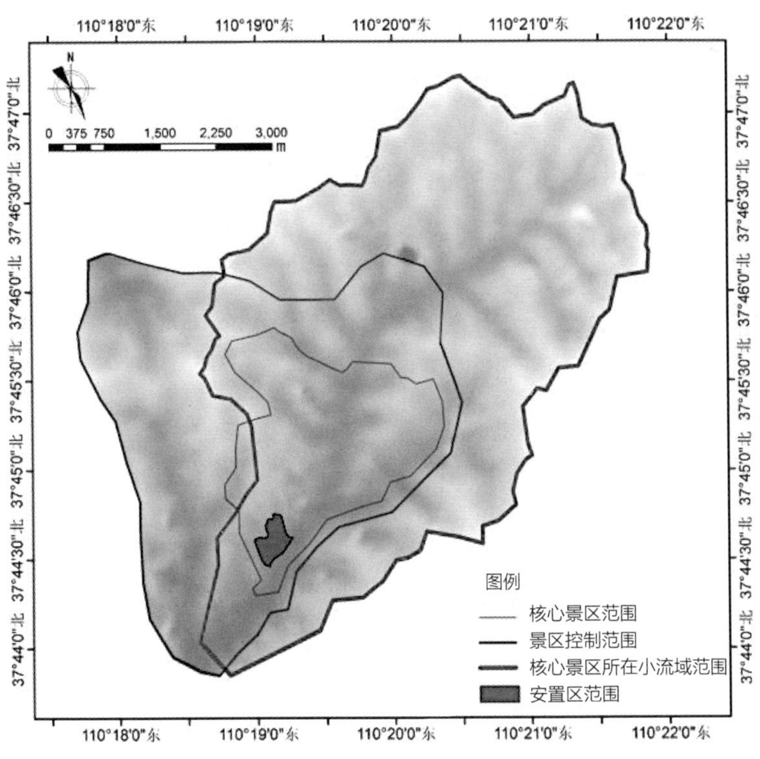

图7–34 杨家沟景区安置区位置示意

图片来源：作者，聂祯 绘

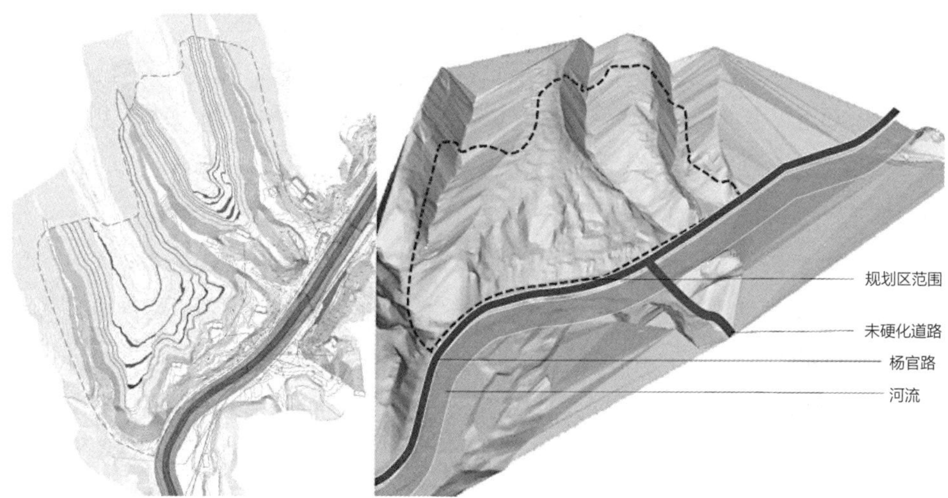

图7-35 杨家沟景区安置区地形地貌示意图
图片来源：西安建大城市规划设计研究院

图7-36 杨家沟景区安置区窑居院落空间布局示意图
图片来源：西安建大城市规划设计研究院

（2）安置区雨洪管控的目标策略

对应7.1.1.3小节所确定的雨洪管控目标，依坡而建的村民安置区的首要雨洪管控目标是保障场地安全，同时兼顾雨水的收集利用。另外，根据上位规划中保持传统窑居建筑风貌的要求，雨洪管控目标中的地域风貌要求也成为必选项，决定了雨洪管控要重视地域传统措施的选择使用。根据上述目标，可制定如下规划设计策略：①以建设场地所在的盆域（微流域）为规划设计范围进行地表径流管控；②场地的上游可参考核心景区措施适地性评价的结果选择适宜的管控措施进行场地设计；③窑居院落区域遵循“上拦下排场中蓄、绿色屋顶不露土”的原则和6.4小节中聚落场地雨洪管控要素空间布局方法进行措施的规划设计；④上游大片坡地采用梯田、水平沟等措施截留、滞蓄雨水；下游沟谷（组团间的支沟）可以采用谷坊和淤地坝拦蓄、淤土；⑤采用“明沟跌落”措施保障上下游场地雨水快速下排时的安全、延续地域景观风貌；⑥分区域设置蓄水设施，上下游串联，形成“滞–蓄–排”的完整体统；⑦合适位置布置下沉式绿地滞净雨水。

（3）安置区雨洪管控分区

根据安置区建筑规划的总体布局，结合场地沟坡分布，将安置区场地划分为A、B、C三个汇水分区，每个分区内又根据地块功能、径流方向细分为若干个更小的单元，实行分区管控。在小汇水区或者大汇水区的下游合适场地布置地下蓄水池/水窖收集雨水，并与汇水区下游的明沟跌落或沟渠连接，实现可蓄可排、蓄排联动、综合管控的功能（图7–37）。

（4）安置区雨洪管控模式与措施布局

根据6.4、6.5小节类型化场地雨洪管控措施的典型布局方法和场地建设模式，结合安置区的地形地貌和组团功能及建筑布局，可形成图7–38所示的雨洪管控模式。整个安置区范围内，土地从用途上可以划分为以窑居院落为主的生活型场地、院落坡地上游和两侧以农林业生产及生态防护为主的生产和生态型场地。由于安置区建筑采用了传统的独立式窑洞形式，且分组团、分层跌落式布局，可以看作是6.4节中靠山式和独立式窑洞的综合。因此，参照独立式和靠山式窑居院落场地对应的“上滞下排场中蓄式布局”和“上固下排场中蓄式布局”；具体而言，对上游缓坡采用梯田等“滞”的措施，对陡坡采用条形沟（可以结合植物护埂）等“固”的措施；院落内部则依据该类场地的布局要点在屋顶上设置截水沟、绿色屋顶、导流槽等措施，在合适位置布置下沉式绿地（绿地下不能为下层建筑的屋顶），在一组院落的最终汇流点布置地下蓄水池或者水窖。院落上游的坡地参照生产和生态型场地的“塬蓄坡滞沟淤式布局”和“塬蓄坡排沟固式布局”形式，重点对坡地和两侧沟壑进行措施规划，布置了坡地上的梯田、条形沟、明沟跌落以及两侧支沟中的谷坊和淤地坝，并将院落场地的措施与上下游场地的措施有机结合起来，实现上下游场地的整体综合管控。措施的具体布局见图7–39，图7–40则展示了一个独立院落小组团布置措施后的径流管控过程与视觉效果，实现了措施选择的地域化融合改造以及对地域建筑风貌的延续。

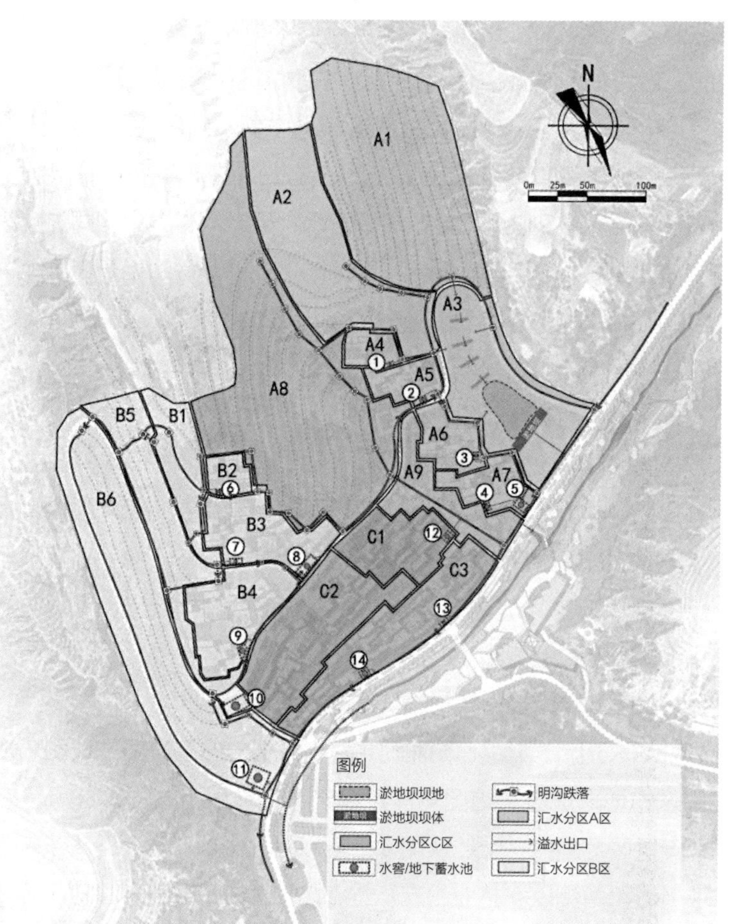

图7-37　杨家沟景区安置区雨洪管控分区
图片来源：作者，聂祯 绘

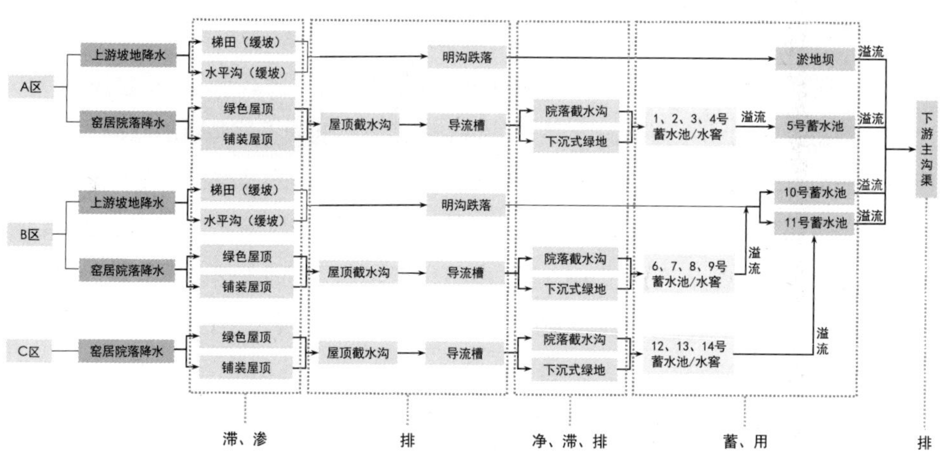

图7-38　杨家沟景区安置区雨洪管控模式（系统）
图片来源：作者 绘

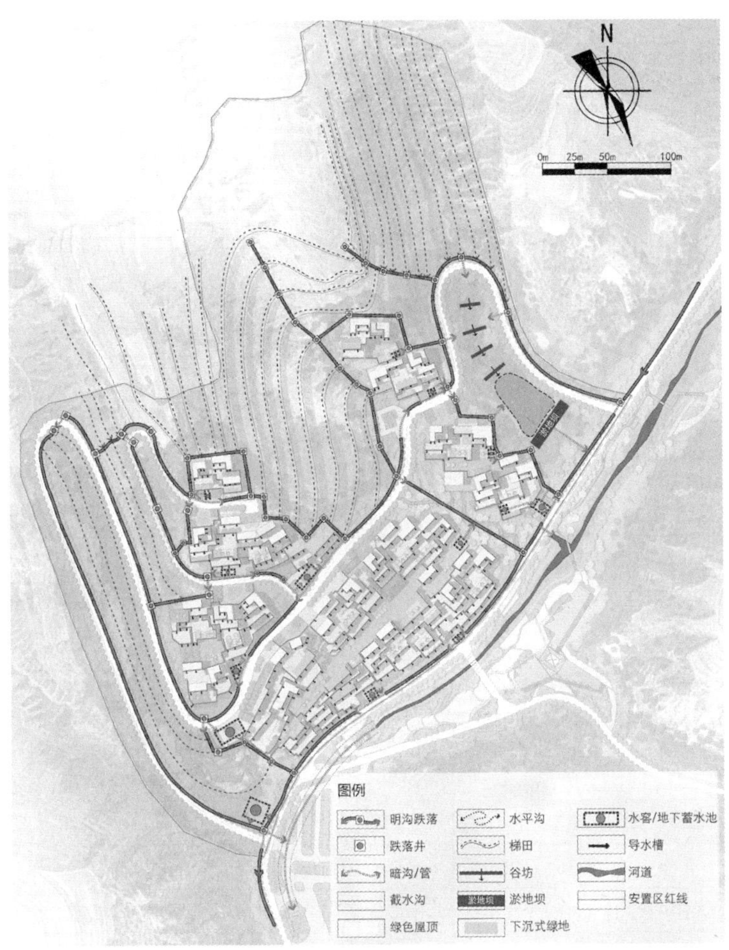

图7-39 杨家沟景区安置区雨洪管控措施布局平面图

图片来源：作者，聂祯 绘

图7-40 杨家沟景区安置区窑居院落雨洪管控措施布局效果

图片来源：作者，聂祯 绘

（5）安置区雨洪管控设施容量计算

计算标准：与小流域的总体设防标准一致，按频率$P=5\%$（20年一遇）计算。

计算方法：容积法，采用式（5–6）$V=10H\varphi F$计算。

具体步骤：

①分区面积统计。根据安置区雨洪管控分区范围分别统计出各分区内上下游缓坡地（梯田）、陡坡地以及窑居院落场地的面积，填入表7–14。

杨家沟景区安置区分区汇水统计　　表7–14

汇水分区		面积（hm^2）			分区径流量（m^3）	对应蓄水设施		各对应蓄水设施应提供容积（m^3）
		缓坡地（梯田）	陡坡地	窑居院落				
A区	A_1	0.24	2.01	0	774	淤地坝		774
	A_2	0.44	0.91	0	464	淤地坝（超标）		0
	A_3	0	1.12	0	385	淤地坝		385
	A_4	0	0	0.16	127	①号蓄水池	⑤号蓄水池（超标溢流）	127
	A_5	0	0	0.23	183	②号蓄水池		183
	A_6	0	0	0.27	215	③号蓄水池		215
	A_7	0	0	0.28	223	④号蓄水池		223
	A_8	2.26	0.30	0.20	1040	淤地坝（超标）		0
	A_9	0	0.47	0	162	淤地坝		162
B区	B_1	0.09	0.36	0	155	⑩号蓄水池		155
	B_2	0	0	0.13	103	⑥号蓄水池	⑩⑪号蓄水池（超标溢流）	103
	B_3	0	0	0.53	422	⑦⑧号蓄水池		422
	B_4	0	0	0.60	477	⑨号蓄水池		477
	B_5	0.79	0	0.05	312	⑩号蓄水池		312
	B_6	0	2.17	0	746	⑪号蓄水池		746
C区	C_1	0	0	0.46	366	⑫号蓄水池		366
	C_2	0	0	0.93	740	⑪号蓄水池		740
	C_3	0	0	0.80	636	⑬⑭号蓄水池		636
小计		3.82	7.34	4.64	7530			6026
合计		15.80			7530			6026

②查设计降雨量。根据表7–12可知，$P=5\%$时对应的24h设计降雨量为107.5mm。

③确定综合雨量径流系数φ。针对黄土高原地区的地形和土壤，《海绵城市建

设技术指南》中没有给出相应的径流系数，故参考了范瑞瑜研究的成果[1]：黄土高原丘陵区的壤土类下垫面，当24h降雨量为100～200mm时，径流系数为0.30～0.55。用内插法可算得当24h设计降雨量为107.5mm时，场地内自然地表的径流系数取值为0.32。窑居院落的综合雨量径流系数则可以根据绿色屋面、硬化屋面和地面的面积占比加权平均算得。根据《指南》，绿色屋面雨量径流系数取值0.30，硬化屋面和地面取值0.80，下沉式绿地因具有一定的蓄水功能，107.5mm降雨时不产生径流，故取值为0。统计得绿色屋面总面积为0.39hm^2、硬化屋面和地面为4.13hm^2、下沉式绿地为0.12hm^2，加权算得窑居院落的综合径流系数为0.74。

④分区降雨量计算。由式（5-6）$V=10H\varphi F$及前一步确定的各类地面的雨量径流系数，可分别算得每一汇水分区的径流量，填入表7-14中。

⑤确定设施容积。根据表7-14，计算确定每一蓄水设施的最小设计容积：当某一设施同时给几个分区提供容积时，其总容积为各分区径流量之和；当一个分区分别给不同的设施输水时，可以根据设计要求分担；A_2和A_8分区为改造后的梯田，根据《水土保持综合治理 技术规范 坡耕地治理技术》GB/T 16453.1—2008及小流域层面确定的整体标准，梯田在$P=5\%$时不向下游输出径流，故只有超过107.5mm的24h降雨量标准时，超标雨水才会排放到下游的淤地坝中。各设施对应的最小设计容积如表7-15所示。

杨家沟景区安置区不同设计降雨量对应的最小设施容积（m^3） 表7-15

降雨量（mm）	①号池	②号池	③号池	④号池	⑤号池	⑥号池	⑦号池	⑧号池	⑨号池	⑩号池	⑪号池	⑫号池	⑬号池	⑭号池	淤地坝
107.5	127	183	215	223	0	103	211	211	477	312	1486	366	318	318	1321
39.7	47	68	79	82	0	38	78	78	176	115	549	135	117	117	488
28.6	34	49	57	59	0	27	56	56	127	83	395	97	85	85	351
22.8	27	39	46	47	0	22	45	45	101	66	315	78	67	67	280

注：表中24h设计降雨量对应于《指南》中的年径流总量控制率目标分别是95%以上、95%、90%、85%。

⑥确定设施数量和位置。根据表7-14和表7-15中每个设施雨水收集的范围和所需最小容积，结合规划设计及实际使用需要，可以灵活安排，对蓄水设施进行合并处理，从而形成最终的设施数量和布置位置。

讨论：上述计算采用了$P=5\%$（20年一遇）的设计标准，要远远高于海绵城市

[1] 范瑞瑜．黄土高原坝系生态工程［M］．郑州：黄河水利出版社，2004：113，表5-26.

建设提出的标准（《指南》中本地域要求的年径流总量控制率为80%≤α≤85%，对应的设计降雨量在22.8mm与28.6mm之间），也要远高于95%的年径流总量控制率对应的39.7mm的设计降雨量。如采用《指南》的设计标准，如表7–15所示，所需蓄水设施的容积会非常容易满足，但另一方面，雨水资源化率也就大大降低了，洪峰削减效果也会减弱。通过不同设计降雨量计算结果对比，说明了本地域的城乡海绵建设，需要采用地域性设计方法、设计标准与目标要求，以适应本地域的环境特点和用水需求。

7.1.5 案例总结

本案例属于黄土高原沟壑型聚落场地的典型类型，在小流域中分布着一个或几个重点聚落，人类活动频繁，场地开发建设选址及规模与雨洪管控、水土保持等密切关联。研究跳出项目用地边界限制，扩大到小流域范围进行雨洪管控适地性分析，结合建设项目的规划目标在小流域范围内划定了各种适宜雨洪管控措施的分布范围。研究在合理确定雨洪管控目标的基础上采用综合平衡法进行总体雨洪管控指标的分解和验算，在此基础上确定了淤地坝系的分布及各坝的规模。在场地尺度上，选择了村民安置区这一先期建设项目场地进行了雨洪管控的详细设计，重点体现了本方法在场地层面雨洪管控的安全有效性和适地性。

限于研究中所能获取的数字高程地形图（DEM）的精度，案例中小流域层面的布局和水量计算仅是一种模拟，以验证管控措施的功效。具体建设时，需要根据详细的地形图来更精准地选址和确定淤地坝控制流域的范围，并最终核算和确定各盆域中单坝或坝系的淤积容量和滞留库容、确定各坝体的建设时序。

7.2 晋中市百草坡森林植物园海绵系统适地性规划实践[1]

基地位于山西省晋中市城郊，规划区范围内为典型的黄土沟谷地貌。在海绵城市建设的大背景下，结合园区建设和场地安全维护的需要编制了海绵系统规划。

---

[1] 本节内容根据笔者2018年公开发表的论文以及项目汇报材料扩充完善形成。杨建辉，岳邦瑞，史文正，等. 陕北丘陵沟壑区雨洪管控的地域适宜性策略与方法［J］. 中国园林，2018，34（04）：54-62. 山西省城乡规划设计研究院，《晋中市百草坡森林植物园雨水收集系统建设项目》，2016.07. 项目负责人：史文正，岳邦瑞；技术负责人：杨建辉；项目组成员：康世磊，孙菲，刘慧敏，钱芝弘，曹艺砾，杨茜，兰泽青，向欣，赵梦钰，杨雨璇，刘阳，王菁，郭翔宇。

7.2.1 现实条件

园区位于晋中市东郊，占地面积约350ha（图7–41），具有地域特色植物收集与展示、休闲游憩、科普教育等功能。截止森林植物园海绵系统设计结束时（2016年），园内除银杏湖等部分景点外，其他景点设施均付诸实施或已建成，但坡面新种植被尚未成型，场地植被覆盖度不足；部分基础设施尚在建设。（图7–42、图7–43）。

地貌类型上，基地西部为黄土丘陵台地，东部为黄土台塬，一条沟谷由北向南穿区域而过。因此，基地属于表1–1中所示的典型沟壑型场地。

在气象水文条件上，属四季分明、雨热同季的暖温带大陆性季风气候。年平均

图7–41　百草坡森林植物园区位

图片来源：北京林业大学园林学院、北京北林地景园林规划设计院有限责任公司编制的《山西省百草坡森林植物园规划设计方案》

图7–42　园区建设现状

图片来源：作者 摄

图7-43 团结渠建设现状
图片来源：作者 摄

降水量438.7mm，降水主要集中在6～8月。夏季气温较高，降水丰富。夏秋常受热带气旋影响，容易造成暴雨等极端气候现象。基地属黄河流域汾河水系，本区内的主要河流是潇河，基地南距潇河605m，在其汇水范围之内。

基地范围内的土壤主要为湿陷性黄土，且Ⅳ级自重湿陷性黄土占相当大的范围，土壤的湿陷和侵蚀特征非常明显。典型场地的土壤剖面如图7-44所示。

图7-44 典型场地土壤剖面
图片来源：项目组根据《晋中市百草坡森林植物园晨曦阁岩土工程勘察报告》绘制

上位规划条件。在《山西省百草坡森林植物园规划设计》中，对水量平衡进行了较为详细的测算。测算结果直接作为本规划案例中园区耗水总量数据及除雨水之外的补水来源的依据。在《晋中市城区排水防涝工程专项规划（2015—2030）》中，基地所属片区的洪水经潇河支沟排入潇河。环城东路以东设截洪渠作为东山洪水的行泄通道。穿越基地的行泄通道为15m×3m明渠，长2.0km，设计流量为180m^3/s，重现期30年，出口为潇河（图7–45）。

7.2.2 现状问题

截至本规划研究开始时，园内除银杏湖等部分景点外，其他景点设施均付诸实施或已建成；但坡面新种植被尚未成型，场地植被覆盖度不足；部分基础设施尚在建设。公园建成开园的当年夏天，暴雨导致园区内大量水土流失、局部场地垮塌，沿主要沟谷建设的主景区水景和景点均被淤泥填埋，损失惨重。基于此，提出了建设森林植物园海绵系统的计划，目标是加强对园区场地水土流失的控制，避免或减少因此带来的经济损失；充分收集雨季产生的雨水作为园区运行管理用水的补充来源；形成地域海绵城市建设的示范性项目。

在上述暴雨事件后，经过恢复性建设，园区得以重新开放，至本规划研究开始时仍存在如下问题：

（1）场地塌陷、滑坡等安全问题仍十分突出。

由于园区地形地貌复杂，土壤为湿陷性黄土，土质疏松，目前植被覆盖度较低。极易在强降雨条件下造成滑坡、坡面塌陷等场地安全问题，存在较大安全隐患，严重影响场地生态环境及景观效果（图7–46）。

（2）场地产流引发的坡面冲刷、场地积水、淤积等现象严重。

园区内场地雨水控制设施覆盖度较低，地表径流未经合理组织自然排放，易在冲沟汇聚形成山洪。此外，高强度的雨水冲刷两侧坡地，在防护措施不到位的情况下，极易导致黄土冲入沟谷之中，导致道路、沟渠淤积，破坏场地景观设施。

（3）未建设并形成合理有效的地域性海绵设施系统，措施分散孤立，园区有效管控内部径流和调控小流域雨洪的能力较弱。

园区在建设之初已有收集雨水的设想，但已建成的各类雨水措施都呈点状孤立存在的状态，只能应对局部的雨水收集或管控问题，无法满足整个基地层面暴雨产流的有效管控需求，更缺乏与基地所在小流域防洪排涝规划相协调的能力。

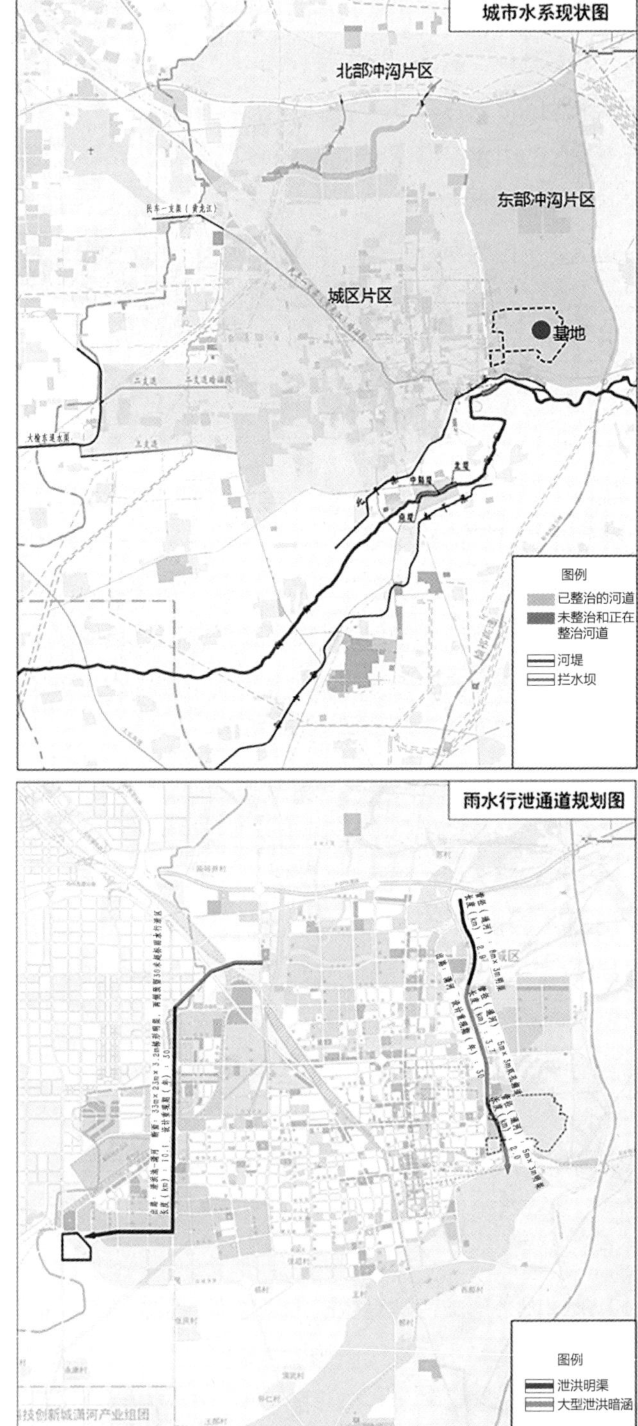

图7-45 城市水系现状与雨水行泄通道规划图

图片来源：山西省城乡规划设计研究院，《晋中市城区排水防涝工程专项规划》2015—2030

图7-46 场地破坏现状

(a)、(b)、(f) 土壤湿陷破坏；(c)、(d) 场地垮塌；(e)、(g) 水土流失

图片来源：康世磊 摄

7.2.3 场地地貌与水文分析

（1）高程分析

园区地势总体上呈东高西低阶梯状分布，场地中部和西侧各有一条黄土沟谷。制高点位于场地东北角，最低点位于两条黄土沟谷的南侧（图7–47）。

（2）坡度分析

园区场地中地形坡度大部分在25°以下，占整个场地面积的97.8%。冲沟附近是坡度较大的区域，其坡度变化也较大。其中35°以上陡坡仅占场地面积的0.2%（图7–48）。

图7-47 场地高程分析
图片来源：山西省城乡规划设计研究院

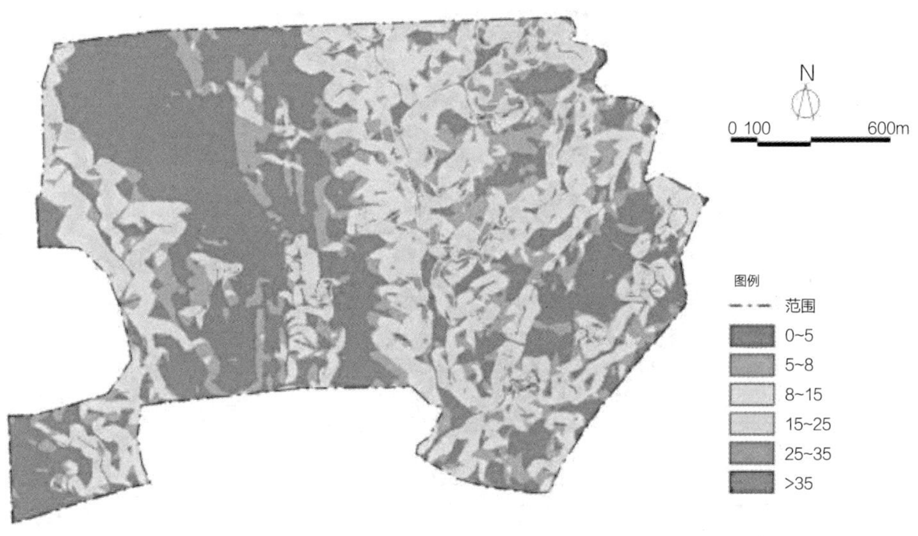

图7-48 场地坡度分析
图片来源：山西省城乡规划设计研究院

（3）园区上游汇水分析

如图7-49所示，园区内部共有育红沟和团结渠2条汇水沟渠，其中育红沟上游集水区汇水不经过本场地。项目组基于地形图利用ArcGIS软件分析后划分了上游的水文流域单元，量算得团结渠上游集水区汇水面积为417.1758hm²，当设计降雨

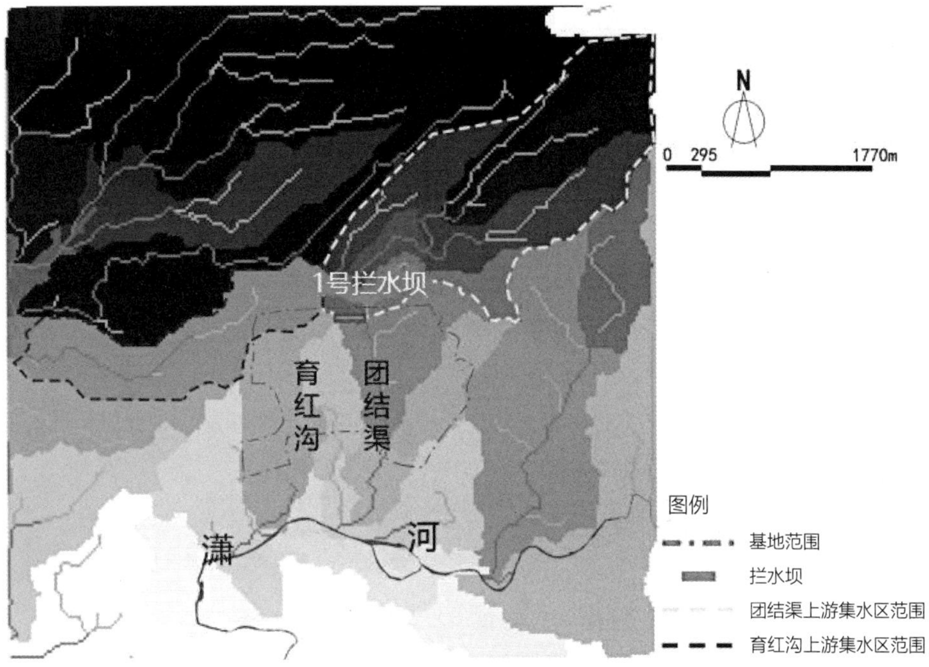

图7-49 基地上游汇水分析

图片来源：山西省城乡规划设计研究院

量取值23.6mm、雨量径流系数取值0.45时[1]，根据容积法公式$V=10H\varphi F$计算得出其汇水量为44304.07m^3。已经建成的团结渠1号拦水坝设计库容为30000m^3，所以经1号拦水坝拦蓄，上游流入基地内的汇水量为14304.07m^3。因此，基地如能有效滞纳此部分洪水则可以有效消减下游潇河的防洪压力。

（4）园区内部径流分析

以基础地形图为依据，根据场地高程，可以分析得到地表径流方向。总体而言，场地呈东北高、西南低的趋势，径流方向也遵循地势走向，从东北向西南汇集。场地中雨水就近汇入场地冲沟当中，再通过连接的沟谷汇入两个主沟。根据地形、道路、汇水方向、蓄水点位置，将基地划分为16个排水管控单元（图7-50）。

---

[1] 根据《海绵城市建设技术指南》，太原、晋中在年径流总量控制率分区图中属于Ⅱ区，年径流总量控制率取值范围为80%≤α≤85%，由于晋中与太原地理位置非常近，故参考太原的取值，按上限85%控制时，对应的设计降雨量为23.6mm。由于团结渠上游的详细下垫面类型及比例缺乏资料，虽然目前仍以农地为主，考虑到未来的发展，综合雨量径流系数φ取值0.45，取值相对保守。

汇水分区	面积（m²）
A	263171.24
B	287767.68
C	337584.46
D	39018.37
E	90969.34
F	214531.3
G	113143.56
H	49444.16
I	128839.17
J	46211.31
K	24110.76
L	482947.46
M	215739.84
N	447057.8
O	420399.11
P	324520.04

图7-50　园区排水管控单元划分

图片来源：山西省城乡规划设计研究院

7.2.4　适地性评价

7.2.4.1　确定适宜的场地雨水目标

根据《海绵城市建设技术指南》，将基地的年径流总量控制率目标确定为85%，对应的设计降雨量可取23.6mm（参照太原）。针对基地场地特点和已建成营业的现状，依据第5章适地性评价的相关思路，参考目标适地性评价表（表5-24）经过场地目标适地性评价后，得出团结渠和雨洪沟两侧的坡地以快排为主、较平坦的台塬以及育红沟以集蓄回用为主，所有的场地都需采用具有水土保持功能的措施以确保场地安全的结论。因此，最终确定了“雨水安全排放、洼地集蓄回用、防治水土流失保障场地安全和提高景观效果”的多维目标。

7.2.4.2　选择适宜的场地雨水工程措施

依据第5章适地性评价的相关思路，参考措施适地性评价表（表5-25），选择相应的评价因子对雨水措施进行适宜性评价。由于场地严重的自重湿陷性，排除了以“渗”为主的目标。评估后，可将措施分为两大类：塬面和坡面以排为主，洼地和沟谷则以蓄集回用为主。公园现状存在梯田和水平阶等措施，规划后则大量增加排水沟进行有组织排水，考虑到景观视效，最终选择了具有一定防渗性的植草沟或旱溪作为缓坡场地排水措施，陡坡则采用硬质沟渠排水以防土壤侵蚀。塬面上大量的低洼地和两条主要的沟谷则作为蓄积雨水的空间，小洼地采用了雨水花园的外观形式，作一定的防渗处理降低渗透性，起到滞蓄的作用；大的洼地采用水塘的形式，作生态护坡处理；沟谷空间较大，原本建设有景观水系，本次规划在上游充分利用已建成的拦洪坝削减场地上游的雨洪，在下游低洼处采用本土的淤地坝技术淤地滞水。

7.2.5 场地规划设计与方案生成

需要先制定场地的雨水利用模式，并根据场地分析和现场踏勘的结果进行汇排水分区、确定雨水洼地的位置和沟渠的走向，进而按照容积法计算蓄水设施的规模、按照流量法设定排水沟渠的截面大小。在设施规模和流向关系确定后，结合场地竖向进行景观优化设计，形成与已建成环境紧密融合的雨水利用工程措施体系。

7.2.5.1 确定场地雨水利用模式

在本书6.5节中详细阐述了场地尺度和流域尺度适宜的雨洪管控模式，归纳了不同场景或单一场地中可能的雨水利用模式，属于基本模式。真实项目中场地的复杂程度往往要比理想模型复杂得多，针对单一场景或者某一具体场地的建设模式有时并不能直接移植到项目之中，需要根据现实情况、目标诉求、总体场地的复杂程度来重新将各种适地性技术措施和基本雨水利用模式进行排列组合，形成针对具体项目的综合场地雨水利用模式或系统。本案中，地形地貌既有黄土台塬、也有沟壑和丘陵坡地，针对多维场地雨水目标，在充分研究各种适地性技术措施及其功能特点的基础上提出了如下雨水综合利用模式（图7–51～图7–53）。

以上园区雨水综合利用模式的主要特点体现在如下三个方面：

（1）以地貌单元为基础，结合局部场地的地形地貌特点确定地貌区块的主要雨洪功能和雨水管控措施。台塬区和丘陵坡地面积最大，是最主要的汇水范围，针对台塬较为平坦，天然低洼地较多的特点，通过截水植草沟、排水植草沟、塬边埂等技术措施收集过量的地表径流，形成蓄水塘或雨水花园，实现净、滞、蓄和渗的功能。针对丘陵坡地局部坡度较陡，水土流失严重，场地安全风险较大的特点，采用硬质排水沟渠将上游超量径流快速导入沟谷空间，避免场地冲蚀减少水土流失，并且采用生态护坡加固陡坡场地、加强视效。针对主要沟渠地势低、容纳空间大、场

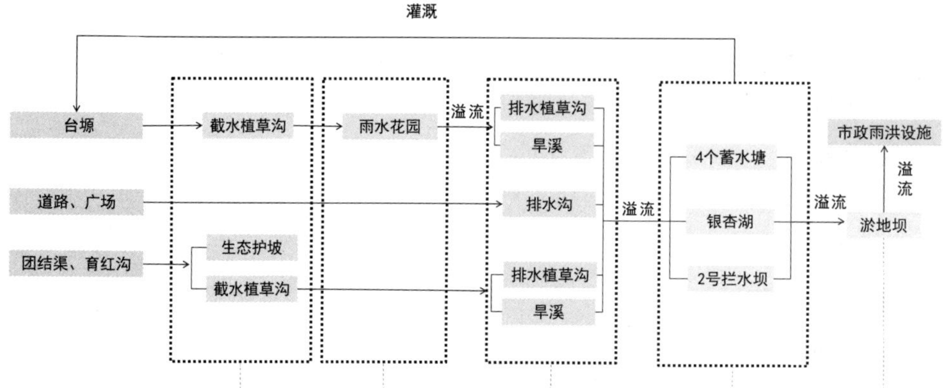

图7-51　园区雨水综合利用模式

图片来源：山西省城乡规划设计研究院

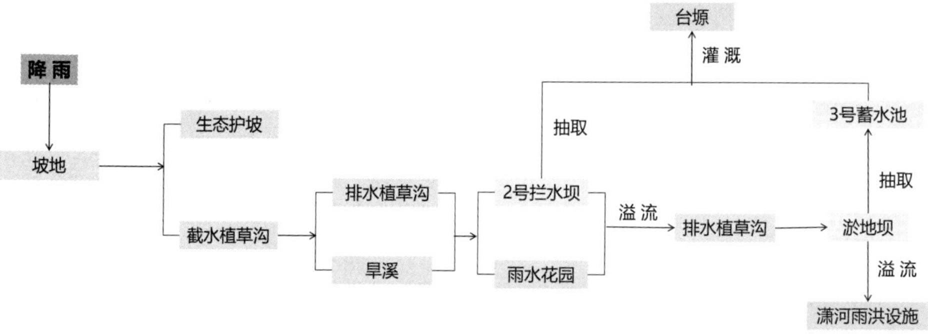

图7-52　团结渠雨水利用模式

图片来源：山西省城乡规划设计研究院

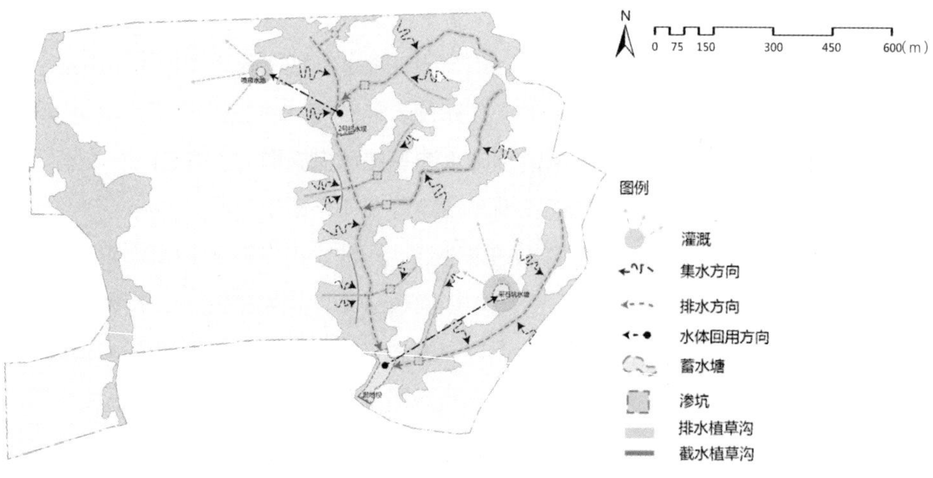

图7-53　团结渠雨水收集系统平面

图片来源：山西省城乡规划设计研究院

地垮塌和侵蚀风险小的特点，设置拦水坝和淤地坝，发挥大容量的季节性蓄水功能，通过水泵提升后可以实现雨水回用。

（2）将破碎地貌上各场地的雨水目标有机整合为统一的系统，形成以场地安全为基础，集水回用目标为主线，滞蓄、净化、渗透为辅，兼顾景观视效的雨水综合利用模式。本案例综合了6.3节中的“水土并重模式”“集水回用模式”以及“坝系生态工程模式”中的保土蓄水、集水回用、淤地坝滞水蓄水等思路和技术措施，实现了多维雨洪管控目标下的多模式综合集成运用。

（3）有效整合了地域雨水利用措施和海绵城市LID技术措施，实现了低影响开发技术的地域化运用。在上述雨水综合利用模式中，对传统地域措施和海绵城市LID技术措施加以综合运用，充分发掘了传统措施适应性强、成本相对低廉、地域风貌明显的特点，同时也有效利用了LID技术措施功能明确、指向性高的特征。本案例的地域性特点使其不同于常规的海绵城市项目，经适地性评估后没有将“渗”作为场地的主要目标，为了场地安全和防止水土流失，反而选择了有组织的“排”作为主要的目标之一，即便是为了美观而采用常规植草沟，也做了适合土壤特性的改造，由渗透排水改造为微渗排水。

7.2.5.2 总体方案

在确定了园区的雨水综合管控模式后，以各场地的地形地貌以及竖向高程为基础，将适地性技术措施与地形充分结合，便形成了图7–54所示的雨水利用设施规划总体布局。布局过程中充分考虑了选用措施在具体场地上的适宜性、具体场地的安全目标、景观视效、汇排蓄设施在容量和规模上的衔接关系等细节因素。

7.2.5.3 分系统方案及措施

（1）滞、排系统及主要措施

滞、排系统主要由植草沟、旱溪、排水沟等技术措施构成。确定雨水收集区域后，根据全园高差、坡度及下垫面类型布设植草沟、旱溪和人工排水沟。滞水植草沟主要设置在台塬上，用以缓减雨水流速并蓄积导入排水沟。排水植草沟在地形平缓场地使用，但在中坡、陡坡上进行排水需要避免流速较大的雨水对坡面的冲刷，可以设置旱溪或硬质排水沟渠。道路及广场旁边也需设置硬质排水沟排水，避免地基湿陷（图7–55～图7–59）。

（2）渗、净系统及主要措施

场地雨水下渗、净化系统主要靠雨水花园实现。雨水花园设置在台塬及沟谷低洼地来消纳排水沟雨水。通过前置池过滤、沉淀，在沼泽区自然下渗。考虑到土壤

图7-54 雨水利用设施规划总体布局
图片来源：山西省城乡规划设计研究院

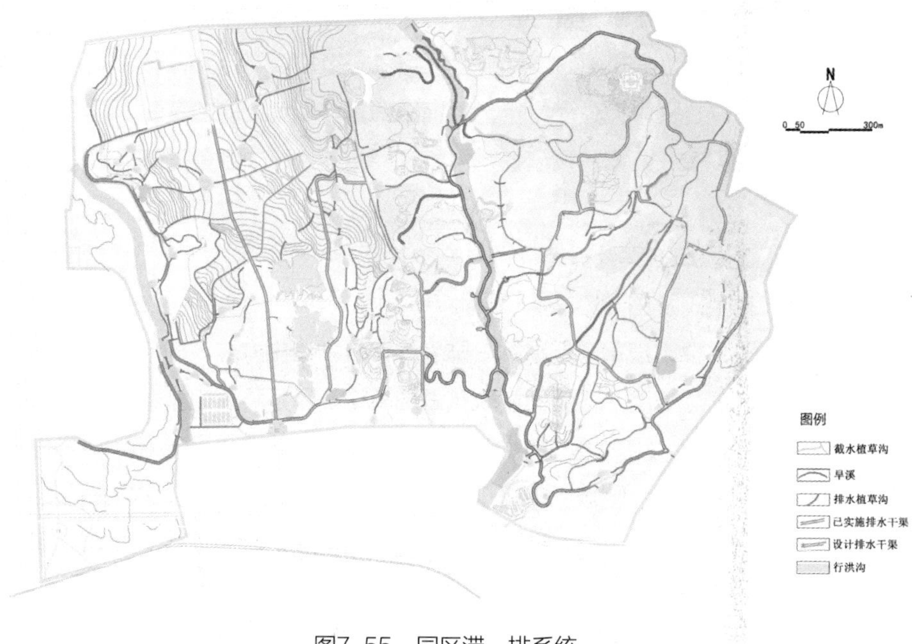

图7-55 园区滞、排系统
图片来源：山西省城乡规划设计研究院

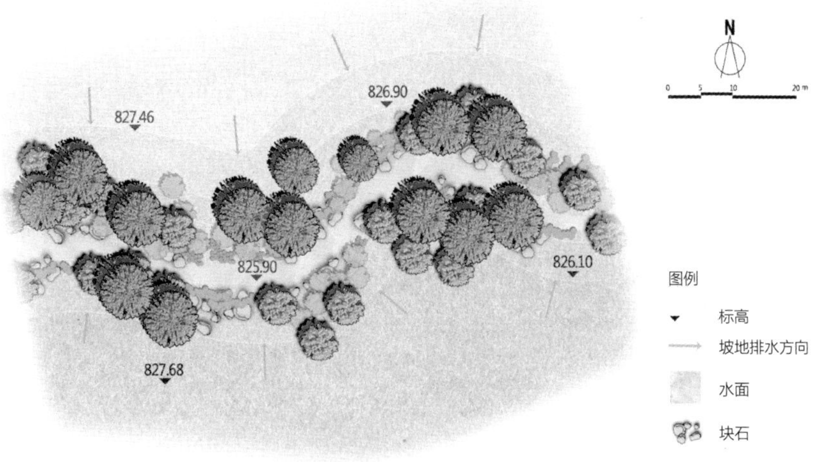

图7-56　植草沟平面模式

图片来源：山西省城乡规划设计研究院

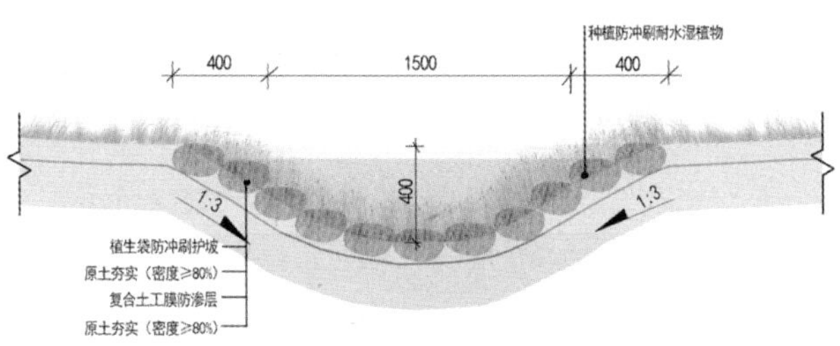

图7-57　植草沟剖面模式

图片来源：山西省城乡规划设计研究院

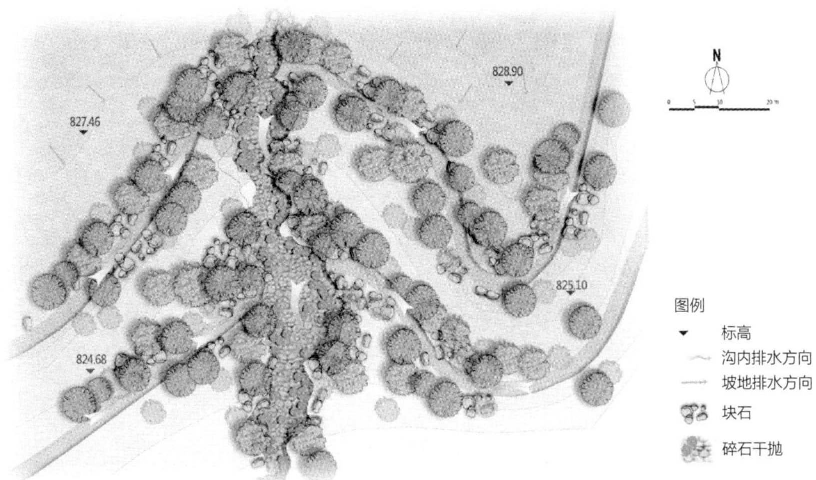

图7-58　旱溪平面模式

图片来源：山西省城乡规划设计研究院

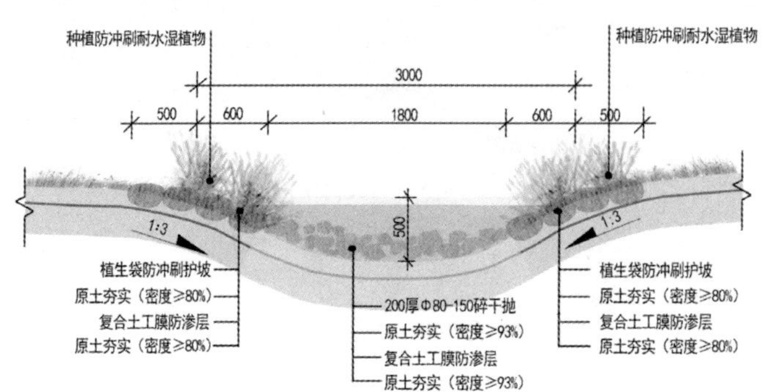

图7-59　旱溪剖面模式

图片来源：山西省城乡规划设计研究院

的湿陷性质，对雨水花园的构造做了改造，增加了微渗土工布，控制渗透速度，形成慢渗系统，防止快速渗透带来的场地湿陷等安全问题，雨水花园驳岸结构采用了植生袋护坡，驳岸边缘种植防冲刷耐水湿植物（图7-60～图7-62）。

（3）蓄、用系统及主要措施

植物园场地中的蓄水点有上位规划确定的银杏湖（未施工）和喷泉水池、2号拦水坝，本方案又规划有1号水塘、2号水塘（垃圾填埋坑）、3号水塘（采

图7-60　园区渗、净系统

图片来源：山西省城乡规划设计研究院

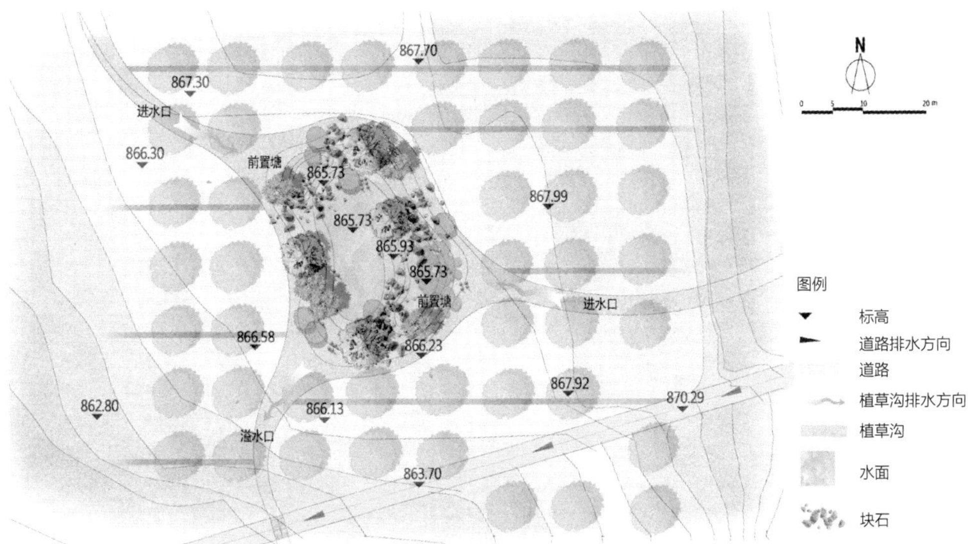

图7-61　雨水花园平面模式

图片来源：山西省城乡规划设计研究院

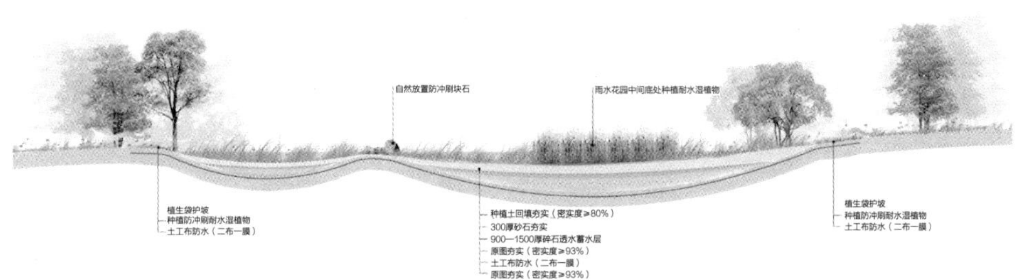

图7-62　雨水花园剖面模式

图片来源：山西省城乡规划设计研究院

石坑）、4号蓄水塘和淤地坝区作为蓄水点，总蓄水量为68875.3m³（表7-16、图7-63～图7-65）。景观水塘在功能上与涝池相似，所以构造上做了一定的防渗处理。

晋中市百草坡森林植物园蓄水点及蓄水量统计　　表7-16

蓄水点	1号蓄水池	2号蓄水池（垃圾填埋坑）	3号蓄水池（采石坑）	4号蓄水池	2号拦水坝	喷泉水池	银杏湖	淤地坝	合计
蓄水量（m^3）	3818.4	6528.6	7373.5	9060.7	8000.0	4238.6	8247.4	21608.1	68875.3

资料来源：山西省城乡规划设计研究院，《晋中市百草坡森林植物园雨水收集系统建设项目》，2016.07.

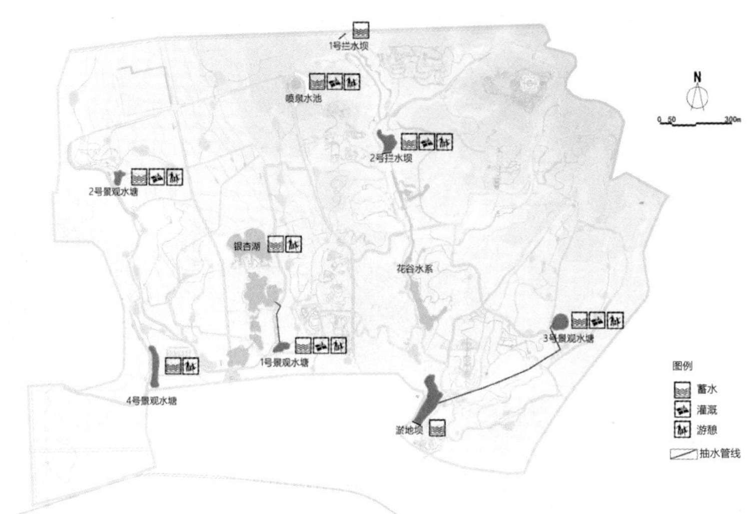

图7-63　园区蓄、用系统

图片来源：山西省城乡规划设计研究院

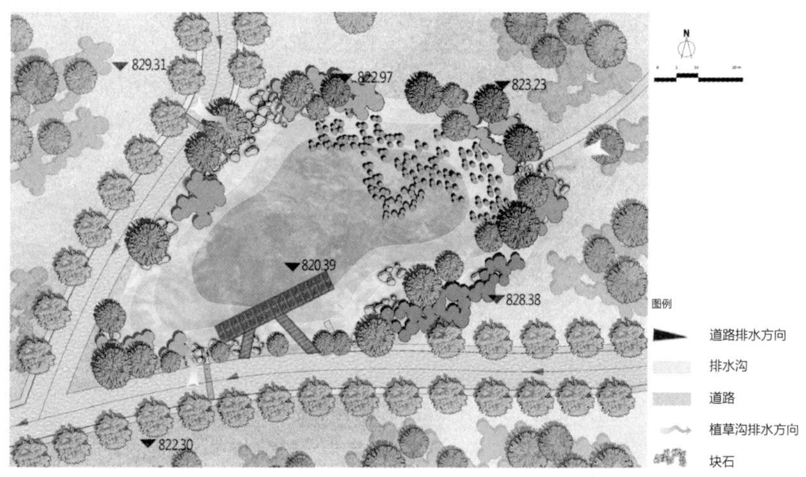

图7-64　1号景观水塘平面

图片来源：山西省城乡规划设计研究院

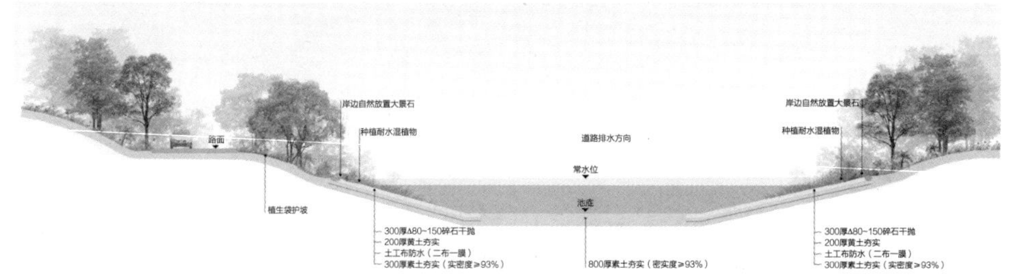

图7-65　景观水塘剖面模式

图片来源：山西省城乡规划设计研究院

7.2.5.4 其他技术措施

针对部分场地坡度较陡，不适宜栽植且容易滑坡和塌方的地段，采用了生态护坡的方式加以处理，安全美观，实际效果颇好（图7-66、图7-67）。

图7-66 生态护坡建成实景

图片来源：作者 摄

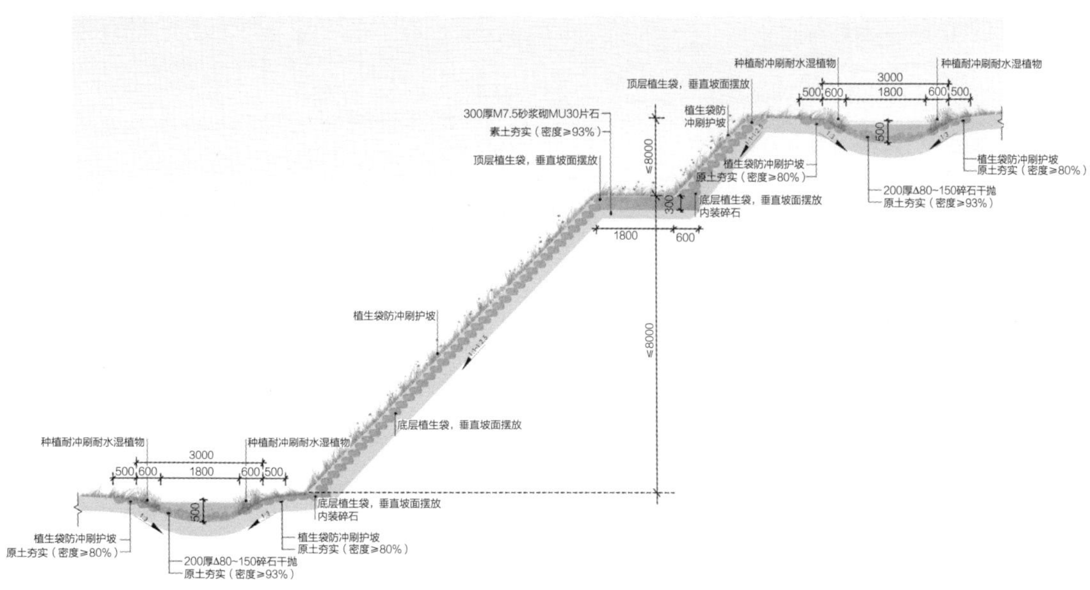

图7-67 生态护坡构造剖面

图片来源：山西省城乡规划设计研究院

7.2.5.5 与水量有关的几个问题

关于水量平衡，据测算[1]，园区每年运行所需的稳定用水量约为2315000m^3，基地年均可回收降水量约为386541m^3，远小于园区年运行所需的水量，植物园在建园之初考虑到了这个问题，主要的用水量由基地外的水库引水解决。因此，在进行基地雨水收集系统设计时，确定设计要点是通过对复杂地形地貌上各类下垫面降水的合理而安全的汇排水组织来实现场地在雨季防止水土流失、避免场地垮塌下陷等安全目标，第二位的目标才是在此过程中通过各种适宜的蓄水措施来实现雨水的收集回用。关于基地调蓄容积的设计与计算，以85%的年径流总量控制率测算得基地内的调蓄容积需要37344.9m^3(表7-17)。由于植物园明显不同于城市中心区，其调蓄地表径流的能力较强，调蓄空间较多，所以在充分利用低洼地形后，实际设计的可调蓄容积为68875.3m^3，对应的设计降雨量约为43.9mm。另外，基地调蓄降水的空间绝大部分都是基于现有低洼地建设，在用水量和蒸发量都很大的情况下，并没有像景观水系那样定位为长期保持稳定水面的空间，只是做临时性的调蓄空间使用，因此，在植物选择上，需要具有一定的抗涝性或喜湿性。

晋中市百草坡森林植物园雨水蓄积容量统计表　　　　表7-17

区域	基地上游	基地内部		
		硬质	水面	绿地
面积（hm^2）	417.2	33.2	5.4	310.1
设计降雨量（mm）	23.6	23.6	23.6	23.6
所需调蓄容积（m^3）	44304.1	2196.9	354.7	20489.2
基地内部所需调蓄容积合计（m^3）	14304.1（由上游排入）	23040.8		
	37344.9			
实际设计调蓄容积（m^3）	30000.0（现有1号坝）	68875.3		

注：基地上游产生的44304.1m^{3}降水中，有30000.0m^{3}被前期建设的1号坝所拦截，额外的14304.1m^{3}雨水汇流入基地内部，由本次规划的基地内部的设计容积加以调蓄。

资料来源：山西省城乡规划设计研究院，《晋中市百草坡森林植物园雨水收集系统建设项目》，2016.07.

[1] 园区每年运行所需的稳定用水量引自北京林业大学园林学院及北京北林地景园林规划设计院有限公司编制的《山西省晋中市森林植物园规划设计方案》；基地年均可回收降水量则以多年平均降雨量（1954~2008年）395.9mm作为依据测算，其中降雨量数据引自山西省第三地质工程勘察院提供的园区岩土工程地勘报告（详勘）。

7.2.6 案例总结

本规划实例基于黄土高原特殊的地理及气候条件，分析了园区建成后遇到的雨洪管控问题，提出了园区综合雨洪管控的多维场地建设目标，强调了水土保持、场地安全以雨水利用以及生境恢复等目标在当地海绵城市建设中的重要性。本案例运用目标和措施双重适宜性评价的规划设计方法和策略，确立了以地域性措施为主、以经过地域适宜性改造后的LID措施为辅的技术思路，在充分研究地形条件的基础上将各场地的雨水目标有机整合为一个统一的系统，形成以场地安全为基础，集水回用目标为主线，滞蓄、净化、渗透功能为辅，兼顾景观视效的雨水综合利用模式。总之，本规划实例是本书中雨洪管控适宜性规划设计方法在场地尺度上的一次很好的运用和尝试。

7.3 本章小结

在规划设计及建设中，存在巨大差异的地域性城市如何在《海绵城市建设技术指南》的框架下建立适合地情的适地性方法和策略是当前具有现实意义的任务。本章选择了不同尺度、不同地区的两个实际案例。第一个案例属于人类活动频繁、聚居规模较大、有重要开发建设价值且离城市有一定距离的陕北黄土高原小流域类型。其研究的重点在于如何从小流域层面管控一定设计标准的雨洪，从而实现聚居生活及开发建设活动的安全和流域生态治理等综合目标。在措施适地性评价的基础上对流域的治理措施进行了合理的规划，特别是采用综合平衡法进行了雨洪管控目标的分解、淤地坝系的规划布局和滞洪效果模拟。第二个案例选取了山西黄土高原紧邻城市的实际建设项目，属于海绵城市建设需要重点考虑的场地类型。该案例属于项目规模较大的场地尺度的雨洪管控规划设计，由于项目纳入了所在城市海绵城市建设的总体目标中，且地形资料较为精确，所以规划研究偏重于详细规划层面，并兼顾了重要场地节点设计。在本案例中采用了容积法来分解雨洪指标并计算总体滞蓄径流量。

第8章 结论与展望

8.1 主要结论

晋陕黄土高原地区在当前新型城镇化过程中，由于建设用地紧张，建设范围不断突破平坦的河谷阶地，快速向河谷两侧的台、塬和坡地上发展蔓延，由此引发大开大挖、水土流失加剧、环境生态破坏、地域营建风貌缺失等系列问题。水在其中是最为决定性的因素，对地表径流及其水文过程的控制是解决问题的主线。因此，以建设场地及其小流域为基本单元对地表径流进行有效控制从而实现场地内部乃至小流域雨洪的合理管控，实现城乡一体化的水土保持、雨水资源利用、生态恢复、聚落场地安全、地域化海绵城镇建设以及建设风貌保持等多维雨洪管控目标是重要的适地性策略。基于地域传统和民间智慧，融合最佳管理措施（BMPs）和低影响开发（LID）技术理念的晋陕黄土高原沟壑型聚落场地雨洪管控适地性规划方法是实施上述雨洪管控策略、协调和规范城乡一体化建设、有效落实城乡“多规合一”空间规划的多学科综合途径之一。

本书对传统雨水场地建设经验和民间智慧进行了总结和凝练；丰富了城乡空间生态规划尤其是海绵城市技术及措施地域化以及适地性场地设计方面的理论：①以小流域和场地尺度为核心层级，建构了基于雨洪管控目标和措施适地性评价、融合民间雨洪管控智慧、低影响开发技术体系和城乡物质空间规划方法的雨洪管控适地性规划途径和技术框架；②建立了雨洪管控的多维目标、综合措施、适地性评价以及政策法规4体系；③在场地层面，构建了包含类型化场地适地性目标、基于水文过程的适地性规划策略、融合改造后的适地性措施、典型场地空间雨洪管控要素布局方法和适地性场地建设模式等内容的沟壑型聚落场地雨洪管控规划设计方法；④在小流域和场地尺度开展了雨洪管控规划实践研究。

（1）在雨洪管控的地域实践与民间智慧研究方面，从流域和场地两个尺度进行了归纳和凝练。

在流域层面，传统经验主要强调沟壑治理、田间工程以及雨水资源利用三个方面的工作，将生产、防护、治理以及雨水资源利用充分结合，具有可持续性。

在场地层面，首先，将地域经验智慧凝练为两点：①普遍采用“因地制宜，防用结合，综合治理，确保安全”的系统性策略；②自发遵循“就地取材、协调统一；简而不陋、粗而不俗；富有创意、生态审美”的场地建设原则。其次，以地表水文过程为主线，凝练后形成了地域雨洪管控的措施及经验模式（图4–20）。最后，分析了传统技术体系的不足：①缺乏理论体系支撑及应对雨洪的系统考虑；②不适应生态人居环境建设的新要求；③基于经验的建设技术导致安全性不足。

（2）在规划方法方面，引入了景观适宜性评价的生态规划方法，为雨洪管控目标与措施的适地性评价提供了理论与方法上的支持。

本书在适宜性评价理论基础上以第二代景观适宜性评价方法（LSA2）为主，同时由于涉及景观风貌等乡土景观保护问题，评价中还需结合应用人文生态方法的相关思想，在具体的评价过程还重点采用了以定性判定为主的“逻辑规则组合法”，以解决具体实践中评价指标权重确定困难的问题。

（3）在适地性雨洪管控体系建构方面，围绕技术途径、总体框架、管控目标、技术措施、评价方法以及政策法规等内容，构建了晋陕黄土高原沟壑型聚落场地适地性雨洪管控规划1途径、2层级、4模块、4体系和4步骤。

首先，构建了多途径融合的地域性技术途径。通过对比和理论分析及实践案例研究，指出单一的低影响开发（LID）或本土技术路径都无法适用于地域实践，晋陕黄土高原沟壑型聚落场地中雨洪管控的技术途径需通过对现有技术途径进行比较、优化以及融合重构后才能形成，并实现了技术途径的融合重构（图5–2）。

其次，在技术框架中明确了适地性规划的4模块和4步骤。延续《指南》的思路，在规划内容、规划程序、目标和指标3个方面进行地域化调整，融入水土保持规划的思想和措施，将规划设计的工作内容分为目标策略、指标分解、落实措施以及场地实现4个模块，并对应具体的规划尺度与层级。确定了基于适地性评价的规划设计流程（4步骤）：先通过适地性评价确定目标，再根据目标和评价结果选取适宜的措施，最后用空间规划设计的技术手法优化布局各项雨洪措施。

第三，确定雨洪管控适地性规划的基本尺度和空间规划层级为小流域和场地（2层级）。小流域层面以地表径流控制为出发点，提出了雨洪管控与水土保持的综合雨洪管控目标，此规划层面涉及的内容包括总体目标、指标分解、建设模式、技术措施以及政策法规。在场地层面，基于水文过程和场地功能的差异，明确了生产、生活、生态三类聚落场地需要重点解决的问题：①农林业开发和生态建设场地，根据地貌类型来对应建设坡面雨水措施和沟谷雨洪管控措施；②城乡聚居及各类项目建设场地，需要解决场地多维目标确定、分地块（汇水区）指标分解、适宜场地建设模式与技术措施选择以及LID技术措施的地域性改良等问题。

第四，建立了涵盖雨洪管控、水土保持、场地安全、场地生境、景观视效以及成本效益等多维目标体系。明确了两个层级的重点目标：洪水总量控制及水土保持是小流域层面的重点目标；城镇型场地多侧重于地表径流控制、黄土场地的湿陷控制以及雨水资源化利用；城乡聚落型场地更强调场地安全、地域风貌以及雨水利用；生态建设项目场地还需强调场地的生境保护与恢复目标。

①雨洪管控目标：除了总体目标，还提出了“梯田比率”“淤地坝密度”“林草覆盖率”等地域化控制指标，确定了各指标的计算方法。针对年径流总量控制目标分解，比较和总结了容积法和模型模拟法的特点。

②场地安全目标：包含场地变形控制和场地塌方与泻溜控制两类目标。对场地变形的形成原因、危害程度、控制目标要求等做了分析与归纳，指出湿陷是黄土地区受降水因素影响最直接和最大的场地变形形式，充分防范雨水对场地带来的湿陷破坏是场地安全控制目标的重点内容。

③其他目标：雨水资源利用目标的实现程度可以从雨水资源化率、经济效益以及生态效益三个方面加以衡量。景观视效目标需要从地形特征、聚落形态、建筑形式、地域材料、空间使用方式、地域色彩、景观植物、生产与生活场地选址等方面加以应对。场地生境目标主要针对被人为破坏严重、景观要求较高以及水土侵蚀严重的场地，减少人为干扰和破坏并充分利用降雨资源则是保护与恢复场地生境的基本要求。成本效益目标包含建设成本控制和实施后的经济效益两个方面，需要从技术措施及构造材料的选择上入手并尽量将场地措施与生产相结合。

第五，形成了雨洪管控综合措施体系。包含传统雨水利用及水土保持技术措施和低影响开发（LID）类技术措施。传统技术措施在具备相应场地条件（针对每种传统措施适宜的地貌和场地空间）的情况下，一般而言都适宜用，但对于防护级别和要求很高的场地，则需在材料上进行选择、在构造上进行加强。低影响开发（LID）类技术措施不能一概而论地认定某种是否措施可行，需要根据措施的主要功能并针对不同地貌类型、场地空间条件、使用环境等分别给出判定。

第六，建立了雨洪管控目标与措施的适地性评价体系。①确定了场地坡度、土壤特性/类型、土壤侵蚀度、植被盖度、经济成本、景观视效、地域性8种主要评价因子；②完成了评价因子的量化与细分，使之具有可操作性；③采用“逻辑规则组合法”，提出了从“建立匹配关系”“确定评价原理”“因子评价赋值”到“选择适宜对象”的适地性评价4步骤；④制定了目标和措施适地性评价量表。

最后，提出了黄土高原雨洪管控政策与法规协同创新体系框架。从城乡规划技术体系创新、法规体系创新和管理体系创新的角度，提出了地域雨洪管控政策与法规协同创新体系框架（图5-16），强调当前一方面要编制专门针对小流域雨洪管控和地域海绵城市的技术规范，另一方面，针对新编制的规范，需在技术措施中多吸取地域传统经验和智慧。

（4）在场地规划设计层面，构建了包括确定雨洪管控目标、制定基于水文过程的适地性规划策略、选择和改造适地性场地技术措施、场地空间要素合理布局、甄选雨洪管控适宜场地模式5方面内容的沟壑型聚落场地雨洪管控规划设计方法。

首先，根据土地利用功能将晋陕黄土高原沟壑型聚落场地划分为生活型、生产型和生态型3种类型；结合地貌特征分析了各类型场地的适地性雨洪管控目标。

其次，在分析BMPs策略和传统策略的基础上，实现了基于水文过程的雨洪管控适地性规划策略的比较与融合。

第三，以低影响开发（LID）措施和传统措施为基础，甄选并融合改造后形成了不同地貌条件下适宜选用的雨洪管控措施一览表。

第四，提出了适应晋陕黄土高原沟壑型聚落场地特点的地域化场地雨洪管控要素布局方法，并形成了9种典型场地空间布局形式。该方法以形成系统性的径流管控链路、实现上下游场地地表水文过程的全程有效管控，使场地获得标准内降雨充分资源化利用、超标降雨安全快速排放的功能为要素布局的根本目标。

最后，以类型化场地雨洪管控空间要素的布局原理和方法为依据，基于径流产生、迁移、传输三阶段的适地性规划策略，将适宜的雨洪管控措施合理组合，形成了两种尺度8大类约40种措施组合模式，深化和发展了场地雨洪管控要素的布局形式，给场地雨洪管控规划设计提供了更多针对性选项。

8.2 研究创新点

本书的特色与创新之处体现在如下3个方面：

8.2.1 规划理论方法创新

以雨洪管控目标导向下的类型化场地空间要素布局方法为核心，以适地性为出发点，融合改造了传统雨水利用与低影响开发（LID）技术措施，立足于形成系统性的径流管控链路、实现上下游场地地表水文过程的全程有效管控，建构了晋陕黄土高原沟壑型聚落场地的雨洪管控规划设计方法，归纳提炼形成了雨洪管控适宜场地建设模式和适地化策略。

本书在分析与比较的基础上对传统雨洪管控策略与最佳管理措施（BMPs）

策略进行了融合，提出了适用于沟壑型聚落场地及其小流域雨洪管控的适地化策略；以生活、生产、生态3类沟壑型聚落场地中的9种基本空间类型为基础建构了场地层面的雨洪管控要素布局方法；在9种场地雨洪管控要素典型布局形式的基础上，根据项目尺度和具体建设目标，以类型化场地雨洪管控要素的布局原理和方法为依据，基于径流产生、迁移、传输三阶段的适地性规划策略，将适宜的雨洪管控措施合理组合，归纳提炼了8大类沟壑型聚落场地雨洪管控的适宜场地建设模式，并深化发展形成了约40种措施组合，给场地雨洪管控规划设计提供了更多针对性选项。由于措施组合遵循了水文过程管控的地域化策略，因而相较于传统的经验方法和纯粹的低影响开发模式具有地域特征明显、安全高效的特点。

概括而言，雨洪管控目标导向下的类型化场地空间要素布局方法的创新思路是：依据目标需求和场地特征，选择和整合传统与低影响开发（LID）两类措施要素，在“高适配”“低成本”“少维护”“系统性”原则下，以形成系统性的径流管控链路、实现上下游场地地表水文过程的全程有效管控，使场地形成标准内降雨充分资源化利用、超标降雨安全快速排放的功能为要素布局的根本目标。

具有如下创新意义：①理论上，以适地性为出发点融合与改造了传统雨水利用和低影响开发（LID）技术措施和策略；形成了适应晋陕黄土高原沟壑型聚落场地特点的地域化场地雨洪管控要素布局方法和多尺度场地建设模式；实现了传统雨水利用方法的科学化提升和低影响开发技术的地域化落地以及两者的有机融合；为我国海绵城市规划设计方法和城乡生态文明建设思路提供了地域性的补充和完善。②实践上，针对地域内各类沟壑型聚落场地基于经验布局雨洪管控措施、且措施布局零星单一、系统性差、超标降雨防控能力弱的现状，提供了包含适地性措施、地域化策略以及基于雨洪管控目标的类型化场地要素布局方法和多尺度场地建设模式等内容的场地雨洪管控规划设计方法；对地域内的雨洪管控、城乡海绵化实践及生态文明建设具有现实的指导意义。

8.2.2 技术体系创新

引入适宜性评价方法，创建了适地性评价量表，形成了雨洪管控目标与措施适地性评价体系，为低影响开发（LID）方法广泛应用于地域规划实践提供了可行的落地工具；融合传统水保与人居场地建设技术体系以及LID技术体系，构建了黄土高原沟壑型聚落场地雨洪管控的适地性规划技术途径和技术体系，实现了水土保持规划、人居建设规划和海绵城乡规划的有机统一。

首先，本书在归纳总结地域经验智慧的基础上，通过对小流域地表水文过程与产汇流机制的分析，以雨洪管控目标与措施的适地化评价为基础，融合低影响开发（LID）、流域最佳管理措施（BMPs）以及水土保持技术体系，针对地域雨洪问题与管控目标，建构了雨洪管控适地性规划技术体系，包含技术途径、总体框架、空间规划层级、多维目标体系、综合措施体系、目标与措施的适地性评价以及政策法规体系等内容。构建了由“目标策略—指标分解—落实措施—场地实现”四模块组成的地域雨洪管控规划设计方法，在一定程度上实现了跨学科、跨领域的融合创新。

其次，以聚落场地为主的小流域在水文过程上具有连续性和整体性，聚落场地中具体包含的生产、生态与生活场地的水文过程是小流域水文过程的一部分，上游场地外排径流对下游场地的雨洪过程会产生叠加效应，因而，研究并不是仅仅停留在具体场地内部来研究雨洪管控问题，而是扩大到场地所在小流域的层级来展开工作。研究以传统雨洪管控技术模式为基础融入了低影响开发技术体系，通过取长补短、协同作用，形成融合创新的雨洪管控适地性技术途径和技术体系。具体而言，从雨洪管控目标、雨水管控措施、场地建设经验和雨水管理模式三个角度，对传统技术体系进行了系统总结和凝练，并使其对应于小流域的具体水文过程；对低影响开发体系进行适地性探索，评估其适宜的场地形态，最终使两类技术体系得以优化融合，能够针对小流域雨洪全过程、流域全地貌以及生产、生活、生态全类型土地利用形式中的雨洪管控需求来制定适宜的雨洪管控目标和措施。

融合后的技术体系不仅既继承了原有的生态智慧，如造价低廉、高效的“涝池”和“淤地坝”营建技术、人水相依的城乡规划原则等；又融合了现代“低影响开发（LID）”技术，如雨水渗滤技术、绿色屋顶技术等，最大程度地适应黄土高原地区的自然资源条件、经济水平和文化观念，充分满足人居环境建设中的生态、美学、地域文化以及经济方面的要求，支撑晋陕黄土高原沟壑型聚落场地人居环境的可持续发展和生态文明建设。

最后，基于地域差异，从场地类型、自然生态条件、建设管理水平、传统建筑文化等多方面入手，以不同尺度、类型和雨洪目标的各类聚落场地为研究对象，选取场地坡度、土壤特性/类型、土壤侵蚀度、植被盖度、生境恢复、经济成本、景观视效以及地域性等作为评价因子，力求从整体上认识地域条件下的适宜场地建设特征，提出基于地域特征的“适地性”场地建设模式和评价方法。在此基础上，立足水资源贫乏、生态环境脆弱、经济基础薄弱、基础设施相对落后的现实问题，以小流域为基本规划单元、以项目建设场地为基本设计单元建立了一套能够适应不同场地条件、因应多维雨洪管控目标的小流域层级的雨洪管控规划设计方法，从方法论高度回应当前和未来本地域城乡一体化规划与建设中的相关问题。

概括而言，在雨洪管控适地性规划技术体系方面的创新表现在：①引入了适宜性评价方法，针对雨洪管控的地域水文特征和特殊问题，以对雨洪管控目标与措施的影响度为依据，遴选适地性评价因子，创建适地性评价量表，形成了雨洪管控的目标与措施适地性评价体系。为低影响开发（LID）方法广泛应用于地域规划实践提供了可行的落地工具（第4.5、5.5小节）。②打破学科壁垒，基于类型化场地在水文过程上的特点与联系，融合传统水保技术体系、传统人居场地技术体系以及LID技术体系的策略、目标和措施，构建了黄土高原沟壑型聚落场地雨洪管控的适地性技术途径，实现了水土保持规划、人居建设规划、海绵城乡规划和生态文明建设的有机统一（图5–2）。③在梳理现有法律法规的基础上，对相关法律法规和技术规范的完善和体系化建设提供了参考性的协同创新框架（图5–16）。

8.2.3 研究方法与结果创新

从人居环境学和现代低影响开发（LID）技术的视角出发，在对比研究不同类型生产建设场地及其主要影响因素的基础上，从水观念、雨水利用与管控技术、场地建设模式三个层面，总结凝练了传统人居环境建设中蕴含的“因地制宜、防用结合、综合治理、确保安全”以及“就地取材、协调统一、生态审美”两条雨水管控经验智慧与场地建设规律，并创新性地将传统方法和技术融入现代低影响开发海绵城市技术体系之中，增强其科学性和可传承性。

首先，以大量调研和LID视角下的水文过程分析为基础，总结凝练了：①“因地制宜，防用结合，综合治理，确保安全”。②“就地取材、协调统一、生态审美”两条雨洪管控和场地建设方面的传统智慧与地域经验。其次，基于地域产汇流机制，在深入剖析场地水文过程、场地类型、传统措施及其功能组合关系的基础上凝练了民间智慧中蕴含的地域雨洪管控模式（图3–19）。总结而言，本书从人居环境学和现代低影响开发（LID）技术的视角出发，以大量现场调研资料为依据，在对比研究不同类型建设场地及其主要影响因素的基础上，从水观念、雨水利用与管控技术、场地建设模式三个层面，总结凝练了传统人居环境建设中蕴含的雨水管控智慧与场地建设规律，并创新性地将传统的方法和技术融入现代低影响开发海绵城市技术体系之中，增强其科学性和可传承性，体现了研究方法和结果的创新。

8.3 研究展望

黄土高原雨洪管控适地性规划研究是一项系统性工程，学科专业交叉较多、实践应用针对性较强，本书集中精力从雨洪管控目标与措施适宜性的角度，分析了晋陕黄土高原沟壑型聚落场地雨洪管控适地性规划的问题，并对多技术途径进行了适地性融合。在黄土高原雨洪管控适地性规划研究领域，还可以继续从地域雨洪管控技术措施的改良和提高、场地建设模式及其规划设计实践的效益评价、政策法规和技术规范体系的梳理完善以及计算机模拟计算4个方面开展研究，以深化和完善雨洪管控适地性规划技术方法体系。

附录A 图目录

[127] 图7-43　团结渠建设现状
[128] 图7-44　典型场地土壤剖面
[129] 图7-45　城市水系现状与雨水行泄通道规划图
[130] 图7-46　场地破坏现状
[131] 图7-47　场地高程分析
[132] 图7-48　场地坡度分析
[133] 图7-49　基地上游汇水分析
[134] 图7-50　园区排水管控单元划分
[135] 图7-51　园区雨水综合利用模式
[136] 图7-52　团结渠雨水利用模式
[137] 图7-53　团结渠雨水收集系统平面
[138] 图7-54　雨水利用设施规划总体布局
[139] 图7-55　园区滞、排系统
[140] 图7-56　植草沟平面模式
[141] 图7-57　植草沟剖面模式
[142] 图7-58　旱溪平面模式
[143] 图7-59　旱溪剖面模式
[144] 图7-60　园区渗、净系统
[145] 图7-61　雨水花园平面模式
[146] 图7-62　雨水花园剖面模式
[147] 图7-63　园区蓄、用系统
[148] 图7-64　1号景观水塘平面
[149] 图7-65　景观水塘剖面模式
[150] 图7-66　生态护坡建成实景
[151] 图7-67　生态护坡构造剖面

附录B 表目录

附录C 附表

附表1 陕西黄土高原主要土壤特征、分布及改良利用

土类	主要特征	分布范围	利用与改良
黄绵土	①**剖面**：由耕层和底土层两个层段组成。耕层含养分较多，疏松，具有一定的结构，抗蚀性弱，底土仍显黄土母质特征。 ②**构成**：主要由0.25mm粒径以下颗粒组成，并以细砂粒和粉砂粒为主，约占总量的60%。 ③**水文特征**：疏松多孔，孔隙度55%~60%，通气孔隙最高可达40%。透水性良好，蓄水能力强，透水速度通常大于0.5mm/s，每小时渗透量为50~70mm，下渗深度可达1.6~2.0m，2m土层内可蓄积有效水400~500mm，田间持水量为13%~25%，土壤有效水含量可达80~170g/kg，不同地形部位特别是坡面对土壤水分含量的影响较大，阴坡蒸发较弱，水分状况优于阳坡	广泛分布于陕西黄土高原梁峁丘陵水土流失比较强烈的地区，原区边缘或起伏较大的坡地也有分布，常和黑垆土、褐土交错出现	①**现状问题**：土壤利用不合理，陡坡垦殖，粗放经营，坡度大25°的陡坡在陕北丘陵区占70%左右；粉砂含量高，土质疏松，抗冲抗蚀性极弱，极易发生侵蚀，坡耕地每年暴雨期有40%以上的降雨以径流形式带走泥沙和土壤养分；有机质含量低、土壤肥力低；蒸发量大、降雨分配不均、干旱严重；用养失调。 ②**适宜性评价**：**a. 宜农作物类**。在≥10℃积温高于1609℃，年降水量在300mm以上，地面坡度小于20°~25°，包括塬地、梯田、川（沟）台地、弯埸地、坝地，以及坡度小于20°的梁峁缓坡地。此类地形部位的黄绵土水分状况好或较好，适于栽培农作物。**b. 宜植树造林类**。坡度大于35°的陡坡地黄绵土，由于受地形限制，不宜种植农作物，但土壤水分状况较好，适于造林。**c. 宜种植牧草及饲料作物类**。包括坡度20°~35°的梁峁陡坡黄绵土，植树造林受水分不足的限制而宜于发展牧草及饲料草类。 ③**改良措施**：大于20°~25°的陡坡农地应退耕，发展林、牧业；在20°~25°的坡地上修筑梯田，发展绿肥，增施有机肥料；在25°~35°的梁峁陡坡地上，大力种植豆科和禾本科牧草；在大于35°的沟壑坡地植树造林，保护现有植被，大力发展温带干鲜水果和沙棘、山杏等经济灌木；在冲沟沿线以下的沟壑坡地，坡度陡，甚至大于45°，是水力侵蚀和滑坡、崩塌等重力侵蚀的活跃区域，应大力植树造林，发展永久性植被，固坡保土
风沙土	①**构成**：通体细沙，植被易于破坏，随起沙风而移动。容重大，土壤孔隙以非毛管孔隙占多数，故土壤通透性良好。 ②**水文特征**：质地粗，缺少黏粒，土体松散，渗透快，保水能力很弱。由于细砂的毛管性微弱，蒸发较弱，表层40cm以下的水分处于稳定状态，成为供给植物所需水分的可靠来源	分布于陕西黄土高原的北部边缘，主要在靖边、定边、横山、榆林、神木、府谷境内	①**生物措施**：即借助植物根系和地上部分对风沙土的固结和覆盖作用，增强抗风蚀能力，减缓风沙土的流动性，最终使之趋于固定。主要措施包括：**a. 保护自然植被**；**b. 建立人工绿色带**，通常由乔木—灌木—草本植物组成，或可由灌木—草本植物组成；也可以封沙育草的绿色带，在雨量较多（300mm以上）或地下水位较高（离地表2m以内）的地区可全部由乔木组成绿色带。 ②**工程措施**：用灌木、草秆、泥土、砾石等作材料，呈带状或格状覆盖于风沙土表面，制止风沙流动。此法用于防治风沙对铁路、农田的为害，效果明显。 ③**农业措施**：通过增施有机肥料、客土（掺黏土）、留（高）槎和种植豆科绿肥等措施，增强风沙土的抗风蚀的能力，并提高土壤肥力水平

续表

土类	主要特征	分布范围	利用与改良
褐土	①**剖面**：褐土的表土呈褐色至棕黄色；剖面构型为有机质积聚层-黏化层-钙积层-母质层。具有明显的黏化作用和钙化作用。呈中性至碱性反应。 ②**分布特征**：褐土分布区的降水量为550～700mm。淋溶褐土最湿润，石灰性褐土气候比较干燥，这在农业利用应予以注意。总的来说，淋溶褐土多分布在山体上部，褐土居中，石灰性褐土分布在山麓低地	分布在乔山、黄龙山及其余脉马栏山、嵯峨山、金锁山等及黄土丘陵山麓次生梢林覆盖处，少部分为农田占据	①**旱作农业措施**：普遍地、大面积地发展旱作农业，其中包括工程措施（如水平梯田、径流农业）与系统的土壤耕作（如少耕、覆盖、轮作）等。因褐土区降水一般均在600mm左右，稍稍增加以保墒培肥为中心的土壤旱作的耕作措施，是发展褐土区的持续农业的重要途径。 ②**因土种植，发展土壤潜力优势**：如淋溶褐土上的板栗、烟草；潮褐土上的玉米、小麦；其他如苹果、谷子、棉花等都是褐土的优势作物，一些相应的名优特产都是在这些相应适宜的土壤上生产出来的。因此，应当因地制宜地发展。 ③**适当发展畜牧业与林果业**：改变褐土区生产的土地利用结构和农业经济状况，为褐土区的持续农业与生态农业的发展创造条件
红土	①**构成**：又称红黏土或红胶土，没有剖面发育。仅耕作表面稍疏松，颗粒组成以细粉粒或粗黏粒为主，物理性黏粒大都超过50%。缺乏碱金属和碱土金属而富含铁、铝氧化物，呈酸性红色。 ②**水文特征**：田间持水量为26%～28%，如按2m土层计算，红土可贮蓄水分400mm左右。毛管孔隙多，稳渗率低，渗透性较小。在黄土丘陵坡地易形成地表径流，同时土壤无效蒸发大，跑墒快。因此，雨后锄地保墒十分重要	全区各县深切沟谷两侧陡崖、丘陵大分水岭边缘梁峁陡坡、支沟上游沟掌附近、破碎塬塬边沟头陡崖等地形部位呈零星分布	①**现状问题**：红土具有淋溶作用强、矿质养分少、酸性大、易产生铝锰毒害、保肥性能差和质地黏重或砂粒过多等不良性状。 ②**改良措施**：a. **农业措施**：增施氮、磷、钾等矿质肥料；施用石灰降低红土酸性；合理耕作；选种适当的作物、林木，种植绿肥是改良红土的关键措施；b. **工程措施**：旱地改水田，减少水土流失并有利于有机质积累，提高红土生产力；保护植被，防治侵蚀，凡坡度大于25°的陡坡应以种树种草为主，小于25°的坡地根据陡缓状况修建宽窄不等的等高梯地或梯田种植
黑垆土	①**构成**：是本区的古老耕种土壤。具有50～70cm以上的腐殖质层，颗粒组成以粉砂粒为主，有机质含量很低，土壤黏化作用微弱，钙化作用较强，呈微碱性反应。 ②**剖面**：剖面深厚，生物活动强烈，根孔、动物穴暗色垆土与蚯蚓粪等可延到3m深度。原地黑垆土剖面由耕种熟化层、腐殖质黏化层、石灰淀积层和母质层组成。 ③**水文特征**：因结构呈多孔状，田间持水量为19%～23%，如按2m深土层的田间持水量计算，可储蓄550mm水分	在延安以南的黄土残塬有较大面积分布，延安以北只零星分布于梁峁顶部、分水鞍、沟掌和台地等较平缓地形部位	①**现状**：由于黑垆土的腐殖质层深厚，适耕性又较强，已全部为耕种土壤或原始植被覆盖。为防止土壤侵蚀，利用时应采取措施制止水土流失，充分利用地表和地下水资源，扩大灌溉面积并增施有机肥料。 ②**适宜植被**：目前群落为本氏针茅—达乌里胡枝子，次要植物有甘草、茵陈蒿、沙棘豆、艾蒿等，长期撂荒地的覆盖度可达40%～60%。土层深厚疏松，碎块结构，地下水位很深，为植物根系下扎提供了条件，各种草本植物生长期长短不一，根系深浅不同，每年死亡的根系是沙质黑垆土腐殖质的来源。 ③**防护措施**：a. 要搞好培肥改土，必须首先做好水土保持，要固沟保原，在原畔、沟边修地边埂，埂上种植柠条，洋槐、酸刺等灌木，保证土不下原。在原心岭地及坳地广修软埝，平整土地，建立水平条田，拦蓄雨水。b. 沙质黑垆土保水能力差。耕层土壤养分含量低，在涧地周围梁峁之地，植树种草，在涧地营造乔灌林网及排水保水设施，达到保水固土。多施有机肥培肥土壤

续表

土类	主要特征	分布范围	利用与改良
新积土	是因河流涨水泥沙积石或因人工治河造田垫的新土而形成的土壤。有机质含量降低。河流沉积的土壤剖面上下均匀，矿质土壤物质占绝对优势，人工堆垫的土壤层次混乱，无任何重要成土过程的标志，也无其他辅助特征。它是一种在任何气候植被条件下都可以出现的能够生长植物的土壤	主要分布在本区河流两岸超河漫滩及一级阶地，在汛期或特大洪水又有被淹没的地段	①**现状**：在河流之外的沟坝地，新近的山麓洪积扇以及人工新平整的土地而原土层被扰动较深的地段也是新积土分布区。因水热条件较好，多作为造林地或农田。 ②**利用要点**：除堆垫土外，新积土地势低平，都分布在下川及沟谷地段，因此，在利用上应注意洪涝，尤其沟坝地是优质高产的基本农田，更属重要。至于冲积土亚类，在洪水不到之处，宜辟作农田，种植花生等，接近现代河床的下川地，宜于发展林业

（表格内容根据《陕西省志·黄土高原志》，陕西人民出版社，1995年，第234-266页，以及百度百科相关词条内容归纳整理而来。百度百科词条网址：https://baike.baidu.com/item/黄绵土；https://baike.baidu.com/item/风沙土/809587；https://baike.baidu.com/item/褐土/2518413?fr=aladdin；https://baike.baidu.com/item/红土/1399105?fr=aladdin；https://baike.baidu.com/item/黑垆土/8092598；https://baike.baidu.com/item/新积土/15519381）

附表 2 陕北黄土高原主要人工栽培植被类型

主要群系	群落	栽培位置	群落构成与特点
人工林	油松林	南部子午岭、黄龙山等水分条件较好的地方，以低山阴坡为常见	林下因光线微弱，加上人工清除，几无下木与草本植物生长。油松可以直接播种，生长健旺，是黄土区南部很有希望的荒山造林树种
	刺槐林	延安南北许多黄土沟坡和浅山区都有成片分布	是重要的材用树种，也是绿化荒山、保持水土的优良树种，还是重要的蜜源植物
	其他	在村庄、宅旁、道路两侧、沟谷等处	小片杨树林、旱柳林、泡桐林、小叶杨林，以及许多杂木，例如侧柏、圆柏、香椿、垂柳、毛白杨、几种杂交杨、桑、槐、楸、复叶槭、白蜡树、构树、栾树等
果园		多不成林，散见宅旁地边，近二三十年来出现了成片种植的果园	苹果园、梨园、葡萄园、桃园、枣园、柿林、杏林、核桃林、板栗林、沙枣林等。除上述果木外，还产石榴、李、沙果、海棠、樱桃、桑、黑枣等
粮食作物群落		长城沿线的府谷、神木、榆林、横山、靖边、定边等县的北部。气候干寒、风大沙多、生长期短	主要作物有谷、糜、高粱、春小麦、荞麦、马铃薯、黑豆、胡麻、芸芥、黄芥等，春种秋收，一年一熟
		延安、吴堡、清涧、子长、子洲、绥德、志丹、安塞、吴起等县。气候较上一地带稍暖、降水增加	主要作物有春小麦、冬小麦、黑麦、春玉米、糜、谷、高粱、荞麦、马铃薯、豆类、胡麻、油菜等
		延安以南暖温带半湿润气候的森林区，富县、洛川、黄陵、宜川、长武、旬邑、彬县等地	主要作物为冬小麦、春玉米、谷、糜、豆类、马铃薯、油菜、胡麻、烟草和少量水稻、棉花、花生等，二年三熟
		本区最南部的铜川、耀县、永寿、淳化、白水、韩城等县市的黄土台塬区。地势低平、气候温暖、生长期较长	主要栽培作物同上，但有些地方可以种植夏玉米、棉花、油菜、花生、芝麻、红薯，水稻的种植面积明显扩大，而糜、谷、高粱、马铃薯、春玉米的面积大大缩小或无种植
蔬菜植物群落		本区南北均有分布	白菜、油菜、甘蓝、菜花、萝卜、胡萝卜、芹菜、芫荽、茴香、茄、辣椒、西红柿、黄瓜、冬瓜、南瓜、西葫芦、莴苣、苋菜、各种菜豆、菠菜、莲、葱、韭、蒜、洋葱、黄花菜等

续表

主要群系	群落	栽培位置	群落构成与特点
油料和经济植物群落		分布于本区北部	黄芥、芸芥、胡麻、向日葵、油沙草、甜菜，油菜、蓖麻、烟草等
		分布于本区南部	花生、芝麻、棉花等，油菜、蓖麻、烟草等
药用植物群落		种植面积较小	党参、杜仲、薏苡、假贝母、红花、栝楼等
人工草地	紫花苜蓿群落	主要在本区北部种植，并多与其他作物轮作	一般在秋季与冬小麦同时播种，翌年夏季小麦收割后即不再种植其他作物。能提供了优良饲草、绿化荒山土坡，保持水土
	沙打旺群落	在延安以北黄土丘陵沟壑区种植较多	生长旺盛，紫红色花序连绵成片，甚为美观。为羊只等小家畜饲草来源之一，并具有保持水土、绿化荒山作用，是一种具有发展前途的人工草地

资料来源：根据陕西省地方志编纂委员会. 陕西省志·黄土高原志［M］. 西安：陕西人民出版社，1995. 第205～208页相关内容归纳整理。

参考文献

[1] 徐国昌. 中国干旱半干旱区气候变化 [M]. 北京：气象出版社，1997：16-18，85-101.

[2] 李锐，杨文治，李壁成，等. 中国黄土高原研究与展望 [M]. 北京：科学出版社，2008：1-7，18，94-112，115-125，141，150-160，193，195，278，299，307，311，317，318，320，618-622.

[3] 符淙斌，安芷生. 我国北方干旱化研究——面向国家需求的全球变化科学问题 [J]. 地学前缘，2000（2）：271-275.

[4] 李昭淑，蔡国华. 黄土高原主要自然灾害成因与防治 [G] //西北大学地理系黄土高原地理研究室. 黄土高原环境、资源、开发. 西安：陕西人民出版社，1991：21-33.

[5] 席家治. 黄河水资源 [M]. 郑州：黄河水利出版社，1997：36-40.

[6] 朱显谟. 试论黄土高原的生态环境与"土壤水库"——重塑黄土地的理论依据 [J]. 第四纪研究，2000，20（06）：514-520.

[7] 杨建辉. 陕北丘陵沟壑区雨水利用场地类型及建设模式 [J]. 中国园林，2015，31（11）：59-64.

[8] 黄玉华，张睿，王佳运，等. 陕北黄土丘陵区威胁窑洞民居的地质灾害问题：以陕西延安地区为例 [J]. 地质通报，2008，27（8）：1223-1229.

[9] 米脂县志编纂委员会. 米脂县志・水利水保 [M]. 西安：陕西人民出版社，1993：156.

[10] 周若祁. 绿色建筑体系与黄土高原基本聚居模式 [M]. 北京：中国建筑工业出版社，2007.

[11] 陕西省地方志编纂委员会. 陕西省志・黄土高原志 [M]. 西安：陕西人民出版社，1995：58-73，77-78，99，169-170，181，231，330，352，398-399.

[12] 程积民. 黄土高原植被恢复与土壤种子库 [M]. 北京：科学出版社，2012：15，100-155.

[13] 吴普特，冯浩. 中国雨水利用 [M]. 郑州：黄河水利出版社，2009：14，32-33，78，85-95，971.

[14] 周庆华. 黄土高原·河谷中的聚落：陕北地区人居环境空间形态模式研究[M]. 北京：中国建筑工业出版社，2009：83-124.

[15] 王建龙，车伍，易红星. 基于低影响开发的城市雨洪控制与利用方法[J]. 中国给水排水，2009，25（14）：6-9，16.

[16] 胡伟贤，何文华，黄国如，等. 城市雨洪模拟技术研究进展[J]. 水科学进展，2010，21（1）：137-144.

[17] 张园，于冰沁，车生泉. 绿色基础设施和低冲击开发的比较及融合[J]. 中国园林，2014（03）：49-53.

[18] 刘洪波，王真真，谢玉霞，等. 雨洪最佳管理措施决策支持系统（BMPDSS）介绍[J]. 中国给水排水，2014，30（24）：18-22.

[19] 车伍，张伟，李俊奇，等. 中国城市雨洪控制利用模式研究[J]. 中国给水排水，2010（16）：51-57.

[20] 牛志广，陈彦熹，米子明，等. 基于SWMM与WASP模型的区域雨水景观利用模拟[J]. 中国给水排水，2012（11）：50-52，56.

[21] 宋云，俞孔坚. 构建城市雨洪管理系统的景观规划途径：以威海市为例[J]. 城市问题，2007（08）：64-70.

[22] 胡楠. 因水而变——从城市绿地系统视角谈对海绵城市体系的理性认知[J]. 中国园林，2015（06）：21-25.

[23] 车生泉，谢长坤，陈丹，等. 海绵城市理论与技术发展沿革及构建途径[J]. 中国园林，2015（06）：11-15.

[24] 车伍，武彦杰，杨正，等. 海绵城市建设指南解读之城市雨洪调蓄系统的合理构建[J]. 中国给水排水，2015（08）：13-17，23.

[25] 张书函，潘安君，孟庆义，等. 北京城市雨洪智能管理总体设计[J]. 水利水电科技进展，2010，30（01）：68-71，90.

[26] 赵冬泉，邢薇，佟庆远，等. 基于数字排水技术的城市雨洪控制方案设计与评估[J]. 中国给水排水，2010，26（16）：74-77.

[27] 石赟赟，万东辉，陈黎，等. 基于GIS和SWMM的城市暴雨内涝淹没模拟分析[J]. 水电能源科学，2014，32（06）：57-60，12.

[28] 李善征，曹波，孟庆义，等. 团城古代雨水利用工程简介[J]. 北京水利，2003（3）：19-21.

[29] 赖娜娜，郄怡彬. 北海团城和景山公园的 雨水利用工程[J]. 中国科技成果，2009（1）：42-44.

[30] 裴利计，胡浩云，张学英，等. 北京奥林匹克公园中心区雨洪综合利用技

术体系综述 [J]. 水科学与工程技术，2011 (3): 4-7.

[31] 北京市水利规划设计研究院. 北京奥林匹克公园水系及雨洪利用系统研究、设计与示范 [M]. 北京: 中国水利水电出版社，2009.

[32] 潘安君，张书函，陈建刚，等. 城市雨水综合利用技术研究与应用 [M]. 北京: 中国水利水电出版社，2010.

[33] 孙栋元，李元红，金彦兆，等. 甘肃黄土高原区城市雨洪资源利用综合评价 [J]. 灌溉排水学报，2013，32 (01): 13-17.

[34] 李坤，马素贞. 低碳生态城区地表雨水管理的综合性指标研究 [J]. 水资源与水工程学报，2012，23 (05): 106-110.

[35] 王虹. 海绵城市建设的径流控制指标探析 [J]. 中国防汛抗旱，2015，25 (03): 10-15.

[36] 苏东彬，陈建刚，张书函，等. 城市不同区域雨水利用模式及可利用量研究 [J]. 人民黄河，2012，34 (02): 69-72.

[37] 苗展堂，王昭. 基于LID的干旱半干旱区城市雨水设施体系模式 [J]. 中国给水排水，2013，29 (05): 55-58.

[38] 舒安平，尤伟，周星，等. 北京城市雨水蓄渗措施分类及配置模式 [J]. 中国水土保持，2015 (10): 41-43.

[39] 魏燕飞，毕佳成. 雨水控制利用措施对城市雨洪的影响 [J]. 华北水利水电大学学报 (自然科学版)，2015，36 (01): 12-15.

[40] 王沛永，张媛. 城市绿地中雨水资源利用的途径与方法 [J]. 中国园林，2006 (02): 75-81.

[41] 莫琳，俞孔坚. 构建城市绿色海绵——生态雨洪调蓄系统规划研究 [J]. 城市发展研究，2012，19 (05): 130-134.

[42] 陈彦熹. 绿色建筑场地LID措施优化选择研究 [J]. 绿色建筑，2014 (06): 26-28，58.

[43] 刘海龙，张丹明，李金晨，等. 景观水文与历史场所的融合——清华大学胜因院景观环境改造设计 [J]. 中国园林，2014 (01): 7-12.

[44] 车武，欧岚，刘红，等. 屋面雨水土壤层渗透净化研究 [J]. 给水排水，2001，27 (09): 38-41.

[45] 许萍，李俊奇，郭靖，等. 北京城区雨水人工土植物系统水质净化研究 [J]. 北京建筑工程学院学报，2005，21 (04): 45-50.

[46] 王宝山，黄廷林，聂小保，等. 生态绿地控制初期雨水径流污染的研究 [J]. 中国给水排水，2010，26 (03): 11-13，17.

[47] 周赛军，任伯帜，邓仁健. 蓄水绿化屋面对雨水径流中污染物的去除效果[J]. 中国给水排水，2010，26(05)：38-41.
[48] 张美，袁玲，陆婷婷，等. 雨水生态处理措施中陆生植物净化能力研究[J]. 中国农学通报，2014，30(16)：131-138.
[49] 唐双成，罗纨，贾忠华，等. 雨水花园对不同赋存形态氮磷的去除效果及土壤中优先流的影响[J]. 水利学报，2015，46(08)：943-950.
[50] 聂发辉，李田，姚海峰. 上海市城市绿地土壤特性及对雨洪削减效应的影响[J]. 环境污染与防治，2008，30(02)：49-52.
[51] 岳秀林，徐晓军，李昊，等. 昆明市下凹式绿地土壤厚度对积水渗透特性的影响[J]. 城市环境与城市生态，2015，28(03)：39-42.
[52] 唐宁远，车伍，潘国庆. 城市雨洪控制利用的雨水径流系数分析[J]. 中国给水排水，2009，25(22)：4-8.
[53] 肖敦宇，姜文超，建娜. 城市屋面径流水质特征及屋面材料对水质的影响[J]. 环境影响评价，2014(03)：60-64.
[54] 晋存田，赵树旗，闫肖丽，等. 透水砖和下凹式绿地对城市雨洪的影响[J]. 中国给水排水，2010，26(01)：40-42，46.
[55] 萧劲东，安黛宗，刘珩，等. 发泡陶土——城市雨水资源化材料的研究[J]. 材料科学与工程学报，2004，22(05)：757-759.
[56] 陈庆锋，单保庆，尹澄清，等. 生态混凝土在改善城市水环境中的应用前景[J]. 中国给水排水，2008，24(02)：15-19.
[57] 程江，杨凯，徐启新. 高度城市化区域汇水域尺度LUCC的降雨径流调蓄效应——以上海城市绿地系统为例[J]. 生态学报，2008，28(07)：2972-2980.
[58] 唐莉华，倪广恒，刘茂峰，等. 绿化屋顶的产流规律及雨水滞蓄效果模拟研究[J]. 水文，2011，31(04)：18-22.
[59] 郭凤，陈建刚，杨军，等. 植草沟对北京市道路地表径流的调控效应[J]. 水土保持通报，2015，35(03)：176-181.
[60] 汪元元，马东春，王凤春. 北京市雨水利用政策体系研究[J]. 南水北调与水利科技，2010，8(01)：95-98.
[61] 贾登勋. 雨水权利制度研究：西部缺水地区雨水资源利用的法律问题研究[M]. 北京：中国社会科学出版社，2008.
[62] 张天悦. 我国城市非常规水源财政补贴机制研究[J]. 水利经济，2014，32(04)：16-20，71.

[63] 周晓兵. 我国《绿色建筑评价标准》与美国LEED标准关于雨洪控制利用的比较[J]. 给水排水，2009，35(03)：120-124.

[64] 赵晶. 城市化背景下的可持续雨洪管理[J]. 国际城市规划，2012，27(2)：114-119.

[65] 谭春华. 雨洪管理模式的转换及组织政策研究[D]. 山东泰安：山东农业大学，2012.

[66] 陈筱云. 城市内涝防治的法律制度安排与技术标准规范[J]. 水利发展研究，2015(03)：34-38.

[67] 徐振强. 中国特色海绵城市的政策沿革与地方实践[J]. 上海城市管理，2015(01)：49-54.

[68] 沈兴兴，马忠玉，曾贤刚. 水资源管理手段创新研究进展[J]. 水资源保护，2015，31(05)：87-95.

[69] 隆万容，王丽，吴越. 南方城市雨洪基础设施安全保障对策探析[J]. 中国安全科学学报，2010，20(07)：116-121.

[70] 区慧祯. 农村缺水地区雨水集蓄利用法律制度研究[D]. 重庆：重庆大学，2014.

[71] 张丹明. 美国城市雨洪管理的演变及其对我国的启示[J]. 国际城市规划，2010，25(06)：83-86.

[72] 车伍，TIAN F，李俊奇，等. 奥克兰现代雨洪管理介绍(一)——相关法规及规划[J]. 给水排水，2012，38(03)：30- 34.

[73] 冯浩，邵明安，吴普特. 黄土高原小流域雨水资源化潜力计算与评价初探[J]. 自然资源学报，2001，16(02)：140-144.

[74] 赵西宁，冯浩，吴普特，等. 黄土高原小流域雨水资源化综合效益评价体系研究[J]. 自然资源学报，2005，20(03)：354-360.

[75] 吴普特，高建恩. 黄土高原水土保持与雨水资源化[J]. 中国水土保持科学，2008，6(01)：107-111.

[76] 王月玲，王思成，蔡进军，等. 半干旱黄土丘陵区小流域雨水资源潜力的定量分析[J]. 江西农业学报，2012，24(05)：130-133.

[77] 张宝庆，吴普特，赵西宁，等. 黄土高原雨水资源化潜力与时空分布特征[J]. 排灌机械工程学报，2013，31(07)：636-644.

[78] 王慧莉，田涛，王建永，等. 旱区农业雨水资源利用与生态系统可持续性：2013干旱农业和生态系统可持续性国际会议综述[J]. 生态学杂志，2014，33(11)：3127-3136.

[79] 张宝庆. 黄土高原干旱时空变异及雨水资源化潜力研究［D］. 杨凌：西北农林科技大学，2014.

[80] 王红雷，王秀茹，王希. 利用SCS-CN方法估算流域可收集雨水资源量［J］. 农业工程学报，2012，28（12）：86-91.

[81] 王红雷，王秀茹，王希，等. 采用SCS-CN水文模型和GIS确定雨水集蓄工程的位置［J］. 农业工程学报，2012（22）：108-114，2.

[82] 许红艳，何丙辉，李章成，等. 我国黄土地区水窖的研究［J］. 水土保持学报，2004，18（02）：58-62.

[83] 李怀有，郭锐，王斌. 高塬沟壑区径流高效利用技术体系研究［J］. 人民黄河，2006，28（08）：78-79.

[84] 陈维杰. 雨水资源的水土保持开发利用模式与关键技术研究［J］. 水利规划与设计，2008（01）：29-33.

[85] 赵西宁，吴普特，冯浩，等. 浅论黄土高原集雨补灌农业的地位与作用［J］. 武汉大学学报（工学版），2009，42（05）：649-652.

[86] 方文松，刘荣花，朱自玺，等. 农田降水渗透深度的影响因素［J］. 干旱地区农业研究，2011，29（04）：185-188，20.

[87] 穆兴民，李锐. 论水土保持在解决中国水问题中的战略地位［J］. 水土保持通报，1999，19（03）：4-8.

[88] 朱显谟. 黄土高原水蚀的主要类型及其有关因素［J］. 水土保持通报，1982（03）：40-44.

[89] 李勇. 黄土高原土壤侵蚀环境调控的核心与途径［J］. 水土保持研究，1995，2（04）：69-74.

[90] 李勇，徐晓琴，朱显谟. 黄土高原植物根系提高土壤抗冲性机制初步研究［J］. 中国科学（B辑 化学 生命科学 地学），1992（03）：254-259.

[91] 吴钦孝，李勇. 黄土高原植物根系提高土壤抗冲性能的研究：Ⅱ. 系提高表层土壤抗冲刷力的试验分析［J］. 水土保持学报，1990，4（01）：11-16.

[92] 朱显谟. 黄土地区植被因素对于水土流失的影响［J］. 土壤学报，1960，8（02）：110-121.

[93] 庞敏. 黄土高原植被建设的生态水文效应研究［D］. 西安：西安理工大学，2010.

[94] 彭镇华，董林水，张旭东，等. 黄土高原水土流失严重地区植被恢复策略分析［J］. 林业科学研究，2005，18（04）：471-478.

[95] 魏秦. 黄土高原人居环境营建体系的理论与实践研究 [D]. 杭州：浙江大学，2008.

[96] 刘滨谊，王南. 应对气候变化的中国西部干旱地区新型人居环境建设研究 [J]. 中国园林，2010（08）：8-12.

[97] 孙然好，许忠良，陈利顶，等. 城市生态景观研究的基础理论框架与技术构架 [J]. 生态学报，2012，32（07）：1979-1986.

[98] 周庆华. 基于生态观的陕北黄土高原城镇空间形态演化 [J]. 城市规划汇刊，2004（04）：84-87，96.

[99] 周庆华. 陕北城镇空间形态结构演化及城乡空间模式 [J]. 城市规划，2006（02）：39-45.

[100] 周庆华，白钰，杨彦龙. 新型城镇化背景下黄土高原城镇空间发展探索：以米脂卧虎湾新区为例 [J]. 城市规划，2014，38（11）：78-82.

[101] 于汉学，周若祁，刘临安，等. 黄土高原沟壑区生态城镇整合方法 [J]. 西安建筑科技大学学报（自然科学版），2006，38（01）：30-35.

[102] 唐相龙. 黄土高原沟谷型小城镇空间拓展研究 [J]. 小城镇建设，2009（09）：26-29，44.

[103] 魏诺，雷会霞，周在辉. 陕北地貌形态与城镇体系空间结构耦合方法 [J]. 西北大学学报（自然科学版），2014（06）：979-982.

[104] 刘晖. 黄土高原小流域人居生态单元及安全模式 [D]. 西安：西安建筑科技大学，2005.

[105] 刘晖，董芦笛. 寻找环境压力下的有序疏解黄土高原典型生态基质下的城镇化发展模式 [J]. 时代建筑，2006（04）：52-55.

[106] 李秋苗. 黄土高原小流域人居环境研究的新途径 [J]. 陕西工学院学报，2005，21（01）：83-86.

[107] 刘启波，周若祁. 生态环境条件约束下的窑居住区居住模式更新 [J]. 环境保护，2003（03）：21-23.

[108] 刘加平，张继良. 黄土高原新窑居 [J]. 建设科技，2004（19）：30-31.

[109] 周庆华. 黄土高原传统窑居空间形态更新模式初探 [J]. 新建筑，2005（04）：28-30.

[110] 王竹，魏秦，王玲. “后传统”视野下的地区人居环境营建体系的解析与建构：黄土高原绿色窑居住区体系之实践 [J]. 建筑与文化，2007（10）：86-89.

[111] 唐明浩. 初识黄土高原小流域传统窑居建筑[J]. 四川建筑，2011，31(01)：70-72.

[112] 李钰. 陕甘宁生态脆弱地区乡村人居环境研究[D]. 西安：西安建筑科技大学，2011.

[113] 韩晓莉，宋功明，艾继国，等. 黄土沟壑地貌制约下传统聚落形态的现代演进及其启示[C]//城市时代，协同规划——2013中国城市规划年会论文集(08-城市规划历史与理论). 山东青岛，2013：94-100.

[114] 张睿婕，周庆华. 黄土地下的聚落：陕西省柏社地坑窑院聚落调查报告[J]. 小城镇建设，2014(10)：96-103.

[115] 雷会霞，吴左宾，高元. 隐于林中，沉于地下：柏社村的价值与未来[J]. 城市规划，2014，38(11)：88-91.

[116] JOONG G L，SELVAKUMAR A，KHALID A，et al. A watershed-scale design optimization model for stormwater best management practices[J]. Environmental Modelling & Software，2012，37：6-18.

[117] LAM Q D，SCHMALZ B，FOHRER N. The impact of agricultural Best Management Practices on water quality in a North German lowland catchment[J]. Environmental Monitoring and Assessment，2011，183：351-379.

[118] LAURENT A，SHAKYA R. Modeling flood reduction effects of low impact development at a watershed scale[J]. Journal of Environmental Management，2016，171：81-91.

[119] LARRY S C. Low-Impact Development Design：A New Paradigm for Stormwater Management Mimicking and Restoring the Natural Hydrologic Regime an Alternative Stormwater Management Technology[C]//National Conference on Tools for Urban Water Resou. Chicago，2000：7-10.

[120] LARRY C，MICHAEL C，NEIL W. Overview of Low Impact Development for Stormwater Management[C]//Conference Proceedings the ASCE 25th Conference on. Chicago，Illinois，1998：76-83.

[121] MARTIN C，RUPERD Y，LEGRET M. Urban stormwater drainage management：The development of a multicriteria decision aid

approach for best management practices [J]. European Journal of Operational Research, 2007, 181: 338-349.
[122] CHEN Yu-jiao, SAMUELSON H W, TONG Zhe-ming. Integrated design workflow and a new tool for urban rainwater management [J]. Journal of Environmental Management, 2016, 180: 45-51.
[123] MONTALTO F, BEHR C, ALFREDO K, et al. Rapid assessment of the cost-effectiveness of low impact development for CSO control [J]. Landscape and Urban Planning, 2007, 82 (3): 117-131.
[124] SHAFIQUE M, KIM R. Low impact development practices A review of current research and recommendations for future directions [J]. Ecological Chemistry and Engineerings, 2015, 22 (4): 543-563.
[125] DAMODARAM C, GIACOMONI M H, KHEDUN C P, et al. Simulation of combined best management practices and low impact development for sustainable stormwater management [J]. Journal of the American Water Resources Association, 2010, 46 (5): 907-918.
[126] BEDAN E S, JOHN C C. Stormwater Runoff Quality and Quantity From Traditional and Low Impact Development Watersheds [J]. Jorunal of the American Water Resources Association, 2009, 45 (4): 998-1008.
[127] ROON M V. Water localisation and reclamation: Steps towards low impact urban design and development [J]. Journal of Environmental Management, 2007, 83: 437-447.
[128] PALLA A, GNECCO I. Hydrologic modeling of Low Impact Development systems at the urban catchment scale [J]. Journal of Hydrology, 2015, 528: 361-368.
[129] PYKE C, MEREDITH P, WARREN, et al. Assessment of low impact development for managing stormwater with changing precipitation due to climate change [J]. Landscape and Urban Planning, 2011, 103 (2): 166-173.
[130] [英] 乔纳森・帕金森，奥尔・马克 (著). 发展中国家城市雨洪管理 [M]. 周玉文等，译. 北京：中国建筑工业出版社，2007.
[131] JAMES L S. Sustainable Solutions for Water Resources: Policies,

Planning, Design, and Implementation [M]. Hoboken: John Wiley & Sons, Inc, 2010.

[132] S B S. Sustainable Infrastructure: The Guide to Green Engineering and Design [M]. Hoboken: John Wiley & Sons, Inc, 2010.

[133] CLAUDIA D, KRISTIN S. Sustainable Site Design [M]. Hoboken: John Wiley & Sons, Inc, 2010.

[134] JAMES A J. Site Analysis: A Contextual Approach to Sustainable Land Planning and Site Design [M]. 2nd ed. Hoboken: John Wiley & Sons, Inc, 2008.

[135] STEVEN S, KURT N, JAKE W. Site Engineering for Landscape Architects [M]. Hoboken: John Wiley & Sons, Inc, 2009.

[136] SCHUELER T R. The importance of imperviousness [J]. Watershed Protection Techniques, 1994 (1): 100-111.

[137] BOOTH D B. Urbanization and the natural drainage system - Impact, solutions and prognoses [J]. The Northwest Environmental Journal, 1991 (7): 93-118.

[138] ALAN A S. Integrating simulation and design for stormwater management [J]. Water Science and Technology, 1999, 39 (9): 261-268.

[139] R M, M W O. Comparison of the efficiency of best stormwater management practices in urban drainage systems [J]. Water Science and Technology, 1999, 39 (9): 269-276.

[140] SVEINN T T. New strategies in stormwater-meltwater management in the city of Bergen, Norway [J]. Water Science and Technology, 1999, 39 (2): 169-176.

[141] FABIAN Papa, BARRY J A. Application of derived probability and dynamic programming techniques to planning regional stormwater management systems [J]. Water Science and Technology, 1997, 36 (5): 227-234.

[142] HOSSAIN M, SCOFIELD L, MEIER W R. Porous Pavement for Control of Highway Run-off in Arizona - Performance to Date [C] //Transportation Research Board, National Research C. Washington, D.C., 1992: 45-54.

[143] HORNER R, CHRISTOPHER W M. Regional Study Supports Natural Land Cover Protection asLeadingBestManagement Practice for MaintainingStream Ecological Integrity [C] //Conference Papers of Comprehensive Stormwater and Aukland New Zealand, 1999: 35-40.

[144] LLOYD S D, WONG T F, PORTER B. Water Sensitive Urban Design-A Stormwater Management Perspective, Australia: Cooperative Research Centre for Catchment Hydrolog, 2002.

[145] LLOYD S A. Water Sensitive Design In the Australian Context: A synthesis of a Conference Held30-31 August 2000 Melbourne Australia, [R]. Australia: Cooperative Research Centre for Catchment Hydrology, 2001.

[146] LLOYD S D, WONG T F, PORTER B. The planning and construction of an urban stormwatermanagement scheme [J]. Water Science and Technology, 2002, 45 (7): 1-10.

[147] THOMAS N D, ANDREW R. Municipal Stormwater Management [M]. USA: CRC Press, 2002.

[148] NIEMCZYNOWICZ J. Megacities from a water perspective [J]. Water International, 1996, 21 (4): 198-205.

[149] JAMES P, RICHARD F, ROBERT P. Innovative Urban Wet-Weather Flow Management Systems [M]. USA: Technomic Publishing Company, 2000.

[150] CHRISTER S. An alternative road construction for stormwater management in coldclimates [J]. Water Science and Technology, 1995, 32 (1): 79-84.

[151] DAVID R T, MARK T B. Wetland networks for stormwater management in subtropical urban watersheds [J]. Ecological Engineering, 1998, 10 (2): 131-158.

[152] H B D, K W, M S, et al. Wastewater and stormwater minimisation in a coal mine [J]. Journal of Cleaner Production, 2000, 8 (1): 23-34.

[153] S B, A G, J P B, et al. The impact of intentional stormwater infiltration soil and groundwater [J]. Water Science and

Technology，1999，39（2）：185-192.

[154] 吴发启，高甲荣．水土保持规划学［M］．北京：中国林业出版社，2009：5，11.

[155] 余新晓，毕华兴．水土保持学［M］．第3版．北京：中国林业出版社，2013：5，39，49，112.

[156] JAN N，Wim Clymans Katrien Descheemaeker Jan Nyssen，JEAN P，et al. Impact of soil and water conservation measures on catchment hydrological response—a case in north Ethiopia［J］. Hydrological Processes，2010，24：1880-1895.

[157] JAN N，JEAN P，JOZEF D. Land degradation and soil and water conservation in tropical highlands［J］. Soil and Tillage Research，2009，103（2）：197-202.

[158] König Hannes Jochen，MONGI S，SCHULER J，et al. Participatory Impact Assessment of Soil and Water Conservation Scenarios in Oum Zessar Watershed，Tunisia［J］. Environmental Management，2012，50：153-165.

[159] RUIZ-COLMENERO M，BIENES R，MARQUES M J. Soil and water conservation dilemmas associated with the use of green cover in steep vineyards［J］. Soil and Tillage Research，2011，117：211-223.

[160] 网络．黄土丘陵［EB/OL］［2019-09-06］. https://baike.baidu.com/item/黄土丘陵/822114?fr=aladdin.

[161] 夏征农，陈至立．辞海：第六版彩图本［K］．上海：上海辞书出版社，2009：1422，1423，2019，2785.

[162] 王尚义，张慧芝．历史流域学论纲［M］．北京：科学出版社，2014：7.

[163] 中华人民共和国水利部，SL 653-2013．小流域划分及编码规范［S］．北京：中国水利水电出版社，2014：1-3.

[164] 王印传，张凤荣，孙丹峰．小流域土地利用规划的理论与方法探讨［J］．水土保持学报，2002（02）：118-121.

[165]［美］威廉·M·马什．景观规划的环境学途径（原著第四版）［M］．朱强，黄丽玲，俞孔坚等，译．北京：中国建筑工业出版社，2006：174，187，246-256.

[166] 赵迎春，刘慧敏．城市雨洪及其管理体系［J］．中国三峡，2012（07）：

28- 33.

[167] 福斯特·恩杜比斯 [美]. 生态规划历史比较与分析 [M]. 陈蔚镇，王云才，译. 北京：中国建筑工业出版社，2013：6-7，39，56，216.

[168] 伍光和，蔡运龙. 综合自然地理学 [M]. 北京：高等教育出版社，2004：40.

[169] 黄锡荃，李惠明，金伯欣. 水文学 [M]. 北京：高等教育出版社，1985：41-42，48，79-81，85，87，90，91-94，96-97.

[170] 芮孝芳. 水文学原理 [M]. 北京：中国水利水电出版社，2004：14，93-95，126，153，268，271.

[171] 车伍，闫攀，赵杨. 国际现代雨洪管理体系的发展及剖析 [J]. 中国给水排水，2014，30 (18)：45-51.

[172] 任心欣，俞露. 海绵城市建设规划与管理 [M]. 北京：中国建筑工业出版社，2017：13-14，17，18-22，90-91，93，106，118-119.

[173] USEPA. Stormwater Best Management Practice Design Guide：Volume 1 General Considerations，EPA/600/R-04/121 [R], 2004.

[174] USEPA. Stormwater Best Management Practice Design Guide：Volume 2 Vegetative Biofilters，EPA/600/R-04/121A [R], 2004.

[175] USEPA. Stormwater Best Management Practice Design Guide：Volume 3 Basin Best Management Practices，EPA/600/R-04/121B [R], 2004.

[176] 周海，李剑. 城市雨洪防控与利用的LID-BMPs联合策略 [J]. 人民黄河，2013 (02)：47-49.

[177] COFFMAN L. Low-Impact Development Design Strategies：An Integrated Design Approach，EPA 841-B-00-003 [R], 2000.

[178] MOA. LOW IMPACT DEVELOPMENT DESIGN GUIDANCE MANUAL，WMP CPg08001 [R], 2008.

[179] 雷晓玲，吕波. 山地海绵城市建设理论与实践 [M]. 北京：中国建筑工业出版社，2017：3-5，17-20，30-34，98.

[180] USEPA. Low Impact Development (LID)：A Literature Review，EPA-841-B-00-005 [R], 2000.

[181] 车伍，吕放放，李俊奇，等. 发达国家典型雨洪管理体系及启示 [J]. 中国给水排水，2009，25 (20)：12-17.

[182] BUTLER D，PARKINSON J. Towards sustainable urban drainage

[J]. Water Science & Technology，1997，35（9）：53-63.
[183] 徐海顺，蔡永立，赵兵，等. 城市新区海绵城市规划理论方法与实践[M]. 北京：中国建筑工业出版社，2016：7-8，46-47.
[184] FLETCHER T D，SHUSTER W，HUNT W F，et al. SUDS，LID，BMPs，WSUD and more-The evolution and application of terminology surrounding urban drainage [J]. Urban Water Journal，2014，12（7）：525-542.
[185] WHELANS，MAUNSELL H G. 'Planning and Management Guidelines for Water Sensitive Urban（Residential）Design'. Report prepared for the Department of Planning and Urban Development，the Water Authority of Western Australia and the Environmental Protection Authority，1994.
[186] WONG T F. Improving urban stormwater quality-from theory to implementation [J]. Water：Journal of the Australian Water Association，2000，27（6）：28-31.
[187] WONG T F. An Overview of Water Sensitive Urban Design Practices in Australia [J]. Water Practice & Technology，2006，1（1）：1-8.
[188] 刘颂，李春晖. 澳大利亚水敏性城市转型历程及其启示[J]. 风景园林，2016（06）：104-111.
[189] MITCHELL V G. Applying Integrated Urban Water Management Concepts：A Review of Australian Experience [J]. Environmental Management，2006，37（5）：589-605.
[190] 王晓锋，刘红，袁兴中，等. 基于水敏性城市设计的城市水环境污染控制体系研究[J]. 生态学报，2016，36（1）：30-43.
[191] 车生泉，于冰沁，严巍. 海绵城市研究与应用：以上海城乡绿地建设为例[M]. 上海：上海交通大学出版社，2015.
[192] ALLEN W，FENEMOR A，KILVINGTON M，et al. Building collaboration and learning in integrated catchment management：the importance of social process and multiple engagement approaches [J]. New Zealand Journal of Marine and Freshwater Research，2011，45（3）：525-539.
[193] GABE J，TROWSDALE S，VALE R. Achieving integrated urban

water management: planning top-down or bottom-up? [J]. Water Science & Technology a Journal of the International Association on Water Pollution Research, 2009, 59 (10): 1999-2008.

[194] VAN ROON M R. Emerging approaches to urban ecosystem management: the potential of low impact urban design and development principles [J]. Ournal of Environmental Assessment, Policy and Management, 2005, 7 (1): 1-24.

[195] 张大伟，赵冬泉，陈吉宁，等. 城市暴雨径流控制技术综述与应用探讨 [J]. 给水排水，2009，35 (z1): 25-29.

[196] VAN ROON M R. Water localisation and reclamation: Steps towards low impact urban design and development [J]. Journal of Enviromental Management, 2007, 83 (4): 437-447.

[197] VAN ROON M R, GREENAWAY A, DIXON J E, et al. Low Impact Urban Design and Development: scope, founding principles and collaborative learning. Melbourne, Australia: Proceedings of the Urban Drainage Modelling and Water Sensitive Urban Design Conference, 2006.

[198] 仇保兴. 海绵城市 (LID) 的内涵、途径与展望 [J]. 建设科技，2015 (1): 11-18.

[199] 住房和城乡建设部. 海绵城市建设技术指南：低影响开发雨水系统构建 (试行) [M]. 北京：中国建筑工业出版社，2014：3-4，6，9-10，12，13，23-25，26-35，36，46-47.

[200] 赵景波，朱显谟. 黄土高原的演变与侵蚀历史 [J]. 土壤侵蚀与水土保持学报，1999 (02): 59-64.

[201] 邓红兵，王庆礼，蔡庆华. 流域生态学——新学科、新思想、新途径 [J]. 应用生态学报，1998 (04): 108-114.

[202] 尚宗波，高琼. 流域生态学——生态学研究的一个新领域 [J]. 生态学报，2001，21 (3): 468-473.

[203] 张红武，张欧阳，徐向丹，等. 黄土高原沟道坝系相对稳定原理与工程规划研究 [M]. 郑州：黄河水利出版社，2010：162，162-164.

[204] 方学敏. 坝系相对稳定的标准和条件 [J]. 中国水土保持，1995 (11): 29-32，60.

[205] 史学建. 黄土高原小流域坝系 相对稳定研究进展及建议 [J]. 中国水利，

2005（4）：49-50，52.
［206］范瑞瑜. 黄土高原坝系生态工程［M］. 郑州：黄河水利出版社，2004：1-2，33，39，40-42，57-58，63-64.
［207］岳邦瑞. 图解景观生态规划设计原理［M］. 北京：中国建筑工业出版社，2017：207，277，281.
［208］傅伯杰，陈利顶，马克明，等. 景观生态学原理及应用［M］. 北京：科学出版社，2011：210-211.
［209］杨少俊，刘孝富，舒俭民. 城市土地生态适宜性评价理论与方法［J］. 生态环境学报，2009，18（1）：380-385.
［210］JU J. A Primary Integration Matrices Approach to Sustainability Orientated Land Use Planning. Stuttgart：Institute of Regional Devel-opment Planning，1998.
［211］史培军，宫鹏，李晓兵，等. 土地利用/覆盖变化研究的方法与实践［M］. 北京：科学出版社，2000.
［212］范中桥. 地域分异规律初探［J］. 哈尔滨师范大学自然科学学报，2004，20（5）：106-109.
［213］徐福龄. 对贾让治河三策的初步探讨［J］. 人民黄河，1980（3）：79-81.
［214］赵淑贞，任伯年. 关于黄河在东汉以后长期安流问题的研究［J］. 人民黄河，1997（8）：53-55.
［215］赵淑贞，任伯年. 关于黄河在东汉以后长期安流问题的再探讨［J］. 地理学报，1998，53（5）：463-468.
［216］李国英. 李仪祉治黄思想评述——纪念李仪祉先生诞辰120周年［J］. 人民黄河，2002（03）：1.
［217］朱显谟. 再论黄土高原国土整治“28字方略”［J］. 壤侵蚀与水土保持壤侵蚀与水土保持学报，1995，1（1）：4-11.
［218］陕西省地方志编纂委员会. 陕西省志·水利志［M］. 西安：陕西人民出版社，1999：114-117，131-132.
［219］陕西省地方志编纂委员会. 陕西省志·水土保持志［M］. 西安：陕西人民出版社，2000：15，199，226-227，246，247，249，250，287，331.
［220］《山西水土保持志》编纂委员会. 山西水土保持志［M］. 郑州：黄河水利出版社，1999：31，35-85，87，201.
［221］邢大韦，张玉芳，粟晓玲，等. 充分利用雨水资源 改善黄土高原植被

[J]. 人民黄河，2002（04）：30-32，46.

[222] 王龙昌，贾志宽. 北方旱区农业节水技术 [M]. 西安：世界图书出版公司，1998：5-10，13-14.

[223] 张胜利，吴祥云. 水土保持工程学 [M]. 北京：科学出版社，2012：27-30，167-169.

[224] 党维勤. 黄土高原小流域坝系评价理论及其实证研究 [M]. 北京：中国水利水电出版社，2011：7.

[225] 郭涛. 中国古代水利科学技术史 [M]. 北京：中国建筑工业出版社，2013：247-248.

[226] 王军. 西北民居 [M]. 北京：中国建筑工业出版社，2009：50，53-58.

[227] 黄玉华，张睿，王佳运. 陕北黄土丘陵区威胁窑洞民居的地质灾害问题：以陕西延安地区为例 [J]. 地质通报，2008（08）：1223-1229.

[228] 陕西省地方志编纂委员会. 陕西省志・咸阳市志（第二册）[M/OL]. 西安：陕西人民出版社，2001.

[229] 朱显谟. 再论黄土高原国土整治"28字方略"[J]. 土壤侵蚀与水土保持学报，1995，1（1）：4-11.

[230] 吴普特，高建恩. 黄土高原水土保持新论：基于降雨地表径流调控利用的水土保持学 [M]. 郑州：黄河水利出版社，2006：9-15，29-33，171-172.

[231] 郑粉莉，肖培青. 黄土高原沟蚀演变过程与侵蚀产沙 [M]. 北京：科学出版社，2010：7.

[232] 山西省史志研究院. 山西通志・水利志 [M]. 北京：中华书局，1999：16，18，108，124.

[233] 胡建斌. 延安水文局积极迎战"7・26"特大暴雨洪水为防洪保安提供可靠技术支撑 [EB/OL]. 陕西水文水资源信息网.（2017-07-28）[2018-04-12]. http：//www.shxsw.com.cn/2/4845/content.aspx.

[234] 芮孝芳，蒋成煜. 流域水文与地貌特征关系研究的回顾与展望 [J]. 水科学进展，2010（04）：444-449.

[235] 陈江南，王云璋，徐建华，等. 黄土高原水土保持对水资源和泥沙影响评价方法研究 [M]. 郑州：黄河水利出版社，2004：20，27，211-222.

[236] 邬建国. 景观生态学：格局、过程、尺度与等级（第二版）[M]. 北京：

高等教育出版社，2007：17.

[237] 张娜. 生态学中的尺度问题：内涵与分析方法 [J]. 生态学报，2006，26（7）：2340-2355.

[238] 王鸣远，杨素堂. 水文过程及其尺度响应 [J]. 生态学报，2008（03）：1219-1228.

[239] WU J. Hierarchy and scaling：Extrapolating information along a scaling ladder [J]. Canadian Journal of Remote Sensing，1999，25：367-380.

[240] ZALEWSKI M. Ecohydrology the scientific background to use ecosystem properties as management tools toward sustainability of water resources [J]. Ecological Engineering，2000，16（1）：1-8.

[241] 刘黎明. 黄土高原丘陵沟壑区土壤侵蚀遥感定量与信息系统研究：以陕西米脂县为例[J]. 自然资源学报，1992，7（4）：363-371.

[242] 陈鹏飞. 黄土丘陵沟壑区小流域水沙变化与土地利用格局演变的耦合研究[D]. 北京：北京林业大学，2010.

[243] 林积泉，王伯铎，马俊杰，等. 小流域治理环境质量综合评价指标体系研究 [J]. 水土保持研究，2005，12（01）：69-71.

[244] 中华人民共和国国家质量监督检验检疫总局，中国国家标准化管理委员会，GB/T 15772—2008. 水土保持综合治理 规划通则 [S]. 北京：中国标准出版社，2009：1.

[245] 刘黎明，林培. 黄土高原持续土地利用研究 [J]. 资源科学，1998（01）：56-63.

[246] 赵晓光，党春红. 民用建筑场地设计 [M]. 北京：中国建筑工业出版社，2004：1.

[247] 张东海，任志远，刘焱序，等. 基于人居自然适宜性的黄土高原地区人口空间分布格局分析 [J]. 经济地理，2012，32（11）：13-19.

[248] 山西省史志研究院. 山西通志・地理志 [M]. 北京：中华书局，1996：117，124，268，296，382.

[249] 陕西省地方志编纂委员会. 陕西省志・地理志 [M]. 西安：陕西人民出版社，2000：369，422，733-734，850，855-856.

[250] 王孟本. 山西省黄土高原地区综合治理规划研究 [M]. 北京：中国林业出版社，2009：17，19.

[251] 史念海. 黄土高原历史地理研究 [M]. 郑州：黄河水利出版社，2001：

434.

[252] 仇保兴. 从绿色建筑到低碳生态城 [J]. 城市发展研究，2009，16（07）：1-11.

[253] 卫伟，陈利顶，傅伯杰，等. 半干旱黄土丘陵沟壑区降水特征值和下垫面因子影响下的水土流失规律 [J]. 生态学报，2006，26（11）：3847-3853.

[254] 吴志强，李德华. 城市规划原理（第四版）[M]. 北京：中国建筑工业出版社，2010：51-52.

[255] 杨建辉，岳邦瑞，史文正，等. 陕北丘陵沟壑区雨洪管控的地域适宜性策略与方法 [J]. 中国园林，2018，34（04）：54-62.

[256] 张婷，张文辉，郭连金，等. 黄土高原丘陵区不同生境小叶杨人工林物种多样性及其群落稳定性分析 [J]. 西北植物学报，2007，27（2）：340-347.

[257] 朱云云，王孝安，王贤，等. 坡向因子对黄土高原草地群落功能多样性的影响 [J]. 生态学报，2016，36（21）：6823-6833.

[258] 朱显谟，田积莹. 强化黄土高原土壤渗透性及抗冲性的研究 [J]. 水土保持学报，1993，7（03）：1-10.

[259] 余新晓，张满良，信忠保，等. 黄土高原多尺度流域环境演变下的水文生态响应 [M]. 北京：科学出版社，2011：33-48，191.

[260] 傅伯杰，赵文武，张秋菊，等. 黄土高原景观格局变化与土壤侵蚀 [M]. 北京：科学出版社，2014：17-26.

[261] 郑粉莉，张勋昌，王建勋. WEPP模型及其在黄土高原的应用评价 [M]. 北京：科学出版社，2010：1-33.

[262] 赵西宁，吴普特，冯浩，等. 基于 GIS 的区域雨水资源化潜力评价模型研究 [J]. 农业工程学报，2007，23（2）：6-10.

[263] 赵安成，李怀有，宋孝玉，等. 黄土高原沟壑区水资源调控利用技术研究 [M]. 郑州：黄河水利出版社，2006.

[264] 蒋得江，李敏. 黄土高原西部水土保持坝系布局与评价 [M]. 郑州市：郑州大学出版社，2010.

[265] 于汉学. 黄土高原沟壑区人居环境生态化理论与规划设计方法研究 [D]. 西安：西安建筑科技大学，2007：245.

[266] 潘国庆，车伍，李俊奇，等. 中国城市径流污染控制量及其设计降雨量 [J]. 中国给水排水，2008，24（22）：25-29.

[267] 任心欣，汤伟真．海绵城市年径流总量控制率等指标应用初探［J］．中国给水排水，2015（13）：105-109.

[268] 朱显谟，祝一志．试论中国黄土高原土壤与环境［J］．土壤学报，1995，2（04）：351-357.

[269] 李勇，徐晓琴，朱显谟，等．植物根系与土壤抗冲性［J］．水土保持学报，1993，7（03）：11-18.

[270] 李勇，吴钦孝，朱显谟，等．黄土高原植物根系提高土壤抗冲性能的研究：I人工林根系对土壤抗冲性的增强效应［J］．水土保持学报，1990，4（01）：1-5，10.

[271] 王万忠，焦菊英．黄土高原降雨侵蚀与黄河输沙［M］．北京：科学出版社，1996.

[272] 霍耀中，刘沛林．黄土高原聚落景观与乡土文化［M］．北京：中国建筑工业出版社，2013：1.

[273] 霍耀中，刘沛林．黄土高原村镇形态与大地景观［J］．建筑学报，2005（12）：42-44.

[274] 王克勤，王斌瑞．集水造林林分生产力研究［J］．林业科学，2003（30）：1-9.

[275] 邹年根，罗伟祥．黄土高原造林学［M］．北京：中国林业出版社，1997：248-253.

[276] 杨维西．试论我国北方地区人工植被的土壤干旱化问题［J］．林业科学，1996，32（1）：78-84.

[277] 杨文治，余存祖．黄土高原区域治理与评价［M］．北京：科学出版社，1992：253-257.

[278] 杨光，薛智德，梁一民．陕北黄土丘陵区植被建设中的空间配置及其主要建造技术［J］．水土保持研究，2000（02）：136-139.

[279] 唐书锋，杨鑫．黄土河小流域植物护埂模式及效果研究［J］．中国水土保持，2003（03）：27-31.

[280] 王世旭．基于MIKEFLOOD的济南市雨洪模拟及其应用研究［D］．济南：山东师范大学，2015.

[281] 王虹，李昌志，程晓陶．流域城市化进程中雨洪综合管理量化关系分析［J］．水利学报，2015（03）：271-279.

[282] 黄国如，吴思远．基于Infoworks CS的雨水利用措施对城市雨洪影响的模拟研究［J］．水电能源科学，2013，31（5）：1-4，17.

[283] 岑国平. 城市雨水径流计算模型[J]. 水利学报，1990(10)：68-75.

[284] 周玉文，赵洪宾. 城市雨水径流模型研究[J]. 中国给水排水，1997，13(4)：4-6.

[285] 仇劲卫，李娜，程晓陶，等. 天津市城区暴雨沥涝仿真模拟系统[J]. 水利学报，2000(11)：34-42.

[286] 徐建华，吴发启. 黄土高原产流产沙机制及水土保持措施对水资源和泥沙影响的机理研究[M]. 郑州：黄河水利出版社，2005：130-133.

[287] 虞春隆，周若祁. 黄土高原沟壑区小流域人居环境的类型与环境适宜性评价[J]. 新建筑，2009(02)：74-78.

[288] 中华人民共和国国家标准. 湿陷性黄土地区建筑规范GB 50025—2004[S]. 北京：中国建筑工业出版社，2004：2.

[289] 中华人民共和国国家标准. 建筑与小区雨水利用工程技术规范GB 50400—2006[S]. 北京：中国建筑工业出版社，2006：9.

[290] 中华人民共和国国家标准. 土壤侵蚀分类分级标准SL 190-2007[S]. 北京：中国水利水电出版社，2008：8，9.

[291] 申明锐，张京祥. 新型城镇化背景下的中国乡村转型与复兴[J]. 城市规划，2015(01)：30-34，63.

[292] 申明锐，沈建法，张京祥，等. 比较视野下中国乡村认知的再辨析：当代价值与乡村复兴[J]. 人文地理，2015(06)：53-59.

[293] 张京祥，申明锐，赵晨. 乡村复兴：生产主义和后生产主义下的中国乡村转型[J]. 国际城市规划，2014(05)：1-7.

[294] 罗辉，赵辰. 中国南方乡村复兴要点讨论——从福建屏南北村谈起[J]. 建筑学报，2015(9)：1-6.

[295] 李景奇. 中国乡村复兴与乡村景观保护途径研究[J]. 中国园林，2016，32(9)：16-19.

[296] 李智，张小林，陈媛，等. 基于城乡相互作用的中国乡村复兴研究[J]. 经济地理，2017(06)：144-150.

[297] 车伍，王建龙，何卫华，等. 城市雨洪控制利用理念与实践[J]. 建设科技，2008(21)：30-31.

[298] 马恒升，徐涛，赵林波，等. 低影响开发(LID)雨洪管理费用效益分析[J]. 价值工程，2013(12)：287-289.

[299] 王雯雯，赵智杰，秦华鹏. 基于SWMM的低冲击开发模式水文效应模拟评估[J]. 北京大学学报(自然科学版)，2012(02)：303-309.

[300] 杨建辉，周庆华．陕北传统雨水场地的生态智慧对现代海绵城市建设的启示[J]．中国园林，2018，34(07)：64-68.

[301] 杨建辉，岳邦瑞．响应水资源特征的多尺度陕北地域景观图式语言[J]．风景园林，2015，(02)：74-79.

[302] 杨建辉，刘恺希．西北半干湿地区雨水利用场地适宜性研究现状及其规划设计方法展望[C]．2015国际城市雨洪管理与景观水文学术国际研讨会论文集，2015.5.16-2015.5.17(4)396-403.

[303] Jianhui Yang，Bo Liu. The Status and Prospect of Rainwater Utilization Site Appropriateness Research in Northwest Semi-dry and Semi-humid Region [C]. Civil Engineering，Architecture and Building Materials (CEABM 2013)，Applied Mechanics and Materials，2013，Vols. 357-360. Jinan，China，2013.5.24-2013.5.26.1761-1766.

[304] 杨建辉，周庆华．雨洪管控视角下陕北窑居聚落 水利风景营构与实践[J]．风景园林，2020，27(11)：35-41.

后 记

八年的博士学习之路，实在是漫长！六年的本书写作过程，又感觉很短暂！当初开了个大题，如今终于结了个小果！虽然想做的很多，幸得指教，未至歧路，于众多线索中，循了一条，坎坷前行，终有小获。途虽远而行未岐、事虽艰而师友助，何其幸哉！

首先要感谢的是导师周庆华教授多年的悉心指导。从研究的选题讨论、开题后的方向聚焦、再到成稿后对内容结构的斧正、字词句章的推敲，甚至是案例基础资料的获取，都无不尽心尽力给予指导和帮助。本书写作过程中，曾面临研究范围如何收缩、方向如何聚焦的问题；初稿后，又面临广度有余、深度不足的问题；每在关键时刻，周老师总能寥寥数语，点破迷津，让人看到希望，又能毫不吝言，从本书结构、逻辑关系、内容取舍到突破重点，娓娓道来，既开启门径、又授予方法。

感谢西安建筑科技大学李志民教授、张沛教授、任云英教授、陈晓键教授、岳邦瑞教授，他（她）们或给予研究方向和写作方法上的梳理和指导，或给予非常有益的建议和鼓励。

感谢我硕士阶段导师、同济大学吴伟教授在本书写作阶段的支持鼓励。

感谢清华大学刘海龙副教授在本书初稿完成后给予的宝贵建议。

感谢西安建筑科技大学博士生刘永在数据处理上给予的帮助；感谢博士生康世磊、杨晓丹、丁禹元，硕士生聂祯、周天新，本科生孙浩鑫、邓儆在资料收集、案例调研、图纸绘制等方面所作的工作。

感谢西安建筑科技大学风景园林系的刘晖教授及众多同事，他（她）们在我焦灼而彷徨的写作过程中给予了真诚的关心和鼓励。感谢西安建大城市规划设计研究院吴左宾副院长在案例基础资料部分给予的帮助。

感谢陕西省水文局专家师奎处长无私提供水文资料。

感谢默默支持和付出的家人。